E. Windemuth

Strömungstechnik

Grundlagen, Maschinen, Anwendungen

Mit 379 Abbildungen

Springer-Verlag
Berlin Heidelberg New York Tokyo 1984

Dipl.-Ing. Eberhard Windemuth
Professor, Fachbereich Maschinenbau
der Hochschule der Bundeswehr München

CIP-Kurztitelaufnahme der Deutschen Bibliothek
Windemuth, Eberhard
Strömungstechnik: Grundlagen, Maschinen, Anwendungen / E. Windemuth.
Berlin; Heidelberg; New York; Tokyo: Springer, 1984.

ISBN 3-540-13248-1 Springer-Verlag Berlin Heidelberg New York Tokyo
ISBN 0-387-13248-1 Springer-Verlag New York Heidelberg Berlin Tokyo

Druck: Mercedes-Druck, Berlin; Bindearbeiten: Lüderitz & Bauer, Berlin
2060/3020-543210

Vorwort

Strömungstechnische Probleme finden sich in nahezu allen Bereichen der Naturwissenschaft als auch in der unmittelbaren Umwelt unseres täglichen Lebens. Strömungsmaschinen sind, sei es als autonome Anlage oder auch als Hilfsmaschinen, in allen Gebieten der Technik anzutreffen.

Das vorliegende Buch stellt sich die Aufgabe, in gestraffter Form gemeinsam

- die strömungstechnischen Grundlagen
- eine allgemeine Maschinenkunde zu sämtlichen Bauarten der Strömungsmaschinen
- einzelne spezifische Anlagen, welche als typische Strömungsmaschinen anzusprechen sind oder deren Wirkungsweise nur aus der Sicht der Strömungstechnik verständlich wird

darzustellen. So werden Verdichter, Kreiselpumpe, Dampf-, Gas- und Wasserturbine behandelt, darüber hinaus wichtige Spielarten dieser Geräte wie Strömungswandler, Strahlantrieb, Abgasturbolader. Am Propeller und vor allem am Hubschrauber werden die Strömungs- und Kräfteverhältnisse am Schaufelblatt deutlich gemacht, gleichzeitig aber auch ein modernes und weitverbreitetes Fluggerät vorgestellt.

Der Energieerzeugung, als solche eng mit dem Betrieb von Dampf-, Gas- und Wasserturbinen verknüpft, wird ein eigener Abschnitt gewidmet.

Den Abhandlungen zu den strömungstechnischen Grundlagen des 1. und 2. Abschnitts sind eine Reihe von durchgerechneten Übungsaufgaben beigefügt, die Behandlung der Maschinen wird in einigen grundlegenden Fällen durch einfache Auslegungsbeispiele ergänzt.

Das Buch ist vom Techniker für den Techniker geschrieben. Es soll dem Studierenden helfen, in die stoffreiche Fülle des technischen Studiums einzudringen, es mag dem im Betrieb Schaffenden zur Lösung mancher Fragen verhelfen.

Mathematische Anforderungen sind bewußt reduziert worden und finden sich nur an jenen Stellen, wo eine mathematische Herleitung für die Aussagekraft einer Beziehung oder zur Erklärung eines Sachverhalts unbedingt erforderlich ist.

Mein Dank gilt den Mitarbeitern, die an der Gestaltung des Buches behilflich waren, nicht zuletzt auch dem Verlag für die ansprechende Erscheinungsform.

Neubiberg, im Frühjahr 1984   E. Windemuth

Inhaltsverzeichnis

1 Strömungstechnische Grundlagen

1.1 Hydrostatik

1.1.1   Der hydrostatische Druck

Die Flüssigkeit wird als inkompressibles Medium aufgefaßt. Tatsächlich ist die Dichteänderung selbt in der Nähe des Siedepunktes so gering, daß für die allermeisten technischen Probleme die Kompressibilität vernachlässigt werden darf (s. Abschnitt 1.4.2).
Denkt man sich eine Flüssigkeit durch einen Kolben (Bild 1) sehr stark gedrückt, so
leuchtet ein, daß der Einfluß des Gewichts der Flüssigkeitssäule auf den Druck vernachlässigbar gering ist.

S a t z :   Der hydrostatische Druck ist unter Vernachlässigung des Flüssigkeitsge-
wichts nach allen Richtungen hin gleich groß.

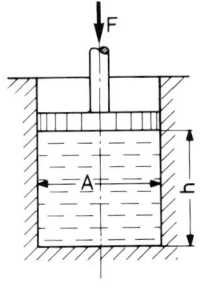

Bild 1

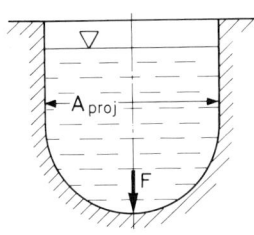

Bild 2

In Wirklichkeit ist jedoch der Druck am Boden des Gefäßes selbstverständlich um das
Gewicht der Wassersäule der Höhe h größer als am Kolben, so daß vorstehender Satz
nur für hohe Drücke anwendbar ist.
Das Gewicht der Flüssigkeit übt demnach einen zusätzlichen Druck auf den Gefäß-
boden aus von der Größe

$$\Delta p = G_{fl}/A = A\ \Delta h\ \rho\ g/A = \Delta h\ \rho\ g.$$

Damit wird der Gesamtdruck

$$p = p_o + \rho g \, \Delta h. \tag{1}$$

Die Summe sämtlicher elementaren Druckkräfte auf eine Wand ergibt die resultierende Kraft, welche auf die Wandung wirkt:

$$F_p = \int p \, dA \qquad \text{oder} \qquad F_p = p \, A. \tag{2}$$

Für gewölbte Flächen ist dabei die Projektion der belasteten Fläche in Kraftrichtung einzusetzen (Bild 2).

Mit Hilfe von Gl. (1) ergeben sich die gebräuchlichen Druckeinheiten:
$1 \text{ bar} = 10^5 \text{ N/m}^2 = 10 \text{ N/cm}^2 = 10/g \text{ kp/cm}^2 = 1,02 \text{ kp/cm}^2 = 1,02 \text{ at} \stackrel{\wedge}{=} 10,2 \text{ m WS} \stackrel{\wedge}{=}$ 750 mm QS (Torr).

A n w e n d u n g e n

- Hydraulische Presse

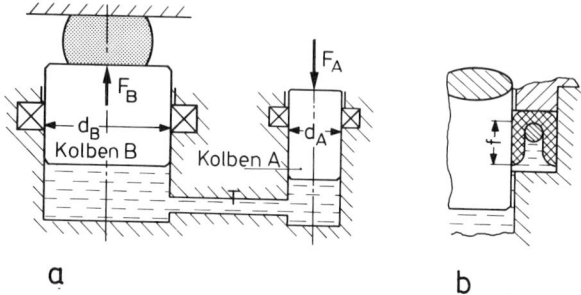

Bild 3   Funktionsprinzip einer hydraulischen Presse
a) Anlage   b) Dichtung

a) Reibungsfreier Betrieb

$$p = (F/A)_A = (F/A)_B \quad \rightarrow \quad F_B = F_A (A_B/A_A).$$

Für die Kolbenhübe gilt wegen gleichbleibenden Volumens

$$V_A = V_B \quad \rightarrow \quad h_A/h_B = A_B/A_A = (d_B/d_A)^2.$$

Wirkungsgrad $\eta = 1$, da keine Verluste.

3

b) Betrieb mit Reibung

Die Stulpmanschette (Bild 3b) wird durch die Differenz der Drücke über und unter der Dichtung angepreßt.

Die Reibungskraft beträgt dann

$$F_r = \mu F_n = \mu \Delta p A = \mu \Delta p \, d \, \pi \, f.$$

Der Kräfteansatz für einen Kolben (z.B. Kolben A) liefert dann

$$F_A = p A_k + F_r.$$

Da die Volumenverdrängung sich nicht ändert, wird $\eta = (F_R/F)_B$ bei gleicher aufgebrachter Arbeit.

- Rohr unter innerem Überdruck (Bild 4)

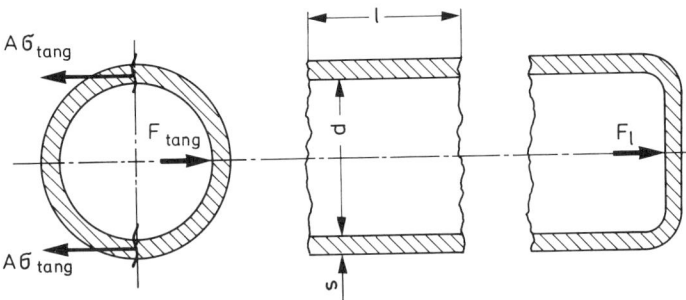

Bild 4   Rohr unter innerem Überdruck

Die Spannungen in der Wandung eines (dünnen) Rohres, welches unter innerem Überdruck steht, ergeben sich zu

$$\sigma_{tang} = \frac{p \, d \, l}{2 \, l \, s} = \frac{1}{2} \frac{p \, d}{s}$$

in tangentialer Richtung senkrecht zur Rohrachse (Längsriß) und zu

$$\sigma_l = \frac{p \, d^2 \pi}{4 \, d \, \pi \, s} = \frac{1}{4} \frac{p \, d}{s}.$$

Ein Längsaufbruch ist mithin eher zu erwarten.

- Dichtebestimmung

Für Flüssigkeiten, welche sich nicht mischen, ist $h_1/h_2 = \rho_2/\rho_1$, womit über das bekannte ρ_1 z.B. ρ_2 ermittelt werden kann.

4

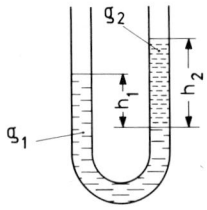 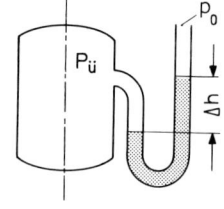

Bild 5   Dichtebestimmung   Bild 6

- Druckmessung

Im Behälter (Bild 6) herrscht offenbar ein Überdruck von der Größe $p_{\ddot{u}} = \Delta h\, \rho\, g$. Je nach Dichte des zu messenden Mediums muß das Ergebnis korrigiert werden um das Gewicht der Säule im linken Schenkel oberhalb des Meßspiegels.

- Kolbenpumpe

Die Höhendifferenz saugseitig h_s und jene druckseitig h_d bestimmen, wenn von Leitungswiderständen abgesehen wird, die Drücke im Zylinder.

$$P_d = h_d\, \rho\, g\ \text{(Überdruck)} \qquad \text{und} \qquad P_s = h_s\, \rho\, g\ \text{(Unterdruck).}$$

Somit werden die Kolbenkräfte

$$F_d = A_k\, h_d\, \rho\, g \qquad \text{und} \qquad F_s = A_k\, h_d\, \rho\, g.$$

An der Kolbenaußenseite ist der Druck der Atmosphäre wirksam. Da der Kolben allein beim Druckhub voll belastet wird (die Druckhöhe ist im allg. wesentlich größer als die Saughöhe), somit auch nur bei jedem Druckhub gefördert wird, ist auch die installierte Antriebsleistung nur schlecht genutzt. Es bietet sich die doppeltwirkende Maschine an (Bild 8).

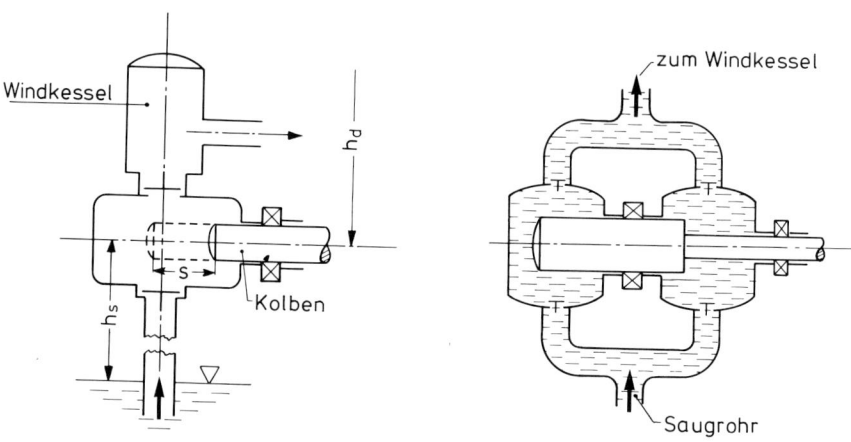

Bild 7   Kolbenpumpe mit   Bild 8   Doppeltwirkende Kolbenpumpe
         Druckwindkessel

Durch die rhythmische Förderung werden die Rohrleitungen durch pulsierende Wassermassen beaufschlagt. Das führt zu Schwingungen in der Rohrleitung und möglicherweise
zu Rohrbrüchen. Ein in die Leitung geschalteter Windkessel, dessen eingeschlossene
Luftmenge im Rhythmus der hereintretenden Fördermassen zusammengedrückt wird und
infolge der anschließenden Expansion die Flüssigkeit auch bei geschlossenem Druckventil in die Leitung drückt, sorgt für gleichmäßige Förderung.

In Bild 9 ist das p-v-Diagramm der einfachwirkenden Kolbenpumpe dargestellt, und
zwar für ———— Wasserförderung allein, - - - - Wasser mit Einschluß von Luft
(durch Undichtigkeit sowie in gelöster Form im Wasser enthalten).

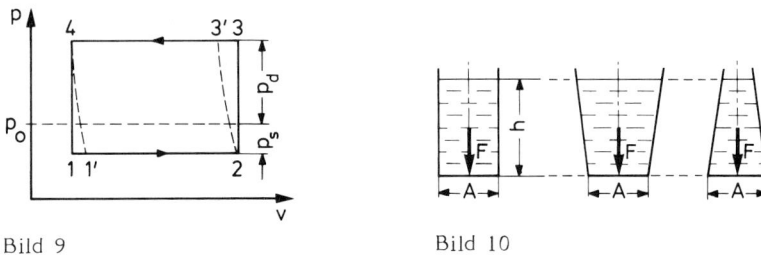

Bild 9   Bild 10

1.1.2 Druckkräfte auf Wände

a) Bodendruckkraft

Da $F = \rho\, g\, h\, A$ ist, sowohl A als auch h bei den Gefäßen in Bild 10 gleich sind, ergibt
sich, daß die Druckkraft auf den Boden völlig unabhängig von der Form des Gefäßes ist
(hydrostatische Paradoxon).

b) Druckkraft auf Seitenwände

Es soll Größe und Angriffspunkt (Druckmittelpunkt) der resultierenden Wasserdruck-
kraft F_r bestimmt werden. Die belastete Wand habe die Fläche A.

$$F_r = \int dF = \int dA\, \rho\, g\, h = \int dA\, \rho\, g\, z\, \cos\alpha = \rho\, g\, \cos\alpha \int z\, dA,$$

wobei $\int z\, dA$ das statische Moment der Fläche A um die Spiegellinie (Schnittlinie
Flüssigkeitsspiegel mit Wand) darstellt.

Mit $\int z\, dA = A\, z_s$ wird $F_r = \rho\, g\, \cos\alpha\, A\, z_s$ und somit

$$F_r = \rho\, g\, h_s\, A. \tag{3}$$

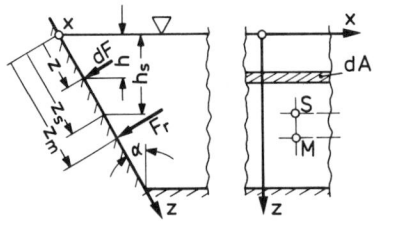 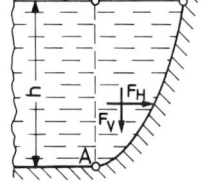

Bild 11   Bild 12

Ferner ist nach dem Momentensatz $z_m F_r = \int z\, dF$ und somit

$$z_m = \frac{\int z\, z\, \rho\, g\, \cos\alpha\; dA}{\rho\, g\, \cos\alpha\; A\, z_s} = \frac{\int z^2 dA}{A\, z_s} \cdot$$

$\int z^2\, dA = I_{sp}$ stellt das Trägheitsmoment der Fläche A um die Spiegellinie (x-Achse) dar.

$$z_m = \frac{I_{sp}}{A\, z_s} = \frac{I_s}{A\, z_s} + z_s \cdot \tag{4}$$

Ist die Wasserlast auf eine beliebig gekrümmte Wand zu ermitteln, so zerlegt man in eine vertikale und in eine horizontale Komponente (Bild 12). Die vertikale Komponente wird in ihrer Größe durch das Wassergewicht entsprechend der Figur ABC auf die Wand dargestellt, ihre Wirkungslinie fällt mit der Schwerelinie dieser Fläche zusammen. Die horizontale Komponente ermittelt sich nach Gl. (3) und Gl. (4), wobei als Fläche die senkrechte Projektion von AB eingesetzt wird.

Derartige Aufgaben werden am besten mit den Mitteln der Graphik gelöst.

Anwendung

Es sind Größe und Angriffspunkt der resultierenden Wasserlast auf eine unterhalb des Spiegels liegende Rechteckfläche (Klappe oder dergleichen) zu ermitteln.

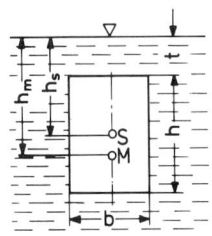

Bild 13

$$F_r = \rho\, g\, h_s\, A = \rho\, g\, (t + h/2)\, b\, h$$

$$z_m = \frac{I_{sp}}{A\, z_s} = \frac{b\, h^3/12 + (t + h/2)^2\, b\, h}{b\, h\, (t + h/2)}$$

$$z_m = \frac{h^2/12 + (t + h/2)^2}{t + h/2}.$$

Für $t = 0$ wird $\qquad\qquad z_m = 2/3\, h.$ (5)

1.1.3 Auftrieb und Schwimmen

Welche Kraft übt das Wasser auf den eingetauchten Körper aus?

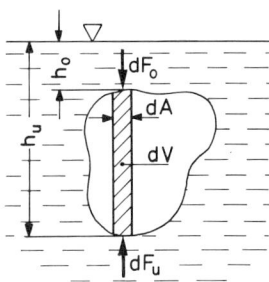

Bild 14   Ermittlung des hydrostatischen Auftriebs

Es ist $\qquad\qquad dF_o = \rho\, g\, h_o\, dA \quad$ und $\quad dF_u = \rho\, g\, h_u\, dA$

woraus folgt $\qquad\qquad dF_u - dF_o = \rho\, g\, dA\, (h_u - h_o)$

oder $\qquad\qquad F_a = F_R = \rho\, g\, V_{verdr}.$ (6)

Dies ist die hydrostatische Auftriebskraft F_a.

S a t z :   Die Auftriebskraft ist gleich dem Gewicht der verdrängten Flüssigkeitsmenge.

Schwimmt der Körper, so stehen Auftriebskraft und Gewicht im Gleichgewicht. Es folgt daraus:

S a t z :   Das Gewicht eines schwimmenden Körpers ist gleich dem Gewicht der verdrängten Flüssigkeitsmenge (Prinzip des Archimedes).

A n w e n d u n g e n

- Kraftwirkung am Formkasten

Ein Gußstück wird nach Bild 15 eingeformt. Zu ermitteln sind die Flüssigkeitskräfte auf den Formkasten.

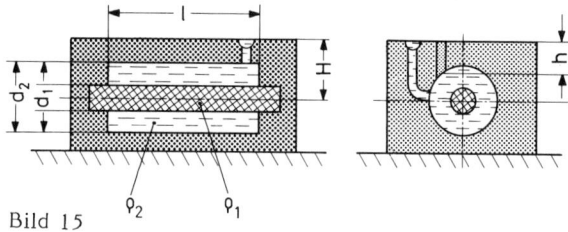

Bild 15

Die Flüssigkeit drückt am oberen Umfang des Gußzylinders an jeder Stelle mit

$$p = \rho_2 \, g \, h \quad \text{und so mit} \quad F = A_{proj} \, \rho_2 \, g \, h = d_2 \, l \, \rho_2 \, g \, h$$

auf den Oberkasten. Dieser Druck ist selbstverständlich unabhängig von der Tatsache, daß der Körper innen hohl ist. Man betrachtet somit den Körper als massiv ausgeführt und ermittelt zunächst, da h für jeden Umfangspunkt des Körpers verschieden groß ist, die Druckkraft im Mittelschnitt des Zylinders. Es ist dann

$$P_m = \rho_2 \, g \, H \quad \text{und} \quad F_m = d_2 \, l \, \rho_2 \, g \, H.$$

Diese Kraft muß allerdings noch das Gewicht des halben Vollzylinders heben. Somit ist die Aufdruckkraft

$$F_{Aufdr} = d_2 \, l \, \rho_2 \, g \, H - 1/2 \, d^2 \, \frac{\pi}{4} \, l \, \rho_2 \, g.$$

Schließlich übt der Kern noch über seine beiden Enden durch seinen Auftrieb in der Gußflüssigkeit eine Kraft auf den Oberkasten aus, welche jedoch um das Gewicht des Kerns verringert werden muß:

$$F_a = d_1^2 \, \frac{\pi}{4} \, l \, \rho_2 \, g - G_k.$$

Insgesamt beträgt dann die Kraft auf den Oberkasten

$$F = d_2 \, l \, H \, \rho_2 \, g - 1/2 \cdot d_2^2 \, \frac{\pi}{4} \, l \, \rho_2 \, g + d_1^2 \, \frac{\pi}{4} \, \rho_2 \, g - G_k.$$

- Herstellung eines Aräometers (Senkwaage)

Ein Aräometer dient zur Bestimmung der Flüssigkeitsdichte. Je größer die Eintauchtiefe, um so geringer die Dichte der Flüssigkeit. Der hohle Glaskörper wird unten mit Schrotkugeln aufgefüllt, oben befindet sich am zylindrischen Stutzen eine geeichte Skala.

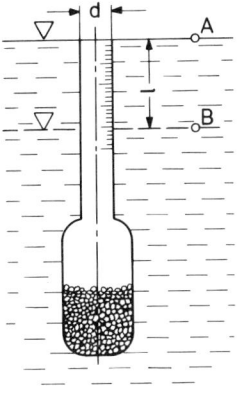

Bild 16 Senkwaage (Aräometer)

Es besteht folgender Zusammenhang:

$$G = V_{ges}\, \rho_A\, g \quad \text{und} \quad G = (V_{ges} - d^2\, \pi/4 \cdot 1)\, \rho_B\, g$$

und daraus
$$\rho_A / \rho_B = (V_{ges} - d^2\, \pi/4 \cdot 1)/V_{ges},$$

sofern ρ_A und ρ_B die Dichten der jeweiligen Flüssigkeit sind, bei denen die Senkwaage bis zur Marke A (gänzlich) bzw. B eintaucht (Bild 16).

1.1.4 Schwimmstabilität

Verschiebt man einen schwimmenden Körper in vertikaler Richtung, so zeigt er ein stabiles Verhalten, da beim Herausheben aus der Flüssigkeit $G > F_a$ wird und das Gewicht dadurch rückstellend wirkt; beim Eintauchen wirkt sich entsprechend der vermehrte Auftrieb F_a ebenfalls rückstellend aus. Gleichgewichtsfall: $G = F_a$.

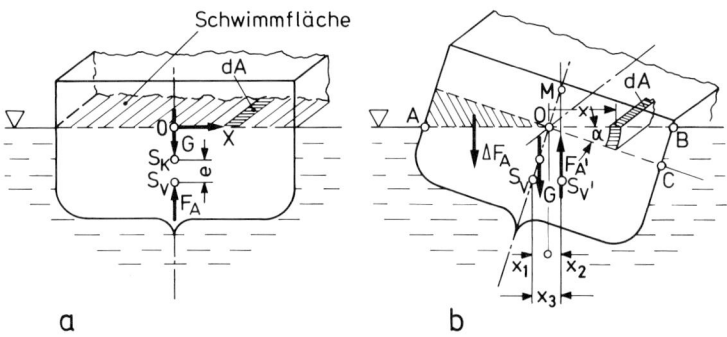

Bild 17 Kräfteverhältnisse am schwimmenden Körper

In horizontaler Richtung liegt indifferentes Gleichgewicht vor: Der Körper läßt sich, von der Flüssigkeitsreibung abgesehen, durch beliebig kleine Kräfte verschieben.

Bei Drehung um die Schwimmachse 0 (Bild 17b) erleidet der symmetrische Körper rechts eine Auftriebsvermehrung, links eine Verminderung um ΔF_a. Der Volumenverdrängerschwerpunkt S_V, um den Abstand e unterhalb des Körperschwerpunkts gelegen, wandert um $x_1 + x_2 = x_3$ nach rechts.

Nun liefert der Vergleich der Drehmomente

$$+ F_a\, x_1 - M (\Delta F_a) - M (\Delta F_a) = - F_a{}'\, x_2,$$

wobei das Moment des Zusatzauftriebes ausgedrückt wird durch

$$M (\Delta F_a) = \int_0^B x\; \delta\; dA \;x\; \rho\; g = \int_0^A x\; \delta\; dA\; x\; \rho\; g.$$

Dabei stellt dA ein Element der Schwimmfläche (ausgeschnittene Fläche des Schiffskörpers aus dem Spiegel) dar.

$\int_0^B x^2 dA$ ist das Flächenträgheitsmoment der rechten Hälfte der Schwimmfläche um die Schwimmachse, $\int_0^A x^2 dA$ entsprechend das der linken Hälfte um die gleiche Achse. $\int_0^B x^2 dA + \int_0^A x^2 dA = I_{schw}$ stellt somit das Moment der gesamten Schwimmfläche um die Schwimmachse dar.

Aus dem Momentensatz wird dann

$$F_a\, x_1 + F_a\, x_2 = \widehat{\delta}\; I_{schw}\; \rho\; g$$

$$x_3\, V_{Verdr} = \widehat{\delta}\; I_{schw},$$

wobei $x_3 = (\overline{S_V S_k} + \overline{S_k M})\, \widehat{\delta}$ für kleine δ gesetzt werden kann.

Der Schnittpunkt der verschobenen Auftriebskraft $F_a{}'$ mit der Schiffshochachse wird als Metazentrum M bezeichnet, $\overline{S_k M}$ als die metazentrische Höhe h_m.

Dann wird $\qquad\qquad (e + h_m)\; V_{Verdr} = I_{schw}$

und somit $\qquad\qquad h_m = I_{schw}/V_{Verdr} - e\; .$ $\qquad\qquad\qquad$ (7)

Ist nun $h_m > 0$, so wirkt das Moment der Kräfte G und F_a rückdrehend, die Schwimmlage ist stabil. Andernfalls wirkt das Moment im Sinne der Drehung: Die Schwimmlage ist instabil, das Schiff kentert. Somit lautet die Stabilitätsbedingung:

$$h_m = I_{schw}/V_{Verdr} - e > 0. \qquad\qquad (8)$$

Für ausgeführte Hochseeschiffe liegt h_m bei 0,3 ... 0,7 m, bei Segelschiffen ist h_m wegen starker Drehbeanspruchung höher, ebenso bei Kriegsschiffen wegen des hoch liegenden Körperschwerpunktes. Beim Unterseeboot ist wegen $I_{schw} = 0$ auch $h_m = - e$. Hier fällt M mit dem Verdrängerschwerpunkt zusammen. Bedingung für stabile Schwimmlage im getauchten Zustand ist, daß S_k tiefer als S_v liegt.

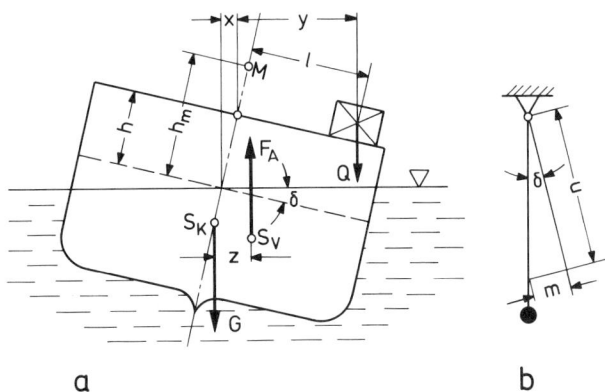

a   b

Bild 18   Bestimmung der metazentrischen Höhe

Die metazentrische Höhe eines Schiffes läßt sich leicht bestimmen (Bild 18): Man verschiebt ein größeres Gewicht Q um die Strecke 1 seitlich etwa aus der Mitte heraus und erhält ein Drehmoment, das die Größe $M_d = Q\,1$ hat. Der Krängungswinkel δ läßt sich durch ein Lot der Länge n mit dem Ausschlag m bestimmen. Das rückdrehende Moment ergibt sich zu $Q\,(x + y) = Q\,(h \sin \delta + 1 \cos \delta)$. Mit der horizontalen Verschiebung der Auftriebskraft $z = h_m \sin \delta$ liefert das Momentengleichgewicht

$$F_a\, h_m\, \sin \delta = Q\,(h \sin \delta + 1 \cos \delta)$$

und damit
$$h_m = Q/G \cdot (h + 1 \cot \delta). \qquad (9)$$

1.1.5 Rotierende Flüssigkeit

In einem oben offenen zylindrischen Gefäß mit dem Radius R befindet sich eine Flüssigkeit in gleichförmiger Drehbewegung mit der Drehschnelle ω. An einem Massenteilchen dm (Bild 19) greifen die Schwerkraft $dm\,g$ als auch eine Zentrifugalkraft $dm\,\omega^2$ an, deren Resultierende normal zum Spiegel steht (es würde sich die Flüssigkeit sonst ja weiter nach innen oder nach außen verschieben). *keine Schrubkräfte wirken mehr, nur noch Normalkräfte*

Damit wird

$$\tan \alpha = \frac{dz}{dr} = \frac{dm\, r\, \omega^2}{dm\, g}$$

oder
$$r\,\omega^2\,dr - g\,dz = 0$$

und integriert
$$r^2\,\omega^2/2 - g\,z = C.$$

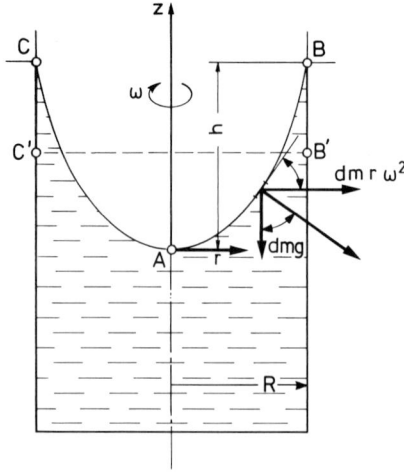

Bild 19

Mit der Randbedingung $r = 0$ für $z = 0$ wird auch $C = 0$, so daß $r^2\,\omega^2 = 2gz$

oder
$$z = r^2\,\omega^2/2g \qquad \text{wird.} \qquad (10)$$

Das ist die Gleichung einer Parabel, deren Scheitelpunkt in A auf der Gefäßachse liegt. Die Spiegelfläche ist somit ein Rotationsparaboloid.

Für die in Rotation befindliche Flüssigkeit gilt ferner die Konstanz des über dem Spiegel befindlichen Luftvolumens:

$$V_{ABC} = V_{B'BCC'}$$

$$1/2\,R^2\,\pi\,h = (z_B - z_{B'})\,R^2\,\pi \qquad \text{oder} \qquad z_B - z_{B'} = h/2.$$

1.1.6 Oberflächenspannung

Jede Flüssigkeit besitzt eine mehr oder weniger große molekulare Zusammenhangskraft. Ist diese Kraft innerhalb eines Mediums groß, so kommt es bei Kontakt mit einem Medium kleinerer Zusammenhangskraft beispeilsweise zu der bekannten Tropfenbildung, ist sie hingegen geringer als die des anderen Stoffes, so vermag sich die Flüssigkeit auf der Oberfläche der anderen auszubreiten (Öl auf Wasser). Eine Zahl, die dieses "Kapillarverhalten" eines Mediums gegenüber einem anderen darstellt, ist die Kapillarkonstante (s. Tafel 19 im Anhang).

Eine Flüssigkeitsoberfläche ist somit gewölbt, und zwar entweder konvex bei hoher molekularer Zusammenhangskraft oder konkav im umgekehrten Falle (Bild 20a).

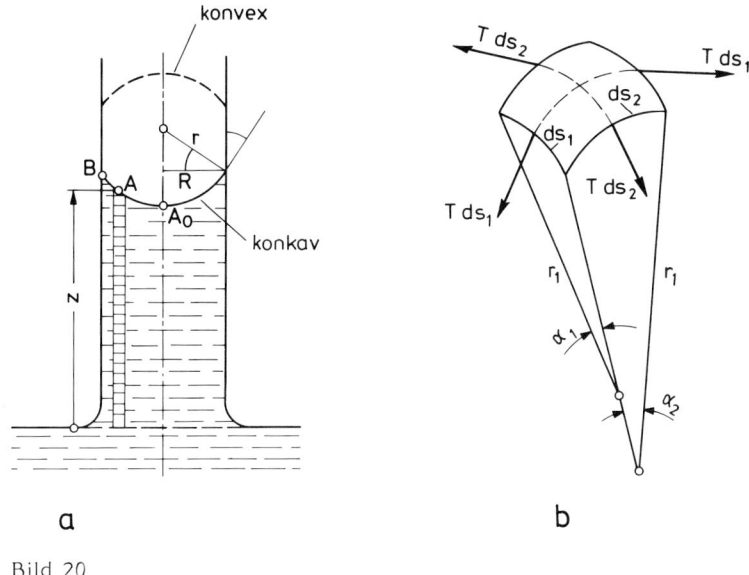

Bild 20

In Bild 20b ist ein Flächenelement aus einer in zwei Richtungen des Raumes unterschiedlich gekrümmten Flüssigkeitsoberfläche dargestellt. Die resultierende Druckkraft beider Kapillarkräfte $T\,ds_1$ ist $T\,ds_1\,\widehat{\alpha}_1$, die der Kapillarkräfte $T\,ds_2$ ist $T\,ds_2\,\widehat{\alpha}_2$, die gesamte Kapillardruckkraft auf das Element beträgt dann

$$F = T\,ds_1\,\widehat{\alpha}_1 + T\,ds_2\,\widehat{\alpha}_2$$

oder, mit $\widehat{\alpha} = ds/r$

$$F = T\,(1/r_1 + 1/r_2). \tag{11}$$

In einem zylindrischen Kapillarrohr steigt eine "benetzende" Flüssigkeit aufwärts, d.h., es besteht nach Erreichen einer bestimmten Höhe z ein Gleichgewichtszustand zwischen der aufwärts gerichteten Kapillarkraft am entsprechend konkav gewölbten Spiegel (Bild 20a) und der abwärts gerichteten Schwerkraft der angehobenen Flüssigkeitssäule.

Es ist dann für einen Punkt A der Spiegelfläche

$$z_A\,(\rho_2 - \rho_1)g = T\,(1/r_1 + 1/r_2).$$

Unter Vernachlässigung der Dichte ρ_1 (z.B. Luft-Wasser) und unter der Annahme einer kugelförmigen Oberfläche ($r_1 = r_2$) wird $T = r/2\,\rho\,g\,z$, wobei z im allg. als Mittelwert $z = (z_A + z_B)/2$ gemessen wird. Nimmt man schließlich noch für die Form der Oberfläche die volle Halbkugel an, so wird mit $r = R$

$$T = \frac{R}{2}\,\rho\,g\,z \qquad (12)$$

Mit Hilfe von Gl. 12 kann die Kapillarkonstante berechnet werden. Umgestellt nach z wird $z = f(1/R)$, woraus ersichtlich wird, daß die Steighöhe einer Flüssigkeit umgekehrt proportional dem Gefäßradius ist (Aufsteigen der Flüssigkeit in der Pflanzenfaser).

1.2 Dimensionsanalyse und hydromechanische Ähnlichkeit

1.2.1 Dimensionsanalyse

Viele theoretische und experimentelle Verfahren zur Gewinnung von Lösungen technischer Probleme und zur Aufstellung von Beziehungen zwischen den an einem technischen Vorgang beteiligten Größen untereinander werden vor allem im Bereich der Hydro- und Aeromechanik häufig wesentlich erleichtert durch Anwendung der Dimensionsanalyse. In einem Ausdruck, in dem die Abhängigkeit zwischen gewissen Größen dargestellt ist, muß Dimensionsgleichheit vorliegen. Dabei können nahezu sämtliche Dimensionsgrößen zurückgeführt werden auf die Masse (m), die Länge (l) und die Zeit (t).

Im allg. ist nun die Zahl und Art der abhängigen Größen in einer Beziehung bekannt, zumindest können diesbezüglich Annahmen gemacht werden. Um nun die Art der Abhängigkeit, das heißt den Exponenten, welcher den Größen zukommt, bestimmen zu können, werden die Größen durch ihre Grundeinheiten ersetzt und diese miteinander verglichen.

Ein Beispiel zum hydrodynamischen Widerstand soll dieses Verfahren erläutern:

Die den Widerstand verursachenden Größen sind

- die geometrische Gestalt des Körpers, durch die Längeneinheit l wiedergegeben

- die Geschwindigkeit des strömenden Mediums w

- die Dichte des strömenden Mediums ρ .

Damit wird

$$F_w = \text{const}\ l^\alpha\,w^\beta\,\rho^\gamma$$

wobei α, β und γ die vorläufig noch unbekannten Exponenten sind, welche die Art der Abhängigkeit der einzelnen Glieder beschreiben. Diese können ganze und gebrochene, positive und negative Zahlen sein.

Damit wird mit $F = m \, a$

$$m \, (l/t^2) = \text{const} \; l^{\alpha} \; w^{\beta} \; \rho^{\gamma}$$

oder

$$m \, (l/t^2) = \text{const} \; l^{\alpha} \; (l/t)^{\beta} \; (m/l^3)^{\gamma}$$

und, da die Summe der einzelnen entsprechenden Exponenten auf beiden Seiten der Gleichung gleich sein muß

für die Masse m ..... $1 = \gamma$

für die Länge l ..... $1 = \alpha + \beta - 3$

für die Zeit t ..... $-2 = -\beta$.

Die Lösung des Gleichungssystems liefert

$$\gamma = 1 \qquad \beta = 2 \qquad \alpha = 2.$$

Somit wird

$$F_w = \text{const} \; l^2 \; w^2 \; \rho \, ,$$

wobei l^2 der Querschnittsfläche A des Körpers definitionsgemäß entspricht.

In der Konstanten schließlich sind die Mediumseigenschaften enthalten, wie Zähigkeit usw. Wäre eine Abhängigkeit zuviel erfaßt worden, so würde der Exponent für diese Größe aus der Rechnung als Null herausfallen. Dieses Verfahren wurde erstmals von Buckingham aufgestellt und ist als das π - Theorem bekannt.

1.2.2 Hydromechanische Ähnlichkeit

Zur Lösung von technischen Aufgabenstellungen wird häufig ein Modellversuch herangezogen. Diese Versuche - im Falle aerodynamischer Problemstellung beispielsweise im Windkanal durchgeführt - geben oft sehr viel genaueren Aufschluß über die vorliegenden Strömungsvorgänge als eine abstrakte Rechnung. Allerdings muß man sich darüber im klaren sein, unter welchen Voraussetzungen die Ergebnisse des Modellversuchs auf die Ausführung übertragen werden können.

Zu diesem Zweck werden dimensionslose Ähnlichkeitskennzahlen definiert. Es wird zum Beispiel

- die geometrische Ähnlichkeit ausgedrückt durch den Baumaßstab

$$\frac{l_m}{l_a} = l^*$$

- die kinematische Ähnlichkeit durch

$$\frac{w_m}{w_a} = \frac{l_m/t_m}{l_a/t_a} = \frac{l^*}{t^*} \qquad \text{(Geschwindigkeit)}$$

oder durch

$$\frac{a_m}{a_a} = \frac{l_m/t_m^2}{l_a/t_a^2} = \frac{l^*}{t^{*2}} \qquad \text{(Beschleunigung)}$$

oder durch

$$\frac{\dot{V}_m}{\dot{V}_a} = \frac{l_m^3}{l_a^3} : \frac{t_m}{t_a} = \frac{l^{*3}}{t^*} \qquad \text{(Strommenge)}.$$

Andererseits werden folgende dimensionslose Ziffern gebildet:

- die Eulerzahl, welche das Verhältnis der Trägheitskräfte zu den Druckkräften erfaßt

$$Eu = \frac{m\,a}{p\,A} = \frac{\rho\,l^3\,(l/t^2)}{p\,l^2} = \frac{\rho\,l^4\,(w^2/l^2)}{p\,l^2} = \frac{\rho\,w^2}{p} \qquad (13)$$

- die Reynoldzahl, welche durch das Verhältnis der Trägheitskräfte zu den Reibungs- (Zähigkeits-) kräften gebildet wird

$$Re = \frac{m\,a}{A\,\tau} = \frac{m\,a}{\eta\,(dw/dl)\,A} = \frac{\rho\,l^2\,w^2}{\eta\,(w/l)\,l^2} = \frac{\rho\,w\,l}{\eta} = \frac{w\,l}{\nu} \qquad (14)$$

- die Froude-Zahl, die durch das Verhältnis der Trägheitskräfte und der Gewichtskräfte bestimmt wird

$$Fr = \sqrt{\frac{m\,a}{m\,g}} = \sqrt{\frac{\rho\,l^2\,w^2}{\rho\,l^3\,g}} = \sqrt{\frac{w^2}{l\,g}} \qquad (15)$$

- die Machsche Zahl, welche neben den Trägheitskräften die Kompressibilitätskräfte berücksichtigt

$$Ma = \frac{m\,a}{E\,A} = \frac{\rho\,l^2\,w^2}{E\,l^2} = \frac{\rho\,w^2}{E} \qquad (16)$$

Während die Reynoldzahl, die zwar nicht die Wirkungen von Gewichtskräften, wohl aber die Reibungskräfte und damit die Auswirkungen der Grenzschicht erfaßt, in erster Linie für Untersuchungen an vollständig umströmten Körpern (z.B. in der Aerodynamik) in Betracht kommt, wird die Froude-Zahl, welche die durch ein Schiff auf der Wasseroberfläche hervorgerufene Wellenbewegung erfaßt - Trägheits- und Gewichtskräfte sind hier im Spiel - in der Schiffstechnik angewandt.

1.2.3 Das Reynoldsche Modellgesetz

Wird nun ein Modellversuch im Windkanal durchgeführt, so ist stets das Reynoldsche Ähnlichkeitsgesetz

$$Re_m = Re_{ausf} \qquad (17)$$

zu beachten. Es kann also, da $Re = w \, l / \nu$ ist, die Modellausführung kleiner oder auch größer als das Original sein, ja, man kann am Modell mit einem anderen Medium arbeiten. So können beispielsweise große Dampfturbinen am Modell mit Luft gefahren werden, wodurch sich die Untersuchung bedeutend wirtschaftlicher gestaltet.

Die Verhältnisgleichheit der Länge l umfaßt dabei jedoch nicht nur die äußeren Abmessungen, sondern bei genauer Durchführung des Versuchs alle über die glatt gedachte Wandung hinausgehenden Unebenheiten. So müßten beim Kraftfahrzeugmodell z.B. Türklinken und Scheibenwischer, ja sogar die Körnung des Lacks im entsprechenden Baumaßstab hergestellt werden.

Bei Rohren wird als charakteristische Länge l der Durchmesser, bei Schaufel- und Tragflügelprofilen deren Profillänge zugrunde gelegt.

Mitunter läßt sich die Forderung nach Verwirklichung des Reynoldschen Ähnlichkeitsgesetzes nicht erfüllen. Es ist dann erforderlich, die Abhängigkeit der zu untersuchenden Größen von der Re-Zahl zu kennen.

Im Bereich kompressibler Strömungen, etwa ab Ma = 0,3, sollte das Machsche Ähnlichkeitsgesetz dem von Reynold vorgezogen werden, da die Dichteänderung durch die Re-Zahl nicht mehr erfaßt wird.

1.3 Hydromechanik

In diesem Abschnitt sollen nur die Gesetze der eindimensionalen Strömung inkompressibler Fluide betrachtet werden, d.h. die Strömung aller beteiligten Teilchen bewegt sich in einer vor allen anderen ausgezeichneten Richtung, z.B. parallel zur Rohrachse mit einer allen Teilchen gemeinsamen mittleren Geschwindigkeit. Die geringfügigen Querbewegungen werden vernachlässigt. Die Betrachtungen dieser sogenannten "Hydraulik" besitzen auch Gültigkeit für strömende Gase, sofern die auftretenden Geschwindigkeiten und die damit verbundenen Dichteänderungen nicht allzu hoch sind (s. auch Abschnitt 1.4.2).

1.3.1 Reibungsfreie Rohrströmung

Wir wollen die Bahn eines strömenden Teilchens als Stromlinie bezeichnen. Betrachtet man eine Anzahl von Stromlinien in gebündelter Form (Bild 21), so ergibt sich, daß die durchfließende Masse in einer solchen "Stromröhre" offenbar konstant bleiben muß.

Es ist dann

$$\dot{m}_1 = \dot{m}_2 \qquad (18)$$

oder auch

$$A_1 \, \rho_1 \, w_1 = A_2 \, \rho_2 \, w_2. \qquad (18a)$$

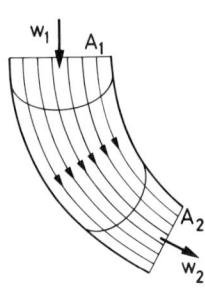
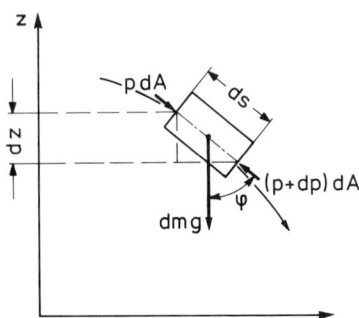

Bild 21   Bild 22

Die als Kontinuität bezeichnete Formulierung gestaltet sich bei Flüssigkeiten, für welche ρ = const ist, einfacher:

$$A_1 \, w_1 = A_2 \, w_2. \qquad (19)$$

Der Geschwindigkeitsvektor eines strömenden Teilchens wird durch die Tangente an die Strombahn *) dargestellt. Betrachtet man ein strömendes Teilchen der Masse dm auf seiner Bahn (Bild 22), so sind Druckkräfte, Gewicht und Trägheitskräfte daran wirksam. Somit ist

$$dm \, g \, \cos \alpha + dp \, dA = dm \, dw/dt \qquad (20)$$

Nun kann die Geschwindigkeitsänderung sowohl vom Ort ($\partial w/\partial s \cdot ds$) als auch von der Zeit ($\partial w/\partial t \cdot dt$) abhängig sein. Eine Strömung, bei der eine zeitlich unabhängige Ge-

*) Stromlinie und Strömungsbahn fallen im allgemeinen nur bei stationärer Strömung zusammen.

schwindigkeitsänderung vorliegt (etwa bei einer Querschnittsänderung in einer Rohr-strömung) wird als stationäre Strömung bezeichnet. Tritt jedoch eine zeitliche Geschwindigkeitsänderung auf, so ist die Strömung instationär (Strömungszustand beim Schließen eines Ventils). Allgemein ist somit

$$dw = \frac{\partial w}{\partial s}\, ds + \frac{\partial w}{\partial t}\, dt\,. \tag{21}$$

Unter Verzicht auf instationäre Vorgänge wird

$$dw = \frac{dw}{ds}\, ds \quad \rightarrow \quad \frac{dw}{dt} = \frac{dw}{ds}\, w = \frac{d(w^2/2)}{ds}\,.$$

Aus obiger Gleichung wird dann durch Einsatz und Umstellung

$$g\,\frac{dz}{ds} + \frac{1}{\rho}\,\frac{dp}{ds} + \frac{d(w^2/2)}{ds} = 0\,.$$

Die Integration liefert

$$g\,z + p/\rho + \frac{1}{2}\, w^2 = \text{const}\,, \tag{22}$$

eine auf die Masseneinheit bezogene Energiebilanz. Sie wird häufig in der Höhenform benutzt

$$z + p/\rho g + w^2/2g = \text{const}\,. \tag{22a}$$

Werden Punkte des gleichen Stromfadens und verschiedenen Strömungszustandes verglichen, so schreibt man besser

$$z_2 - z_1 + (p_2 - p_1)/\rho g + (w_2^2 - w_1^2)/2g = 0\,. \tag{22b}$$

Dabei stellt $z_2 - z_1$ die Ortshöhendifferenz, $(p_2 - p_1)\rho g$ die Differenz der Druck-höhen und $(w_2^2 - w_1^2)/2g$ die Differenz der Geschwindigkeitshöhen (Staudrücke) für die betrachteten Punkte dar.

Für Gefäßausfluß (allseitig Atmosphärendruck: $p_1 = p_2$) wird dann die Ausflußgeschwindigkeit

$$w = \sqrt{2g\,z} \quad \text{(Torricelli-Formel)}, \tag{22c}$$

sowie für Gase, soweit die Änderung der Höhenenergie bedeutungslos ist, die Mündungsgeschwindigkeit

$$w = \sqrt{2\,\Delta p/\rho} = \sqrt{2\,c_p\,\Delta T}\,. \tag{22d}$$

20

Betrachtet man instationäre Vorgänge, so bleibt der Ausdruck für die zeitliche Geschwindigkeitsänderung - das sogenannte instationäre Glied aus Gl. 21 - in der Bernoulli-Energiegleichung erhalten. Es lautet damit der erweiterte Energiesatz

$$g\,z + p/\rho + w^2/2 + \int (\partial w/\partial t)\,ds = \text{const.} \qquad (22e)$$

Anwendungen

- Strahlpumpe

Zeichnet man den Verlauf des statischen Drucks (als Überdruck über der Atmosphäre) über der Achse eines im Querschnitt sich verändernden Rohres auf (Bild 23), so zeigt diese Piezometerlinie einmal, daß, unabhängig von der Größe des Austrittsquerschnitts, die Austrittsgeschwindigkeit allein von der eingangs vorhandenen Energiehöhe H im Behälter abhängt: $w_a = \sqrt{2g\,H}$. Zum andern wird deutlich, daß bei erheblicher Querschnittseinschnürung ein beträchtlicher Zuwachs der Strömungsgeschwindigkeit und dadurch ein Absinken des statischen Drucks unter die Atmosphäre p_a hervorgerufen wird: p_3/ρ wird negativ. Das absolute Maximum dieses Unterdrucks liegt selbstverständlich bei p_a/ρ.

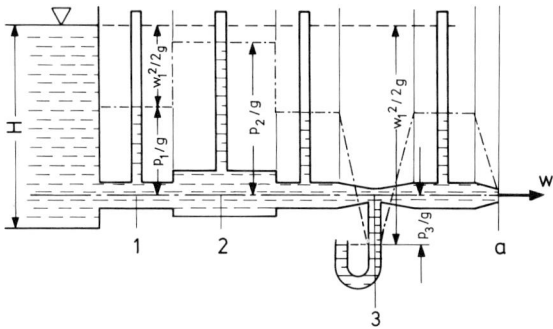

Bild 23

Diese Erscheinung wird bei der Strahlpumpe zum Ansaugen von flüssigen oder gasförmigen Medien benutzt (Bild 24). In (1) tritt unter hohem Druck stehendes Medium (Wasser oder auch Dampf) in die Einfalldüse, an deren Austritt infolge starker Geschwindigkeitserhöhung ein Unterdruck erzeugt wird. Das anzusaugende Medium wird durch den Flansch (2) angesaugt und verläßt die Mischdüse gemeinsam mit dem Druckmedium an der Stelle (3). Die Pumpe wird trotz ihres verhältnismäßig geringen Wirkungsgrades häufig verwendet, da sie ohne bewegliche Teile betriebssicher arbeitet. Sie wird u.a. eingesetzt zur Entwässerung von Baugruben, wobei als Druckmedium Leitungswasser benutzt wird. In Dampfkraftanlagen dient sie, mit Dampf betrieben, zur Erzeugung und Aufrechterhaltung der Luftleere im Kondensator.

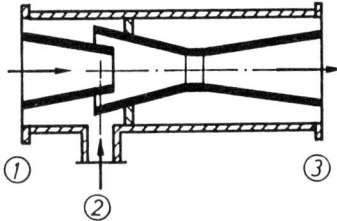

Bild 24

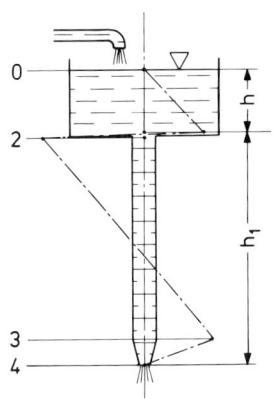

Bild 25

- Senkrechter Gefäßausfluß

Für den Gefäßausfluß in Bild 25 werden 5 Punkte betrachtet. Von (0) bis (1) baut sich infolge der Wassersäule h ein statischer Druck entsprechender Größe auf, das Ortsgefälle wird demzufolge geringer, die Geschwindigkeit ist vor dem Eintritt in das Ausflußrohr noch Null (Reibung und Strahleinschnürung vernachlässigt, Gefäßquerschnitt sei unendlich groß). Zwischen (1) und (2) baut sich eine Geschwindigkeit auf Kosten des statischen Drucks auf, da die Ortshöhe gleich bleibt. Diese Geschwindigkeit läßt sich nur über den Ausfluß (4) ermitteln:

$$w_4 = \sqrt{2g\,(h + h_1)}.$$

Nach der Kontinuität wird dann $w_2 = w_4\,(A_4/A_2)$, so daß nunmehr die Energiebilanz

$$p_1/\rho = p_2/\rho + w_2^2/2$$

den Druck p_1 liefert.

Die Drucklinie fällt ersichtlich stark in den negativen Bereich. Bis (3) bleibt die Geschwindigkeit wegen gleichen Querschnitts erhalten, so daß sich der Druck durch die abnehmende Ortshöhe auf p_3 vergrößert. In der Düse wird schließlich trotz geringer Ortshöhenabnahme wegen des Geschwindigkeitszuwachses auf $w_4 = w_a$ der Druck auf den Außendruck absinken müssen.
Die Piezometerlinie ist in der Figur aufgezeigt.

1.3.2 Meßtechnik

In diesem Abschnitt sollen einige Meßverfahren der Strömungstechnik und die dazugehörigen Meßgeräte beschrieben werden. Letzten Einblick gewinnt man jedoch nur durch den Umgang mit ihnen.

1.3.2.1 Messungen mit Sonden

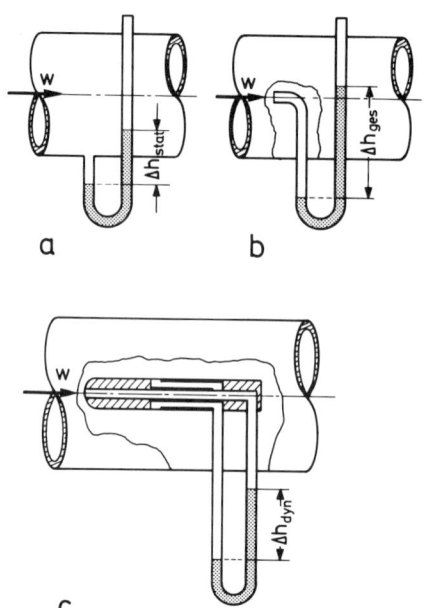

Bild 26 Sonden zur Druck- und Geschwindigkeitsbestimmung

Die Drucksonde oder der Piezometer mißt den statischen Druck (Bild 26a). Auf die Meßflüssigkeit des Pitotrohres wirkt außer dem statischen Druck auch der Staudruck der Mediumsgeschwindigkeit; dieses Gerät liefert also einen Gesamtdruck p_{ges} (Bild 26b). Durch Kombination beider Geräte erhält man direkt den Staudruck

$$p_{dyn} = \rho w^2/2 = p_{ges} - p_{stat} \, ,$$

wodurch die Bestimmung der Geschwindigkeit wie auch der Durchflußmenge bei bekanntem Rohrquerschnitt möglich wird. Das Prandtlrohr (Bild 26c) liefert auf diese Weise den Staudruck als Differenzdruck direkt. Zu beachten ist, daß die richtungsabhängigen Sonden genau ausgerichtet sind, daß ferner ein Mittelwert über dem Querschnitt durch eine Meßreihe gebildet wird und daß schließlich die Messung des Staudrucks von der Sogwirkung der Strömung nicht beeinflußt wird.

Erschwert wird die Ablesung der Flüssigkeitssäule durch die Kapillarität, also der Spiegelwölbung. Dadurch wird die Genauigkeit dieser Geräte begrenzt. Abhilfe verschafft das "Betz-Manometer", bei dem die Höhe des Wasserspiegels nicht durch Beobachtung des Meniskus, sondern durch die Meßskala eines Schwimmers (H) abgelesen wird. Das Bild der Skala wird auf einer optischen Mattscheibe (M) vergrößert dargestellt, so daß mit bloßem Auge 0,1 mm WS abgelesen werden kann (Bild 27).

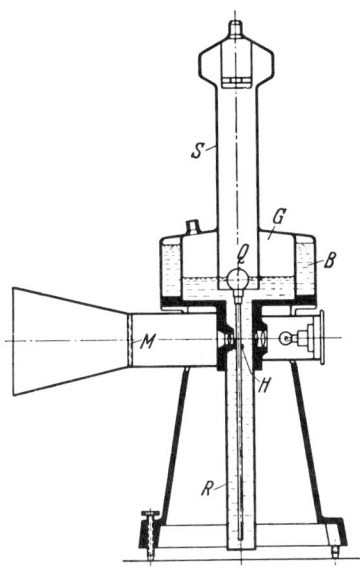

Bild 27   Betz-Manometer
   M Mattscheibe   Q Schwimmer mit Meßskala H
   R Aufnahmeflüssigkeit   G Druckgefäß   B Sperrflüssigkeit

Zur Bestimmung der Strömungsrichtung im offenen Strom (zum Beispiel am Tragflügel) benutzt man eine Kugel- oder eine Zylindersonde, da das Pitotrohr verhältnismäßig unempfindlich gegenüber Richtungsänderungen ist. Solange die Strömung von vorn kommt (Bild 28, Fall a), zeigt der Differenzdruck für beide Öffnungen den Wert Null, jedoch schon bei geringer Drehung der Anströmgeschwindigkeit bzw. der Sonde selbst erscheint eine deutliche Druckanzeige. Man dreht das Gerät so lange, bis die Anzeige verschwindet. Damit ist die Strömungsrichtung festgelegt.

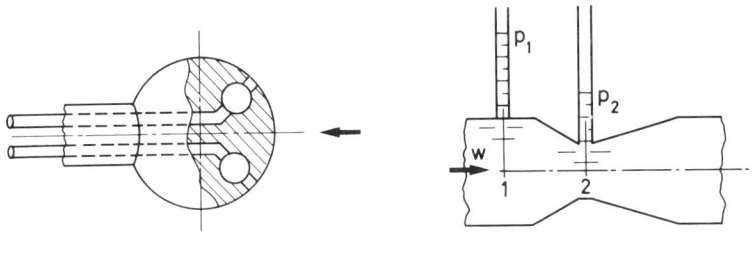

Bild 28   Kugelkopfsonde   Bild 29

1.3.2.2 Messungen mit Düsen und Blenden

Neben den Meßsonden werden, weitaus häufiger, Meßdüsen, auch Venturirohre genannt, und Meßblenden zur Durchsatzmessung benutzt. Nach Bild 29 liefert die Energiegleichung (22)

$$p_1/\rho + w_1^2/2 = p_2/\rho + w_2^2/2 + \zeta w_2^2/2$$

und mit

$$w_1 = w_2 \, A_2/A_1 = m \, w_2$$

wird

$$\Delta p/\rho = (1 - m^2 + \zeta) \, w_2^2/2 \,,$$

woraus mit

$$1/\sqrt{1 - m^2 + \zeta} = \alpha$$

$$w_2 = \alpha \sqrt{2 \, \Delta p/\rho} \qquad \text{und} \qquad \dot{V} = \alpha \, A \, \sqrt{2 \, \Delta p/\rho} \qquad \text{ist.} \qquad (23)$$

Dabei ist α eine Gerätekonstante und umfaßt außer dem Querschnittsverhältnis auch die im Gerät auftretenden Verluste, dargestellt durch den Summanden ξ. Die Fläche A stellt in jedem Falle den engsten Querschnitt (in Figur A_2) dar.

Aus dem Blendenaufbau (Bild 30) wird ersichtlich, daß eine Druckdifferenz vor und hinter der Drosselscheibe bei diesem Gerät offenbar nur durch den Druckverlust infolge des Blendenwiderstandes hervorgerufen wird, da ja die unmittelbar erfaßten Strömungsquerschnitte gleich sind. Da jedoch auch der Druckverlust eine eindeutige Funktion der Geschwindigkeit und somit der Strommenge ist, liefert auch die Blende hinreichend gute Meßergebnisse. Höhere Anforderungen an die Meßgenauigkeit können allerdings an ein Venturirohr gestellt werden.

Düse, Blende und Venturirohr sind genormt, so daß bei gegebenem Rohrdurchmesser und gefordertem Drosselquerschnitt alle anderen Abmessungen festgelegt sind. Die Gerätekonstante α ist in Abhängigkeit vom Querschnittsverhältnis $(d/D)^2$ aus Tafel 1 im Anhang zu entnehmen.

Bei Gasen und Dämpfen ergeben sich bei größeren Druckänderungen Volumenexpansionen, die nicht mehr vernachlässigbar sind. Im engsten Querschnitt wird darum das Volumen größer, außerdem wird die Strahlkontraktion beeinflußt. Wir berücksichtigen diesen Einfluß durch die Expansionszahl ϵ, so daß sich der Durchsatz nunmehr ergibt zu

$$\dot{V} = \alpha \, \epsilon \, A \, \sqrt{2 \, \Delta p/\rho} \,. \qquad (24)$$

Tafel 3 im Anhang zeigt die Expansionsberücksichtigung für Düsen und Blenden.

1.3.2.3 Rotierende Meßgeräte

Bei sehr kleinen Geschwindigkeiten versagen die üblichen Staugeräte, da der Staudruck namentlich bei Luft dann nur sehr gering ist. Hier sind rotierende Meßgeräte am Platz, etwa ein Anemometer, wie es Bild 31 darstellt. Man hält das Meßgerät in den Luft-

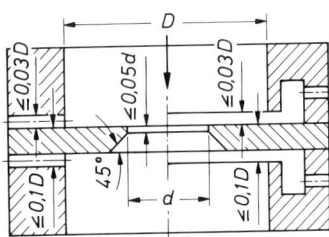

Bild 30   Normblende

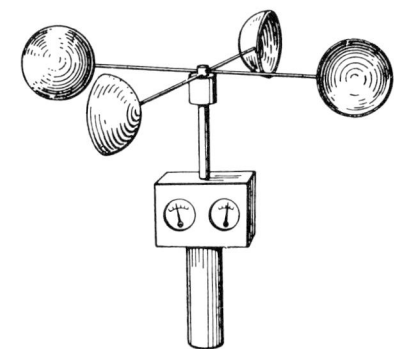

Bild 31 Schalenkreuz-Anemometer

strom - entsprechende Geräte sind auch zur Messung von Flüssigkeitsströmen in Gebrauch -, so daß es sich dank der unterschiedlichen Widerstandsbeiwerte der halbkugelförmigen Becher bei Vor- und Rückanströmung dreht, und man gewinnt die Strömungsgeschwindigkeit als Maß für die sich einstellende Drehzahl.

Diese Geräte werden bis zu kleinsten Größenordnungen hinunter hergestellt (Flügeldurchmesser 4 ... 5 mm).

1.3.2.4 Thermische Meßgeräte

Winzige Drähte werden elektrisch beheizt und in den Luftstrom gebracht. Der elektrische Widerstand ändert sich mit der Temperatur, diese wird durch die Höhe der Geschwindigkeit beeinflußt.

1.3.2.5 Ausfluß- und Überfallmessungen

Aus Abschnitt 1.3.6 gehen die Formulierungen zur Erfassung der Strommenge hervor. Ergänzend sollen die Durchflußbeiwerte für verschiedene Meßvorrichtungen dargestellt werden.

Für Grund- und Bodenablaß ist für hinreichende seitliche Erstreckung (Bild 32a und b):

$$\mu = 0,61 \ ... \ 0,62. \tag{25}$$

Für einen rechteckigen Überfall ohne seitliche Einschnürung gilt (Bild 32c)

$$\mu = 0,615 \, (1 + \frac{1}{1000 \ h + 1,6}) \, [\, 1 + 0,5 \, (h/H)^2 \,]. \tag{25a}$$

Für einen rechteckigen Überfall mit Seitenkontraktion wird

$$\mu = (0,5755 + \frac{0,017}{h + 0,18} - \frac{0,075}{b + 1,2}) \left\{ 1,025 + \left[0,25 \, (b/H)^2 + \frac{0,0375}{(h/H)^2 + 0,02} \, (h/H)^2 \right] \right\} \tag{25b}$$

Für das dreiecksförmige Überfallwehr wird die Überfallmenge

$$\dot{V} = 8/15 \ [\mu \ h^2 \ \tan \ (\alpha/2) \ \sqrt{2 \ g \ h} \ ]$$

(25c)

mit μ = 0,539.

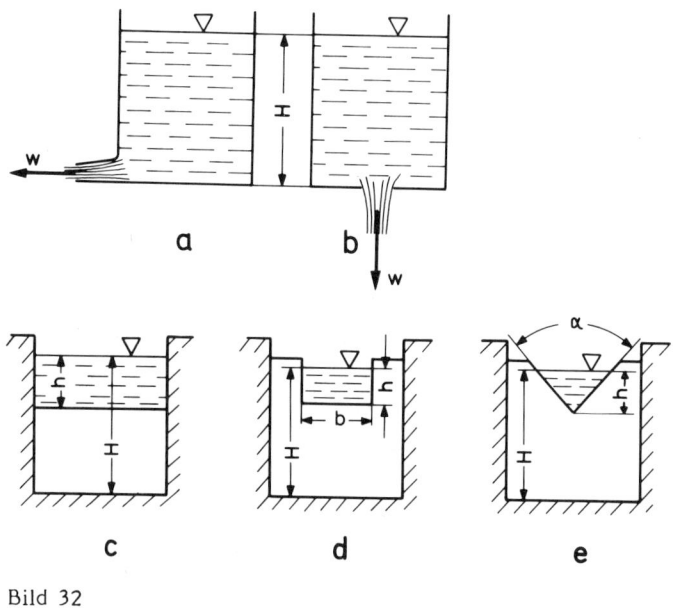

Bild 32

1.3.3 Strömung mit Reibung (Rohrhydraulik)

1.3.3.1 Widerstandsgesetz

Verschiebt man eine Platte mit der benetzten Oberfläche A durch eine Flüssigkeit gegenüber einer ruhenden Wandung (diese Platte kann auch als eine aus dem strömenden Medium herausgegriffene Flüssigkeitsschicht aufgefaßt werden), so stellt man fest, daß die aufzubringende Kraft, die gerade zur Überwindung des Flüssigkeitswiderstandes notwendig ist, abhängt von der Geschwindigkeit w und der benetzten Oberfläche A der

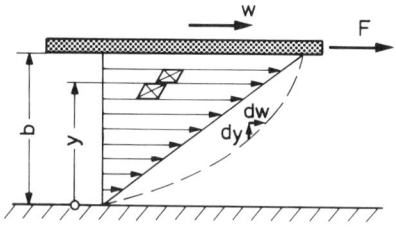

Bild 33

Platte sowie vom Kehrwert des Plattenabstandes b. Hinzu kommt der Einfluß der Flüssigkeit selbst, der durch den Koeffizienten η berücksichtigt wird:

$$F = \eta\ A\ w/b. \tag{26}$$

Keineswegs ist nun das Geschwindigkeitsprofil immer als linear anzusehen. Allgemein wird sodann

$$F = F_w = \eta\ A\ dw/dy \qquad \text{oder} \qquad F/A = \tau = \eta\ dw/dy. \tag{26a}$$

Zwischen zwei benachbarten Schichten treten Kraftwirkungen derart auf, daß die schnellere Schicht versucht, die langsame mitzureißen, die langsame jedoch die schnellere zurückzuhalten versucht. Da dies auf Zerrungen an der Teilchenoberfläche hinausläuft, handelt es sich in der Tat um Schubspannungen.

Der Koeffizient η stellt eine Flüssigkeitskonstante dar und wird als dynamische Zähigkeit oder Viskosität bezeichnet. Die Einheit im internationalen Maßsystem ergibt sich zu $N\ s/m^2$. Mitunter wird gerechnet mit der Einheit "poise", wobei $1\ N\ s/m^2 = 10$ poise sind.

Um den Einfluß der Masse herauszubringen, definiert man die kinematische Zähigkeit

$$\nu = \eta/\rho$$

mit der Einheit m^2/s. Vielfach wird die Zähigkeit auch noch in der älteren Einheit "Engler-Grad" angegeben, welche ein Zähigkeitsvergleichsmaß der speziellen Flüssigkeit gegenüber Wasser von 20° C darstellt.

Umrechnungen und Zähigkeitstabellen für Luft, Wasser und Dampf oder auch Öl sind in den Taschenbüchern [6] zu finden (s. auch Tafeln 2, 2a und 4 im Anhang).

1.3.3.2 Laminare Strömung

Bei der strömenden Bewegung tritt nicht selten der Fall ein, daß sich die Flüssigkeitsteilchen genau parallel zueinander bewegen, die einzelnen Schichten aneinander vorbeigleiten ohne sich zu mischen. Es liegt dann keine quer zur Strömung gerichtete Teilchenbewegung vor.

Der Kräfteansatz für die stationäre Bewegung (Bild 34) liefert das Gleichgewicht:

$$(p + \Delta p)\ A - p\ A + G\ \sin\alpha\ = F_w$$

mit $\quad A = r^2\ \pi \quad$ und $\quad F_w = \nu\ \rho\ 2\ \pi\ r\ l\ dw/dr.$

Somit wird

$$\Delta p \, r^2 \pi + r^2 \pi \, l \, \rho \, g \sin \alpha = \nu \, \rho \, 2 \, \pi \, r \, l \, dw/dr$$

oder auch

$$\Delta p/(l \, \rho \, g) + \sin \alpha = 2 \, \nu \, /(r \, g) \, dw/dr,$$

wobei der Ausdruck $\Delta p/(l \, \rho \, g)$ das Druckhöhengefälle pro Längeneinheit des Rohres, $\sin \alpha$ ($= l \sin \alpha /l$) das Ortsgefälle pro Längeneinheit darstellt. Die linke Seite der Gleichung stellt also das Gesamtgefälle I dar, welches entweder als Druck- oder als Ortsgefälle oder auch als Summe beider in Erscheinung tritt.

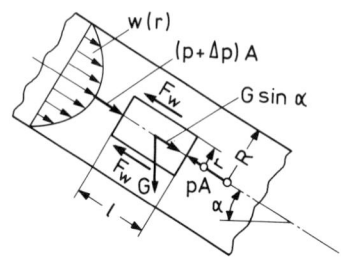

Bild 34

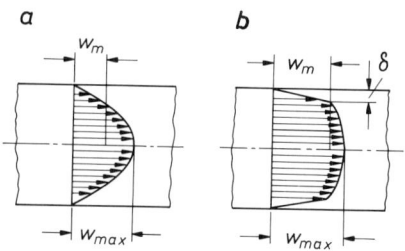

Bild 35   Geschwindigkeitsprofile für
a) laminaren
b) turbulenten Strömungsfall

Es ist also

$$I = 2 \, \nu \, /(r \, g) \cdot dw/dr,$$

wobei der Anstieg dw/dr negativ anzusetzen ist.

Die Integration liefert

$$w = - \frac{g \, I}{2 \, \nu} \int r \, dr + C',$$

also

$$w = - \frac{g \, I}{4 \, \nu} \, r^2 + C$$

und mit $w = 0$ für $r = R$ an der Rohrwand

$$w = \frac{g \, I}{4 \, \nu} \, (R^2 - r^2). \tag{27}$$

Es zeigt sich ein Geschwindigkeitsprofil von der Form einer quadratischen Parabel. Da in Bild 34 ein beliebiger Achsschnitt betrachtet wurde, bildet sich räumlich gesehen ein Rotationsparaboloid aus, dessen Geschwindigkeit an der Rohrwand selbstverständlich gleich Null wegen der Haftbedingung, in der Rohrachse hingegen ein Maximum ist von der Größe

$$w_{max} = \frac{g \, I}{4 \, \nu} \, R^2.$$

Die mittlere Geschwindigkeit erhält man, wenn man die Höhe des volumengleichen Zylinders aus dem Paraboloid ermittelt. Der Volumenvergleich zeigt

$$w_m = 1/2 \ w_{max} = \frac{g \ I}{8 \ \nu} \ R^2. \tag{28}$$

Nur diese Geschwindigkeit w_m kann im Sinne der Stromfadentheorie der Berechnung zugrunde gelegt werden.
Als Durchsatz ergibt sich dann:

$$\dot{V} = w_m \ A = \frac{\pi \ g \ I}{8 \ \nu} \ R^4.$$

Schließlich ergibt sich aus Gl. (28) auch der Energieverlust, da dieser gerade durch das Gesamtgefälle überwunden wird, zu

$$E_v = I \ l \ g = \frac{8 \ \nu \ l}{R^2} \ w. \tag{28a}$$

Diese für die laminare Strömung gewonnenen Beziehungen werden durch den Versuch genau bestätigt.

1.3.3.3 Turbulente Strömung

Die meisten technisch wichtigen Strömungen sind nicht laminar. Es treten Querbewegungen der Teilchen zur Strömungsrichtung auf, die einen ausgleichenden Einfluß auf die Geschwindigkeit der einzelnen Schichten haben: Das Profil (Bild 35) wird flacher, zur Wandung hin erfolgt ein steiler Abfall der Geschwindigkeit. Diese Randzone wird als Grenzschicht bezeichnet mit der Grenzschichtdicke δ. Im allgemeinen ist diese Schicht auch bei voll ausgebildeter Turbulenz laminar.

Ein Kriterium für den Umschlag laminar - turbulent stellt die Re-Zahl dar. Ist z.B. für ein vom Fluid durchflossenes Rohr $Re \leq 2320 = Re_{kr}$, so ist die Strömung in jedem Falle laminar. Von außen in die Strömung getragene Störungen werden wieder ausgeglichen, "geglättet": Der laminare Strömungsfall ist in diesem Re-Bereich stabil.

Wird $Re \geq 2320$, so stellt sich im allg. turbulente Strömung ein, jedoch kann unter völliger Ausschaltung von störenden Einflüssen die laminare Strömung als labiler Zustand noch weit über die kritische Re-Zahl hinaus aufrecht erhalten werden.

Zur Übersicht sei die Re-Zahl für eine übliche Wasserleitungsströmung bestimmt:

$$d = 30 \ mm, \ w = 2 \ m/s, \ \nu_{t \ = \ 20^{\circ}C} = 1 \cdot 10^{-6} \ m^2/s$$

liefert:

$$Re = 60 \cdot 10^3 \geq Re_{kr}.$$

Es zeigt sich, daß offenbar nur bei sehr zähflüssigen Medien (Ölen) oder sehr dünnen Röhrchen der laminare Strömungsfall auftritt.

Da der turbulente Strömungsfall rechnerisch nur unvollkommen dargestellt werden kann, wird ein empirischer Ansatz gemacht. Es sei

$$E_v = \psi \; \frac{U}{A} \; l \; \frac{w^2}{2} \qquad (29)$$

mit dem benetzten Umfang U, der Querschnittsfläche des Rohres A und der dimensionslosen Kennzahl ψ, welche den Einfluß der Oberflächenbeschaffenheit des Materials (Rauhigkeit) und der charakteristischen Daten des strömenden Mediums (Zähigkeit ...) beinhaltet. Gleichung (29) gilt allgemein. Für das kreisrunde Rohr ist U/A = 4/d, somit $E_v = 4 \psi \; l/d \; w^2/2$, und mit $4 \psi = \lambda$

$$E_v = \lambda \; \frac{l}{d} \; \frac{w^2}{2}. \qquad (30)$$

Da die Widerstandziffern λ für die verschiedenen Fälle tabellarisch zusammengefaßt sind, setzt man für den allgemeinen Fall des unrunden Rohres (Gerinne, rechteckig geformte Leitungen ...) an

$$E_v = \lambda \; \frac{l}{d_{hydr}} \; \frac{w^2}{2} \qquad (30a)$$

mit dem "hydraulischen Durchmesser" $d_{hydr} = 4 \; A/U$. Auf diese Weise können mit Hilfe der λ - Tabellen auch unrunde Leitungen berechnet werden (Tafel 18 im Anhang).

Der turbulente Strömungsfall läßt sich in zwei Einzelfälle untergliedern:

1. Die Oberflächenrauhigkeit der Wand wird von der laminaren Grenzschicht völlig überdeckt; die Oberfläche ist "hydraulisch glatt"; die Widerstandziffer ist allein abhängig vom Strömungszustand, also von der Re-Zahl.
2. Die Wandrauhigkeit wird, da die Grenzschicht nur sehr dünn ist oder sogar völlig fehlt, allein den maßgebenden Einfluß auf die Größe des Widerstandes besitzen. Das Rohr wird als "völlig rauh" bezeichnet.

Verbindet man die "relative Rauhigkeit" k/d, wobei k die mittlere Höhe der Oberflächenerhebungen darstellt (absolute Rauhigkeit), mit der Re-Zahl, so liefert

$$Re \; k/d = k \; w/\nu$$

eine Kennziffer zur Bestimmung des Rohrtyps.

$$Re \; k/d \leqq 65 \; \ldots\ldots\ldots\ldots\ldots \; glattes \; Rohr$$
$$65 \leqq Re \; k/d \leqq 1300 \; \ldots\ldots\ldots \; Mischbereich$$
$$Re \; k/d \geqq 1300 \; \ldots\ldots\ldots\ldots \; völlig \; rauhes \; Rohr.$$

Für glattes Rohr kann angesetzt werden

$$\lambda = 0{,}316/\sqrt[4]{Re} \qquad \text{für } Re_{kr} \leqq Re \leqq 10^5 \qquad (31)$$

und
$$\lambda = 0{,}0032 + 0{,}221/Re^{0{,}237} \qquad \text{für } Re \geqq 10^5. \qquad (32)$$

Für völlig rauhes Rohr schließlich wird (nach Prandtl)

$$\lambda = (2 \lg (d/k) + 1{,}138)^{-2}. \qquad (33)$$

Für den Mischbereich kann λ zweckmäßig durch Interpolation gewonnen werden, da eine formelmäßige Darstellung wegen des Einflusses sowohl der Re-Zahl als auch der Rauhigkeit auf den Widerstand erheblich erschwert wird.

Tafel 18 im Anhang zeigt den gesamten Verlauf der Widerstandsziffer über der Re-Zahl mit dem Parameter d/k im Bereich des rauhen Rohres. Die Achsmaßstäbe sind logarithmisch verzerrt, so daß sich die Potenzfunktionen der Gleichungen (31) und (32) zu Geraden strecken.

Schließlich wird auch für die laminare Strömung zur Vereinfachung der Rechentechnik eine Widerstandziffer λ gebildet.

Nach Gl. (28a) und Gl. (30) ist

$$E_v = \frac{8\,\nu\,l\,w}{R^2} = \frac{64}{Re}\frac{l}{d}\frac{w^2}{2},$$

woraus sich

$$\lambda = 64/Re \qquad (34)$$

ergibt.

Ist die Widerstandziffer λ von vornherein nicht zu bestimmen, weil etwa die Strömungsgeschwindigkeit oder der Rohrdurchmesser gesucht wird und somit auch die Re-Zahl unbekannt ist, so wird λ geschätzt und die Schätzung iterativ über die Gleichungen (14) bis (17) korrigiert. Die Art des Rohres (glatt oder rauh) und die der Strömung (laminar oder turbulent) muß wegen fehlender Re-Zahl ebenfalls angenommen werden vorbehaltlich einer späteren Korrektur.

1.3.4 Besondere Widerstände

Durch Strömungsumlenkungen und Armaturen werden zusätzliche Energieverluste hervorgerufen, die mitunter von erheblicher Größenordnung sind.

1.3.4.1 Eintritts- und Umlenkverluste

Bild 36 zeigt die Verhältnisse am Eintritt in eine Rohrleitung. Sind a und b die äußeren Stromfäden, so sind die auf ihnen sich bewegenden Teilchen aufgrund ihrer Trägheit nicht in der Lage, dem äußeren Umriß im rechten Winkel um die Ecke zu folgen, sondern sie legen sich erst nach einem Bogen an die Rohrwand an. Im Querschnitt (1) verbleibt somit zunächst ein Vakuum. Der Kernquerschnitt wird an dieser Stelle mit hoher Geschwindigkeit durchströmt, der Druck ist entsprechend niedrig. In der beruhigten Strömung im Querschnitt (2) ist die Teilchengeschwindigkeit wieder abgesunken, der Druck angestiegen. Aus dieser Zone fluten im Sinne eines Druckausgleiches Teilchen in die Randzone des Querschnitts (1) zurück, es bilden sich dort Verwirbelungen. Diese Zonen werden Totwässer genannt, da sie zum Durchfluß nicht beitragen. Die Verwirbelung im Totwasser bedeutet Energieverzehr, ferner treten Stoßverluste durch Auftreffen schneller Fronten auf langsame auf.

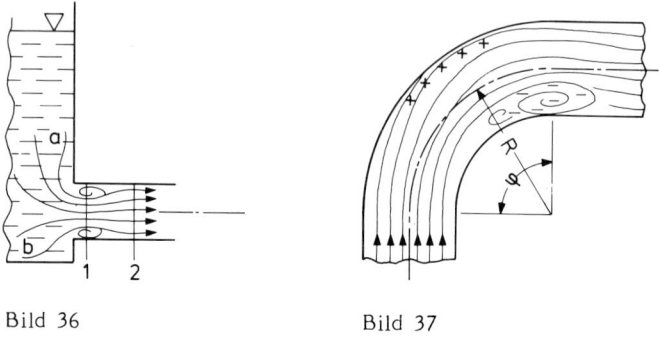

Bild 36   Bild 37

Der durch die beschriebenen Ursachen auftretende Strömungsverlust ist von der Form des Rohreintritts abhängig. Mit dem Formfaktor ζ setzt man $E_v = \zeta\, w^2/2$, wobei ζ z.B. für abgerundeten Einlauf geringer ist als für stumpf angesetztes Rohr.

Ähnlich liegen die Verhältnisse beim Krümmer (Bild 37). Infolge unvollständiger Umlenkung stellt sich an der Innenseite ein Totwasser ein, erzeugt durch rückflutende Teilchen. Die Verlustziffer ζ ist hier offenbar abhängig vom Rohrdurchmesser d, vom Krümmungsradius R, vom Umlenkungswinkel φ und von der Oberflächenbeschaffenheit. Die Verlustziffern für Krümmer und Knie sind aus Tafel 6 im Anhang zu entnehmen.

1.3.4.2 Querschnittsänderungen

Erweitert sich ein Rohr im Sinne der Strömungsrichtung, so vermindert sich die Geschwindigkeit von w_1 auf $w_2 = w_1 \cdot A_1/A_2$ und der Druck steigt an. Dadurch erfolgt ein Rückströmen in die Winkelzone (Bild 38) und die Bildung von Totwässern; schnelle Fronten stoßen auf langsame und verursachen Stoßverluste. Die Verlustziffer ergibt sich rechnerisch (s. Abschnitt 1.3.5.2, Anwendungsbeispiel) zu

$$\zeta_{erw} = (A_2/A_1 - 1)^2. \qquad (35)$$

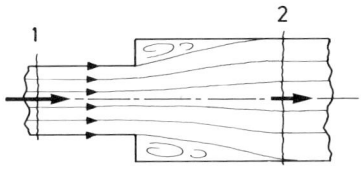

Bild 38

Man bezieht sich dabei stets auf die Geschwindigkeit im folgenden Querschnitt, so daß

$$E_v = \zeta_{erw} \cdot w_2^2/2 \qquad \text{ist.}$$

Setzt man die Energiegleichung (Gl. 22a) an, so wird

$$(p_2 - p_1)/\rho = (w_1^2 - w_2^2)/2 - \zeta_{erw} \, w_2^2/2.$$

Mit $w_2 = w_1 \, (A_1/A_2)$ und Gleichung 35 wird

$$(p_2 - p_1)/\rho = w_2^2/2 \, [(A_2/A_1)^2 - 1 - (A_2/A_1 - 1)^2] = w_2^2 \, (A_2/A_1 - 1).$$

Da laut Voraussetzung $A_2/A_1 > 1$ ist, liegt trotz Druckverlustes in jedem Falle ein Druckanstieg in Strömungsrichtung vor.

Die Verluste in einem Diffusor (Bild 39) werden dadurch hervorgerufen, daß es infolge der stark gebremsten Strömung zu einem Stau in Wandnähe, damit zu einer Verdickung und schließlich zur Ablösung der Grenzschicht kommt. Für Öffnungswinkel $\delta \leq 8^o$ läßt sich die Ablösung vermeiden und der Verlust erheblich herabsetzen.

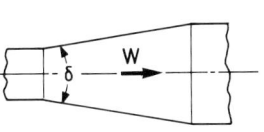

Bild 39 Diffusor

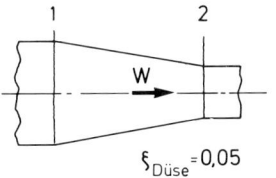

Bild 40 Düse

Ähnlich verhält es sich mit plötzlichen oder allmählichen Verengungen (Düsen). Auch hier wird $E_v = \zeta_{Düse} \, w_2^2/2$ gesetzt, wobei in jedem Falle eine Druckminderung in Strömungsrichtung stattfindet. Genauere Verlustziffern sind in den einschlägigen Tabellen [6] zu ersehen. Eine Grenzschichtablösung liegt bei der Düse nicht vor, da die Strömung beschleunigt ist und somit die Grenzschicht stabilisiert wird.

1.3.4.3 Absperrorgane, Armaturen

Zu den gebräuchlichen Absperrorganen gehören die Ventile, von denen zwei Typen extrem verschiedenen Durchflußwiderstandes in Bild 41 dargestellt sind. Die Verlustbeiwerte gelten für voll geöffnetes Ventil.

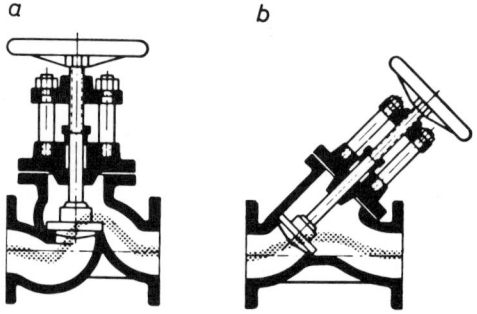

Bild 41   Ventilformen
a) DIN-Ventil   b) Freiflußventil

Oft verwendet wird der Schieber, für den in der nachstehenden Tabelle die Vergrößerung des Durchflußwiderstandes in Abhängigkeit vom relativen Schließweg e/d dargestellt ist. Es ist der Tabelle zu entnehmen, daß Geschwindigkeit und Durchsatz erst bei starker Drosselung des Stromes nennenswert absinken.

e/d	1/8	2/8	3/8	4/8	5/8	6/8	7/8	8/8
ζ_v	0,07	0,26	0,81	2,06	5,52	17	98	∞

Ähnlich verhält es sich bei Hahn und Drosselklappe (Bild 42), bei welchen die Absperrung durch Drehen des Schließorgans um den Winkel δ geschieht.

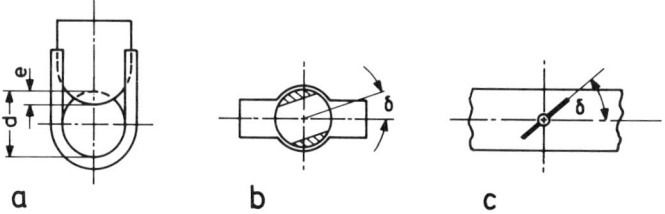

Bild 42   Absperrorgane
a) Schieber   b) Hahn   c) Drosselklappe

Schließlich sei noch der Saugkorb (Bild 43) erwähnt, der bei Pumpen als Sieborgan beim Ansaugen aus offenen Gewässern verwendet wird. Das Ventil daran dient zum Halten der Wassersäule im Saugrohr.

1.3.4.4 Rohrverzweigungen

Liegt eine Rohrverzweigung (Trennung oder Vereinigung von zwei oder mehr Rohr-strängen) vor, so ist die Energiegleichung zunächst auf einen Stromfaden durch Rohr (1) und (2) (in der Figur gestrichelt angedeutet), sodann gesondert auf den Stromfaden durch Rohr (1) und (3) anzusetzen. Somit erhöht sich die Zahl der Bestimmungsglei-chungen, jedoch durch die Verschiedenheit der Geschwindigkeiten und gegebenenfalls auch der Durchmesser der Rohre (2) und (3) auch die Zahl der Variablen. Der Verlust-faktor ist dann auch für beide Teilrohre verschieden und wird in Abhängigkeit von der Geschwindigkeit im Hauptrohr dargestellt.

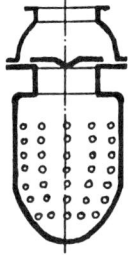

Bild 43 Saugkorb

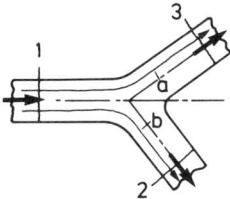

Bild 44 Rohrverzweigung

Somit ist

$$E_{v \text{ verzw } 2} = \zeta_{\text{verzw } 2} \, w_1^2/2$$

$$E_{v \text{ verzw } 3} = \zeta_{\text{verzw } 3} \, w_1^2/2 \; .$$

Die Tabellen [6] enthalten die Abhängigkeiten der ζ-Werte vom prozentualen Durch-flußanteil, vom Verzweigungswinkel und von der Rauhigkeit der Rohre.

1.3.5 Impulsatz für strömende Medien

Aus dem Newton'schen Grundgesetz $F = d(m\,w)/dt$ entwickelt sich durch Umformung der Impulssatz für strömende Medien.
Greifen an dem betrachteten Körper mehrere Kräfte an, so wird $\Sigma F = d(m\,w)/dt$. Da nach Bild 45 auf die äußere Umgebung des Flüssigkeitselementes (z.B. der Krümmer-wand) nur die Differenz zwischen einströmender und ausströmender Geschwindigkeit eine Bedeutung haben kann (innere Kräfte heben sich auf), so kann mit $m = \text{const}$ gesetzt werden

$$\Sigma \bar{F} = \frac{dm}{dt} \, (\bar{w}_2 - \bar{w}_1)$$

oder

$$\Sigma \ \overline{F} = \dot{m} \ (\overline{w}_2 - \overline{w}_1). \tag{36}$$

Bezeichnet man $\dot{m} \ \overline{w}$ als Bewegungsgröße oder Impulskraft, so ist:

S a t z :   Die Summe der äußeren Kräfte gleich der Differenz zwischen Austritts- und Eintrittsimpulskraft. *)

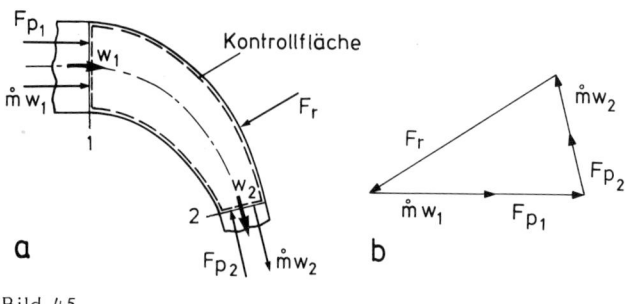

Bild 45

An Kräften treten auf: Druckkräfte F_p und Kräfte der Umgebung auf das betrachtete strömende Element, deren Summe F_r sein mag. Widerstandskräfte verursachen Druckverluste bzw. Geschwindigkeitsabbau und sind in der Verschiedenheit der Druckkräfte bzw. der Impulskräfte enthalten. Somit läßt sich mit $\dot{m} = \dot{V} \rho$ auch schreiben

$$\overline{F}_p + \overline{F}_r + \dot{V} \ \rho \ \overline{w}_1 - \dot{V} \ \rho \ \overline{w}_2 = 0. \tag{36a}$$

Es ist zu empfehlen, das betrachtete Stromelement durch eine "Kontrollfläche" (bzw. Kontrollvolumen) genau abzugrenzen, da nur so die wirksamen Kräfte eindeutig zu erfassen sind (Bild 45 und Bild 46).

A n w e n d u n g e n

- Umlenkkraft am Krümmer

Für den Krümmer in Bild 45 soll die resultierende Wandkraft ermittelt werden. Gegeben sind Durchsatz $\dot{m}$, Innendruck $p_1 = p_2$ sowie Abmessungen und Form des Krümmers.

Lösung: Zunächst sind alle Kräfte einzuzeichnen, die auf das betrachtete Stromelement wirksam sind.

Von den benachbarten Stromelementen wirken Druckkräfte, sofern das Medium unter Überdruck gegenüber der Atmosphäre steht ($\overline{F}_{p1}$ und $\overline{F}_{p2}$). Mit der Ein- bzw. Ausströmgeschwindigkeit ist gleichzeitig die Richtung der Impulskräfte $\dot{m} \ \overline{w}$ gegeben. Die resul-

*) Der Satz gilt in dieser Form nur für stationäre Strömungen

tierende Kraft der Aussenwand auf das Flüssigkeitselement sei in Richtung und Größe zunächst mit $\overline{F}_r$ angenommen.

Gleichung (36a) schreibt nun die Bildung der vektoriellen Differenz der Impulskräfte vor, d.h. die Austrittsimpulskraft $\dot{m}\,\overline{w}_2$ muß in entgegengesetzter Richtung an $\dot{m}\,\overline{w}_1$ angetragen werden, als es der Lageplan angibt. Sodann erfolgt die vektorielle Addition der Druckkräfte. Die resultierende Wandkraft (Kraft der Wandung auf das Flüssigkeitselement) wird als Schließende des Kraftecks gefunden, da sie das Gleichgewicht herbeiführen muß und somit die Gl. (36a) erfüllt. Damit ist $\overline{F}_r$ in Größe und Richtung ermittelt.

Rein rechnerisch wird die Größe der Druckkraft über $F_p = p\,A$, die Geschwindigkeit über $w = \dot{V}/A$ ermittelt.

- Ermittlung der Widerstandsziffer von Rohrerweiterungen

Es ist die Verlustziffer ζ_{erw} für die plötzliche Erweiterung einer Rohrleitung zu bestimmen.

Gegeben sind Durchsatz $\dot{m}$ sowie die Rohrquerschnitte A_o und A_2 (Bild 46).

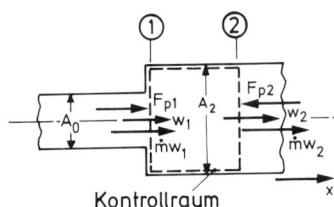

Bild 46

Lösung: Da sämtliche Kräfte achsparallel gerichtet sind, kann der Impulssatz mit skalaren Größen angewandt werden. Eine resultierende Kraft auf die äußere Wandung wird nicht hervorgerufen.

Somit wird

$$F_{p1} - F_{p2} + \dot{m}\,w_1 - \dot{m}\,w_2 = 0.$$

Am Querschnitt (1) herrscht überall der gleiche Druck p_1, da die rückströmenden Totwässer sich dem Druck der einströmenden Masse angleichen. Der Querschnitt (2) liege an einer Stelle, an der die Strömung wieder völlig ausgeglichen ist.

Impulssatz:
$$A\,(p_1 - p_2) = \dot{m}\,(w_2 - w_1)$$

oder
$$p_1 - p_2 = \rho\,(w_2^{\,2} - w_1\,w_2). \tag{a}$$

Die Energiegleichung liefert:

$$(P_1 - P_2)/\rho = (w_2^2 - w_1^2)/2 + \zeta_{erw} \, w_2^2/2$$

$$P_1 - P_2 = \rho/2 \, (w_2^2 - w_1^2) + \rho/2 \, \zeta_{erw} \, w_2^2 \qquad (b)$$

und durch Verbindung beider Gleichungen (a) und (b):

$$2 \, w_2^2 - 2 \, w_1 \, w_2 = w_2^2 - w_1^2 + \zeta_{erw} \, w_2^2$$

$$(w_1 - w_2)^2 = \zeta_{erw} \, w_2^2$$

$$(w_1/w_2 - 1)^2 = \zeta_{erw}$$

$$\zeta_{erw} = (A_2/A_1 - 1)^2 \qquad \text{(vgl. Gl. 35)} \, .$$

- Impulskraft auf eine Turbinenschaufel

Aus einer Düse wird ein Wasserstrahl mit der Geschwindigkeit w senkrecht auf eine Platte geworfen. Die Platte bewege sich unter dem Strahldruck mit der Geschwindigkeit u (Bild 47). Es ist

$$\overline{F}_r + \dot{m} \, \overline{w}_1 - \dot{m} \, \overline{w}_2 = 0 \, ,$$

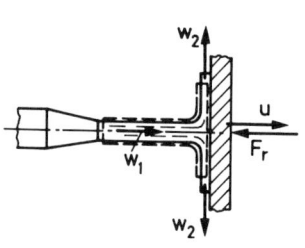

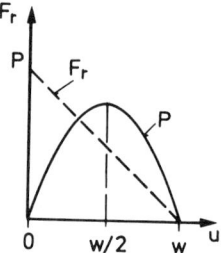

Bild 47   Bild 48

da das Stromelement allseitig dem Atmosphärendruck unterliegt und somit F_p herausfällt. Da ferner die abströmende Flüssigkeit (angenommen sei eine horizontale Plattenlage) nach allen Seiten gleichmäßig abfließt, ist $\Sigma \, \dot{m} \, w_2 = 0$. Somit verbleibt

$$F_r + \dot{V} \rho \, w = 0.$$

Die Reaktion des Strahls auf die Platte ist demnach

$$F_r = \dot{V} \rho \, w. \qquad (37)$$

Bewegt sich nun die Platte mit der Geschwindigkeit u, so erreicht der Strahl die Platte nur noch mit der relativen Geschwindigkeit w - u. Es ist dann die Strahlkraft

$$F_r = \dot{V} \rho \, (w - u) \qquad (37a)$$

mit $\dot{V}$ als der nunmehr die Platte in der Zeiteinheit erreichenden Menge:

$$\dot{V} = A \, (w - u).$$

Es wird ersichtlich (Bild 48), daß bei geringen Geschwindigkeiten der Platte, die z.B. auch als Schaufel eines Turbinenrades angesehen werden kann, die wirkende Kraft und damit das wirksame Drehmoment von erheblicher Größenordnung ist. Mit wachsender Eigengeschwindigkeit u sinkt die Schaufelkraft, für die Durchgangsdrehzahl $u = w$ wird sie Null. Diese Turbinencharakteristik ist bedeutungsvoll für den Einsatz in Fahrzeugen, die unter hoher Last bei niedrigen Drehzahlen hohe Drehmomente aufbringen sollen (s. Abschnitt 8, Wandler).

Schließlich wird die verfügbare Leistung der Platte

$$P = F_r \, u = \dot{V} \rho \, (w \, u - u^2).$$

Ein Leistungsmaximum liegt vor für

$$dP/du = \dot{V} \rho \, (w - 2u) = 0,$$

also für
$$u = w/2.$$

Die Leistungskurve stellt eine Parabel zweiten Grades dar (Bild 48). Für $u = 0$ sowie für $u = w$ ist sie Null, da im ersten Fall die Geschwindigkeit, im letzteren die Kraft verschwindet.

1.3.6 Flüssigkeitsbehälter

Betrachtet man den Ausfluß durch die Bodenöffnung eines Behälters (Bild 49), so wird für konstante Spiegelhöhe

$$w = \sqrt{2g \, h},$$

wobei jedoch ein Energieverlust durch Reibung und Verwirbelung an der Öffnung berücksichtigt werden muß:

$$w = \mu_1 \sqrt{2g \, h}.$$

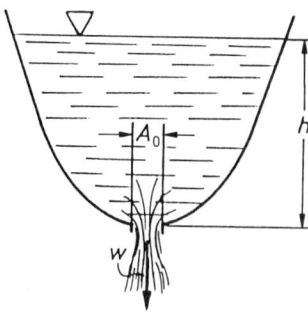

Bild 49

Für die ausfließende Menge ergibt sich

$$\dot{V} = A_0 \; \mu_1 \; \sqrt{2g \; h} \; \mu_2,$$

wobei μ_2 die Strahleinschnürung berücksichtigt, durch welche die effektive Austritts-fläche gegenüber A_0 verringert wird. μ_2 kann bei nicht ausgerundeten Bohrungen bis auf den Wert 0,64 absinken.

Verbindet man beide Faktoren, die Verlustziffer und die Kontraktionsziffer, so wird

$$\dot{V} = \mu \; A_0 \; \sqrt{2g \; h}. \tag{38}$$

Die Ausflußzeit schließlich ergibt sich aus

$$t = V/\dot{V} = \frac{V}{\mu \; A_0 \; \sqrt{2g \; h}}. \tag{39}$$

Bei Entleerung eines Behälters ändert sich die Spiegelhöhe. Der Vorgang ist dann in-stationär:

Der Spiegel falle (Bild 50) von h_1 auf h_2 ab. Es ist am Austritt

$$\dot{V} = \mu \; A_0 \; \sqrt{2g \; z},$$

sodann wird gleichzeitig $V = A_z \; dz$ entnommen, so daß auch $\dot{V} = A_z \; dz/dt$ ist. Somit wird

$$dt = \frac{A_z}{\mu \; A_0 \; \sqrt{2g \; z}} \; dz.$$

Durch Integration ergibt sich die Ausflußzeit t:

$$t = \frac{1}{\mu \; A_0 \; \sqrt{2g}} \int_{h_2}^{h_1} \frac{A_z}{\sqrt{z}} \; dz. \tag{40}$$

Für den Fall des prismatischen Gefäßes ist A_z konstant. Die Integration liefert dann

$$t = \frac{2\,A}{\mu\,A_0\,\sqrt{2g}}\;(\sqrt{h_1} - \sqrt{h_2}). \tag{41}$$

Für völlige Entleerung wird mit $h_2 = 0$

$$T = \frac{2\,A\,h}{\mu\,A_0\,\sqrt{2g\,h}}. \tag{41a}$$

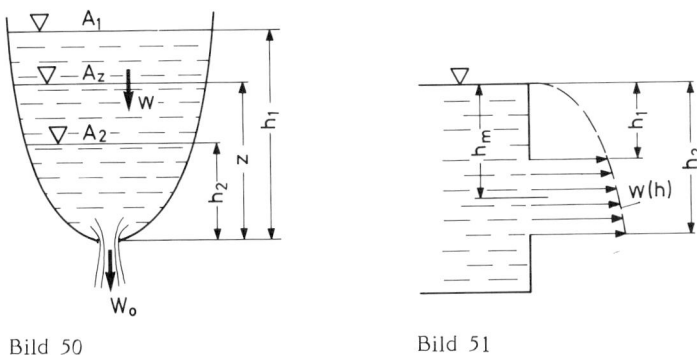

Bild 50   Bild 51

Liegt die Öffnung in der Seitenwand oder handelt es sich gar um einen freien Überfall (etwa über ein Stauwehr), so ist zu beachten, daß die Ausflußgeschwindigkeit mit wachsender Tiefe parabelförmig ansteigt (Bild 51). Die Ausflußmenge ist dann durch das Volumen dargestellt, welches das Geschwindigkeitsprofil räumlich ausfüllt, also für Öffnungen konstanter Breite

$$\dot V = \mu\left(\tfrac{2}{3}\,h_2\,\sqrt{2g\,h_2} - \tfrac{2}{3}\,h_1\,\sqrt{2g\,h_1}\right)$$

$$\dot V = \tfrac{2}{3}\,\mu\,\sqrt{2g}\,(h_2^{3/2} - h_1^{3/2}). \tag{42}$$

Im allgemeinen reicht jedoch der einfache Ansatz über die mittlere Höhe aus:

$$\dot V = \mu\,A_0\,\sqrt{2g\,h_m}. \tag{42a}$$

Die Abweichung gegenüber der genauen Formel (Gl. 42) liegt maximal bei 4 bis 5 %.

1.4 Gasdynamik

1.4.1 Schallgeschwindigkeit

Das in Bild 52 dargestellte Rohr wird von einer Gasmasse durchströmt, deren Zustandsgrößen an der Stelle (1) durch die Geschwindigkeit w, die Dichte ρ und den Druck p dargestellt sind. Eine Druckwelle bewegt sich relativ zum Strom mit der absoluten Geschwindigkeit c durch die Gasmasse hindurch. Im betrachteten Augenblick erreicht diese Druckwelle gerade den Querschnitt (2) und verändert damit den Gaszustand an dieser Stelle. Die neuen Zustandsgrößen sind hier $w + \Delta w$, $\rho + \Delta \rho$ und $p + \Delta p$. Das Bezugssystem sei mit der Druckwelle verhaftet und bewegt sich somit ebenfalls mit der Geschwindigkeit c durch die Gasströmung. Dann wird die Geschwindigkeit in (1), bezogen auf das Bezugssystem, $w - c$, jene in (2) $w + \Delta w - c$.

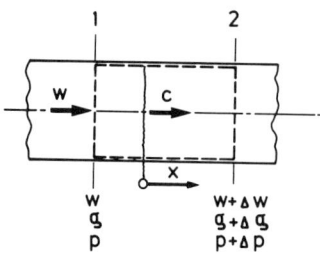

Bild 52

Impulssatz:
$$A\,(p_1 - p_2) + \dot{m}\,(w_1 - w_2) = 0$$

und mit $\dot{m} = A\,\rho\,w_1$

$$p - (p + \Delta p) + \rho\,(w - c)\,[\,w - c - (w + \Delta w - c)\,] = 0$$

$$\Delta p = \rho\,\Delta w\,(c - w)\,. \qquad\qquad (a)$$

Kontinuität:
$$A_1\,\rho_1\,w_1 = A_2\,\rho_2\,w_2$$

und mit $A_1 = A_2$

$$\rho\,(w - c) = (\rho + \Delta \rho)\,(w + \Delta w - c)$$

$$\rho\,w - \rho\,c = \rho\,w + \rho\,\Delta w - \rho\,c + \Delta \rho\,w + \Delta \rho\,\Delta w - \Delta \rho\,c.$$

Beschränkt man sich auf mäßig hohe Druckanstiege, so kann das Glied $\Delta \rho\,\Delta w$ gleich Null gesetzt werden, da es in zweiter Ordnung klein ist. Somit ist

$$\rho\,\Delta w = \Delta \rho\,(c - w). \qquad\qquad (b)$$

Durch Koppelung der Gleichungen (a) und (b) wird

$$\Delta p = \Delta \rho\,(c - w)^2 \quad\rightarrow\quad c = w \pm \sqrt{\Delta p / \Delta \rho}\,.$$

Pflanzt sich die Druckwelle durch eine ruhende Gasmasse fort, so wird die Strömungs-geschwindigkeit w = 0 und es verbleibt ein Ausdruck für die Ausbreitungsgeschwindig-keit einer Druckwelle im ruhenden Gasraum

$$c_s = \sqrt{\Delta p / \Delta \rho}$$

oder im Grenzübergang

$$c_s = \sqrt{dp/d\rho} \; .$$

(43)

Diese Geschwindigkeit wird als Schallgeschwindigkeit bezeichnet.

Betrachtet man die Vorgänge als wärmeisoliert, was bei den hohen Fortpflanzungsge-schwindigkeiten mit guter Näherung getan werden kann, so kann die adiabate Zustands-änderung zugrunde gelegt werden:

$$p = (p_0/\rho_0^{\varkappa}) \, \rho^{\varkappa} \quad \rightarrow \quad dp/d\rho = (p_0/\rho_0^{\varkappa}) \, \varkappa \, \rho^{\varkappa - 1}$$

$$c_s = \sqrt{\varkappa \, p_0 \, v_0 \, (\rho/\rho_0)^{\varkappa - 1}} = \sqrt{\varkappa \, p_0 \, v_0 \, (T/T_0)}$$

$$c_s = \sqrt{\varkappa \, R \, T} \qquad \text{Schallgeschwindigkeit .}$$

(44)

1.4.2 Kompressibilität strömender Gase

Die Dichte eines strömenden Gases ändert sich grundsätzlich mit wachsender Ge-schwindigkeit. Jedoch ist diese Änderung in weiten Geschwindigkeitsbereichen vernach-lässigbar gering.

Wir führen, analog zur Festigkeitslehre, den Elastizitätsmodul ein:

$$\Delta p = - E \; \Delta V/V_0$$

(45)

mit dem Volumen-Elastizitätsmodul E in N/cm^2.

Für inkompressible Medien ist

$$\Delta V/V_0 = - \Delta p/E = 0 \qquad \text{d.h.} \qquad E \rightarrow \infty \; .$$

(45a)

Für Wasser wird $E = 2 \cdot 10^5 \; N/cm^2$, so daß für eine Druckänderung $\Delta p = 10 \; N/cm^2$

$$\Delta V/V_0 = - \Delta p/E = - 10/(2 \cdot 10^5) = - 0,005 \; \% \qquad \text{wird.}$$

Untersuchen wir die Luft unter der Voraussetzung gleichbleibender Temperatur, so wird

$$p \, V = p_0 \, V_0 = \text{const}$$

$$(p_0 + \Delta p)(V_0 + \Delta V) = p_0 \, V_0$$

$$p_0 \, V_0 + p_0 \, \Delta V + \Delta p \, V_0 + \Delta p \, \Delta V = p_0 \, V_0$$

$$\Delta p = - \frac{\Delta V}{V_0} \, p_0 \, ,$$

so daß bei Vergleich mit Gl. (45a) $E = p_0 \approx 1$ bar unter Normalbedingungen ist.

Nun ist auch

$$V \, \rho = V_0 \, \rho_0 \qquad \text{Kontinuität, Gl. (18)}$$

$$(V_0 + \Delta V)(\rho_0 + \Delta \rho) = V_0 \, \rho_0$$

und damit

$$\Delta \rho / \rho_0 = - \Delta V/V_0 \qquad \text{oder} \qquad \Delta p = E \, \Delta \rho / \rho_0 \, . \qquad (46)$$

Die relative Dichteänderung stellt somit ein Maß für die Kompressibilität dar.

Forderung für als inkompressibel anzusehende Medien:

$$\Delta \rho / \rho \ll 1 \quad \rightarrow \quad \Delta p/E \ll 1 \quad \rightarrow \quad \Delta p \ll E.$$

Da beim strömenden Gas die Druckdifferenz im allg. durch die Geschwindigkeitsänderung bewirkt wird, ist mit $\Delta p = \rho \, w^2/2$ die Forderung gestellt

$$\rho \, w^2/2 \ll E \approx p_0 \, . \qquad (47)$$

Ein Medium ist also als inkompressibel anzusehen, wenn der Staudruck wesentlich kleiner als der Ruhedruck p_0 ist. So ist z.B. für strömende Luft mit einer Geschwindigkeit von $w = 100$ m/s unter atmosphärischen Bedingungen der Staudruck

$$q = \rho \, w^2/2 = 1,27 \cdot 100^2/2 = 6350 \text{ N/m}^2$$

und somit
$$q/p_0 = \Delta \rho / \rho_0 = 6350/10^5 = 0,06 \, .$$

Führt man in diesem Falle eine Rechnung unter der Voraussetzung inkompressibler Strömung durch, so tritt ein Fehler von 6 % auf.

Nun ist $c_s^2 = \Delta p / \Delta \rho$, also auch $c_s^2 = q / \Delta \rho$ oder auch $\Delta \rho / \rho = Ma^2/2$.
Setzt man die Grenze für die Inkompressibilität bei $\Delta \rho / \rho = 0,05$ an, so wird als Grenzwert

$$Ma_{gr} = \sqrt{2 \, (\Delta \rho / \rho)_{gr}} = 0,3 \, . \tag{48}$$

S a t z : Übersteigt die Mach-Zahl den Wert $Ma = 0,3$, so ist die Strömung als kompressibel anzusehen.

1.4.3 Strömungsgesetze

Legt man Gl. (18) zugrunde und führt den spezifischen Querschnitt $a = A/\dot{m}$ ein, so wird die Kontinuität

$$\frac{w \, a}{v} = 1 \tag{49}$$

mit dem spezifischen Volumen v. Betrachtet man übrigens den Kehrwert des spezifischen Querschnitts, so stellt dieser mit $1/a = \dot{m}/A$ die Stromdichte dar. Logarithmiert man die Gl. (49)

$$\ln w + \ln a = \ln v$$

und differenziert sie anschließend, so erhält man mit

$$\frac{d w}{w} + \frac{da}{a} = \frac{dv}{v} \tag{49a}$$

einen anderen Ausdruck für die Kontinuität.

Führt man einer Strömung zwischen zwei Querschnitten eine Energie q zu, so liefert die Energiebilanz mit $\Delta h = \Delta u + \Delta (p \, v)$

$$q = h_2 - h_1 + (w_2^2 - w_1^2)/2 + g(z_2 - z_1) \tag{50}$$

entsprechend Gl. (22), oder für benachbarte Querschnitte

$$dq = dh + w \, dw + dz \, . \tag{50a}$$

Schließt man Reibungseinflüsse mit ein, so ändert sich die Beziehung; die Reibung vermindert wohl die Arbeitsleistung, also z.B. die Strömungsgeschwindigkeit, erhöht jedoch als Reibungswärme den Wärmeinhalt (Rückgewinn).

46

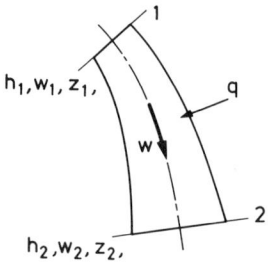

Bild 53

Für Gasströmungen kann das Gasgewicht vernachlässigt werden: $\Delta z = 0$. Betrachtet man ferner sehr schnelle und somit nahezu wärmeisolierte Strömungsvorgänge, so wird $q = 0$. Somit verbleibt

$$(w_2^{\,2} - w_1^{\,2})/2 = h_1 - h_2 = \int_1^2 v\ dp. \tag{51}$$

Beim Ausströmen aus einem Behälter (Bild 54) ist $w_1 = 0$, so daß sich für die Mündungsgeschwindigkeit $w_m = \sqrt{2g\,h}$ ergibt. Mit $h = c_p\,t$ für $c_p = const$ wird

$$w_m^{\,2}/2 = c_p\,(T_0 - T_m)$$

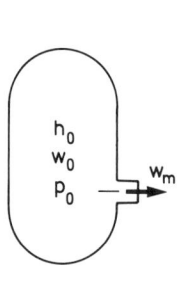

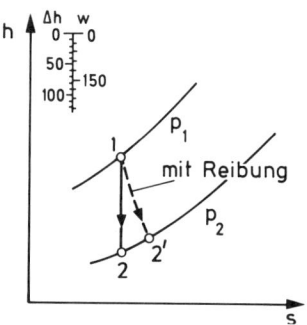

Bild 54

Bild 55   Düsenexpansion im h-s-Diagramm

oder, da zumeist das Druckverhältnis bekannt ist

$$w_m^{\,2}/2 = c_p\,T_0\,[\,1 - (p_m\,/\,p_0)^{(\varkappa\,-\,1)/\varkappa}\,],$$

so daß

$$w_m^{\,2}/2 = \frac{\varkappa}{\varkappa - 1}\,p_0\,v_0\,[\,1 - (p_m/p_0)^{(\varkappa\,-\,1)/\varkappa}\,]\,\mu \tag{52}$$

wird, mit μ als Reibwert, der für Düsen bei 0,95 bis 0,98 liegt.

1.4.4 Überschalldüse

Betrachtet man die Strömung eines Gases durch eine Düse aus einem Behälter heraus, wobei sich das Gas von p_0 auf p_m entspannt, so ist es für technische Anwendungen von Bedeutung, die Form der Düse zu bestimmen.

Der Anfangszustand des Gases sei durch p_0, t_0 und v_0 gegeben. Nach Bild 57 ist z.B. $p_0 = 7$ bar. Über die Gesetzmäßigkeit der isentropen Zustandsänderung ergibt sich dann die Abhängigkeit des spezifischen Volumens von der Druckabsenkung:

$$p \, v^\varkappa = p_0 \, v_0^{\varkappa} \quad \rightarrow \quad v = v_0 \, (p_0/p)^{1/\varkappa} \, .$$

Die Integration aller v dp liefert nach Gl. (51) und folg. die kinetische Energie der Mündungsgeschwindigkeit, da ja $w_0 = 0$ ist, und somit auch den Verlauf der Geschwindigkeit über der Druckabsenkung in der Düse. Dieser zeigt (Bild 57) im Bereich geringer Druckminderung zunächst einen steilen Anstieg, im Bereich $p = p_0/2$ ist der Geschwindigkeitsgradient geringer - die Funktion hat einen Wendepunkt -, und erst im Bereich starker Druckabsenkung steigt die Geschwindigkeit wieder steil an. Im Fall der Entspannung auf den Gegendruck $p_m = 0$ wird eine e n d l i c h e Maximalgeschwindigkeit erreicht. Das ist verständlich, da ja der Energieinhalt des Gases von vornherein begrenzt ist.

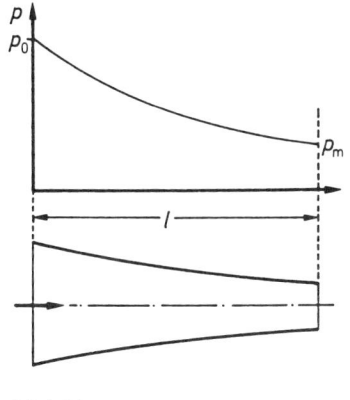

Bild 56

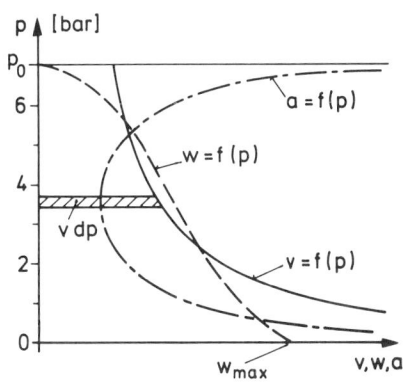

Bild 57 Düsendiagramm

Für Ausströmen in das Vakuum gilt nach Gl. (52) und mit $p_m = 0$

$$w_{max} = \sqrt{2 \, \frac{\varkappa}{\varkappa - 1} \, R \, T_0}$$

oder auch

$$w_{max} = \sqrt{2 \, c_p \, T_0} \, . \tag{53}$$

Demzufolge ist die absolute Höchstgeschwindigkeit nur noch vom Ruhezustand und von der Gasart abhängig.

Selbstverständlich kann zur Ermittlung des Geschwindigkeitsverlaufs auch Gl. (52) benutzt werden. Bei Anwendung der Gl. (49) schließlich ergibt sich nunmehr der Querschnittsverlauf der Düse: $a = v/w$.

Der in Bild 58 dargestellte Verlauf weist ein Minimum auf, den sog. "Lavalquerschnitt". Alle Zustandsdaten in diesem Querschnitt werden als Lavalgrößen bezeichnet. Anschließend erweitert sich die Düse. Eine solche Düsenerweiterung ist darum zwingend notwendig, weil im Anschluß an den Lavalquerschnitt das Volumen stärker expandiert als die Geschwindigkeit zunimmt. Die Strömungsgeschwindigkeit kann also das immer stärker anwachsende Volumen nicht rasch genug hinaustransportieren; dem Volumenzuwachs muß darum durch Vergrößerung des Querschnitts Platz geschaffen werden.

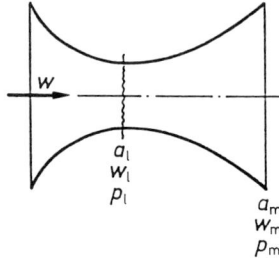

Bild 58 Lavaldüse

Will man also über den Lavaldruck p_l hinaus in einer Düse entspannen, um die Mündungsgeschwindigkeit über w_l hinaus zu vergrößern, so ist die Form der Düse nach Bild 56 falsch. Es muß eine Lavaldüse nach Bild 58 gewählt werden.

Für den engsten Querschnitt A_{min} ist nach Gl. (49a) $dv/v = dw/w$. Gleichung (51) differenziert liefert $w\, dw = - v\, dp$. Die Isentropengleichung $p\, v^{\varkappa} = const$ ergibt, nach v differenziert, $p\, dv + v\, dp = 0$.

Durch Verknüpfung dieser drei Ausdrücke lassen sich die Differentiale eliminieren, so daß sich

$$w_l = \sqrt{\varkappa\, p_l\, v_l} = \sqrt{\varkappa\, R\, T_l} \qquad\qquad (54)$$

ergibt. Das ist der Ausdruck für die Lavalgeschwindigkeit. Es ist zu beachten, daß diese Beziehung unter der Voraussetzung des engsten Querschnitts gebildet wurde, so daß sämtliche Zustandsgrößen Lavaldaten sind.

Dieser Ausdruck entspricht dem der Schallgeschwindigkeit in Gl. (44). Somit ist die Lavalgeschwindigkeit gleich der Schallgeschwindigkeit des Gases im engsten Düsenquerschnitt. Jenseits des engsten Querschnitts einer erweiterten Düse herrscht demnach Überschallgeschwindigkeit, da die Strömungsgeschwindigkeit ansteigt, die Schallgeschwindigkeit, welche nichts anderes darstellt als die Fortpflanzungsgeschwindigkeit eines Druckstoßes, jedoch infolge abnehmender Temperatur während der Expansion absinkt.

Verbindet man die Gleichungen (52) und (54), so wird

$$w_1^2/2 = \varkappa/(\varkappa - 1)\cdot p_0\, v_0\, [\, 1 - (p_1/p_0)^{(\varkappa - 1)/\varkappa}\,] = \frac{1}{2}\,\varkappa\, p_1\, v_1$$

oder

$$v_1/v_0 = \frac{2}{\varkappa - 1}\,[\, p_0/p_1 - (p_0/p_1)^{1/\varkappa}\,]\,,$$

woraus über die Isentropengleichung $v_1/v_0 = (p_0/p_1)^{1/\varkappa}$ sich ergibt:

$$p_1/p_0 = (\frac{2}{\varkappa + 1})^{\varkappa/(\varkappa - 1)}. \tag{55}$$

Es stellt dieser Ausdruck das kritische Druckverhältnis dar, welches lediglich von der Art des Gases abhängig ist.

Für die wichtigsten Gase ist in Tafel 5 im Anhang das kritische Druckverhältnis dargestellt.

Es können nun in der Düse verschiedene bedeutsame Strömungszustände auftreten:

1. Das Druckverhältnis p_a/p_0 ist kleiner als p_1/p_0, (wobei der Index a den Außenzustand angibt) und die Düse ist richtig erweitert, mithin als Lavaldüse ausgeführt. Dann wird die Lavalgeschwindigkeit erreicht und im erweiterten Teil bis zum Mündungsquerschnitt entsprechend der Erweiterung überschritten (Überschallgeschwindigkeit).

2. Das Druckverhältnis p_a/p_0 ist kleiner als p_1/p_0, aber die Düse ist nicht erweitert. In diesem Falle wird w_1 erreicht, aber nicht überschritten. Da der Druck im austretenden Strahl p_m noch größer als der Umgebungsdruck ist, dehnt sich der Strahl an der Düsenmündung explosionsartig aus. Ein derartiges Zerplatzen des Strahls liegt auch dann vor, wenn die Düse unvollständig erweitert wurde.

3. Die Düse ist erweitert, $p_a/p_0 > p_1/p_0$. Hier wird der Strahl im sich verengenden Teil der Düse beschleunigt, die Geschwindigkeit im engsten Querschnitt bleibt unter der örtlichen Schallgeschwindigkeit, im anschließenden erweiterten Teil der Düse wird die Strömung wie in einem Diffusor wieder verzögert (Bild 59).

4. Die Düse ist stärker erweitert als das Druckverhältnis p_a/p_0 es vorschreibt. Wegen der sich entwickelnden Überschallgeschwindigkeit der Strömung können von außen,

50

nämlich von der Mündung her, keine "Signale" in die Düse eindringen, da sich diese auch nur als Druckstöße mit Schallgeschwindigkeit fortbewegen. Der Druck im Strahl fällt im Sinne der (zu starken) Düsenerweiterung ab, so daß der Mündungsdruck p_m geringer als der Umgebungsdruck p_a wird. Es kommt zu einem Verdichtungsstoß, d.h. der Druck im austretenden Strahl steigt plötzlich an, die Geschwindigkeit fällt auf Unterschallgeschwindigkeit ab. Dieser Verdichtungsstoß infolge unrichtiger Düsenerweiterung ist eine Quelle unangenehmer Geräusche.

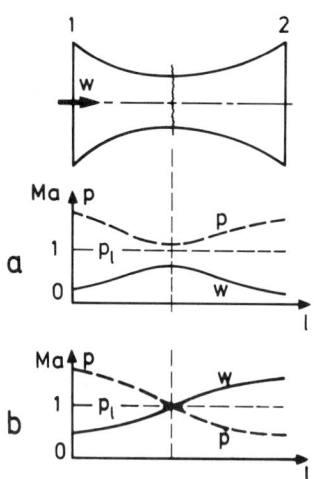

Bild 59 Erweiterte Düse mit
a) Unterschallströmung (Venturirohr)
b) Überschallströmung

Zur Ermittlung der Düsenform verbindet man Gl. (49) $1/a = w/v$ mit der isentropen Zustandsänderung $v = v_0 \, (p_0/p)^{1/\varkappa}$ und setzt für w die Gl. (52) mit $\mu = 1$ ein. Damit wird

$$\frac{1}{a} = \frac{\dot{m}}{A} = \sqrt{\frac{2\varkappa}{\varkappa - 1} \frac{p_0}{v_0} \left[(p/p_0)^{2/\varkappa} - (p/p_0)^{(\varkappa - 1)/\varkappa} \right]}. \tag{56}$$

Nach dieser Beziehung läßt sich die ganze Düse auslegen. Der Lavalquerschnitt ergibt sich durch Einsatz des kritischen Druckverhältnisses nach Gl. (55):

$$1/a_l = \dot{m}/A_l = \sqrt{\varkappa \frac{p_0}{v_0} \left(\frac{2}{\varkappa + 1}\right)^{(\varkappa + 1)/(\varkappa - 1)}}. \tag{56a}$$

a_l stellt den engstmöglichen Querschnitt dar, $1/a_l$ die größtmögliche Stromdichte. Die Druchflußmenge hängt somit nur noch vom Lavalquerschnitt, nicht jedoch vom Außenzustand ab.

Liegt bereits eine nennenswerte Eintrittsgeschwindigkeit vor, so ist aus den Eintrittsdaten zunächst der Ruhezustand zu bestimmen und dann der Austrittszustand.

Zur Bestimmung der Zustandsgrößen in einer Düse wird gern mit Diagrammen, z.B mit dem Mollier-Diagramm für Wasserdampf (s. Anwendungen), gearbeitet, sofern ein Geschwindigkeitsmaßstab eingetragen ist.

1.4.5 Rohrströmung kompressibler Medien

Bei langen Rohrleitungen hat der Druckverlust des strömendem Mediums infolge Rohrreibung eine Expansion des Mediums zur Folge.

Stellt man Gl. (30) $E_v = \lambda\, l/d\, (w^2/2)$ nach dem Druckgradienten um zu $dp = \lambda/2d\; \rho\; w^2\, dl$, so ergibt sich, indem man mit 2p erweitert

$$2p\, dp = \lambda/d \cdot (\rho\; w^2\, p\, dl) \quad .$$

Die Integration liefert

$$p_1^2 - p_2^2 = \lambda\, l/d \cdot (\rho\; w^2\, p) \, , \tag{57}$$

so daß sich eine Druckdifferenz ergibt von

$$\Delta p^* = \lambda\, l/d \cdot (\rho_1/2)\; w_1^2\; p_1/p_m \, . \tag{57a}$$

Dabei wird $p_m = (p_1 + p_2)/2$ gesetzt und der Zustand am Rohreintritt (p_1, ρ_1 und w_1) zugrunde gelegt.

Es zeigt sich, daß der Druckverlust bei Gasströmungen gegenüber dem bei flüssigen Medien abweicht:

$$\Delta p^* = \Delta p\; (p_1/p_m). \tag{57b}$$

In Verbindung mit Gleichung (49) läßt sich bei vorgegebenem Druckabfall z.B. auch der Rohrleitungsdurchmesser auslegen.

Im übrigen sind für Strömungen gasförmiger Medien im Unterschallbereich die in Abschnitt 1.3 dargestellten Beziehungen gültig.

1.4.6 Bewegung eines Körpers im Überschallbereich und der Verdichtungsstoß

1.4.6.1 Der Mach'sche Kegel

Ein Körper bewegt sich (Bild 60) von der Stelle 1 nach Stelle 2, 3 ... Seine Geschwindigkeit ist w, c_s hingegen die Fortpflanzungsgeschwindigkeit der Druckwellen, welche z.B. durch den Körper ausgesandt werden.

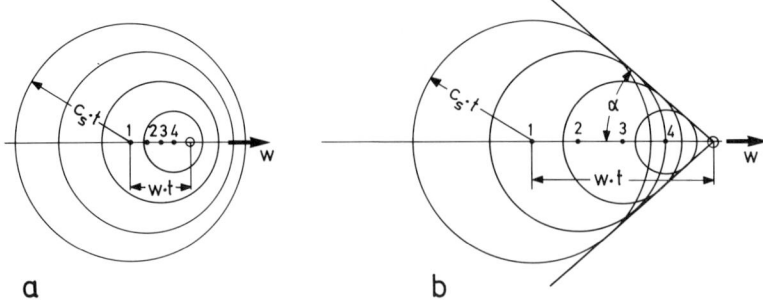

Bild 60 Ausbreitung von Druckwellen an einem bewegten Körper
a) $w < c_s$ b) $w > c_s$

Solange $w < c_s$ ist (Unterschall), breitet sich die Druckwelle nach allen Seiten hin aus, stromabwärts als auch stromaufwärts. Sobald jedoch $w > c_s$ ist, bleibt die Fortpflanzungwelle des Druckstoßes hinter dem Körper zurück und es bildet sich eine kegelförmige Druckfront aus. Stromaufwärts kann die Druckwelle sich nicht ausbreiten, da der Körper ihr davonläuft. Der halbe Öffnungswinkel α des Kegels wird als Mach'scher Winkel bezeichnet, das Verhältnis w/c_s = Ma als Mach'sche Zahl zu Ehren des Forschers Ernst Mach.

1.4.6.2 Der gerade Verdichtungsstoß

Ein Verdichtungsstoß ist ein Drucksprung, der sich auf der Strecke einiger weniger freier Weglängen zusammendrängt und dessen Höhe nicht mehr klein gegenüber dem Umgebungsdruck ist, darum auch mit mehr als Schallgeschwindigkeit forschreitet. Schallwellen großer Amplitude gehen zwangsläufig in derartige Stöße über: Erfaßt nämlich eine solche Welle das Gas an einer Stelle, so steigt dort die Gastemperatur, und die Fortpflanzungsgeschwindigkeit wird größer. Die späteren Teile der Welle mit höherer holen die Teile niederer Temperatur ein, so daß die Welle schließlich an der Vorderseite in eine steile Druckfront übergeht, während sich die Rückseite abflacht (man vergleiche die Bugwelle eines Schiffes).

Es sollen die wichtigsten Gesetzmäßigkeiten zum geraden Stoß hergeleitet werden:

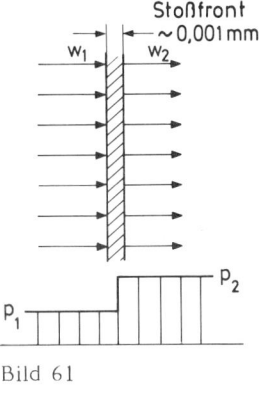

Bild 61

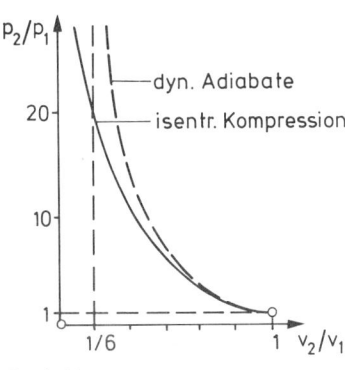

Bild 62

Da für die sehr dünne Schicht, in welcher der Stoß stattfindet, der Strömungsquerschnitt nicht verschieden sein kann, wird die Kontinuität:

$$v_1/w_1 = v_2/w_2 \qquad \text{oder} \qquad w_1 \, \rho_1 = w_2 \, \rho_2. \qquad\qquad \text{(a)}$$

Die Energiegleichung lautet:

$$h_1 + w_1^2/2 = h_2 + w_2^2/2 = h_0. \qquad\qquad \text{(b)}$$

Der Impulssatz für A = const liefert:

$$\rho_1 \, w_1^2 - \rho_2 \, w_2^2 = p_2 - p_1. \qquad\qquad \text{(c)}$$

Multipliziert man Gl. (c) mit $(v_1 + v_2)$, so ergibt sich bei Einsatz der Kontinuität

$$w_1^2 - w_2^2 = (p_2 - p_1)(v_1 + v_2)$$

oder über Gl. (b)

$$h_1 - h_2 = 1/2 \; (p_1 - p_2)(v_1 +. v_2).$$

Ersetzt man in Gl. (c) w_1 bzw. w_2 aus der Kontinuität mit $w_1 = (\rho_2/\rho_1) \, w_2$ bzw. $w_2 = (\rho_1/\rho_2) \, w_1$, so wird

$$w_1^2 = \frac{p_2 - p_1}{\rho_2 - \rho_1} \frac{\rho_2}{\rho_1} \qquad \text{bzw.} \qquad w_2^2 = \frac{p_2 - p_1}{\rho_2 - \rho_1} \frac{\rho_1}{\rho_2}$$

und damit auch $\qquad w_1^2 \, w_2^2 = (\Delta p/\Delta \rho)^2 \qquad$ oder

$$w_1 \, w_2 = c_s^2. \qquad\qquad \text{(58)}$$

Entsprechend ergibt sich nach Umformung von Gl. (c) ein Ausdruck für die Abhängigkeit $v = f(p)$

$$\frac{p_1 - p_2}{v_1 - v_2} + \varkappa \, \frac{p_1 + p_2}{v_1 + v_2} = 0$$

und nach dem Volumenverhältnis aufgelöst

$$v_2/v_1 = w_2/w_1 = \frac{\varkappa + 1 + p_2/p_1 \, (\varkappa - 1)}{\varkappa - 1 + p_2/p_1 \, (\varkappa + 1)}. \qquad\qquad \text{(59)}$$

Für schwache Stöße gibt es kaum eine Verdichtung, so daß $v_2 \approx v_1$.

Nun bleibt aber auch bei sehr hohen Drucksprüngen mit $p_2/p_1 \to \infty$ das Dichteverhältnis endlich groß und strebt dem Grenzwert

$$(v_2/v_1)_{gr} = (w_2/w_1)_{gr} = (\varkappa - 1)/(\varkappa + 1) \tag{60}$$

zu. Für Luft ($\varkappa = 1,4$) liegt dieser Wert bei $v_2/v_1 = 0,167$ oder $\rho_2/\rho_1 = 6$. Es kann also auch bei höchsten Anströmgeschwindigkeiten die Dichte niemals das Sechsfache übersteigen, die Geschwindigkeit hinter dem Stoß niemals unter $0,167 \, w_1$ abfallen. Die Verdichtung im Stoß spielt sich anfangs längs der isentropen Kompressionslinie ab, steigt jedoch bei höheren Druckverhältnissen auf den bezeichneten Grenzwert an (dynamische Adiabate in Bild 62).

Es läßt sich schließlich die Änderung aller Zustandsgrößen auf die Änderung der Mach-Zahl zurückführen:

Der Energiesatz

$$c_p T_1 + w_1^2/2 = c_p T_2 + w_2^2/2$$

wird mit $c_p = \varkappa R/(\varkappa - 1)$

$$T_1 + \frac{w_1^2 (\varkappa - 1)}{2 \varkappa R} = T_2 + \frac{w_2^2 (\varkappa - 1)}{2 \varkappa R}$$

$$T_1 \left(1 + \frac{w_1^2 (\varkappa - 1)}{2 \varkappa R T_1}\right) = T_2 \left(1 + \frac{w_2^2 (\varkappa - 1)}{2 \varkappa R T_2}\right)$$

$$\frac{T_2}{T_1} = \frac{1 + 0,5 (\varkappa - 1) Ma_1^2}{1 + 0,5 (\varkappa - 1) Ma_2^2} \tag{61}$$

Über die Kontinuität entwickelt sich:

$$\frac{\rho_1}{\rho_2} = \frac{w_2}{w_1} \to \frac{p_1 T_2}{T_1 p_2} = \frac{w_2}{w_1} \to \frac{p_1}{p_2} = \frac{T_1 w_2}{T_2 w_1}$$

woraus sich ergibt

$$\frac{p_1}{p_2} = \sqrt{\frac{T_1}{T_2}} \, \frac{\sqrt{\varkappa R T_1}}{\sqrt{\varkappa R T_2}} \, \frac{w_2}{w_1}$$

und somit

$$\frac{p_1}{p_2} = \sqrt{\frac{T_1}{T_2}} \, \frac{Ma_2}{Ma_1} . \tag{62}$$

Über den Impulssatz (Gl. c) wird:

$$\frac{p_2}{p_1} = \frac{1 + \rho_1 w_1^2/p_1}{1 + \rho_2 w_2^2/p_2} \qquad \text{und somit}$$

$$\frac{p_2}{p_1} = \frac{1 + \varkappa Ma_1^2}{1 + \varkappa Ma_2^2}. \qquad (63)$$

Schließlich gilt für die Entropieänderung:

$$s_2 - s_1 = c_p \ln(T_2/T_1) - R \ln(p_2/p_1).$$

Die Gleichungen (61), (62) und (63) stellen die Beziehungen zwischen den Zustandsgrößen vor und nach dem Stoß und zwar in Abhängigkeit von den Mach'schen Zahlen
dar. Durch Kombination lassen sich auch die Mach'schen Zahlen vergleichen:

$$Ma_2^2 = \frac{Ma_1^2 (\varkappa - 1) + 2}{2 \varkappa Ma_1^2 - \varkappa + 1}. \qquad (64)$$

1.4.6.3 Der schräge Verdichtungsstoß

Beim schrägen Verdichtungsstoß tritt die Strömung unter einem beliebigen Winkel in die
Stoßfront ein. Ein schräger Stoß ist z.B. die Kopfwelle eines mit Überschallgeschwin-
digkeit fliegenden Geschosses. Man kann ihn sich erzeugt denken, daß dem senkrechten
Stoß ein Feld konstanter Geschwindigkeit parallel zur Stoßfront überlagert wird. Mit
Hilfe des Vektordiagramms (Bild 63) lassen sich die Geschwindigkeiten übersichtlich
darstellen.

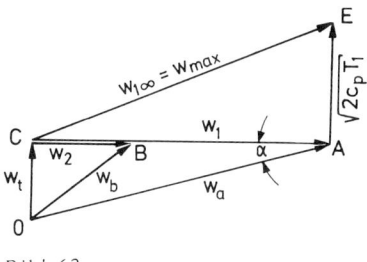

Bild 63

Es bedeuten: w_1 und w_2 die Stoßgeschwindigkeitskomponenten normal zur Stoßfront
(gerader Stoß), w_a und w_b die tatsächlichen Stoßgeschwindigkeiten.

Zu einer vorgegebenen Ausgangsgeschwindigkeit w_a vor dem Stoß, ihrem Neigungs-
winkel α zur Stoßfront und den Zustandsgrößen des Gases vor dem Stoß findet man die
Geschwindigkeiten w_b bzw. w_2 nach dem Stoß folgendermaßen:

Man zeichnet zu w_a und α das rechtwinkelige Dreieck OAC. Strecke OC stellt dann die Tangentialkomponente der Stoßgeschwindigkeit dar, die während des Stoßes erhalten bleibt. Man zeichnet AE senkrecht w_1 mit dem Zahlenwert $AE = \sqrt{2\,c_p\,T_1}$, also den Wert jener Geschwindigkeit, die aus dem Gas vor dem Stoß noch zusätzlich zu gewinnen wäre. Dann ist $EC = w_{1\infty}$ die Geschwindigkeit, die aus der Ruheenthalpie des Gases insgesamt hätte gewonnen werden könen, also w_{max}. Daraus läßt sich rechnerisch die Lavalgeschwindigkeit ermitteln:

$$w_l = w_{max}\,\sqrt{\frac{\varkappa - 1}{\varkappa + 1}}$$

nach Gl. (53) und (54) im Zusammenhang mit (55), und

$$w_2 = w_l^2/w_1 = \frac{\varkappa - 1}{\varkappa + 1}\,w_{max}^2/w_1 \qquad\qquad \text{nach Gl. (61).}$$

Die für den schiefen Stoß geltenden Gesetze lassen sich recht anschaulich an der Busemannschen Stoßpolaren darstellen (Bild 64):
Man trägt von 0 bis A die Geschwindigkeit w_a an. Wird die Strömung z.B. um den Winkel δ abgelenkt, so ist $OB = w_b$. Die Senkrechte zu AB stellt die Stoßfront dar.

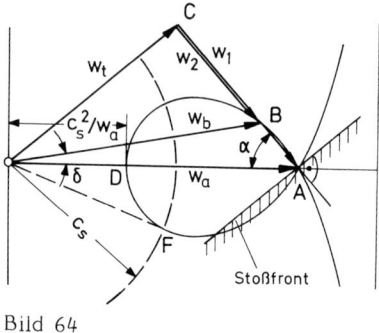

Bild 64

Die Tangente an die Stoßpolare in F gibt den größtmöglichen Ablenkungswinkel δ an. Wird der Keilwinkel noch größer, dann rückt der Verdichtungsstoß von dem Körper ab und bildet eine gekrümmte Stoßwelle (Kopfwelle). Der Kreis durch F hat als Radius die Lavalgeschwindigkeit, so daß durch ihn Überschall- und Unterschallbereich getrennt werden. Auf der Verlängerung AB über B hinaus sind die Normalkomponenten abzunehmen. Rückt Punkt B über F in den Punkt D, so erhalten wir den geraden Verdichtungsstoß. Es ist ersichtlich, daß beim geraden Stoß hinter der Stoßfront in jedem Falle Unterschallgeschwindigkeit herrscht, was beim schiefen Stoß durchaus nicht zu sein braucht und bis zum Ablenkungswinkel δ_{max} auch nicht der Fall ist. Vor einem stumpfen Gegenstand ($\delta \geq \delta_{max}$) ergibt sich somit die gezeichnete Feldeinteilung (Bild 66). Vor dem Hindernis tritt ein gerader Verdichtungsstoß auf. Entsprechend ändert sich der Staudruck. Er ist kleiner als der bisher verwendete Wert $P_{st} = \frac{\rho}{2} w_\infty^2$. Aus der Formel nach St. Venant - Wantzel

$$w = \sqrt{\frac{2\,\varkappa}{\varkappa - 1} R\,T_1 \,[1 - (p/p_0)^{(\varkappa - 1)/\varkappa}]} \qquad \text{(s. Gl. 53)}$$

wird

$$p_0 - p_{st} = \frac{\rho}{2} w_\infty^2 \frac{\varkappa - 1}{\varkappa} \frac{p_0/p - 1}{(p_0/p)^{(\varkappa - 1)/\varkappa} - 1} = \frac{\rho}{2} w_\infty^2 \varepsilon. \qquad (65)$$

Für Normalbedingungen der Luft ergeben sich die in Tafel 20 im Anhang dargestellten Werte.

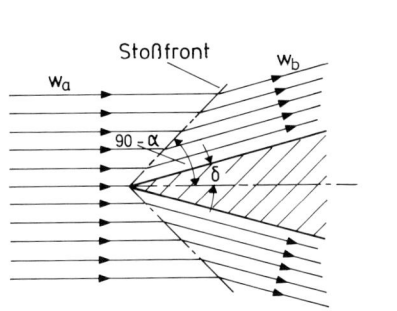

Bild 65   Anströmung eines Keils mit spitzem Keilwinkel ($\delta < \delta_{max}$)

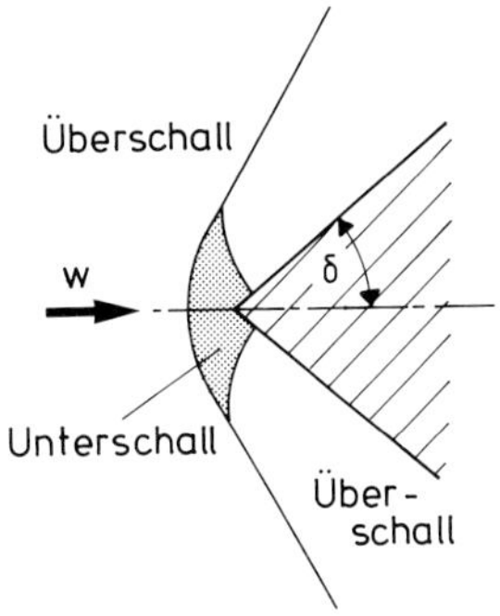

Bild 66   Anströmung eines Keils mit stumpfem Keilwinkel ($\delta > \delta_{max}$)

Für jede Mach-Zahl gibt es eine Stoßpolare. Im Diagramm läßt sich die passende durch die Geschwindigkeit w_a herauslesen.

Der schwache Verdichtungsstoß (schief und gerade) ist fast reversibel und mit geringen Verlusten verbunden. Es ist deshalb in vielen Fällen zweckmäßig, wenn man eine Überschallströmung erst durch mehrere schräge Verdichtungsstöße der Lavalgeschwindigkeit nähert und sie dann durch einen schwachen geraden Stoß auf Unterschallgeschwindigkeit bringt.
Die gesamte Umlenkung um einen Winkel kann z.B. zerlegt werden in eine Reihe von Teilumlenkungen (Ausbildung des Eintrittsdiffusors in Überschalltriebwerken).

1.4.6.4   Auswirkungen des Verdichtungsstoßes auf umströmte Körper

Betrachtet man den Staupunkt A an der Kopfwelle eines mit Überschallgeschwindigkeit sich bewegenden Körpers mit stumpfer Nase (Bild 67), so ist der Druck in der Strömung bis zur Kopfwelle konstant, steigt dann schlagartig infolge des Verdichtungsstoßes an, um hernach stetig bis zum Staudruck anzuwachsen. Die Geschwindigkeit verhält sich entgegengesetzt. Der an der Kopfwelle entstehende Überdruck verursacht einen Widerstand, der selbst bei reibungsloser Strömung auftritt. Zu dem Reibungs- und Formwiderstand tritt also noch ein zusätzlicher Widerstand, der mit dem Wellenwiderstand eines Schiffes vergleichbar ist. Wird die Nase spitz ausgebildet (Bild 65), so wird die Druckwirkung mehr auf die Seitenflächen übertragen, so daß in Strömungsrichtung nur eine kleinere Druckkomponente verbleibt. Darum werden, ebenso wie beim Schiff, Überschallkörper spitz ausgeführt.

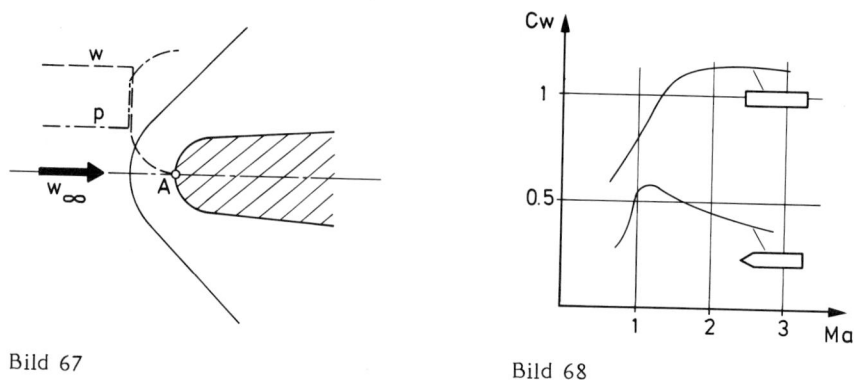

Bild 67   Bild 68

Die Widerstandsbeiwerte für geschoßförmige Körper zeigen den Einfluß der Schallgeschwindigkeit deutlich (Bild 68). In Schallnähe steigt der Widerstand sprunghaft an. Im Bereich höherer Mach-Zahlen sinkt er wieder ab und nähert sich einem konstanten Wert, da ja der Sog hinter dem Körper mit Erreichen des Vakuums seine Grenze findet.

2 Das umströmte Profil – Aerodynamik und Flugtechnik

2.1 Ebene Strömung

Da ein echtes Verständnis für das Zustandekommen der Kräfte am umströmten Profil oder am Tragflügel ohne Kenntnis der Grundgesetze der ebenen Strömung nicht möglich ist, werden einige Ausführungen über die ebene Strömung vorangestellt.

2.1.1 Grundlagen

Für eine Stromlinienschar, welche das Bild einer ebenen Strömung darstellen soll (Bild 69), gilt:

1. Der Geschwindigkeitsvektor fällt tangential mit der Stromlinie zusammen

2. Für jede Stromlinie gilt $\dot{V}$ = constant, das heißt, der Abstand zwischen zwei Stromlinien Δn stellt mit $\dot{V} = w \, \Delta n \cdot 1$ ein Maß für die Strommenge dar, die z.B. zwischen den Stromlinien $\psi = 2$ und $\psi = 3$ hindurchfließt (Stromröhre).

Es sei $\Delta \psi = \bar{w} \, \Delta \bar{n}$. Man legt nun die Stromlinien ψ = const derart, daß zwischen zwei benachbarten Stromlinien jeweils die gleiche Strommenge hindurchfließt. Eine Anhäufung von Stromlinien zeigt damit ein Anwachsen der Geschwindigkeit an.

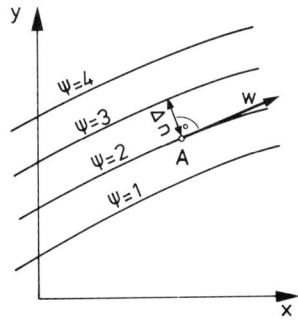

Bild 69

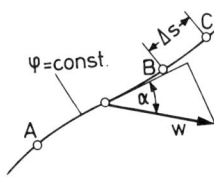

Bild 70

60

Wir definieren nun weiterhin eine Funktion

$$\varphi = \int \overline{w} \, d\overline{s},$$ (66)

das heißt, es stellt $d\varphi$ das skalare Produkt aus dem Geschwindigkeitsvektor und dem Wegelement dar,

$$d\varphi = \overline{w} \, d\overline{s}.$$

Nach Bild 70 ist $\varphi_A - \varphi_B = \int_A^B \overline{w} \, d\overline{s}$ und $\varphi_C - \varphi_A = \int \overline{w} \, d\overline{s} + \overline{w} \, \Delta \overline{s}$. Nun suchen wir die Funktion $\varphi = $ const, das heißt, es muß $\varphi_C - \varphi_A = \varphi_B - \varphi_A$ sein. Es folgt daraus $\overline{w} \, \Delta \overline{s} = 0$ oder $w \cdot s \cos \alpha = 0$. Da weder die Geschwindigkeit noch der Weg Null ist, so ergibt sich die Forderung $\cos \alpha = 0$, also $\alpha = 90^\circ$. Daraus folgt, daß der Geschwindigkeitsvektor auf einer Linie mit $\varphi = $ const senkrecht steht. Somit durchsetzen sich die Funktionen $\psi = $ const (Stromlinien) und die Linien $\varphi = $ const rechtwinklig (orthogonale Trajektorien). Die Linien $\varphi = $ const stellen Kurven dar, auf welchen der Geschwindigkeitsvektor in jedem ihrer Punkte senkrecht steht, längs welcher die Geschwindigkeit also den Wert Null hat. Es sind daher für die Strömung Linien gleichen Potentials.

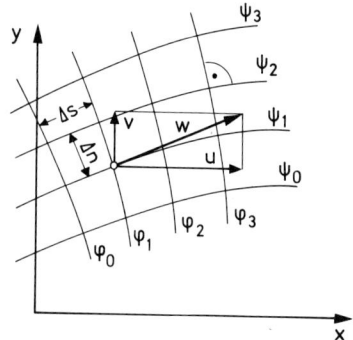

Bild 71   Strömungsfeld mit Strom- und Potentiallinien

Bild 71 zeigt ein Strömungsfeld mit einer Schar Stromlinien und Potentiallinien. Die Komponenten des Geschwindigkeitsvektors in Achsrichtung seien u und v.
Mit $d\varphi = \overline{w} \, d\overline{s}$ oder $d\varphi = u \, dx + v \, dy$ wird

$$u = \frac{d\varphi}{dx} \quad \text{und} \quad v = \frac{d\varphi}{dy}.$$ (67)

Betrachten wir ein aus dem Stromverband ausgeschnittenes Teilchen der Größe dx dy (Bild 72), so verlangt die Kontinuität, daß die Summe der hereinfließenden gleich der

Summe der herausfließenden Ströme, also du dy + dv dx = 0 sei. Umgeformt wird

$$\frac{du}{dx} + \frac{dv}{dy} = 0.$$ (68)

Das ist der Ausdruck der Kontinuität für die ebene Strömung. Er wird in der Mathematik als Divergenz des Vektors w (div w) bezeichnet.

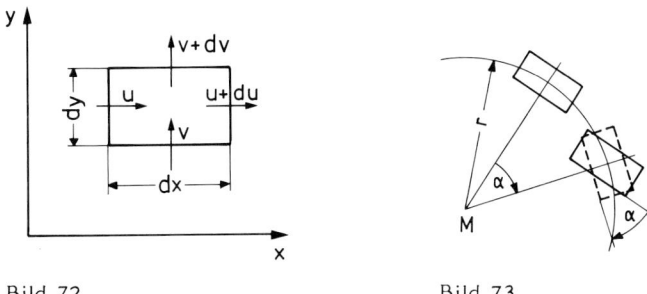

Bild 72   Bild 73

Bild 73 stellt die Verhältnisse bei einer Drehbewegung dar. Bewegt sich ein Teilchen auf seiner gekrümmten Bahn entlang dem Bogen $\overset{\frown}{\alpha}$ um den Mittelpunkt M, so bleibt das Teilchen nur dann drehungsfrei, wenn der Drehung um M (Revolutionsbewegung) eine entsprechende Rotation des Teilchens im entgegengesetzten Richtungssinn um den eigenen Schwerpunkt gegenübersteht. Betrachtet man ein z.B. durch Reibungseinflüsse verformtes bzw. verdrehtes Teilchen, so mag nach Bild 74 der Punkt 0 die Geschwindigkeitskomponenten u und v besitzen, der Geschwindigkeitszuwachs in A dv, in B du betragen. Ein Geschwindigkeitszuwachs du im Punkte A bzw. ein solcher dv im Punkte B führt niemals zu einer Drehung, sondern lediglich zu einer Längsverformung, welche auf unsere Betrachtung keinen Einfluß hat.

Eine Drehung des betrachteten Teilchens liegt sicher dann nicht vor, wenn die Vermehrung der Winkelgeschwindigkeit bezüglich B im Uhrzeigersinn gleich dem Zuwachs der Winkelgeschwindigkeit bezüglich A im entgegengesetzten Drehsinn ist: $\omega_A = \omega_B$.
Nun ist für die beiden Punkte $\omega_A = dv/dx$ und $\omega_B = du/dy$.
Mithin wird

$$\frac{dv}{dx} - \frac{du}{dy} = 0$$ (69)

die Bedingung für die Drehungsfreiheit einer Strömung. Dieser Ausdruck wird in der Mathematik als Rotation des Vektors w (rot w) bezeichnet. Ist diese Bedingung erfüllt, so kann zwar eine Beschleunigung des Teilchens oder auch eine Verformung (Bild 74) vorliegen, niemals jedoch eine Drehung.

62

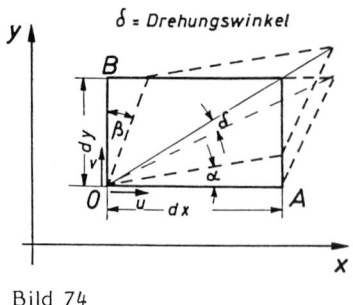

Bild 74

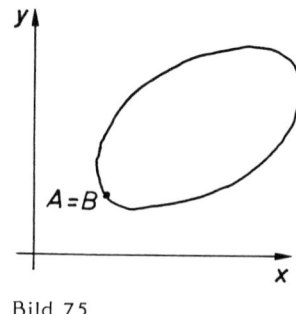

Bild 75

Ist nun eine Strömung drehungsfrei, so bezeichnet man sie als Potentialströmung, da unter der getroffenen Voraussetzung zu einer Schar Stromlinien immer eine Schar diese rechtwinklig durchsetzenden Potentiallinien existiert.

Fällt nun der Punkt A als Anfangspunkt mit B als Endpunkt einer Linie zusammen, bildet also die umfahrene Linie eine geschlossene Figur, so ist

$$\varphi_A - \varphi_B = \int_A^{B=A} \overline{w} \, d\overline{s} = \oint \overline{w} \, d\overline{s} = \varphi_A - \varphi_A = 0.$$

Wir wollen an einem einfachen Beispiel den Zusammenhang dieses Ausdrucks mit der Drehung aufdecken. Rotiert nämlich ein Zylinder vom Radius r mit der Drehschnelle ω, so ist

$$\oint \overline{w} \, d\overline{s} = u \oint ds = r \, \omega \, 2 \, \pi \, r = 2 \, \omega \, \pi \, r^2 = 2 \, \omega \, A.$$

Demzufolge ist $\oint w \, ds$ der Winkelgeschwindigkeit der eingeschlossenen Fläche und der Größe dieser Fläche selbst proportional. Liegt nun keine Drehung der Strömungsteilchen vor, so ist

$$\oint \overline{w} \, d\overline{s} = 0. \tag{70}$$

Es ist dies also eine Bedingung dafür, daß die von der betrachteten Figur eingeschlossene Strömung eine Potentialströmung darstellt und wirbelfrei ist. Ist obige Bedingung nicht erfüllt, so ergibt sich eine Zirkulation

$$\Gamma = \int \overline{w} \, d\overline{s} = \int (u \, dx + v \, dy).$$

Wir zeichnen uns jetzt das orthogonale Netz einer horizontalen Translationsströmung in einem komplexen $\varphi - \psi$ -System auf (Bild 76). Punkt P hat dann die rechtwinkligen Koordinaten $\Omega = \varphi + i\psi$ oder in Polarform $\Omega = r \, e^{i\vartheta}$, wobei r die absolute Länge des Vektors darstellen mag.

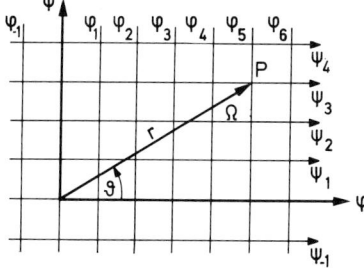

Bild 76

Wir versuchen nun, zu diesem Strömungsfeld in einem anderen, ebenfalls komplexen System (z-System) eine winkeltreue Abbildung herzustellen. Das gelingt nur dann vollständig, wenn die Übertragungsfunktion Ω (z) analytisch, das heißt, in jedem Punkte differenzierbar ist.

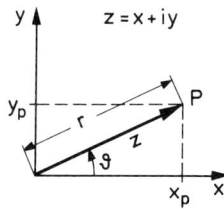 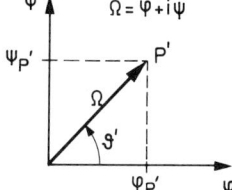

Bild 77

Zu einem Punkt P im φ - ψ -System ist dann in jedem Falle ein Bildpunkt P' im x-y-System vorhanden (s. Bild 77). Bedingung für eine analytische Funktion sind die Cauchy-Riemanschen Differentialgleichungen

$$\frac{d\varphi}{dx} = \frac{d\psi}{dy} \qquad \frac{d\varphi}{dy} = -\frac{d\psi}{dx}.$$

Durch Anwendung zweckmäßiger Übertragungsfunktionen gelingt es mit Hilfe der "konformen Abbildung" verwickelte Strömungsbilder auf wesentlich einfachere Figuren abzubilden und die an der Abbildung gewonnenen Erkenntnisse auf die ursprüngliche Strömung anzuwenden.

Die Gültigkeit der Cauchy-Riemannschen Gleichungen können wir folgendermaßen nachweisen:

Es ist
$$\left| \begin{array}{l} \dfrac{d\Omega}{dx} = \dfrac{d\Omega}{dz} \dfrac{dz}{dx} = 1 \dfrac{d\Omega}{dz} \\[3mm] \dfrac{d\Omega}{dy} = \dfrac{d\Omega}{dz} \dfrac{dz}{dy} = i \dfrac{d\Omega}{dz} \end{array} \right| \qquad \text{mit } z = x + iy$$

somit
$$\frac{d\Omega}{dy} = i \frac{d\Omega}{dx}.$$

Mit $\quad\Omega = \varphi + i \psi \quad$ wird

$$\left| \begin{array}{l} \dfrac{d\Omega}{dy} = \dfrac{d\varphi}{dy} + i \dfrac{d\psi}{dy} \\[3mm] \dfrac{d\Omega}{dx} = \dfrac{d\varphi}{dx} + i \dfrac{d\psi}{dx} \end{array} \right|$$

somit $\quad \dfrac{d\varphi}{dy} + i \dfrac{d\psi}{dy} = i \left(\dfrac{d\varphi}{dx} + i \dfrac{d\psi}{dx} \right).$

Realteile: $\qquad \left| \begin{array}{l} \dfrac{d\psi}{dx} = \dfrac{d\varphi}{dy} = -v \\[3mm] \dfrac{d\psi}{dy} = \dfrac{d\varphi}{dx} = u \end{array} \right|$ (72)

Imaginärteile:

Das sind jedoch die Cauchy-Riemannschen Differentialgleichungen.

2.1.2 Strömungsbilder
(s. hierzu nachfolgende Anwendungen)

2.1.2.1 Quelle

Wir gehen von der in Bild 76 bereits dargestellten Strömung aus. Gegeben sei die Übertragungsfunktion $\Omega = c \ln z$. Wie sieht das Bild der vorgegebenen Strömung bei Anwendung dieser Übertragungsfunktion aus?

Es ist $\qquad z = r\, e^{i\vartheta}; \quad \Omega = \varphi + i \psi$

und somit $\qquad \varphi + i \psi = c \ln (r\, e^{i\vartheta})$

$\qquad\qquad\qquad \varphi + i \psi = c (\ln r + i \vartheta).$

Realteile: $\quad \varphi = c \ln r; \qquad$ Imaginärteile: $\quad \psi = c \vartheta$ (73)

Die Potentialfunktion, für die $\varphi = \text{const} = 1, 2, 3, 4 \ldots$ gesetzt werden kann, wird somit durch Kreise mit $r = \text{const}$ dargestellt. Für die Stromfunktion mit jeweils $\psi = \text{const}$ wird $\vartheta = \text{const}$, so daß sich die Stromlinien als Strahlen abbilden, welche sich im Ursprung schneiden. Für $\varphi = 0$ (Nullpotentiallinie) wird $r = 1$. Es ist dies offensichtlich das Bild einer ebenen Quellströmung, bei der die Stromteilchen, aus dem Quellpunkt entströmend, sich als Strahlenbüschel in die Ebene ergießen (Bild 78 b).

Für die resultierende Geschwindigkeit wird $w = d\varphi/dr = c/r$, - die Geschwindigkeit der Strömungsteilchen sinkt also mit wachsender Entfernung vom Quellpunkt. Außerdem wird die Strommenge

$$\dot{V} = 2\,\pi\,r\,w\,1 = 2\,\pi\,c = E. \tag{74}$$

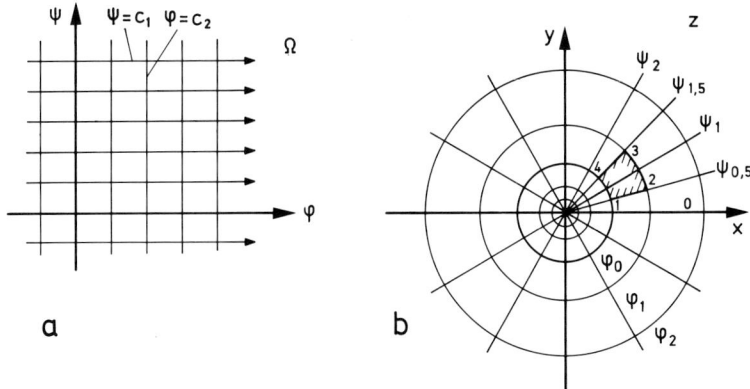

Bild 78   Darstellung einer Quell-(Senken-)Strömung

E stellt die Ergiebigkeit dar. Positive Ergiebigkeit zeigt eine Quellströmung an, entsprechend eine negative Ergiebigkeit eine Senkenströmung, deren Abbildung analog ist. Der Strom fließt hierbei im Zentrum zusammen.

Zum Nachweis dafür, daß es sich bei dieser Strömung um eine Potentialströmung handelt, wird man zweckmäßig für eine beliebig geschlossene Figur den Ausdruck (71) ansetzen. Nach Bild 78 ist:

$$\Gamma = \oint \bar{w} \, d\bar{s} = \int_1^2 \bar{w} \, d\bar{s} + \int_2^3 \bar{w} \, d\bar{s} + \int_3^4 \bar{w} \, d\bar{s} + \int_4^1 \bar{w} \, d\bar{s}$$

$$\Gamma = \left| w \, s \right|_1^2 + 0 - \left| w \, s \right|_3^4 - 0,$$

und da $\left| w \, s \right|_1^2 = \left| w \, s \right|_3^4$ ist, wird $\Gamma = \oint \bar{w} \, d\bar{s} = 0.$

Schließt man den Quellpunkt in die Betrachtung ein, bildet also $\oint \bar{w} \, d\bar{s}$ längs einer geschlossenen, kreisförmigen Potentiallinie, so wird ebenfalls $\Gamma = 0$, da die Geschwindigkeit zur Wegstrecke überall senkrecht steht, also $w \, s \cos \alpha = w \, s \, 0$ verschwindet.

Die Kontinuität dieser Strömung dürfte bis auf den Quellpunkt gewährleistet sein. Mathematisch gelingt der Nachweis über Gleichung (68):

Es ist $\varphi = c \ln \sqrt{x^2 + y^2}$

$$u = \frac{d\varphi}{dx} = c \, \frac{x}{x^2 + y^2} \qquad v = \frac{d\varphi}{dy} = c \, \frac{y}{x^2 + y^2}$$

$$\frac{du}{dx} = c \, \frac{y^2 - x^2}{(x^2 + y^2)^2} \qquad \frac{dv}{dy} = c \, \frac{x^2 - y^2}{(x^2 + y^2)^2}$$

$$\text{div } w = \frac{du}{dx} + \frac{dv}{dy} = 0.$$

Zieht man den Quellpunkt mit in die Betrachtung, so wird wegen $w = \infty$ der Ausdruck der Kontinuität vieldeutig.

2.1.2.2 Dipolströmung

Gegeben seien im x-y-System eine Quelle und eine Senke als Bild einer horizontalen Translationsströmung im φ-ψ-System. Nach den Darlegungen des vorhergehenden Abschnittes muß die Übertragungsfunktion lauten

$$\Omega = c \, (\ln z_Q - \ln z_S), \tag{75}$$

wobei die Ergiebigkeit beider Strömungen gleich sein möge, also $E_Q = - E_S$. Es wird dann

$$\Omega = c \, (\ln r_Q + i \, \vartheta_Q - \ln r_S - i \, \vartheta_S) = \varphi + i \psi$$

$$\varphi = c \ln (r_Q/r_S) \qquad \psi = c \, (\vartheta_Q - \vartheta_S). \tag{75a}$$

Aus der Stromfunktion wird ersichtlich, daß die Stromlinien mit $\psi = $ const und somit $\psi_Q - \psi_S = $ const durch Kreise dargestellt werden, deren gemeinsame Sehne $SQ = \Delta x$ ist. (Satz: In einem Kreis sind Peripheriewinkel über der gleichen Sehne einander gleich und halb so groß wie die entsprechenden Zentriwinkel; die Peripheriewinkel sind gleich der Differenz der positiven Winkel an der Sehne, hier ϑ_Q und ϑ_S). Aus Dreieck SOM geht der Radius der Kreisbögen hervor:

$$R = \frac{\Delta x/2}{\sin (\vartheta_Q - \vartheta_S)}.$$

Für die Potentiallinien ergeben sich, wie man ohne Rechnung leicht einsieht, ebenfalls Kreise, deren Mittelpunkte auf der x-Achse liegen. (Ausführung des Strömungsbildes s. Bild 79)

Nun läßt man Q und S immer näher an O heranrücken (Bild 80). Vergrößert man die Ergiebigkeit E entsprechend, so daß E dx seinen konstanten Wert, den wir mit M bezeichnen wollen, beibehält, so erhält man für das Potential aus $\varphi = c \, (\ln r_Q - \ln r_S)$

$$\varphi = - dx \, c \, \frac{d(\ln r)}{dx} = - \frac{E \, dx}{2 \pi} \frac{1}{r} \frac{dr}{dx}$$

$$\varphi = \frac{M}{2 \pi} \frac{x}{r^2} = - \frac{M \cos \vartheta}{2 \pi r} \qquad \text{mit } \cos \vartheta = x/r.$$

Entsprechend ergibt sich die Stromfunktion zu

$$\psi = \frac{M}{2 \pi} \frac{y}{r^2} = \frac{M \sin \vartheta}{2 \pi r}.$$

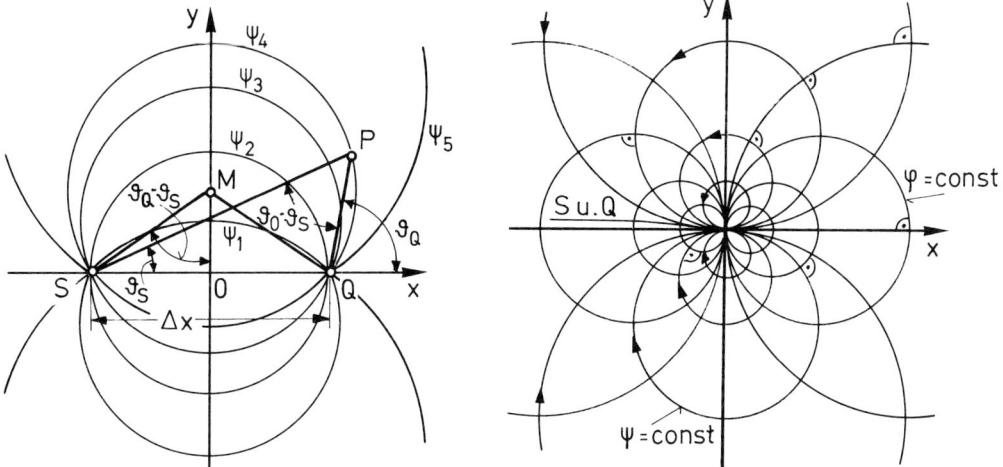

Bild 79 Überlagerung Quelle und Senke   Bild 80 Dipolströmung

Setzt man beide Funktionen um, so ergibt sich zunächst für die Potentialfunktion schematisch die Form $x^2 + kx + y^2 = C$, wodurch ein Kreis wiedergegeben wird, dessen Mittelpunkt auf der Abszisse verlagert ist. Entsprechend ergibt sich für die Stromfunktion ebenfalls eine Anzahl von Kreisen, verschoben auf der Ordinaten. Die Verschiebung ist bei Einsatz entsprechender Strom- bzw. Potentialwerte die gleiche. Es ergibt sich somit ein Stromlinienbild, welches gleich dem um 90° verdrehten Potentiallinienbild ist.

Durch die Differentiation erhält man die Geschwindigkeit:

$$u = \frac{d\varphi}{dx} = -\frac{M}{2\pi} \frac{y^2 - x^2}{r^4} \qquad v = \frac{d\varphi}{dy} = \frac{M}{2\pi} \frac{2xy}{r^4}.$$

Der Betrag der resultierenden Geschwindigkeit ergibt sich dann zu

$$w = \sqrt{u^2 + v^2} \quad \rightarrow \quad w = \frac{M}{2\pi} \frac{1}{r^2}.$$

2.1.2.3 Kreiszylinderströmung

Gegeben ist die Funktion $\Omega = c(z + a^2/z)$. Die Werte c und a seien konstant.

$$\varphi + i\psi = c\left(x + iy + a^2 \frac{x - iy}{x^2 + y^2}\right),$$

daraus $\varphi = c(x + a^2 x/r^2)$ $\psi = c(y - a^2 y/r^2).$

Es ist so leicht zu erkennen, daß das Strömungsbild aus der Überlagerung eines Dipols $\psi = c' \, y/(x^2 + y^2)$ und einer Translationsströmung $\psi = c \, y$ zusammengesetzt werden kann (Bild 81).

Für die Geschwindigkeit wird dann:

$$u = \frac{d\varphi}{dx} = c \left[1 + a^2 \frac{y^2 - x^2}{(x^2 + y^2)^2} \right]$$

$$v = \frac{d\varphi}{dy} = - c \, a^2 \frac{2xy}{(x^2 + y^2)^2} \, .$$

Für x und y gegen ∞ wird $u_\infty = c$ und $v_\infty = 0$. Das bedeutet, daß in hinreichend grosser Entfernung vom Nullpunkt eine Parallelströmung herrscht. Die Nullstromlinie $\psi = 0$ ergibt einmal $x^2 + y^2 = a^2$, also einen Kreis mit dem Radius a, sodann y = 0. Sie teilt sich somit am vorderen Staupunkt eines Kreises (räumlich ein Kreiszylinder) und vereinigt sich nach Umlaufen der Kreiskontur am hinteren Staupunkt.

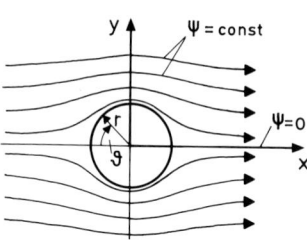

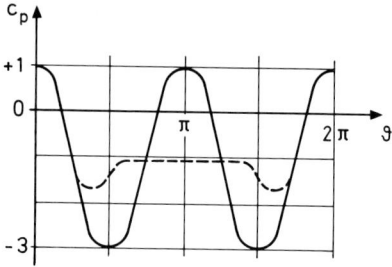

Bild 81   Translationsströmung
um einen Zylinder

Bild 82   Druckverlauf am
umströmten Zylinder

Drückt man die Geschwindigkeit in Polarkoordinaten aus, so wird:

$$u = u_\infty \left[1 + \frac{a^2}{r^4} (r^2 \sin^2 \vartheta - r^2 \cos^2 \vartheta) \right]$$

$$u = u_\infty \left[1 - \frac{a^2}{r^2} \cos 2\vartheta \right]$$

und

$$v = u_\infty \left(\frac{a^2}{r^4} r^2 \, 2 \sin \vartheta \cos \vartheta \right)$$

$$v = u_\infty \frac{a^2}{r^2} \sin 2\vartheta \, .$$

Nach Bernoulli ergibt sich auch die Druckverteilung. Es ist

$$p_\infty + \rho \, u_\infty^2/2 = p + \rho \, (u^2 + v^2)/2 \, .$$

Mit $\rho \, u_\infty^2/2 = q_\infty$ als Staudruck wird eine dimensionslose Druckziffer gefunden, ausgedrückt durch $c_p = (p - p_\infty)/q_\infty$. Es wird dann $c_p = 1 - (u^2 + v^2)/u_\infty^2$. Der Einsatz von u und v des betrachteten Beispiels liefert

$$c_p = 1 - \left[\left(1 - \frac{a^2}{r^2} \cos 2\,\vartheta\right)^2 + \left(\frac{a^2}{r^2} \sin 2\,\vartheta\right)^2 \right] \tag{76}$$

$$c_p = 2 \frac{a^2}{r^2} \cos 2\,\vartheta - \frac{a^4}{r^4}.$$

Betrachtet man die Nullstromlinie, also den Umfang des Kreiszylinders, so kann $r = a$ gesetzt werden, und es wird $c_p = 2 \cos 2\,\vartheta - 1$ oder

$$c_p = 1 - 4 \sin^2 \vartheta. \tag{77}$$

Bild 82 zeigt den Druckverlauf über dem Umfang des Kreiszylinders. Der Druck ist an der Ober- und Unterseite entsprechend gleich; es liegt also keine quer wirkende Kraft vor. Der Druckverlauf mit Reibung und Ablösung ist gestrichelt gezeichnet.

2.1.2.4 Zirkulationsströmung

Wir betrachten vergleichend zwei verschiedene Zirkulationsströmungen:

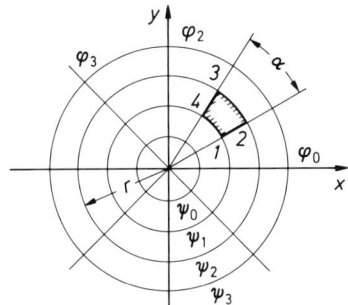

Bild 83 Zirkulationsströmung

1. $\omega = const$

Bei dieser Strömung liegt nach den Ausführungen in Abschnitt 2.1.1 (Bild 73) jedenfalls überall eine Drehung der Stromteilchen vor. Der Beweis ist rasch durch Fortschreiten längs der geschlossenen Kurve 1, 2, 3, 4 erbracht. Es ist

$$\Gamma = \oint_1^1 \bar{w} \, d\bar{s} = \int_1^2 \bar{w} \, d\bar{s} + \int_2^3 \bar{w} \, d\bar{s} + \int_3^4 \bar{w} \, d\bar{s} + \int_4^1 \bar{w} \, d\bar{s}$$

$$\Gamma = 0 - \left. |ws| \right|_2^3 - 0 + \left. |ws| \right|_4^1.$$

Wegen der Verschiedenheit der Wege $s\big|_2^3$ und $s\big|_4^1$ liegt mithin eine Zirkulation vor. Auch beim Umfahren des Wirbelzentrums - etwa längs einer Stromlinie - zeigt sich ein entsprechendes Ergebnis:

$$\Gamma = \oint \bar{w}\, d\bar{s} = 2\,\pi\, r\, w \neq 0.$$

2. $w = c/r$

Hier wird beim Umfahren der Figur 1, 2, 3, 4

$$\Gamma = \oint \bar{w}\, d\bar{s} = \int_1^2 \bar{w}\, d\bar{s} + \int_2^3 \bar{w}\, d\bar{s} + \int_3^4 \bar{w}\, d\bar{s} + \int_4^1 \bar{w}\, d\bar{s}$$

$$\Gamma = 0 - |ws|_2^3 - 0 + |ws|_4^1$$

$$\Gamma = \frac{c}{r_2}\, 2\,\pi\, r_2\, \frac{\widehat{\alpha}}{2\,\pi} - \frac{c}{r_4}\, 2\,\pi\, r_4\, \frac{\widehat{\alpha}}{2\,\pi} = 0.$$

Die Drehung der Teilchen ist mithin gleich Null.

Umfährt man jedoch längs einer Stromlinie den gesamten Wirbel, so wird

$$\Gamma = \oint \bar{w}\, d\bar{s} = 2\,\pi\, r\, w_r = 2\,\pi\, r\, c/r = 2\,\pi\, c.$$

Offenbar liegt also allein im Drehzentrum eine echte Zirkulation vor (math. Singularität). Da diese Strömung im übrigen den Charakter einer Potentialströmung hat, spricht man von einem Potentialwirbel. Denkt man sich den Wirbelpunkt räumlich verlängert, so erhält man einen Wirbelfaden, der von Stromlinien umgeben ist (Analogie zum stromführenden Leiter und dessen Feld in der Elektrizitätslehre).

Es seien an dieser Stelle einige Sätze über Wirbel und deren Bewegung angeführt (Helmholtz):

- Ein Potentialwirbel ist ein Wirbelfaden mit ihn umgebenden Feldlinien; er ist außerhalb des Zentrums wirbelfrei.
- Die Zirkulation innerhalb eines geschlossenen Flüssigkeitsbereichs ist zeitlich unabhängig.
- Die Summe der Zirkulation eines Wirbelsystems ist Null.
- Eine Wirbellinie besteht immer aus den gleichen Teilchen (Rauchringe).
- Eine Wirbellinie ist entweder geschlossen oder unendlich lang.

2.1.2.5 Parallelströmung mit Zirkulation am Kreiszylinder

Das Bild einer Zirkulationsströmung kann man sich aus dem einer Quellströmung entstanden denken durch Vertauschung von Stromlinien und Potentiallinien. Es wird dann $\Omega = i\, c\, \ln z$, was einer Drehung des Achsenkreuzes um 90° entspricht.

Wir überlagern jetzt eine Kreiszylinderströmung mit einer Zirkulation. Dann wird

$$\Omega = c_1 (z + a^2/z) + i\, c_2 \ln z\,,$$

wobei $c_1 = u_\infty$ (s. Abschnitt 2.1.2.3) und $c_2 = \Gamma/2\pi$ (s. Abschnitt 2.1.2.4) darstellt. Damit wird

$$\Omega = u_\infty (z + a^2/z) + i\, \frac{\Gamma}{2\pi} \ln z\,.$$

Die Zerlegung liefert schließlich

$$\varphi = u_\infty\, x \left(1 + \frac{a^2}{x^2 + y^2}\right) - \frac{\Gamma}{2\pi}\, \vartheta$$

$$\psi = u_\infty\, y \left(1 - \frac{a^2}{x^2 + y^2}\right) + \frac{\Gamma}{2\pi} \ln r\,.$$

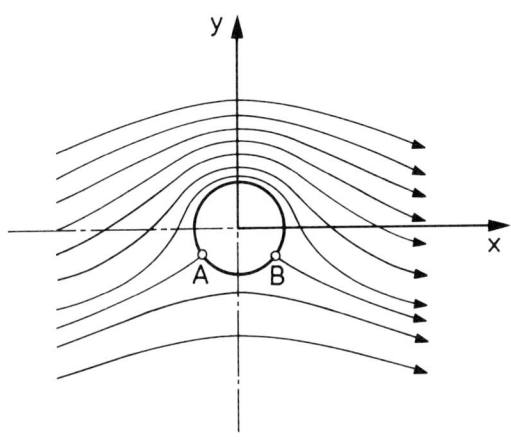

Bild 84   Umströmung eines Zylinders mit Zirkulation

Zeichnet man das Bild dieser Strömung, so ergibt sich ein Stromlinienbild nach Bild 84 (s. Anwendung 2 zu diesem Abschnitt). Der Verlauf der Stromlinien ist wesentlich abhängig von der Stärke der Zirkulation Γ. Insbesondere verschieben sich die Staupunkte A und B jeweils mit Anwachsen der Zirkulationsstärke nach abwärts. Oberhalb der Körperkontur häufen sich die Stromlinien: Die Geschwindigkeit wächst, entsprechend fällt der Druck ab. Unterhalb sinkt die Geschwindigkeit ab, der Druck steigt an. Dank der so entstandenen Druckdifferenz entsteht ein "Auftrieb", eine quer zur Strömung gerichtete Kraft auf den Körper.

S a t z :   Eine Auftriebskraft wird also erst dann erzeugt, wenn zu einer Parallelströmung eine Zirkulation hinzutritt.

2.1.2.6 Überlagerung von Quelle und Zirkulation

Überlagert man eine Quellströmung und eine Zirkulation, so ergibt sich als Stromlinienbild eine Schar vom Quellpunkt ausgehender logarithmischer Spiralen. Die mathematische Ausdrucksform der logarithmischen Spirale lautet

$$r = r_0 \, e^{a\vartheta},$$

wobei die Konstante a den Tangens des Schnittwinkels mit konzentrischen Kreisen um
den Quellpunkt darstellt (Bild 85). Diese Strombahnen werden z.B. verwirklicht bei der
Formgebung der Leitschaufeln einer Radialpumpe. Die Strömung wird auf diese Weise
zwangslos geführt (s. Anwendung 3 sowie Abschnitt 6.2.9).

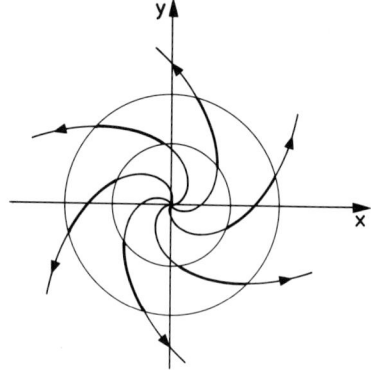

Bild 85 Überlagerung Quelle und Zirkulation

A n w e n d u n g e n

- Strömung um einen Halbkörper

Aus Überlagerung von einer Quelle und einer Translationsströmung soll die Kontur eines Halbkörpers herausgearbeitet werden. Der Durchmesser des Halbkörpers sei gegeben für x → ∞ mit 2R = 5 cm.

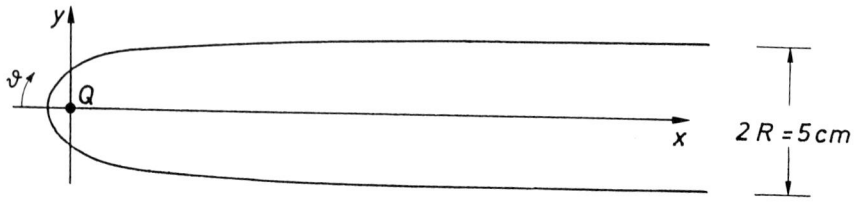

Bild 86

Zu ermitteln ist

a) die Kontur auf rechnerischem Wege

b) der Druckverlauf über der Kontur

c) das Stromlinienbild durch graphische Überlagerung.

Lösung:

a) Ermittlung der Kontur

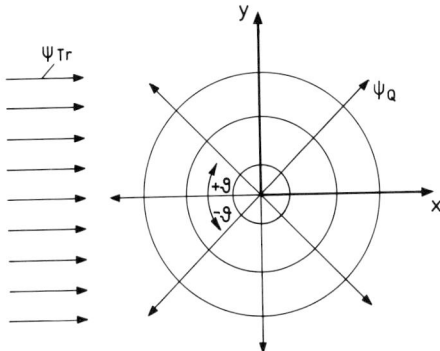

Bild 87

Quellströmung und Translationsströmung werden überlagert.

Mit $\varphi_Q = c_1 \ln r$ und $\psi_Q = c_1 \vartheta$, wobei $c_1 = E/2\pi$ ist, sowie mit $\varphi_{Tr} = c_2 x$ und $\psi_{Tr} = c_2 y$, wobei $c_2 = u_\infty$ ist, wird

$$\left| \begin{array}{l} \varphi = \dfrac{E}{2\pi} \ln r + u_\infty x \\[2mm] \psi = -\dfrac{E}{2\pi} + u_\infty y \end{array} \right|$$

(79)

(Winkel ϑ entgegen dem mathematischen Drehsinn). Damit wird

$$\left| \begin{array}{l} u = d\varphi/dx = \dfrac{E}{2\pi} \dfrac{x}{r^2} + u_\infty \\[3mm] v = d\varphi/dy = \dfrac{E}{2\pi} \dfrac{y}{r^2} . \end{array} \right|$$

(80)

Für die Körperkontur wird $\psi = 0$ und somit auch

$$0 = -\frac{E}{2\pi} \vartheta + u_\infty y .$$

(81)

Mit $y = r \sin\vartheta$ wird dann $\dfrac{E}{2\pi} \vartheta = u_\infty r \sin\vartheta$, also

$$r(\vartheta) = \frac{E}{2\pi} \frac{\vartheta}{\sin\vartheta} \frac{1}{u_\infty} .$$

(82)

Als Randbedingung kann für die Kontur gesetzt werden:

$$x = \infty \rightarrow \vartheta = \pi \rightarrow y = R.$$

Somit wird aus Gl. (81)

$$\frac{E}{2\pi} \pi = u_\infty R$$

$$E = 2 u_\infty R. \tag{83}$$

Mit Einsatz des Ausdrucks (83) wird aus (82):

$$r(\vartheta) = \frac{2 u_\infty R}{2 \pi u_\infty} \frac{\vartheta}{\sin \vartheta} \tag{84}$$

$$r(\vartheta) = \frac{R}{\pi} \frac{\vartheta}{\sin \vartheta}.$$

Mit dem gegebenen Zahlenwert $R = 25$ mm ergibt sich der Umriß des Halbkörpers zu

$$r = 7,96 \ \vartheta / \sin \vartheta \quad \text{mm}.$$

Tabelle zur Berechnung der Körperkontur

ϑ^0	0	20	40	60	80	100	120	140	160	180
ϑ	0	0,35	0,7	1,05	1,4	1,74	2,1	2,24	2,79	3,14
$\sin \vartheta$	0	0,34	0,64	0,87	0,99	0,99	0,87	0,64	0,34	0
r (mm)	7,96	8,12	8,63	9,6	11,25	14,0	19,2	30,2	64,8	∞

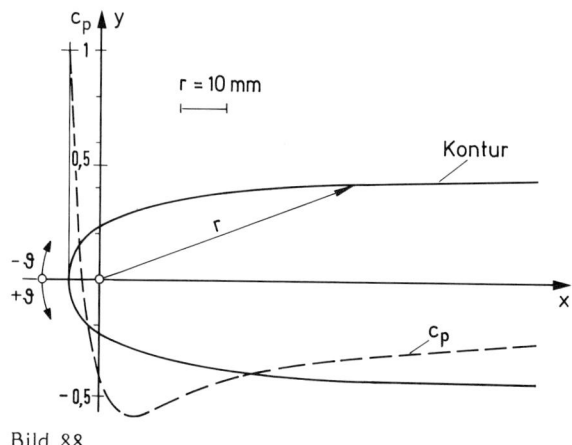

Bild 88

b) Druckverlauf

Bernoulli:

$$P_\infty + \rho u_\infty^2 / 2 = p + \rho(u^2 + v^2)/2.$$

Mit $c_p = (p - p_\infty)/q_\infty$ gesetzt wird $c_p = 1 - (u^2 + v^2)/u_\infty^2$.

Es werden die Geschwindigkeitskomponenten aus Gl. (80) eingesetzt:

$$c_p = 1 - \frac{(E/2\pi \; x/r^2 + u_\infty)^2 + [E \; y/(2\pi \; r^2)]^2}{u_\infty^2}$$

und mit $x = - r \cos \vartheta$ sowie $x^2 + y^2 = r^2$ wird

$$c_p = 1 - [1 - \frac{E}{\pi \, u_\infty} \; \frac{\cos \vartheta}{r} + (\frac{E}{2\pi \, u_\infty})^2 \; 1/r^2]$$

$$c_p = \frac{E}{\pi \, u_\infty} \; \frac{\cos \vartheta}{r} - (\frac{E}{2\pi \, u_\infty})^2 \; 1/r^2$$

und mit Einsatz von Gl. (82)

$$c_p = \frac{\sin 2\vartheta}{\vartheta} - (\frac{\sin \vartheta}{\vartheta})^2. \tag{85}$$

(Lösungsschema: $c_p = A - B$)

Tabelle zur Berechnung des Druckverlaufs

ϑ°	0	20	40	60	80	100	120	140	160	180
$\widehat{\vartheta}$	0	0,35	0,7	1,05	1,4	1,74	2,1	2,4	2,8	3,14
$\sin \vartheta$	0	0,34	0,64	0,87	0,99	0,99	0,87	0,64	0,34	0
$\sin 2\vartheta$	0	0,64	0,99	0,87	0,34	- 0,34	- 0,87	- 0,97	- 0,64	0
A	2	1,84	1,41	0,83	0,25	- 0,2	- 0,42	- 0,41	- 0,23	0
B	1	0,97	0,85	0,69	0,5	0,32	0,17	0,07	0,02	0
c_p	1	0,87	0,56	0,14	- 0,25	- 0,52	- 0,59	- 0,48	- 0,25	0

c) Durchführung der graphischen Lösung:

$$\psi_Q = \frac{E}{2\pi} \vartheta \qquad \varphi_Q = \frac{E}{2\pi} \ln r$$

$$\psi_{Tr} = u_\infty \, y \qquad \varphi_{Tr} = u_\infty \, x.$$

Mit $E = 5 \; cm^2/s$ und $E = 2 \, u_\infty R$ wird $u_\infty = 2 \; cm/s$ und damit $\vartheta_Q = 0,628 \; \psi$; $Y_{Tr} = \psi/2$; $r_Q = e^{\varphi/1,59}$ und $x_{Tr} = \varphi_{Tr}/2$.

Lösungsschema: $\varphi_{Hk} = \varphi_Q + \varphi_{Tr}$; $\psi_{Hk} = \psi_Q + \psi_{Tr}$.

Tabelle zur graphischen Ermittlung des Strömungsfeldes (s. Bild 89)

ψ	0	1	2	3	4	± 5	-4	-3	-2	-1	0
$\frac{\hat{\vartheta}}{Q}$	0	0,63	1,26	1,88	2,51	3,14	$-2,51$	$-1,88$	$-1,26$	$-0,63$	0
$\frac{\vartheta^{\circ}}{Q}$	0	36	72	108	144	180	-144	-108	-72	-36	0
Y_{Tr}	0	0,5	1	1,5	2	2,5	-2	$-1,5$	-1	$-0,5$	0

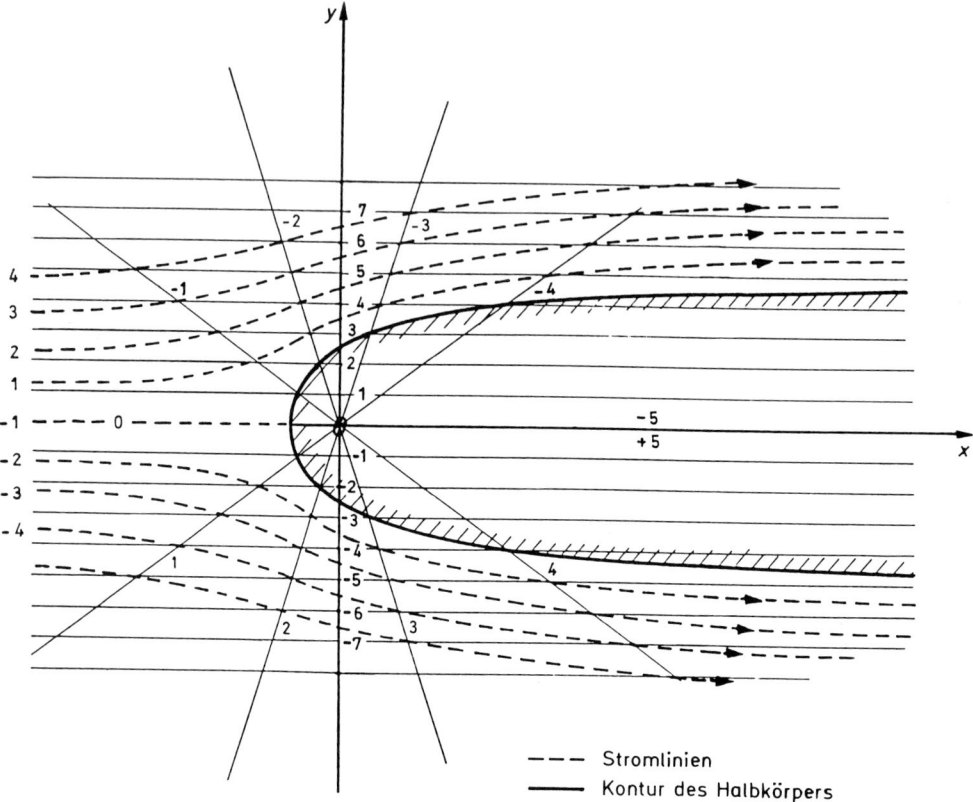

--- Stromlinien
—— Kontur des Halbkörpers

Bild 89 Entwurf eines Halbkörpers

- Kreiszylinderströmung mit Zirkulation

Der Parallelströmung um einen Kreiszylinder soll eine Zirkulationsströmung überlagert werden.

Gegeben sind:

       Zylinderradius .... R = 4 cm

       Zirkulationsstärke .... Γ

       Anströmgeschwindigkeit .... u_{∞}

       Zahlenwert .... $\Gamma / u_{\infty} = 12\,\pi$

Lösung:

a) Rechnerische Behandlung

Es ist
$$\varphi = u_\infty \, x \, (1 + R^2/r^2) - \frac{\Gamma}{2\pi} \, \vartheta$$

$$\psi = u_\infty \, y \, (1 - R^2/r^2) + \frac{\Gamma}{2\pi} \ln r.$$

Vereinfachend sei
$$\psi^* = \psi/u_\infty = y - (R^2/r^2) \, y + \frac{\Gamma}{u_\infty \, 2\pi} \ln r.$$

Dabei ist die Zirkulation innerhalb des Kreiszylinders uninteressant. Mit Einsatz der gegebenen Zahlenwerte wird dann

$$\psi^* = y - (R^2/r^2) \, y + 6 \ln r/R. \tag{86}$$

b) Graphische Ermittlung

Man zerlegt die Funktion zweckmäßig in die einzelnen Anteile und überlagert diese graphisch.

1) Translation:
$$\psi^*_{Tr} = y_{Tr} \tag{87}$$

Mit $R = 4$ cm ergibt sich folgende Wertetabelle

ψ_{Tr}	0	0,5	1	1,5 ...
y_{Tr}	0	0,5	1	1,5 ...

2) Dipol:
$$\psi^*_d = \frac{R^2 \, y}{x^2 + y^2}.$$

Die Stromlinien stellen Kreise dar. An der Stelle $x = 0$ gilt $\psi^* = R^2/y$, womit $y = 2\rho = R^2/\psi^*$ wird.
Schließlich ergibt sich daraus

$$\rho = \frac{R^2}{2\psi^*}, \tag{88}$$

wobei ρ den Radius des Stromlinienkreises (Bild 80) darstellt. Die Radien beliebig vieler Stromlinien können durch die folgende Tabelle erfaßt werden:

ψ^*	0	0,25	0,5	1	1,5	2	2,5	3	3,5	4
ρ	∞	32	16	8	5,35	4	3,2	2,67	2,28	2

3) Zirkulation: $\psi_z{}^* = 6 \, (\ln r - \ln R)$

$\psi_z{}^* = 6 \, (\ln r - 1{,}39)$.

Damit wird

$$r = e^{\psi^*/6 + 1{,}39}. \tag{89}$$

Die Stromlinien werden somit durch konzentrische Kreise mit dem Radius
r dargestellt.

$\psi_z{}^*$	0	0,5	1	1,5	2	2,5	3	3,5	4	4,5	5	5,5
r_z	4	4,35	4,72	5,14	5,6	6,08	6,6	7,18	7,8	8,5	9,24	10,0

Die Überlagerung der verschiedenen Stromlinien gemäß Gl. (86) liefert die
Umströmung des Kreiszylinders.

c) Druckverlauf über der Kontur

Es ist $p + \rho \, w^2/2 = p_\infty + \rho \, u_\infty{}^2/2$ oder auch

$$c_p = \frac{p - p_\infty}{\rho \, u_\infty{}^2/2} = 1 - w^2/u_\infty{}^2 \tag{90}$$

sowie

$$\varphi = u_\infty \, x + u_\infty \, (R^2/r^2) \, x - \frac{\Gamma}{2\,\pi} \, \vartheta \, .$$

In Polarkoordinaten ergibt sich mit $x = R \cos \vartheta$ und $y = R \sin \vartheta$ für die Kontur
mit $r = R$

$$\varphi = 2 \, u_\infty \, R \cos \vartheta - \frac{\Gamma}{2\,\pi} \, \vartheta \, . \tag{91}$$

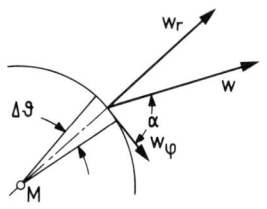

Bild 90

Nun ist nach Bild 90 die Geschwindigkeit w in eine radiale $w_r = d\varphi/dr$ und in eine
tangentiale Komponente $w_\varphi = d\varphi/db = d\varphi/(r \, d\vartheta)$ zerlegbar.

$$d\varphi/dr = 0; \quad \frac{d\varphi}{r \, d\vartheta} = -2 \, u_\infty \, \sin \vartheta - \frac{\Gamma}{2\,\pi \, R} \, .$$

Somit wird nach Gl. (90)

$$c_p = 1 - \frac{1}{u_\infty^2 R^2} \left[4 u_\infty^2 R^2 \sin^2 \vartheta + 4 \frac{u_\infty R \sin \vartheta \cdot \Gamma}{2 \pi} + (\Gamma/2\pi)^2 \right].$$

Für den Fall $\Gamma / u_\infty = 12 \pi$ wird dann

$$c_p = 1 - 4 \sin^2 \vartheta - \frac{24}{R} \sin \vartheta - \frac{144}{4 R^2}.$$

Setzt man zum Zwecke der Auftragung $R = 4$, so wird

$$c_p = \frac{p - p_\infty}{\rho u_\infty^2 / 2} = 1 - 4 \sin^2 \vartheta - 6 \sin \vartheta - 9/4. \qquad (92)$$

Die Auswertung liefert nachstehende Werte:

$\vartheta°$	0	30	60	90	120	150	180
c_p	- 1,25	- 5,25	- 9,45	- 11,3	- 9,45	- 5,25	- 1,25

	210	240	270	300	330	360
	+ 0,75	+ 0,95	+ 0,75	+0,95	+ 0,75	-1,25

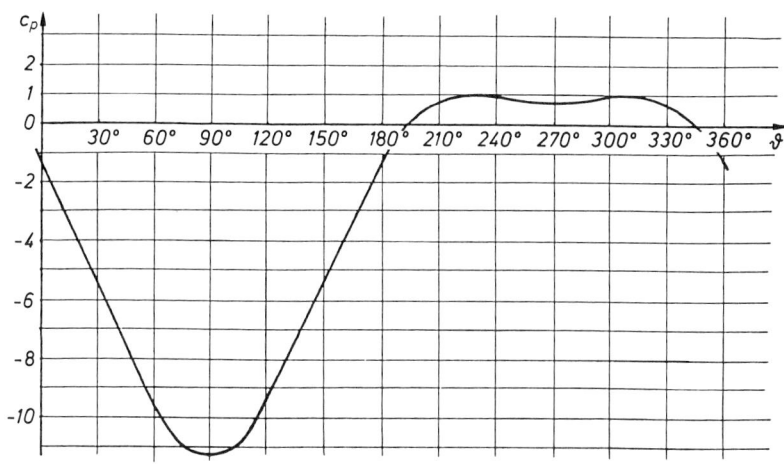

Bild 91   Druckverlauf am umströmten Zylinder

F o l g e r u n g :   Der theoretische Druckverlauf zeigt auf der Oberseite (Saugseite) einen starken Unterdruck, an der Unterseite des Zylinders (Druckseite) einen nur schwachen Überdruck.

- Wirbelquelle

Es ist die ebene Strömung einer Wirbelquelle zu untersuchen, die durch Überlagerung einer Quelle (Ergiebigkeit E) mit einem Potentialwirbel (Zirkulation Γ) entsteht. Quelle und Wirbelzentrum befinden sich im gleichen Punkt. Der Verlauf der Stromlinien ist graphisch zu ermitteln. Vorgegeben ist der Zahlenwert $E/\Gamma = 2$.

Lösung:

Für die Quelle gilt

$$\psi = \frac{E}{2\pi}\,\vartheta \qquad \text{und} \qquad \varphi = \frac{E}{2\pi}\,\ln r ,$$

entsprechend für die Zirkulation

$$\psi = \frac{\Gamma}{2\pi}\,\ln r \qquad \text{und} \qquad \varphi = -\frac{\Gamma}{2\pi}\,\vartheta .$$

Somit wird durch Überlagerung

$$\psi = \frac{E}{2\pi}\,\vartheta + \frac{\Gamma}{2\pi}\,\ln r \qquad \varphi = \frac{E}{2\pi}\,\ln r - \frac{\Gamma}{2\pi}\,\vartheta . \qquad (93)$$

Für die Stromfunktion allein wird

$$\psi = \frac{\Gamma}{2\pi}\,(\frac{E}{\Gamma}\,\vartheta + \ln r)$$

oder mit $\qquad \psi^{*} = \psi\,2\pi/\Gamma \qquad$ und $\qquad E/\Gamma = 2$

$$\psi^{*} = 2\,\vartheta + \ln r . \qquad (94)$$

Für die Geschwindigkeit eines Punktes gilt nach Bild 90:

$$\left| w_{r} \right| = \frac{E}{2\pi}\,\frac{1}{r} \qquad \text{und} \qquad \left| w_{\varphi} \right| = \frac{\Gamma}{2\pi}\,\frac{1}{r} ,$$

somit wird für die Richtung der resultierenden Geschwindigkeit

$$\tan\alpha = \left| w_{r} \right| / \left| w_{\varphi} \right| = 2 \quad \rightarrow \quad \alpha = 63{,}5^{\circ} .$$

Für die Nullstromlinie ist

$$\psi^{*} = 0 \quad \rightarrow \quad 2\,\vartheta = -\ln r \quad \rightarrow \quad r = -e^{2\vartheta} .$$

Die Nullstromlinie ist eine der vielen, drehsymmetrisch gleichen Strombahnen.

Graphische Auswertung:

a) $\varphi^*_Q = 2\vartheta$ → $\vartheta = \psi_Q/2$

ψ^*_Q	0	0,5	1	1,5	2	3	...
$\vartheta°$	0	14,4	28,7	43	57,5	87	...

$(\alpha° = \alpha \cdot 57,5)$

b) $\psi^*_z = \ln r$ → $r_z = e^{\psi^*_z}$

ψ^*_z	0	0,5	1	1,5	2	2,5	...
r_z	1	1,65	2,71	4,45	7,35	12,1	...

Überlagerung der Teilstrombahnen nach Vorschrift $\psi^* = \psi^*_Q + \psi^*_z$.
Den Entwurf einer solchen Wirbelquelle zeigt Bild 92.

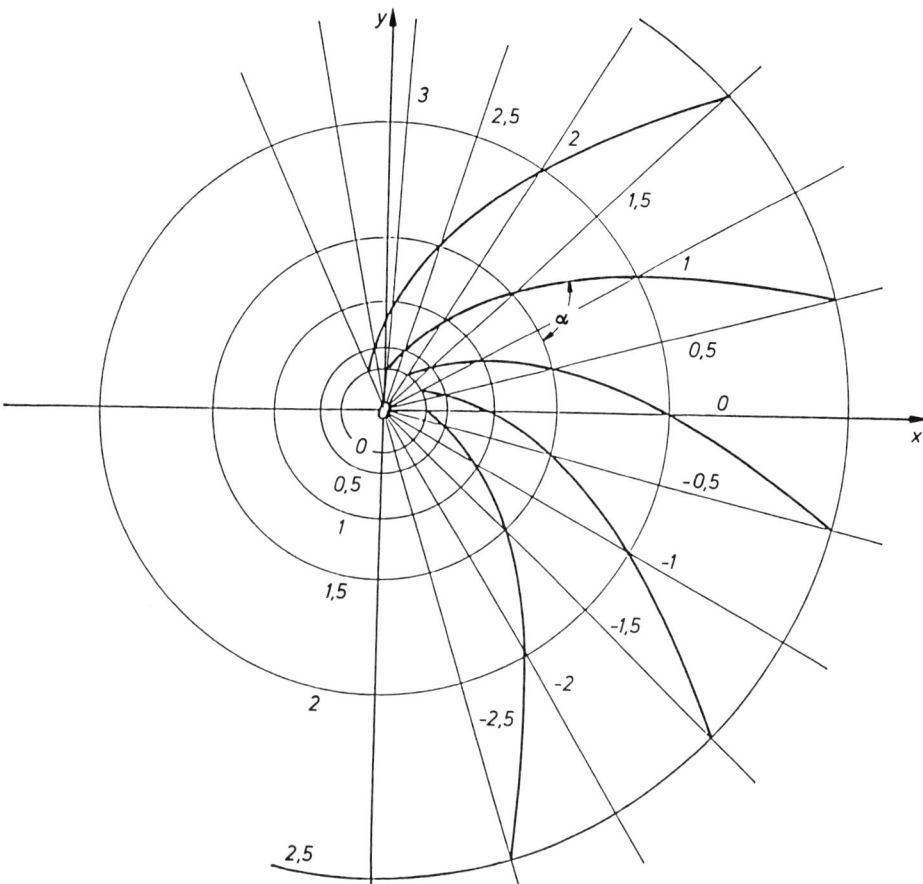

Bild 92 Entwurf einer Wirbelquelle

2.2 Das umströmte Profil

2.2.1 Profilentwicklung

2.2.1.1 Methode der konformen Abbildung

Von entscheidener Bedeutung ist es nun, einen Körper mit günstigen Strömungseigenschaften zu gewinnen, also z.B. mit geringem Widerstand und großem Auftrieb. Sodann
liegt es nahe, das gewünschte Profil mittels Transformation aus dem Kreiszylinder zu
entwickeln, da an diesem die Auftriebs- und Widerstandsverhältnisse eindeutig ermittelt
werden können (s. Abschnitt 2.1).

Die Transformation gelingt mit Hilfe der Übertragungsfunktion

$$\zeta = z + a^2/z, \qquad (95)$$

wobei ζ die Ebene des Tragflügelprofils und z diejenige des Kreises bezeichnet.

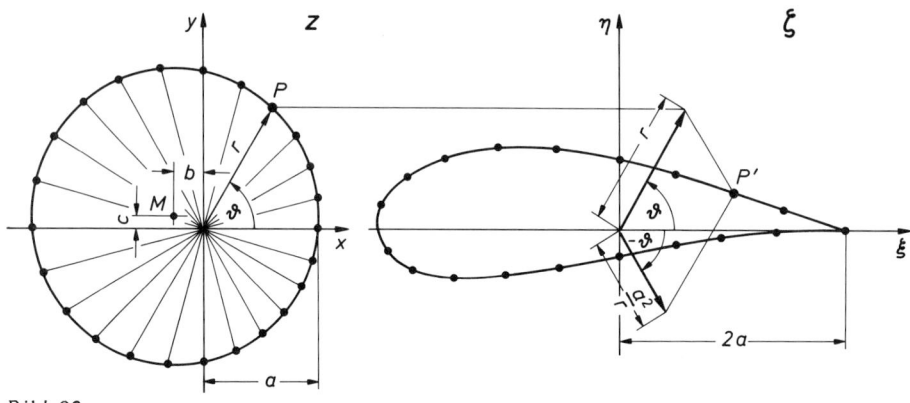

Bild 93

Hierbei setzt man für a zweckmäßig die durch den Kreis abgeschnittene Strecke der
positiven x-Achse (Bild 93). Der Kreisradius kann beliebig im Zeichenmaßstab gewählt
werden.

Mit $\qquad z = r\, e^{i\vartheta} \qquad$ wird dann $\qquad \zeta = r\, e^{i\vartheta} + \dfrac{a^2}{r\, e^{i\vartheta}}$

oder $\qquad \zeta = r\, e^{i\vartheta} + \dfrac{a^2}{r}\, e^{-i\vartheta}.$

Betrachtet man einen beliebigen Vektor z zum Punkte P des Kreises, der mit der positiven x-Achse den Winkel ϑ einschließen möge, so lautet nach obiger Formulierung die
Forderung:

Der eingezeichnete Vektor ist einem anderen mit gleichem, aber negativem Anstieg, dessen Länge sich aus a^2/r berechnet, vektoriell hinzuzufügen. Diese Addition läßt sich graphisch für eine Reihe von Punkten sehr rasch durchführen. Es ergibt sich dann z.B. das in Bild 93 skizzierte Profil.

Selbstverständlich läßt sich auf diese Weise auch jede Stromlinie um den Körper und damit das gesamte Stromlinienbild transformieren. Durch Veränderung der Mittelpunktslage (Konstanten a, b und c) entwickelt man anders geformte Profile mit jeweils anderen Strömungseigenschaften. Die sogenannte "Göttinger Profilsystematik" beruht auf dieser Methode.

Häufig wird heute jedoch auch die "NACA-Profilsystematik" herangezogen, eine nach profilgeometrischen Parametern aufgebaute Klassifizierung (s. Tafel 1, Abschnitt 2.2.9).

2.2.1.2 Singularitätenmethode

Man kann zur rechnerischen Erfassung eines Profils dieses ersetzen durch eine Anzahl von Wirbeln, Quellen und Senken, die in geeigneter Weise angeordnet werden. Diese Wirbel, Quellen und Senken werden als Singularitäten bezeichnet, da sie sich in ihrem Ursprung (singulärer Punkt) anders verhalten als in dessen Umgebung.

Der unendlich dünne Tragflügel ist gleichzeitig als seine Skelettlinie anzusprechen. Diese können wir als eine mit einer Anzahl von Wirbeln belegte Stromlinie auffassen (Bild 94a). Die Summe der Stärke der einzelnen Wirbel ist gleich der Wirbelstärke des Tragflügels, d.h. gleich der durch das Profil hervorgerufenen Zirkulation. Der Krümmungsverlauf der Skelettlinie oder auch die Anstellung wird durch die Art der Wirbelbelegung bestimmt.

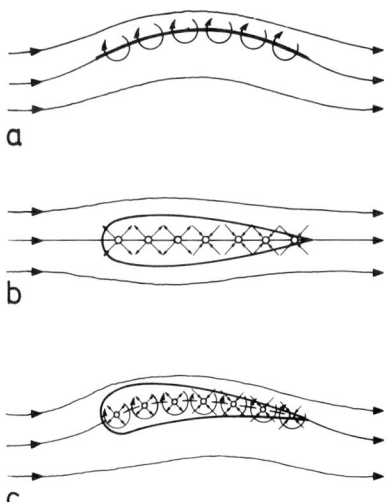

Bild 94

In Bild 94b wird ein symmetrisches Profil ersetzt durch eine Anzahl Quellen (vorn) und Senken (hinten). Dabei soll die im vorderen Teil der Skelettlinie ausfließende Flüssigkeit die Stromlinien so stark abdrängen und die Senken am hinteren Teil die Stromlinien so stark anziehen, wie es das Profil selbst verursachen würde. Dabei muß die Ergiebigkeit der Quellen insgesamt gleich der der Senken sein.

Der Dickenverlauf wird bestimmt durch die Anordnung des Quellen- und Senkenverlaufs, die Wirbelbelegung ergibt die Wölbung der Skelettlinie des Profils. Die Überlagerung liefert die Profilform mitsamt dem Anstellwinkel (Bild 94c).

Nach dieser Methode ist die Berechnung axialer Schaufelgitter möglich, da hiermit nicht nur die Form, sondern auch die Anstellung des Profils als Parameter erfaßt werden.

2.2.2 Hydrodynamischer Auftrieb

Um zu einem rechnerischen Ausdruck für den Auftrieb zu gelangen, betrachten wir ein angeströmtes Profilgitter (Bild 95). Die Strömung sei reibungsfrei. Die Teilung des Gitters sei t, die räumliche Tiefe 1. Die Anströmgeschwindigkeit ist w_1, entsprechend die Abströmgeschwindigkeit w_2, jeweils mit u und v als rechtwinklige Komponenten.

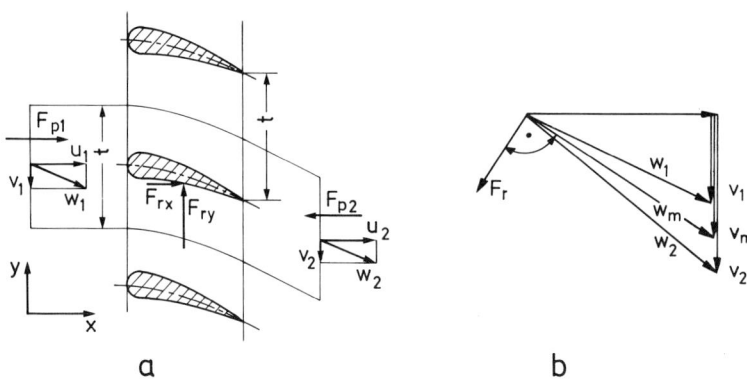

a   b

Bild 95

Der Impulssatz liefert in

x-Richtung

$$\dot{V} \rho\, u_1 - \dot{V} \rho\, u_2 + p_1 t - p_2 t = - F_{rx}$$

in y-Richtung

$$- \dot{V} \rho\, v_1 + \dot{V} \rho\, v_2 = - F_{ry}$$

Nun ist $\dot{V}_1 = \dot{V}_2$, $t_1 = t_2$ und somit $u_1 = u_2$, so daß

$$F_{rx} = t\,(p_2 - p_1) \tag{a}$$

und

$$F_{ry} = \rho\, t\, u\,(v_1 - v_2) \tag{b}$$

ist. Der Energiesatz liefert:

$$u_1^2/2 + v_1^2/2 + p_1/\rho = u_2^2/2 + v_2^2/2 + p_2/\rho,$$

woraus $\rho(v_1^2 - v_2^2)/2 = p_2 - p_1$ wird. $\tag{c}$

Aus (a) und (c) ergibt sich: $F_{rx} = \rho\, t\,(v_1^2 - v_2^2)/2.$

Führt man die Zirkulation ein, so ist $\Gamma = t\, v_1 - t\, v_2.$ $\tag{d}$

Mit Einsatz der Zirkulation wird dann:

$$\left.\begin{array}{l} F_{rx} = \rho\, \Gamma\,(v_1 + v_2)/2 \\[2mm] F_{ry} = \rho\, \Gamma\, u. \end{array}\right\} \tag{e}$$

Nun stellt $(v_1 + v_2)/2$ eine mittlere Geschwindigkeit dar; w_m besitzt dann die Komponenten u und v_m. Aus Beziehung (e) geht mit $F_{ry}/F_{rx} = u/v_m$ hervor, daß die resultierende Kraft auf das Profil senkrecht zur Anströmrichtung w_m steht. Beide Komponenten der Kraft $F_{rx} = \Gamma \rho\, v_m$ und $F_{ry} = \Gamma \rho\, u$ lassen sich zusammenfassen zu

$$F_r = \Gamma \rho\, w_m. \tag{96}$$

Für den Einzelflügel wird $t = \infty$. Soll Beziehung (d) erfüllt sein, so muß für endliche Zirkulation $v_1 = v_2 = v$ sein. Es ist also auch $w_1 = w_2$. Somit wird der Auftrieb für den Tragflügel nach Kutta-Joukowsky

$$F_a = \Gamma \rho\, w_\infty. \tag{96a}$$

Hierbei stellt w_∞ die Anströmgeschwindigkeit der ungestörten Strömung dar.

S a t z :   Es wird eine Kraft senkrecht zur Anströmrichtung ausgeübt. Die ideale Flüssigkeit erzeugt keinen Widerstand.

Analog zu der in Abschnitt 2.1.2.5 besprochenen Strömung am Kreiszylinder können wir am Tragflügel drei Fälle unterscheiden:

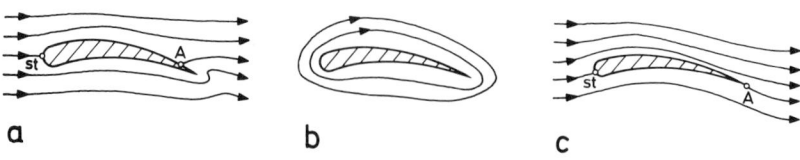

Bild 96

a) Reine Translationsströmung am Profil: kein Auftrieb, hinterer Staupunkt A angehoben, Umströmung der Hinterkante.

b) Reine Zirkulation am Profil: kein Auftrieb.

c) Überlagerung von Translation und Zirkulation: größere Stromliniendichte an Oberseite bewirkt Unterdruck, Auftriebskraft vorhanden, Ablösung an Hinterkante.

Die Entstehung der Zirkulation läßt sich meßtechnisch erfassen. Beim Anfahren überwiegt zunächst die reine Translationsströmung. Die Grenzschicht an der Oberseite kann jedoch den hohen Druckanstieg zum Staupunkt A nicht überwinden und löst sich ab. Es bildet sich der sogenannte Anfahrwirbel, der mit der Strömung davonschwimmt. Nun ist jedoch die Summe der Zirkulation eines Systems stets gleich Null (s. Abschnitt 2.1.2.4). Tatsächlich bildet sich ein "gebundener Wirbel" am Profil aus, der gemeinsam mit der Anströmung das Stromlinienbild aus Bild 96c ergibt. Die Stärke des Wirbels ist stark abhängig von der Form des Profils.

2.2.3 Profilgeometrie

Das Profil möge sich zunächst unendlich lang in die Tiefe erstrecken: $b = \infty$. Dadurch ergibt sich für jeden Profilquerschnitt gleiche Umströmung, und das Problem kann auf die Theorie der ebenen Strömung zurückgeführt werden.

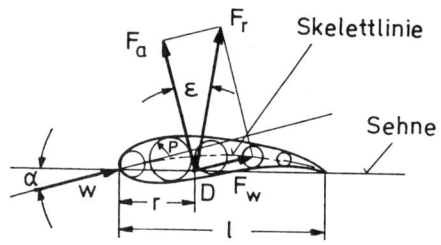

Bild 97   Geometrie am Tragflügelprofil

Zeichnet man eine Anzahl tangierender Kreise in das Profil hinein, so ergibt die Verbindung der Mittelpunkte die Skelettlinie. Die Sehne stellt die horizontale Bezugslinie dar und geht durch den Endpunkt des Profils. Sie beginnt am Schnittpunkt der Skelettlinie mit der Nasenkontur. Beim symmetrischen Profil fällt sie mit der Skelettlinie zusammen. Die Profilnase wird durch einen Nasenradius ρ_n beschrieben.

Der Winkel zwischen Anströmrichtung und Sehne wird als Anstellwinkel bezeichnet. Er ist von großer Bedeutung für die Strömung am Profil. Die Richtung des Geschwindigkeitsvektors entspricht gleichzeitig der Bewegungsrichtung des Flügels.

Neben dem Auftrieb wird durch Reibung und Ablösung ein Widerstand erzeugt. Auftrieb und Widerstand gemeinsam ergeben die resultierende Luftkraft F_r. Der Angriffspunkt der resultierenden Luftkraft wird auf die Sehne bezogen. Sein Abstand r wird vom vorderen Bezugspunkt (Sehnenanfang) gemessen.

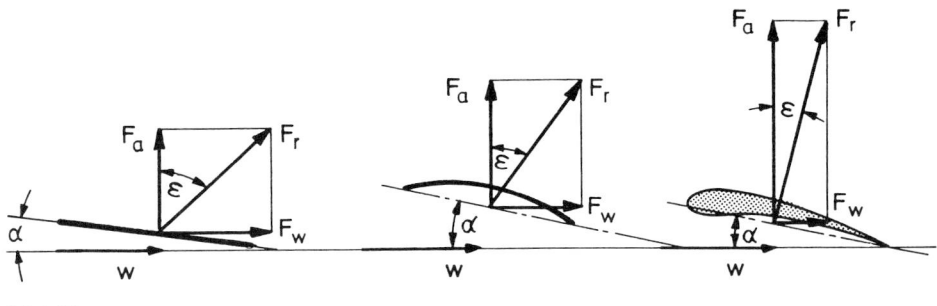

Bild 98

Das Verhältnis zwischen Auftrieb und Widerstand wird durch den Winkel ε gekennzeichnet. Es ist $\tan \varepsilon = F_w/F_a$. In Bild 98 sind die Optimalwerte für F_w/F_a für die angestellte Platte, für die gewölbte angestellte Platte und für ein angestelltes Profil einander gegenübergestellt. Es ist ersichtlich, daß ein echtes Profil die günstigsten Werte liefert.

Ein Segelflugzeug, bei dem man auf minimalen Gleitwinkel ε angewiesen ist, erreicht Werte von $(F_a/F_w)_{max} = 30$. Ein derartig hoher Wert hat eine lange Flugstrecke zur Folge. Nach Bild 99 stellt sich beim Segelflug $F_r = G$ ein, d.h. die resultierende Luftkraft aus Auftrieb und Widerstand muß das Gewicht gerade aufheben.

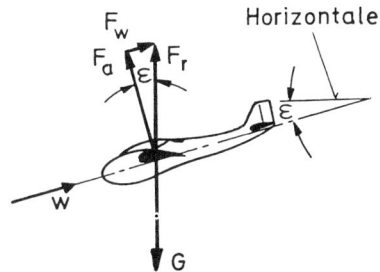

Bild 99   Kräfteverhältnisse beim Segelflug

Wesentlich für die aerodynamischen Eigenschaften eines Profils sind ferner:

Maximale Dicke . . . . d_{max}

Dickenrücklage . . . . x_d

Maximale Wölbung . . . . f_{max}

Wölbungsrücklage . . . . x_f

(s. auch Abschnitt 2.2.9 Profilsystematik).

2.2.4 Der Luftwiderstand

Wir müssen unterscheiden zwischen dem Profilwiderstand und dem Reibungswiderstand.

Der Profilwiderstand ergibt sich aus der Druckdifferenz zwischen Vorder- und Hinterseite des umströmten Körpers. Diese wiederum kommt zustande durch Abreißen der Grenzschicht und nachfolgende Wirbelbildung. Das Abreißen tritt immer dann ein, wenn der Druckanstieg, gegen den die Stromteilchen anströmen müssen, groß ist. Das tritt sowohl für zu stark geöffnete Diffusoren (s. Abschnitt 1.2.4.2) als auch für Strömungskörper zu, die aufgrund ihrer Form starke Druckanstiege zur Folge haben (Bild 100). Die Teilchen, welche die Grenzschicht bilden, weichen dem Gegendruck aus - die Grenzschicht löst sich ab (Ablösung in A in Bild 100a).

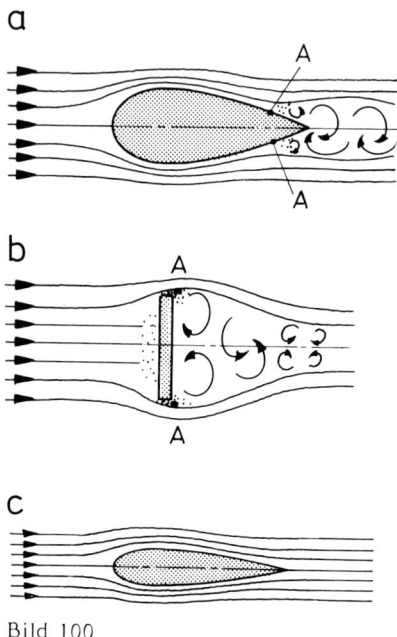

Bild 100

Erst recht wird die Strömung an scharfen Kanten zur Ablösung kommen (Bild 100b). Der durch die Verwirbelung hinter dem Körper erzeugte Unterdruck, der dem Energieverlust durch die Wirbelbildung entspricht, wirkt saugend auf den Körper und stellt damit eine die Bewegung des Körpers hemmende Kraft dar.

Unter dem Reibungswiderstand versteht man die resultierende Kraft aller Schubspannungen, die auf die Körperoberfläche wirken. Die in Strömungsrichtung gestellte Platte zeigt diese Form des Widerstandes in Reinkultur.
Nun liegt der Anteil des Reibungswidersstandes im allg. wesentlich unter dem des Formwiderstandes, bei Widerstandskörpern (z.B. Kraftfahrzeugen) wird er gänzlich bedeutungslos. Wir wollen darum in erster Linie Maßnahmen zur Herabsetzung des Profilwiderstandes betrachten.

Es liegt nun nahe, den Ablösungspunkt - wenn eine Ablösung nun einmal nicht zu vermeiden ist - möglichst weit nach hinten zu verlegen. Dadurch verkleinert sich die Breite der Wirbelstraße, der Widerstand wird geringer.

Turbulente Grenzschichten können Druckanstiege wesentlich besser überwinden als laminare. Bei einer Kugel z.B. wurden Widerstandsbeiwerte gemessen von

$$c_w = 0,18 \quad \text{bei laminarer Grenzschicht}$$
$$c_w = 0,08 \quad \text{bei turbulenter Grenzschicht.}$$

Man versucht darum die Strömung turbulent zu halten, was durch geeignete Rauhigkeit oder durch Anbringen eines Turbulenzdrahtes (Stolperdraht) gelingt.

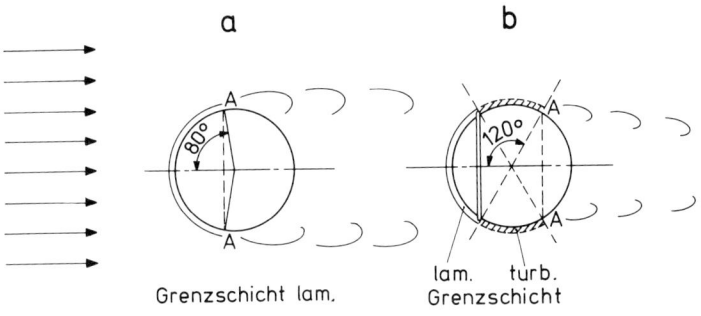

Bild 101 Grenzschichtausbildung am umströmten Zylinder
a) ohne Stolperdraht
b) mit Stolperdraht (A-Ablösepunkt)

Andererseits ist jedoch der Reibungswiderstand bei laminarer Grenzschicht am geringsten. Da aber beim Flugzeug die Ablösung der Grenzschicht zu äußerst gefährlichen Strömungszuständen führen kann, dominiert das Bestreben nach hohem Turbulenzgrad.

Beim Tragflügel sind die häufigsten Maßnahmen zur Verhinderung der Ablösung und Verringerung des Widerstandes

1. Grenzschichtabsaugung:

Durch Absaugen von Teilen der Grenzschicht erhält man eine dünne Restschicht, welche Druckanstiegen gegenüber sehr stabil ist. Die gleiche Wirkung ergibt sich bei Flugzuständen hoher Reynold-Zahl (z.B. bei hoher Geschwindigkeit), da mit wachsender Reynold-Zahl die Grenzschicht ebenfalls dünner wird. Erforderlich für die Absaugung ist ein zusätzliches Gebläse; jedoch kann die ausströmende Luft zur Schuberzeugung mit herangezogen werden.

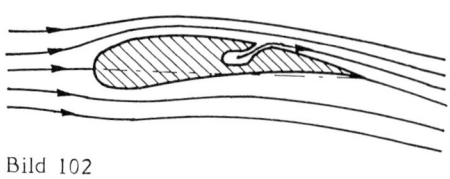

Bild 102

2. Ausblasen von Druckluft (Bild 102):

Durch das Ausblassen von Druckluft gelingt es, die Grenzschicht zu kräftigen und dadurch die Ablösung entweder gänzlich zu vermeiden oder den Ablösungspunkt weit nach hinten zu verschieben. Dieses Verfahren hat vor allem für Flugzeuge mit Strahlantrieb große Bedeutung gewonnen, da hier größere Mengen Druckluft zur Verfügung stehen.

Auch beim Kraftfahrzeug haben diese Überlegungen eine große Bedeutung. Bei Geschwindigkeiten über 100 km/h ist der Einfluß des Luftwiderstandes schon so groß, daß die Formgebung des Wagens wesentlich durch die Forderung minimalen Luftwiderstandes beeinflußt wird. Bild 103 stellt die c_w-Werte [1]) einiger Fahrzeuge heraus.

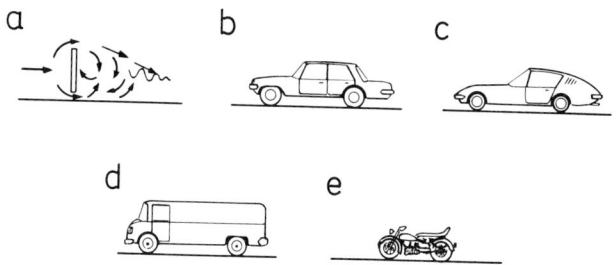

Bild 103 Widerstandsbeiwerte verschiedener Fahrzeugformen
   a) angeströmte Scheibe c_w = 1,27
   b) übliche Pkw-Form c_w = 0,4
   c) Rennwagen c_w = 0,27
   d) Zweckform c_w = 0,6
   e) Motorrad (mit Fahrer) c_w = 1,6

[1]) c_w- Wert   s. Abschnitt 2.2.5

Neben dem reinen Formwiderstand spielt der Einfluß der Zerklüftung der Form vor allem an der Fahrzeugunterseite eine Rolle; hinzu kommen Reibungswiderstand und Kühlluftwiderstand. Es ist beim Entwurf von Fahrzeugformen darauf zu achten, daß an der Rückseite abgelöste Luftteile nicht durch Unterdruckzonen am und im Fahrgastraum dorthin zurückgesaugt werden und auf diese Weise Abgas in das Fahrzeug gelangt.

Im allg. wird der Luftwiderstand durch Modellmessung im Windkanal [2]) erfaßt; eine genaue Ähnlichkeit und damit eine präzise Messung ist aber nicht zu erwarten, da Armaturen, Lackunebenheiten u.a. im entsprechenden Modellverhältnis ausgebildet sein müßten. Es muß mit Abweichungen bis zu 30 % gerechnet werden. Darum werden vielfach Windkanäle errichtet, die Messungen am Originalfahrzeug gestatten.

2.2.5 Strömungsparameter

Zur Untersuchung eines Profils ist es zweckmäßig, dimensionslose Parameter zu bilden. Es ist

$$\left.\begin{array}{l} F_w = c_w \dfrac{\rho}{2} w^2 A \\[2mm] F_a = c_a \dfrac{\rho}{2} w^2 A, \end{array}\right\} \tag{97}$$

wobei beim Strömungsprofil im Gegensatz zum Widerstandskörper, bei welchem die Stirnfläche zugrunde gelegt wird (Kraftfahrzeuge stellen in diesem Sinne Widerstandskörper dar), unter A die Projektion des gesamten Schaufelblattes bzw. Tragflügels verstanden wird (Bild 104). Es sind c_w und c_a die Widerstands- bzw. die Auftriebsziffer. Die Gleitzahl wird damit dargestellt durch $\tan \varepsilon = c_w / c_a$.

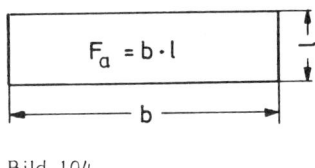

$$F_a = b \cdot l$$

Bild 104

Neben den Luftkräften Auftrieb und Widerstand ist für das Strömungsverhalten der Angriffspunkt der resultierenden Luftkraft von Bedeutung. Das Moment um die Profilnase ist nach Bild 95

$$M_o = r (F_a \cos \alpha + F_w \sin \alpha).$$

[2]) Windkanal   s. Abschnitt 2.2.7

Zweckmäßiger ist jedoch eine Darstellung analog zu den Luftkräften:

$$M_o = c_m \frac{\rho}{2} w^2 A \, l, \qquad\qquad (98)$$

wobei c_m einen Momentenbeiwert darstellt.

Trägt man c_a und c_w über dem Anstellwinkel α auf, so ergibt sich der in Bild 105 dargestellte Verlauf. Die Auftragung der c_w-Werte geschieht zumeist in einem vergrößerten Maßstab (etwa 5 : 1) wegen der Kleinheit dieser Meßwerte gegenüber den Auftriebsbeiwerten.

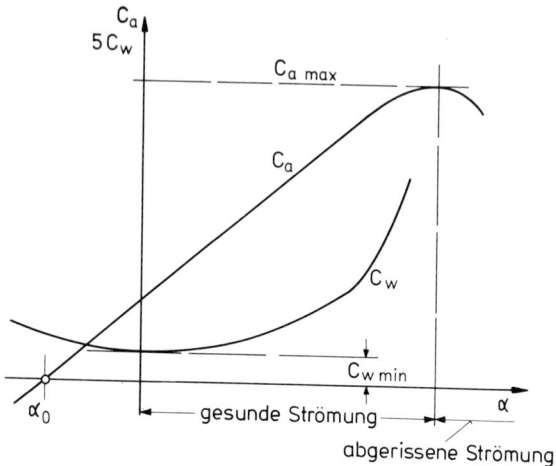

Bild 105

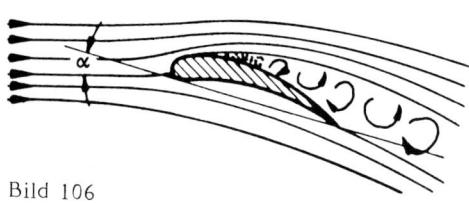

Bild 106

Die Figur zeigt einen gradlinigen Anstieg des Auftriebs mit wachsender Anstellung. Bei einem gewissen Anstellwinkel, der im Bereich von ca. 10 bis 15° liegen mag, reißt die Strömung bereits vorn am Profil ab, der Auftrieb bricht zusammen, es treten unangenehme Strömungszustände auf (Bild 106). Beim Flugzeug kann der Absturz die unmittelbare Folge sein.

Der Nullauftriebswinkel α_o ist beim gewölbten Profil im allg. kleiner Null; nur beim symmetrischen Profil ist $\alpha_o = 0$.

Der Punkt minimalen Widerstandes fällt selbstverständlich mit dem Anstellwinkel $\alpha = 0$ zusammen. Mit wachsender Anstellung steigt der Widerstand an.

Trägt man c_a über c_w auf, so erhält man die "Lilienthalsche Polare" (Bild 107). Sollen z.B. für das untersuchte Profil die Strömungseigenschaften für den Strömungszustand P (Anstellwinkel $\alpha = 9^o$) ermittelt werden, so greift man c_a und c_w ab und zeichnet den Polstrahl, der mit der c_a-Achse den Winkel ε ausschneidet. Damit ist auch die Gleitzahl ermittelt. Die optimale Gleitzahl ergibt sich durch den die Kurve tangierenden Polstrahl, der den Winkel ε_{min} ausschneidet.

Man nimmt häufig noch die Entwicklung des Luftkraftmoments c_a (c_m) in die Figur auf. Diese ist im allgemeinen gradlinig, d.h. mit steigender Anstellung wächst das Moment linear. Das bedeutet aber, da sich ja der Auftrieb mit dem $\sin \alpha$ ändert, eine Druckpunktwanderung, die oft, so z.B. beim Flugbetrieb, unerwünscht ist. Lediglich symmetrische Profile sind druckpunktfest. Hier liegt Punkt D bei etwa $r = 1/4$.

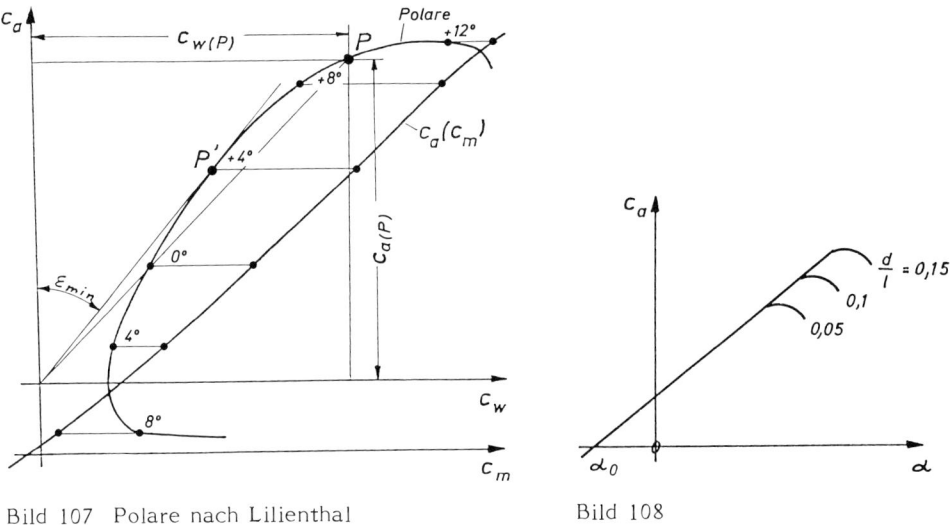

Bild 107 Polare nach Lilienthal   Bild 108

Stellt man den Einfluß der Profilparameter auf die Luftkräfte fest, so ergeben sich nachstehende Diagramme. Bild 108 zeigt den Einfluß der Profildicke: wachsende Dicke bewirkt höheres Auftriebsmaximum. Ebenso vergrößert die Wölbung (Bild 109) das Auftriebsmaximum, jedoch auch den Auftrieb im übrigen Anstellbereich. Größere Wölbung bewirkt andererseits erhöhten Widerstand. Bei schnellen Flugzeugen wird daher auf stark gewölbte Profile verzichtet, jedoch vergrößert man den Auftrieb beim Start- und Landevorgang durch Startklappen, welche im ausgedrehten Zustand dem Profil stärkere Wölbung verleihen (Bild 110). Die Notwendigkeit dieser Maßname ist durch die Joukowsky-Formel einzusehen (Gl. 96), da bei geringer Anströmgeschwindigkeit auch der Auftrieb klein ist.

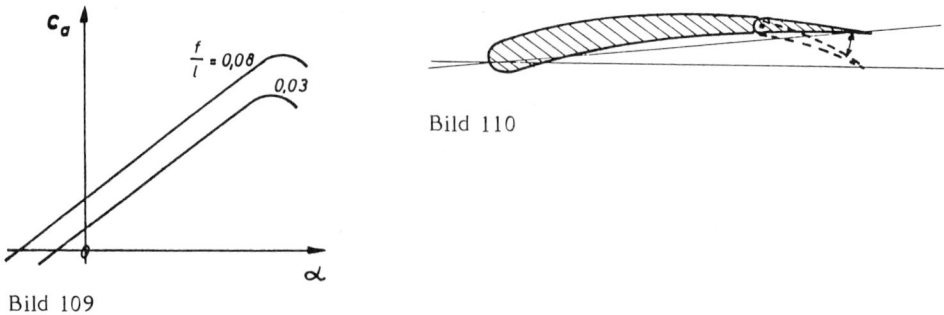

Bild 110

Bild 109

Der Einfluß der Reynold-Zahl ist in Bild 111 wiedergegeben; steigt die Reynold-Zahl an, so wird die Grenzschicht dünner und gleichzeitig stabiler.

Schließlich ist der Einfluß der Oberflächenrauhigkeit von Bedeutung. Glatte Oberfläche bewirkt höheren Auftrieb und geringeren Widerstand. Dabei ist es nicht gleichgültig, an welchen Stellen (z.B. Ober- oder Unterseite) das Profil glatter oder rauher ist. Um eine reibungsarme, gute Umströmung zu erzielen, ist vor allen auf saubere Oberflächenbeschaffenheit an der Profilnase zu achten.

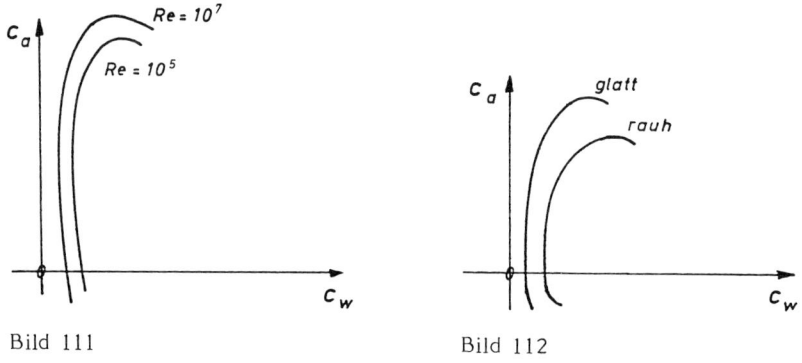

Bild 111   Bild 112

Beim Flugzeug stellen Sturzflug und Landemanöver besonders gefährdete Flugzustände dar. Um das Flugzeug vor zu starken Belastungen zu schützen, wird von Flugbremsen Gebrauch gemacht (Ausfahren von Bremsklappen am Rumpf, Anwendung von Bremsschirmen).

2.2.6 Druckverteilung und endliche Flügellänge

Die Druckverteilung bei nahezu optimalem Anstellwinkel zeigt Bild 113. Es zeigt sich, daß es weniger der Überdruck an der Unterseite, sondern vielmehr der Sog an der Oberseite ist, der die Auftriebskraft erzeugt.

Von großem Einfluß ist der Anstellwinkel auf die Druckverteilung. Tafel 3, Abschnitt 2.2.9 zeigt diese Abhängigkeit an einem NACA-Profil. Bei $\alpha = 17{,}9^{\circ}$ ist offenbar das Profil bereits überzogen, d.h. an der Oberseite hat sich die Strömung abgelöst.

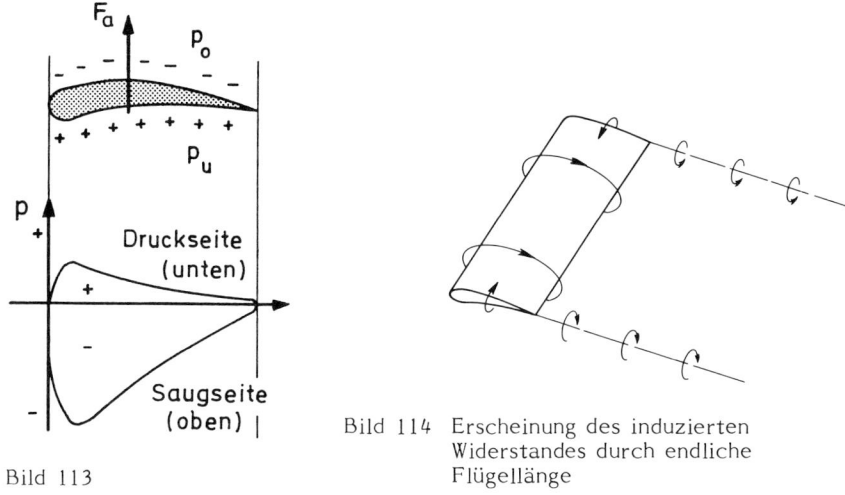

Bild 113

Bild 114   Erscheinung des induzierten Widerstandes durch endliche Flügellänge

Gegenüber der unendlich langen Profilbreite (b = ∞), wie sie bisher betrachtet wurde. liegt in der Praxis im allg. eine endliche Spannweite vor (Bild 104). Der Druckunterschied nimmt zu den Profilenden hin ab, an den Spitzen selbst kommt es zu einem Druckausgleich. Die Spannweite hat also auf die Kraftwirkungen einen erheblichen Einfluß. Setzt man $\bigwedge = b/l$, so ergibt sich die in Bild 115 dargestellte Abhängigkeit.

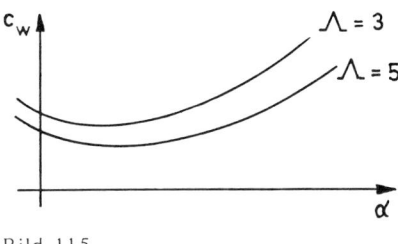

Bild 115

Durch die Umströmung der Flügelenden entstehen Zirkulationen, die sich als Wirbelschleppen hinter dem Tragflügel fortsetzen (Bild 114). Die damit verbundenen Energieverluste führen einen "induzierten Widerstand" herbei, der von beträchtlicher Größenordnung sein kann und von der relativen Flügellänge b/l abhängig ist.

Oft versucht man sich dem Flügel unendlicher Spannweite anzunähern, indem sogenannte Endscheiben verwendet werden. An den Flügelenden an Flugzeugen angebrachte Brennstofftanks oder entsprechend verkleidete Antriebsaggregate sind in dieser Richtung wirksam. Die Schaufeln der Strömungsmaschine lassen sich jedoch im allgemeinen als Flügel unendlicher Spannweite auffassen (s. Abschnitt 5.7).

2.2.7 Der Windkanal

Zur Modellmessung umströmter Profile werden Windkanäle benutzt. Die gebräuchlichste Form ist die Bauart mit geschlossenem Kreislauf. Bild 116 zeigt eine solche Anlage. Durch die geschlossene Bauweise wird die Energie des Luftstrahls wieder genutzt, das Gebläse hat lediglich die Strömungsverluste zu decken.

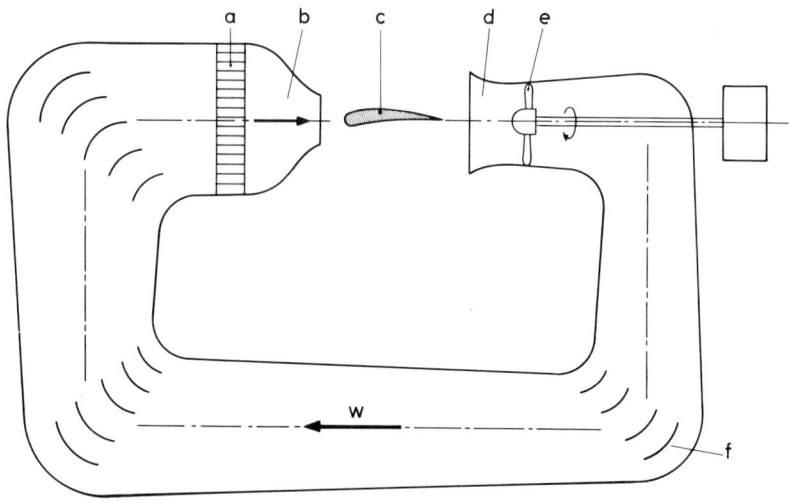

Bild 116   Geschlossener Windkanal
  a) Gleichrichter   b) Düse   c) Modell
  d) Trichter   e) Gebläse   f) Umlenkschaufeln

Durch Umlenkschaufeln werden die Umlenkverluste in den Krümmern herabgesetzt. Ein Gleichrichter, etwa in Gestalt eines Autokühlers, beseitigt störende Querbewegungen und Drehströmungen. Die Düse erzeugt die notwendige Anströmgeschwindigkeit, setzt aber auch gleichzeitig alle noch vorhandenen turbulenten Querbewegungen im Verhältnis zur Längsbewegung prozentual herab. Der Kanal ist in Strömungsrichtung diffusorförmig ausgelegt, um die Geschwindigkeit und damit die Strömungsverluste herabzusetzen. Wegen seiner günstigen Duchströmrichtung wird im allg. ein Axialgebläse eingesetzt.

Für Messungen im Überschallbereich wird wegen der erforderlichen hohen Gebläseleistung und der damit verbundenen Baugröße von Gebläse und Antrieb oft ein Druckspeicher verwendet. Dieser liefert während der zumeist kurzzeitigen Messung den Luftstrahl, zwischenzeitlich kann das Gebläse sodann den Speicher wieder aufladen. Die Ausströmgeschwindigkeit kann dabei durch gleichzeitige Regelung der Zustandsgrößen p und T im Speicher konstant gehalten werden.

Wird von räumlichen Kraftwirkungen abgesehen, so genügen zur Erfassung der Strömungseigenschaften drei Komponenten: Auftrieb, Widerstand und Moment der resultierenden Luftkraft um die Nase (Längsmoment). Aus den drei zu messenden Seilkräften können diese Werte mit Hilfe der Gleichgewichtsbedingungen der ebenen Statik berechnet werden und als c_a, c_w und c_m über dem Anstellwinkel dargestellt werden. Das Profil wird zweckmäßig in Rückenlage gemessen, um Zugkräfte in den Seilen zu erhalten. Die Seile werden durch Gewichte vorgespannt (Bild 117).

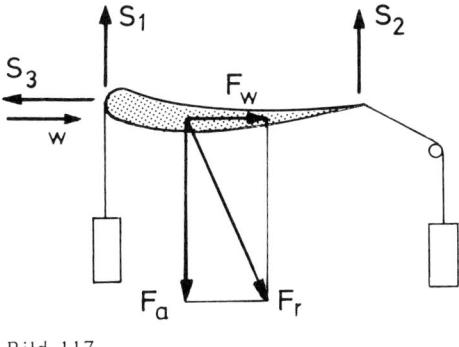

Bild 117

2.2.8 Besonderheiten im Überschallbereich
    (s. auch Abschnitt 1.4)

Die Schaufeln der Strömungsmaschinen werden selten mit Überschallgeschwindigkeit angeströmt. Um so öfter treten Überschallströmungen im Bereich der Flugtechnik auf. Als Strömungsprofil wird darum der Tragflügel zugrunde gelegt.

Im Bereich schallnaher Geschwindigkeiten ändern sich die Voraussetzungen für das Zustandekommen der Luftkräfte, wodurch einschneidende Änderungen im Aufbau und in der Steuerung eines Flugkörpers notwendig werden.

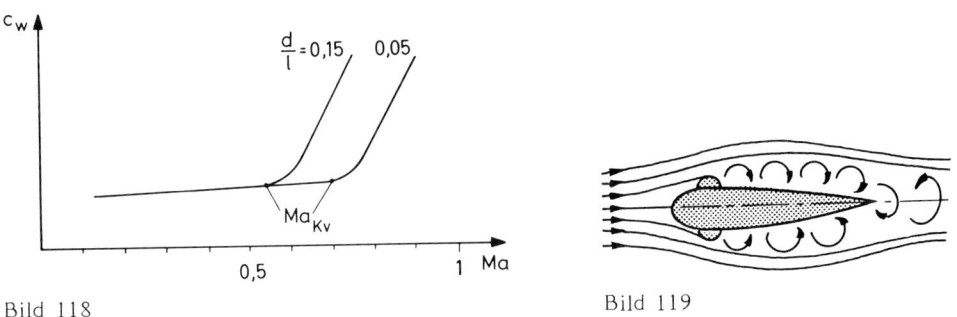

Bild 118   Bild 119

Ab einer bestimmten Fluggeschwindigkeit (kritische Mach-Zahl) stellen sich je nach Profileigenschaft Verdichtungsstöße ein, die plötzliche Drucksprünge hervorrufen. Damit verbunden ist eine stärkere Gefährdung der Grenzschicht und gleichzeitig ein erheblicher Widerstandsanstieg. Erstmalig treten lokale, mit Verdichtungsstößen gekoppelte Überschallgeschwindigkeiten im Bereich der maxiamlen Dicke eines Profils auf

(Bild 119). Die hierbei auftretende "kritische Mach-Zahl" (Bild 118) läßt sich durch

1. Anwendung schlankerer Profile
2. größere Rücklage der maximalen Dicke

in den Bereich höherer Geschwindigkeiten verlagern, welche am Profil nicht mehr auftreten. Gleichzeitig vermeidet man den hohen Widerstandsanstieg.

Von erheblicher Größenordnung werden bei Geschwindigkeiten im Schallbereich und darüber hinaus die Staudrücke an der Vorderkante, womit gleichzeitig eine hohe Stautemperatur verbunden ist. Die Profile werden darum vorn mit scharfer Kante ausgeführt.

Weiterhin ist oberhalb der kritischen Mach-Zahl eine erhebliche Auftriebsverminderung festzustellen (Bild 120). Auch die Regelfähigkeit beim Flugzeug stößt im Hochgeschwindigkeitsflug auf Schwierigkeiten. Infolge verwickelter Strömungsverhältnisse und oft nicht vorauszusehender Ablösungen der Grenzschicht kommt es mitunter zu Situationen, in denen eine Betätigung des Ruders überhaupt keine Steuerwirkung erzielt. Die Ruderklappe arbeitet in einer "Totwasserzone".

Ein Nachteil schlanker Hochgeschwindigkeitsprofile ist der geringe Auftrieb im Langsamflug. Darum müssen Landehilfen verwendet werden, unter denen Grenzschichtabsaugung und Ausblasen von Druckluft verbreitete Methoden darstellen.

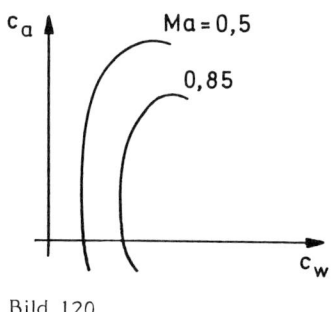

Bild 120

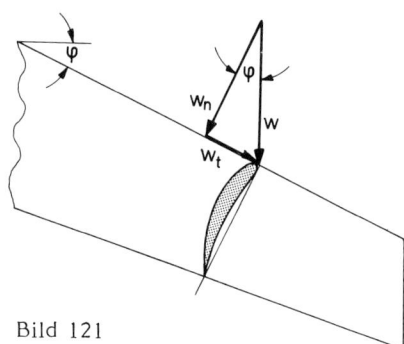

Bild 121

Zur Vermeidung örtlicher Überschallströmungen empfiehlt sich eine Pfeilung der Tragfläche (Bild 121). Es zeigt sich, daß nur die senkrecht auftreffende Komponente der Strömungsgeschwindigkeit $w_n = w \cos \varphi$ den Verdichtungsstoß auslösen kann. Durch Pfeilung der Tragfläche läßt sich so die kritische Mach-Zahl auf den Wert $Ma_{kr}/\cos \varphi$ verschieben. Der Effekt ist bei positiver oder auch negativer Pfeilung der gleiche. Es sind jedoch möglichst die durch die Tangentialkomponente w_t entstehenden Querströme zu unterbinden (Grenzschichtzäune), da diese merklichen Störeinfluß auf die Strömung um das Profil ausüben.

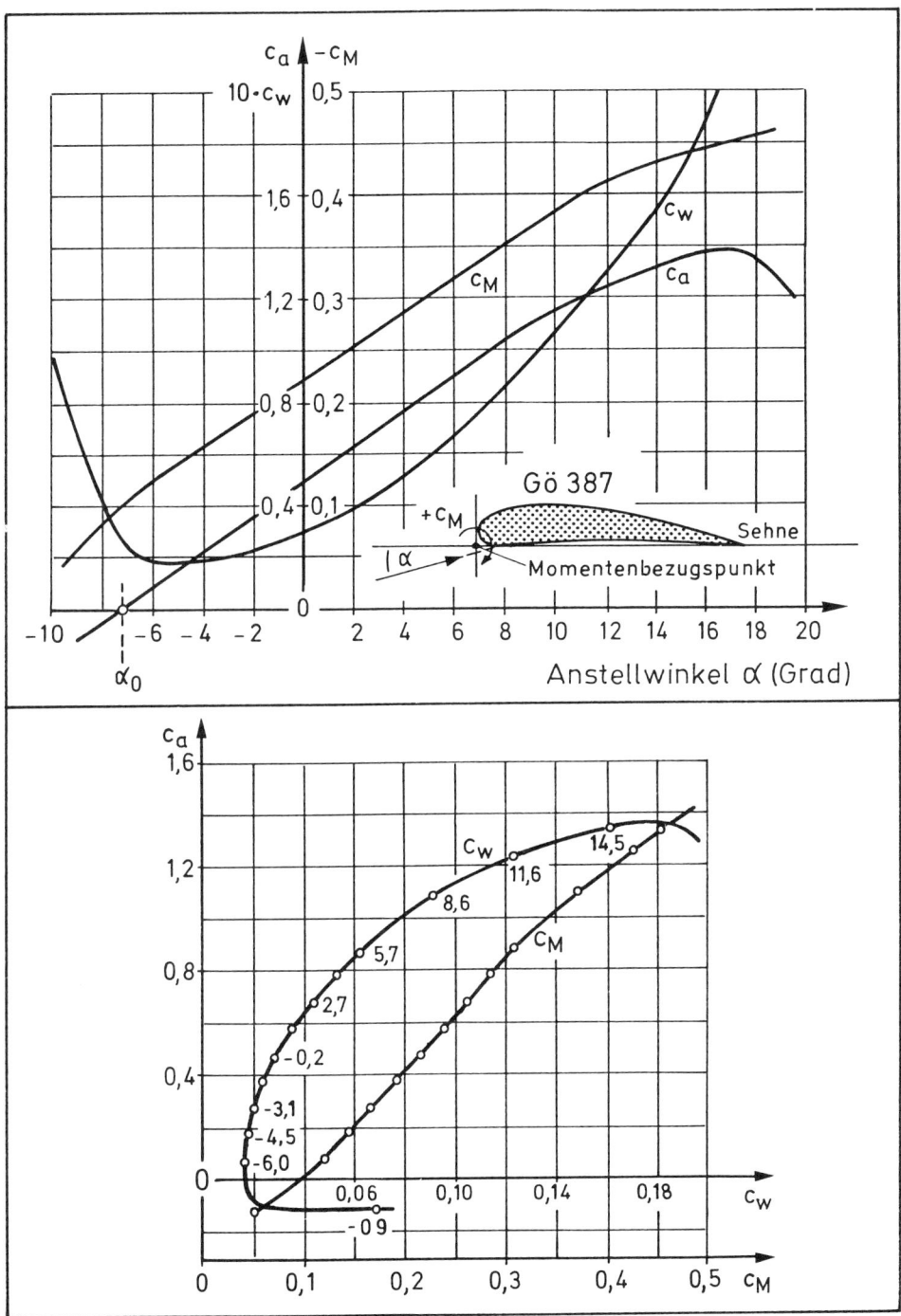

Tafel 1: Auszug aus der NACA-Profilsystematik

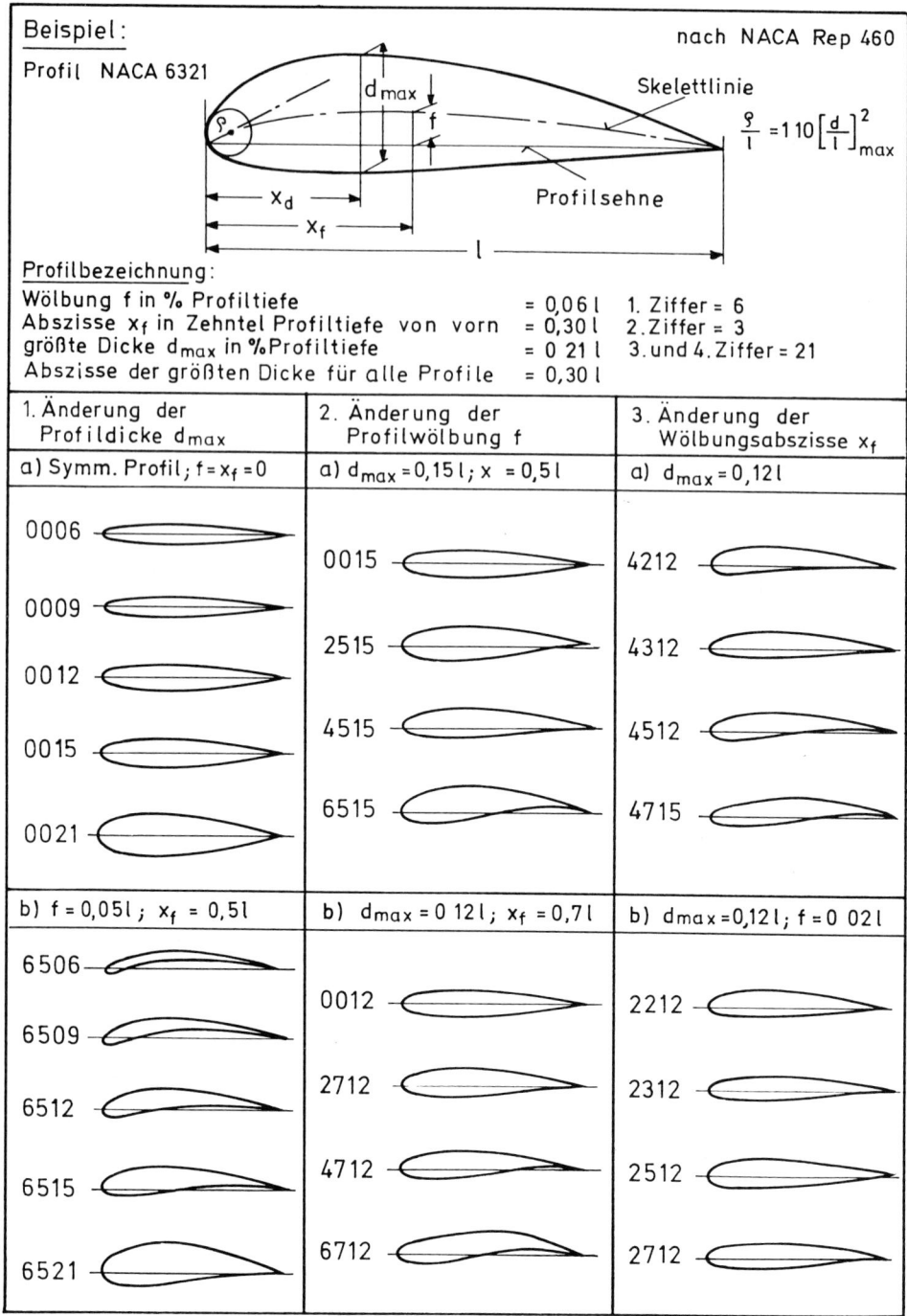

Tafel 2: Diagramme zur Dreikomponentenmessung am Profil Gö 387

101

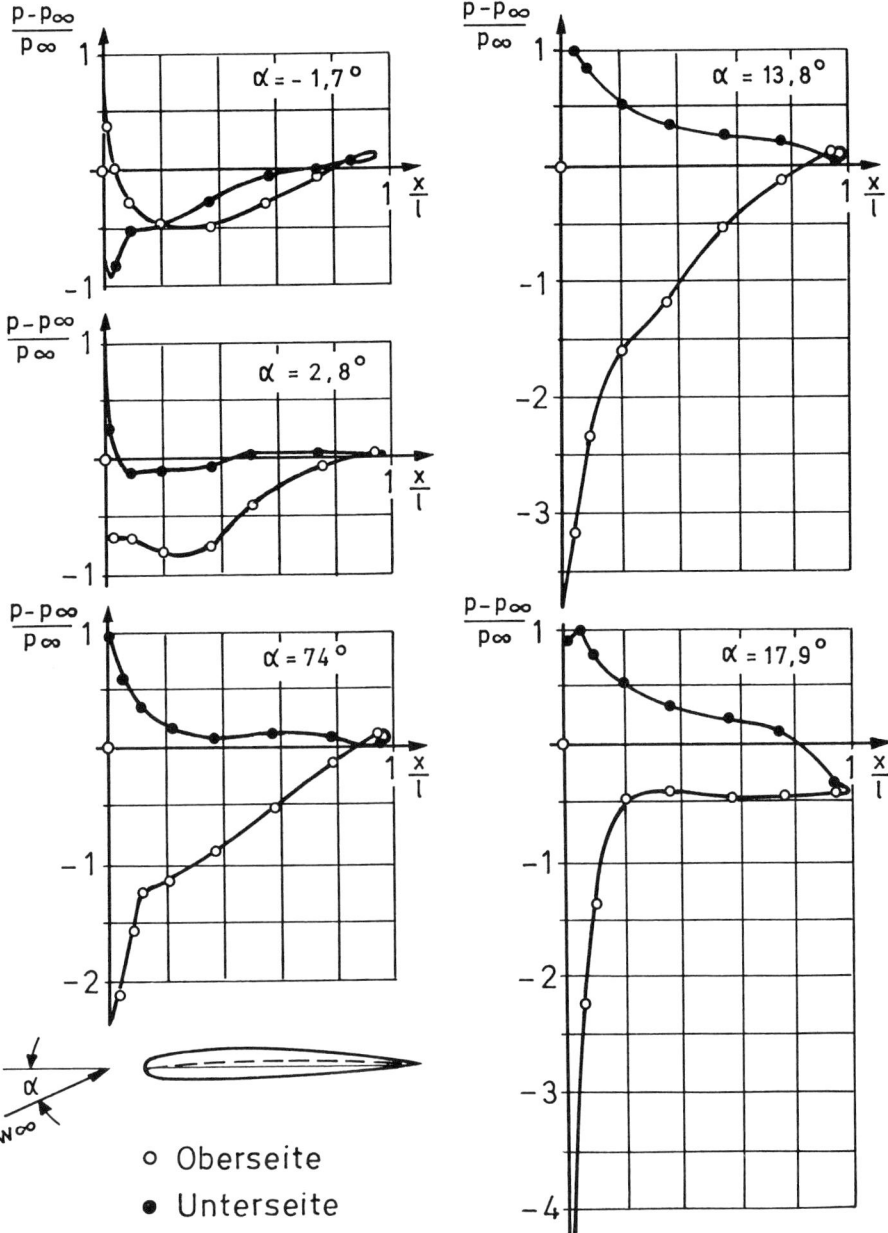

Tafel 3: Entwicklung der Druckverteilung am Profil NACA 2412 mit wachsender
Anstellung

Anwendung:

Seemine

Der Widerstand einer Seemine bei 6 km/h Strömungsgeschwindigkeit soll in einem Windkanal im Modellmaßstab 1 : 3 ermittelt werden.

a) Welche Windgeschwindigkeit ist zu wählen, wenn die Zähigkeit des Wassers $\nu_w =$
$0,13 \cdot 10^{-5}$ und die der Luft $\nu_1 = 0,15 \cdot 10^{-4}$ m^2/s beträgt?

b) Wie groß ist der Widerstand der Seemine, wenn am Modell $F_w = 14$ N gemessen wird
($\rho_w / \rho_1 = 796$)?

Lösung:

a) $Re_a = Re_m$

$(w \, d/\nu)_a = (w \, d/\nu)_m \quad \rightarrow \quad w_m = w_a \, (da/dm) \, (\nu_m/\nu_a)$

$w_m = 6 \cdot 3 \, (0,15 \cdot 10)/0,13 = 208$ km/h $\hat{=} 58$ m/s

b) $Fw = c_w \, \rho/2 \, A \, w^2$

$F_{wa}/F_{wm} = (c_w \, \rho \, A \, w^2)_a/(c_w \, \rho \, A \, w^2)_m = (796 \cdot 3^2 \cdot 6^2)/(1 \cdot 1 \cdot 208^2)$

$F_{wa} = 14 \cdot 5,95 = 83$ N

2.3 Die Luftschraube

Aufgabe des Propellers ist die Umsetzung der Leistung des Antriebsmotors in axialen
Schub. Nach Bild 122 läßt sich folgende Strahltheorie für reibungslose Strömung entwickeln:

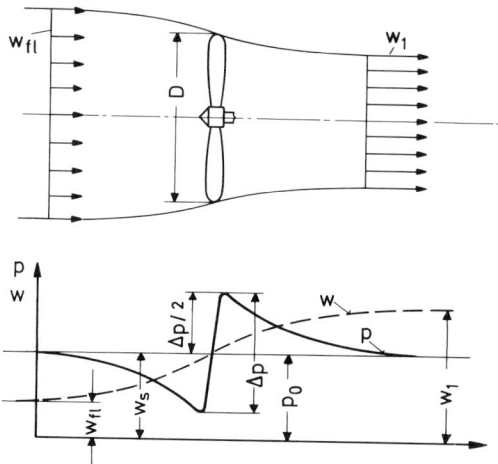

Bild 122 Druck- und Geschwindigkeitsverlauf im Luftschraubenstrahl

Der Schub drückt sich aus durch

$$S = \Delta p \, A = \Delta p \, D^2 \, \pi/4$$

oder durch

$$S = \dot{m} \, (w_1 - w_o)$$

und somit

$$S = \frac{D^2 \pi}{4} \, w_s \, \rho \, \Delta w. \qquad (99)$$

Der Vortrieb- oder Flugwirkungsgrad ermittelt sich aus

$$\eta_{fl} = \frac{\text{Schubleistung}}{\text{verfügbare Leistung}}$$

zu

$$\eta_{fl} = \frac{S \, w_{fl}}{\dot{m} \, (w_1^2 - w_o^2)/2}$$

mit $w_o = w_{fl}$ und unter Berücksichtigung der Gl. (99)

$$\eta_{fl} = \frac{w_{fl}}{1/2 \, (w_1 + w_{fl})} \quad \to \quad \eta_{fl} = \frac{2}{1 + w_1/w_{fl}}$$

und mit $\qquad w_1 = w_{fl} + \Delta w \qquad$ wird dann

$$\eta_{fl} = \frac{1}{1 + \frac{1}{2} \frac{\Delta w}{w_{fl}}}. \qquad (100)$$

Gleichung (100) zeigt, daß bei geringer Geschwindigkeitszunahme des Luftstroms der Flugwirkungsgrad hoch ist. Darin liegt gerade der Vorteil der Luftschraube, daß sie im Gegensatz zum Strahltriebwerk große Luftmassen erfaßt und diese nur wenig beschleunigt.

Da andererseits der Schub $S = \dot{m} \, \Delta w$ ist, kann ein Flugwirkungsgrad von $\eta_{fl} = 1$ nicht realisiert werden, da dann keine Schubkraft mehr vorhanden wäre.

Die am Propellerblatt angreifenden Luftkräfte veranschaulicht Bild 123.

Neben der axialen Durchströmgeschwindigkeit w wird dem Luftstrom eine Drehbewegung mitgeteilt. Wird die Luft in axialer Richtung um Δw beschleunigt, so bleiben in Umfangsrichtung die Luftteilchen um Δu zurück. Betrachtet man die Schraubenebene, so liegen hier jeweils nur die halben Geschwindigkeitsänderungen vor (Bild 123). Das Profil habe gegenüber der effektiven Anströmgeschwindigkeit (Relativgeschwindigkeit) die Anstellung α. Die resultierende Luftkraft F_r übt somit den axialen Schub S und eine tangentiale Drehkraft T auf den Propeller aus. Das Drehmoment des Antriebsmotors muß dieser Drehkraft das Gleichgewicht halten.

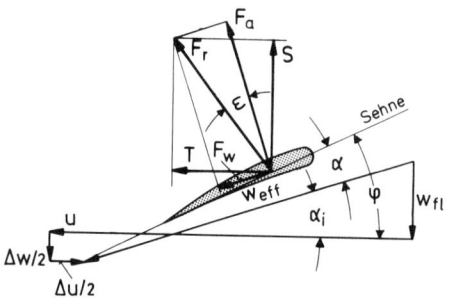 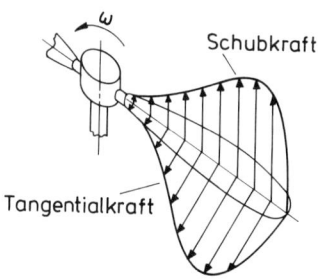

Bild 123 Luftkräfte am Propellerblatt   Bild 124

Die Luftkräfte wachsen annähernd proportional mit der Blattstirnfläche und dem Staudruck der Anströmgeschwindigkeit, sind also eine Funktion des Anstellwinkels und ändern sich mit w^2. Wegen der variablen Umfangsgeschwindigkeit entlang der Blattlängsachse tragen die Blattspitzen am meisten zur Schuberzeugung bei (Bild 124). Um trotz unterschiedlicher Umfangsgeschwindigkeit am Blatt überall den gleichen Anstellwinkel zu erhalten, ist eine Verwindung des Blattes nötig (Bild 125). Der Blattwinkel φ wird dadurch zur Blattspitze hin größer.

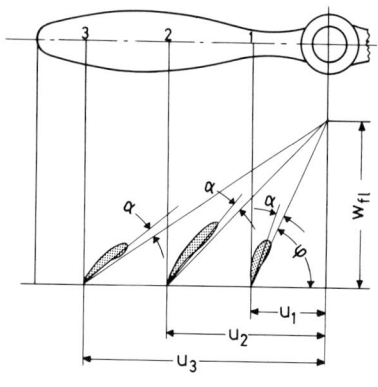 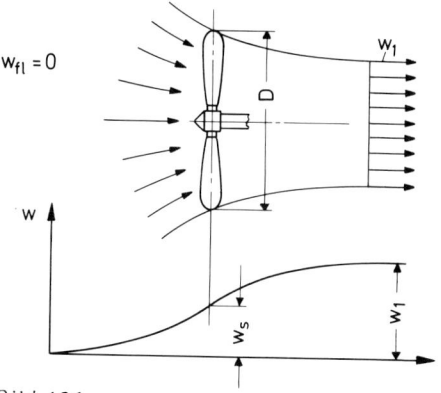

Bild 125   Bild 126

Zur besseren Darstellung der Eigenschaften einer Luftschraube definiert man den Fortschrittsgrad $\lambda = w/u$, welcher im Gebläsebau der Lieferziffer entspricht (s. Abschnitt 5.1), sowie den Völligkeitsgrad $\zeta = z\, f_s/A_s$, wobei z die Blattzahl, f_s die Stirnfläche des Blattes und A_s die Propellerkreisfläche bedeuten. Der Völligkeitsgrad läßt sich durch vermehrte Blattzahl oder auch durch breitere Blätter erhöhen. Dadurch wird der Schub vergrößert, jedoch sinkt der Wirkungsgrad.

Die Verhältnisse im Stand lassen sich anhand von Bild 126 entwickeln. Der Luftstrom wird hier von Null auf w_1 beschleunigt.

Um das Verhalten eines Propellers bei verschiedenen Flugzuständen voraussagen zu können, verschafft man sich eine Propellercharakteristik, indem man den Propeller durch einen Luftstrom anbläst und die ausschlaggebenden Meßwerte aufnimmt. Es werden Drehmoment, Schubkraft und Wirkungsgrad der Luftschraube gemessen und über dem Fortschrittsgrad aufgetragen (Bild 127). Bei Verstellpropellern müssen diese Messungen für verschiedene Blattwinkel durchgeführt werden. Aus dem Diagramm sind zu entnehmen:

Standschub S_o, Standdrehmoment M_{do} und Wirkungsgradoptimum η_{max}.

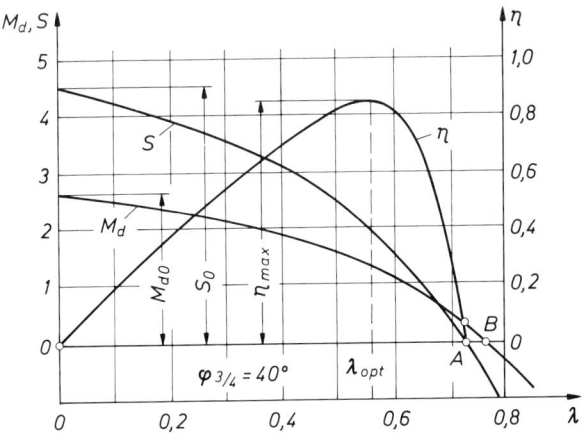

Bild 127 Propellercharakteristik

An der Stelle A ist der Schub Null, jedoch ist noch ein Drehmoment zur Überwindung der Reibkräfte am Blatt nötig. An der Stelle B nimmt der Propeller keine Leistung mehr auf, erzeugt jedoch einen negativen Schub. Bei noch größerem λ wird der Propeller durch den Luftstrom angetrieben, die Luftkräfte wechseln ihre Richtung (Windmühlenbetrieb) (Bild 128).

Schließlich läßt sich die Luftschraube als aerodynamische Bremse benützen. Beim Verkleinern des Blattwinkels φ über den Windmühlenbereich hinaus wechselt die Umfangskraft wieder ihre Richtung, der Propeller muß erneut vom Motor angetrieben werden (Bild 129). Da das Blatt stark negativ angestellt ist, reißt die Strömung ab, die Auftriebskräfte sind nur klein, der Widerstand jedoch bedeutend. Letzterer nimmt mit wachsender Anströmgeschwindigkeit etwa quadratisch zu. Da somit an der Schraube im

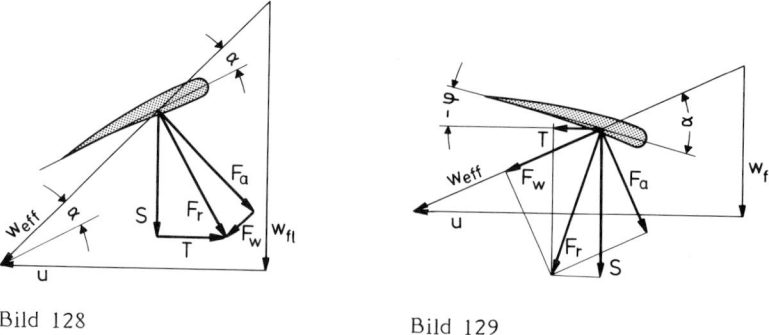

Bild 128   Bild 129

Bremsbetrieb erhebliche Drehmomente angreifen, muß der Motor die entprechende Leistung zur Herstellung des Momentengleichgewichts aufbringen. Andernfalls treiben die Luftkräfte den Propeller in entgegengesetzter Richtung an - der Motor würde Schaden nehmen und ausfallen. Die anströmende Luftmasse wird im Bremsfalle nicht, wie in Bild 122 dargestellt, beschleunigt, sondern vielmehr verzögert, der Strahl beim Durchtritt durch die Luftschraube entsprechend verbreitert.

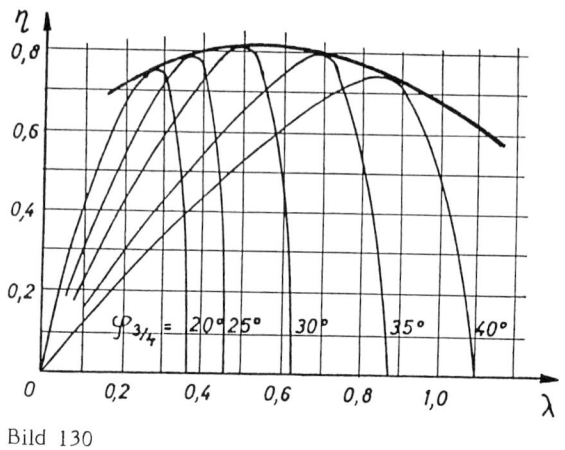

Bild 130

Um diese variablen Betriebsbereiche durchfahren zu können, bedarf es eines verstellbaren Propellers. Der Blattwinkel ist automatisch oder auch zusätzlich von Hand regelbar. Dadurch kann die Motorleistung über einen weiten Antriebsbereich hinweg voll ausgenutzt werden, da die Luftkräfte stets auf gleicher Größe gehalten werden können. Aus Bild 130 geht deutlich die Wirkungsgradverbesserung durch Blattverstellung hervor.

2.4 Flugdynamik am Hubschrauber

2.4.1 Der Hubschrauber als Fluggerät

Dank einiger bedeutender Vorteile gegenüber dem herkömmlichen Flugzeug hat sich der Hubschrauber, der erstmalig 1935 zur Betriebsreife entwickelt worden war, als Fluggerät rasch verbreitet. Die hervorstechenden Eigenschaften sind

1. keine Geschwindigkeitsbegrenzung nach unten
2. kleinste Start- und Landefläche
3. Flugbewegung kann in gleicher Weise vorwärts, rückwärts und seitwärts ausgeführt werden.

Größere Einheiten besitzen häufig zwei oder mehr Rotoren, die häufigste Bauart ist jedoch mit einem Rotor ausgerüstet und soll hier beschrieben werden.

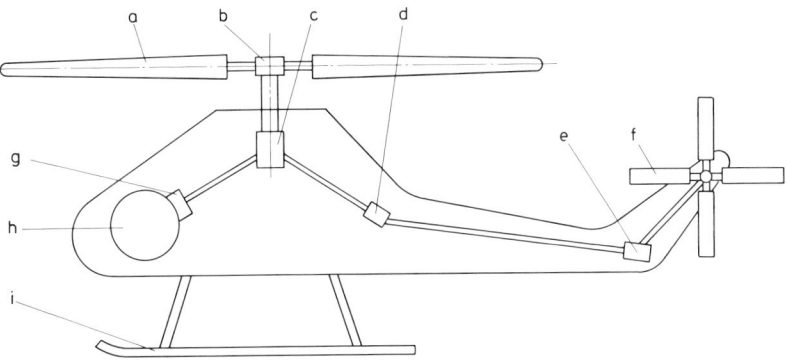

Bild 131 Prinzipskizze eines Hubschraubers
a) Rotorblatt   b) Rotorkopf   c) Untersetzungsgetriebe
d) und   e) Zwischengetriebe (Kraftumlenkung)   f) Heckrotor
g) Turbinenkupplung   h) Antriebsturbine   i) Landekufen

Im allgemeinen wird der Rotor durch die Welle des Motors angetrieben. Das vom Motor aufgebrachte Drehmoment muß ausgeglichen werden, da sich sonst die Zelle dreht. Hierzu dient ein Heckrotor, dessen Leistung (ca. 10 % der Motorleistung) zur Erzeugung der Schubkraft S_h benötigt wird. Da $M_d = S_h \cdot e$ ist (Bild 132), wird der Abstand des Heckrotors vom Hauptrotor möglichst groß gewählt, um dadurch die zur Schuberzeugung erforderliche Leistung klein zu halten.

Als Antriebsmaschine wird heute fast nur noch die Gasturbine verwendet, nachdem diese den Kolbenmotor verdrängt hat. Den Vorzügen der Gasturbine (geringes Leistungsgewicht, ausgezeichnetes Betriebsverhalten, ruhiger Lauf und bessere Saugfähigkeit in größeren Höhen) steht der schlechtere Wirkungsgrad gegenüber. Auch läßt sich die abnehmende Momentenkennlinie nur bei Anwendung einer Zweiwellenturbine erreichen (s. Abschnitt 9.1.3). Die Leistungsgrenze für Kolbenmaschinen liegt ohnehin im Hubschrauberbetrieb bei ca. 2500 kW.

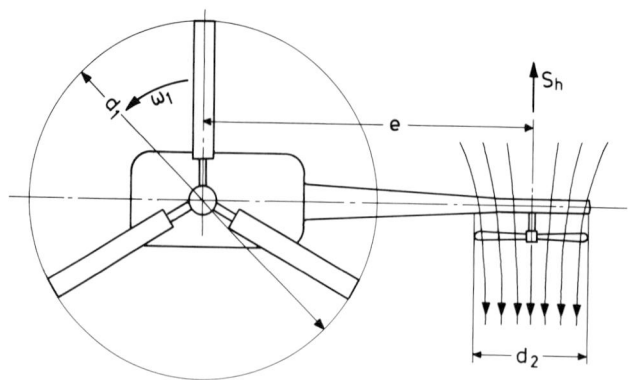

Bild 132

Da der Hubschrauber keine allzu hohe Fluggeschwindigkeit erreicht, wird auf aerodynamische Ausbildung der Zelle wenig Wert gelegt.

2.4.2 Schwebeflug

Da die Luft durch den Rotor aus dem Ruhezustand über die Geschwindigkeit w/2 in der Rotorebene auf die Strahlgeschwindigkeit w beschleunigt wird, kann für unsere Betrachtung Bild 126 zugrunde gelegt werden.

Mit $S = \dot{m}\,w$ und $\dot{m} = A\,\rho\,w/2$ wird $S = A\,\rho\,w^2/2$ oder mit $S = G$ unter Vernachlässigung des Zellenwiderstandes auf den Schubstrahl

$$ w = \sqrt{\frac{2}{\rho}\,\frac{G}{A}} \tag{101} $$

mit der Rotorkreisflächenbelastung G/A. Die Strahlgeschwindigkeiten liegen bei 15 - 60 m/s. Eine kleine Rotorfläche erfordert somit zur Erzeugung des benötigten Schubs eine hohe Strahlgeschwindigkeit (Analogie zum Düsentriebwerk).

Die Betrachtung der Leistung $P = \dot{m}\,w^2/2$ zeigt, daß diese mit wachsender Strahlgeschwindigkeit oder mit abnehmendem Rotordurchmesser unverhältnismäßig ansteigt. (Vergleich mit einem Senkrechtstarter mit schwenkbaren Triebwerken: Leistungsverbrauch 1 : 25.)

Mit $P = S\,w/2$ ergibt sich die Schubleistung $P = S\sqrt{\frac{1}{2\rho}\,\frac{S}{A}}$ und die Triebwerksleistung

$$ P_{tr} = \frac{G}{\eta}\sqrt{\frac{1}{2\rho}\,\frac{G}{A}} \tag{102} $$

wobei η die Rotorverluste, die Leistungsverluste durch Heckrotor und Getriebe usw. sowie den Zellenwiderstand erfaßt. Bild 133 zeigt die Verluste im Sankey-Diagramm.

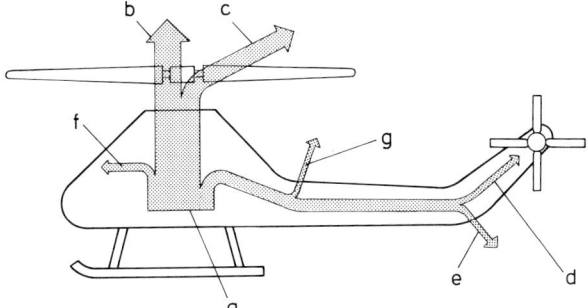

Bild 133 Leistungsbedarf des Hubschraubers
        a) Motornutzleistung   b) Rotornutzleistung   c) Rotorverlust
        d) Heckrotorleistung   e) Verlust Zwischengetriebe 1
        f) Verlust Hauptgetriebe
        g) Verlust Zwischengetriebe 2 und Nebenaggregate

Eine niedrige Kreisflächenbelastung G/A macht eine geringe Leistung erforderlich. Darum wird ein möglichst großer Rotordurchmesser angestrebt. Hier liegen kleine Anlagen mit geringem Gewicht naturgemäß günstiger. Es ist für

     kleine Anlagen . . . . . G/A = 10 - 20 kg/m^2
     große Anlagen . . . . . G/A = 30 - 50 kg/m^2.

Gleichung (102) liefert die Abhängigkeit der erforderlichen Leistung von der Luftdichte und somit auch von der Höhe. Es gilt dann für eine Höhe h

$$P_{ro}/P_{ro\ h\ =\ 0} = \rho_0/\rho_h.$$

Da nun auch die verfügbare Leistung wegen Verschlechterung der Saugverhältnisse mit wachsender Höhe abnimmt (in 5 km Höhe 35 - 40 % Leistungsabfall), wird die Gipfelhöhe für den Schwebeflug nach Bild 134 bestimmt.

2.4.3 Steuerung

Der Hubschrauber besitzt optimale Manövrierfähigkeit. Ihm stehen sechs Freiheitsgrade im Raum zur Verfügung, drei translatorische und drei Drehbewegungsmöglichkeiten. Dazu sind folgende Bedienungselemente erforderlich:

1. Blattverstellhebel zur kollektiven Veränderung der Blatteinstellung; bewirkt Heben, Senken und Abfangen.

110

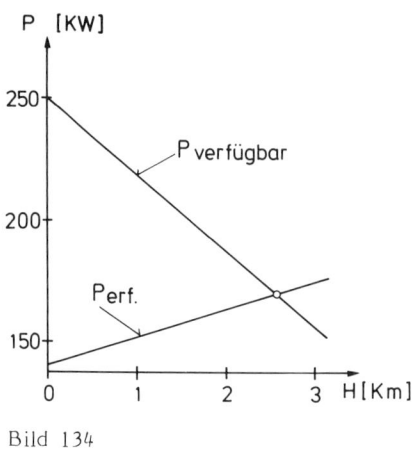

Bild 134

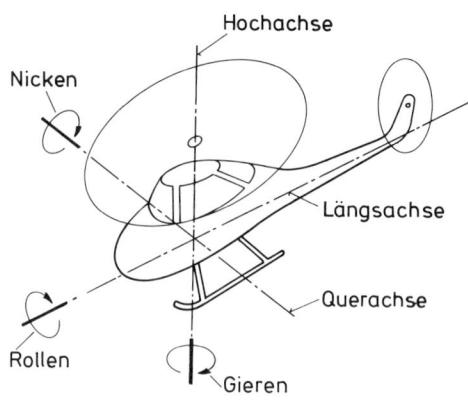

Bild 135 Bewegungsmöglichkeiten eines Hubschraubers im Raum

2. Gas- bzw. Drehzahlverstellung zur Leistungsregelung, bei modernen Anlagen jedoch bereits häufig mit der Blattverstellung automatisch gekoppelt; oft noch Feineinstellung von Hand.

3. Steuerknüppel zur zyklischen Blattverstellung, wodurch die Rotorblätter separat verstellt werden können. Dieser Steuereingriff dient zur Ausführung der Horizontalbewegung und zur Kompensierung oder zur Einleitung von Nick- oder Rollmomenten.

4. Seitenruderpedale zur kollektiven Verstellung der Blätter des Heckrotors. Dieser muß veränderlichen Schub erzeugen können, da mit zunehmender Blattverstellung am Hauptrotor auch das wirksame Drehmoment und damit das erforderliche Gegenmoment wächst; entsprechend können Momente um die Hochachse eingeleitet werden.

Oft müssen mehrere Steuerungsmaßnahmen gleichzeitig durchgeführt werden, da ein Regeleingriff wiederum andere nach sich zieht.

2.4.4 Vertikalflug

Beim Vertikalflug können die Rotorblätter kollektiv und symmetrisch gesteuert werden (ohne Windeinfluß). Die Durchströmgeschwindigkeit durch die Blattebene ist beim Steigflug um w_{st} größer als im Schwebeflug, somit $w_{res} = w/2 + w_{st}$. Damit steigt auch die erforderliche Leistung.

Bild 136 zeigt das Kräftebild am Profil: Wird die Blatteinstellung φ vergrößert, so steigt α_{eff} und gleichzeitig F_a und S an, so daß der Steigflug beginnt. Infolgedessen steigt auch die senkrechte Anströmgeschwindigkeit der Luft auf $w/2 + w_{st}$, d.h., es wird α_{eff} wieder kleiner und es kommt zum gleichförmigen Steigen. Die Wahl des Einstellwinkels φ bestimmt also die Größe der Steiggeschwindigkeit. Die Auftriebskraft legt sich mit zunehmendem w_{res} schräger, so daß die Tangentialkomponente T ansteigt und das aufzubringende Moment ebenfalls größer wird.

Entsprechend verhält es sich beim Sinkflug: Hier wird durch eine Verringerung der Einstellung α_{eff} verkleinert, die zunehmende Sinkgeschwindigkeit verringert die axiale Durchtrittskomponente auf $w_{res} = w/2 - w_s$, so daß α_{eff} wieder ansteigt, - es kommt zum stationären Sinken. Durch die flachere Neigung der effektiven Anströmgeschwindigkeit w_{eff} dreht F_r nach oben, so daß T und damit gleichzeitig die erforderliche Leistung kleiner werden.

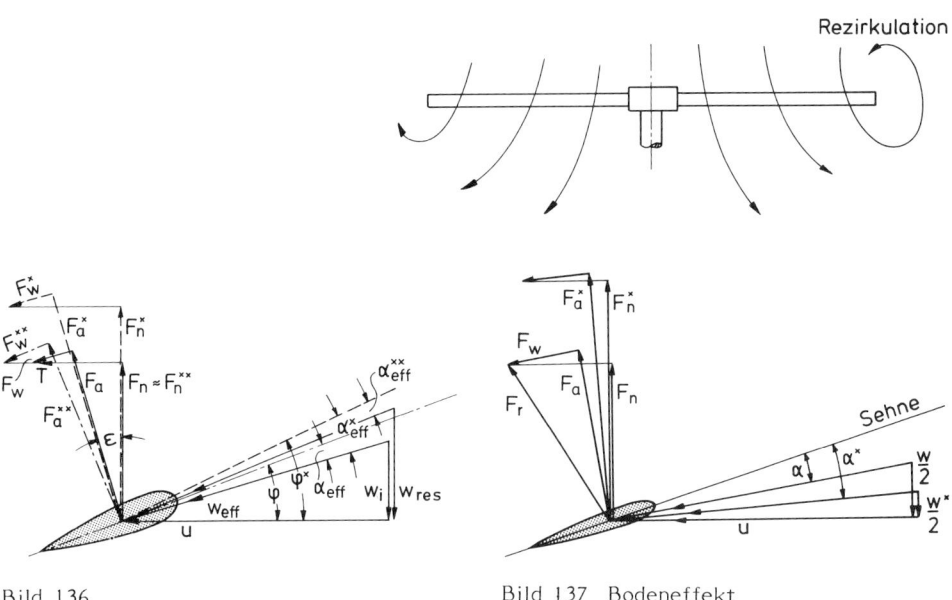

Bild 136   Bild 137   Bodeneffekt

Wird aus irgendeinem Grund der Blattwinkel wesentlich kleiner, so steigt die Sinkgeschwindigkeit bedeutend an und α_{eff} wird sehr groß, wodurch Strömungsablösung hervorgerufen wird. Der Auftrieb bricht zusammen und w_s steigt in kurzer Zeit auf hohe Werte an. Wegen der Blattverwindung tritt das "Wirbelringstadium" zuerst an der Blattspitze auf, greift aber dann auf das gesamte Blatt über. Um diesen gefährlichen Flugzustand zu vermeiden, sollte die Sinkgeschwindigkeit 4 m/s nicht überschreiten. Starke Schwingungen sowie bei gleichem Leistungsangebot Abnahme der Drehzahl infolge erhöhter Blattwiderstände kündigen das Wirbelringstadium an. Durch Übergang in den Vorwärtsflug können stabile Strömungsverhältnisse hergestellt werden, ferner kann Autorotation unter Inkaufnahme größerer Höhenverluste angewandt werden.

Ein zusätzlicher Effekt tritt in Bodennähe auf: Bei Annäherung an den Boden strömt der Strahl nicht mehr frei ab, sondern wird parallel zur Bodenfläche umgelenkt. Die Zahl der Stromlinien wird zur Mitte hin geringer, der Druck steigt an, gleichzeitig sinkt die Durchströmgeschwindigkeit. Damit wird auch der Anstellwinkel größer, so daß der Auftrieb zunimmt (Bild 137): Der Hubschrauber bewegt sich aufwärts. Da die Tangentialkraft sich nicht wesentlich ändert, bleibt die Leistung konstant.

Zur Vermeidung dieses Effekts muß beim Landen α über den Einstellwinkel φ verringert werden; damit wird gleichzeitig T kleiner und die Leistung gedrosselt.

Eine weitere Erscheinung in Bodennähe ist die sogenannte "Rezirkulation". Die abgelenkten Stromfäden werden wieder angesaugt und ein zweites Mal durch den Rotor gerissen. Dabei werden bei entsprechendem Untergrund Sand und Steine mit angesaugt, wodurch Schäden an den Blättern verursacht werden können.

Dieser doppelte Bodeneffekt tritt bis zu einer Höhe von ca. $h = d_{rot}$ auf. Es sollte darum beim Start diese Zone rasch durchfahren werden.

2.4.5 Horizontalflug

Durch Neigung der Rotorebene (zyklische Blattverstellung) ergibt sich eine Vortriebskomponente. Die resultierende Luftkraft geht nun allerdings am Schwerpunkt des Geräts vorbei, - es entsteht ein Nickmoment, d.h., der Hubschrauber neigt sich nach vorn, bis der Schub wieder durch den Schwerpunkt geht (Bild 138).

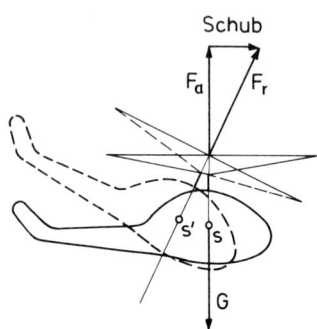

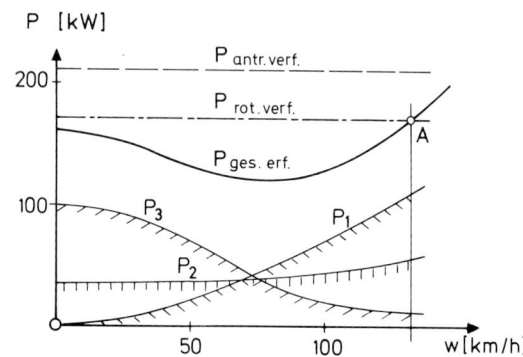

Bild 138 Fluglage beim
Vorwärtsflug

Bild 139 Leistungsbilanz beim
Horizontalflug

Eine Leistungsbilanz für den Horizontalflug stellt die verschiedenen Leistungsanteile heraus:

1. einen Anteil zur Überwindung des Zellenwiderstandes $P_1 \sim w_{fl}^3$,

2. einen Betrag P_2 zur Überwindung des Rotor- oder Blattwiderstandes, welcher mit wachsender Geschwindigkeit nur schwach ansteigt, verursacht durch die Verschiedenheit der Anströmverhältnisse am vor- und rücklaufenden Blatt.

Beispiel: u = 100 m/s

a) Schwebeflug: $P_{schw} = k \cdot 100^3$ an allen Blättern

b) Horizontalflug mit w_{fl} = 20 m/s:

vorlaufendes Blatt ..... $P_{vorl} = k \cdot 120^3$

rücklaufendes Blatt ..... $P_{rückl} = k \cdot 80^3$

somit $P_{vorl} + P_{rückl} > 2\, P_{schw}$.

3. Die Luftteilchen werden beschleunigt und umgelenkt, wobei die Beschleunigung sowie die Strahlumlenkung mit wachsender Fluggeschwindigkeit abnimmt (induzierter Widerstand). Die dazu erforderliche Leistung wird durch P_3 erfaßt.

Die Summe aller Einzelleistungen ist im Schwebeflug offenbar größer als beim mäßigen Vorwärtsflug. Die Maximalgeschwindigkeit wird dort erreicht, wo die erforderliche Leistung gleich der verfügbaren wird, in Bild 139 also in Punkt A. Die Überschußleistung kann zum Steigen verwendet werden. Eine Erhöhung der Maximalgeschwindigkeit wird in erster Linie durch günstigeren Zellenwiderstand erreicht.

Im Horizontalflug wird das vorlaufende Blatt gegenüber dem rücklaufenden infolge der Addition von Fluggeschwindigkeit und Umfangsgeschwindigkeit des Blattes verschieden stark angeströmt. Dementsprechend ist auch der Auftrieb am vorlaufenden größer als am rücklaufenden. Da das Blatt während seines Umlaufs beide Zonen durchläuft, kommt es zu starken Blattschwingungen in vertikaler Richtung, die eine hohe Biegewechselbeanspruchung ergeben. Außerdem wird dadurch eine Rollbewegung zur Seite der geringeren Luftkräfte (rücklaufendes Blatt) verursacht. Man schließt darum die Blätter über "Schlaggelenke" an (Bild 141), wodurch dem Blatt senkrechte Bewegungsfreiheit gestattet wird. Bei Stillstand hängen dann die Blätter frei auf einem Anschlag auf.

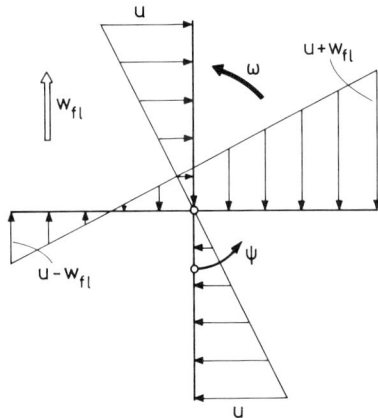

Bild 140 Blattanströmung beim
horizontalen Vorwärtsflug

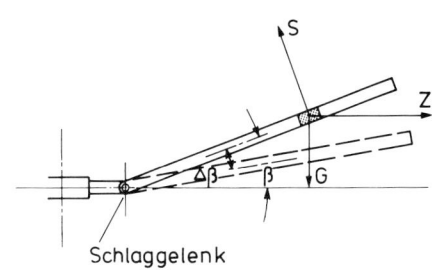

Bild 141 Kräfte am Rotorblatt
(senkrecht zur Rotorebene)

114

Durch die mit der Drehzahl wachsenden Fliehkräfte werden in Verbindung mit dem Auftrieb die Blätter angehoben. Es ergibt sich im Flugzustand ein Gleichgewicht zwischen Schubkraft, Fliehkraft und Blattgewicht, wodurch ein bestimmter Konuswinkel ß in Abhängigkeit von der Drehzahl bestimmt ist. Stärkerer Drehzahlabfall ist zu vermeiden, da ein Anwachsen des Winkels ß eine Verkleinerung der Rotorfläche zur Folge hat.

Nun erreicht zwar der Auftrieb bei $\psi = 90^\circ$ seinen Höchstwert, die steigende Blattbewegung hält jedoch an, solange noch die Vorwärtsbewegung des Blattes andauert und so eine Auftriebsvermehrung erzeugt, also bis zum Drehwinkel $\psi = 180^\circ$. Ab hier senkt sich das Blatt wieder durch die ansteigende Gegenkraft im rücklaufenden Bereich. Der Bewegungsvorgang ist also gegenüber der Kraft um 90° phasenverschoben. Die Rotorebene neigt sich zurück, so daß es gleichzeitig zu einer Schubkomponenten nach rückwärts kommt.

Abhilfe wird geschaffen durch die Möglichkeit der zyklischen Blattverstellung. Die Blätter werden "gewinkelt", d.h., dem konstanten Blattwinkel φ wird ein zyklisch wechselnder Winkel $\Delta\varphi$ überlagert (Bild 142a). Dadurch wird der Auftrieb am rücklaufenden Blatt größer - sowohl Blatt als auch die Rotorebene steigen nach hinten an. Da nun die maximale Auftriebskraft bei $\psi = 270^\circ$ auftritt, wird die höchste Blattstellung bei $\psi = 0^\circ$ erreicht, die Rotorebene kippt nach vorn und erzeugt eine Schubkomponente in der beabsichtigten Flugrichtung.

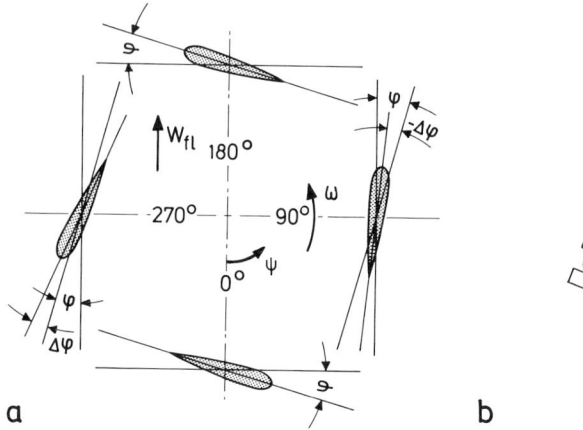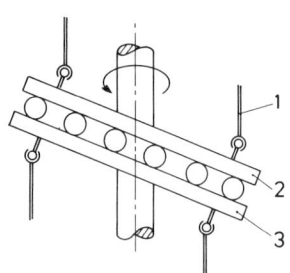

Bild 142 Blattsteuerung beim Horizonatalflug
a) Blattwinkelung b) Taumelscheibe
1) Anlenkgestänge zum Rotorblatt
2) rotierender Ring   3) nichtrotierender Ring

Durch eine Taumelscheibe mit einem drehbaren und einem festen Kranz können diese Bewegungen übertragen werden (Bild 142b). Mitumlaufende Stoßstangen verbinden die Blätter mit dem rotierenden Kranz der Taumelscheibe.

Durch wechselnde Luftkräfte, hervorgerufen durch Widerstandsänderung infolge Blatt-
schlags, sowie durch das Auftreten von Corioliskräften, die durch Änderung des Blatt-
abstandes vom Kopf verursacht werden, treten auch hohe Wechselbeanspruchen in Umfangsrichtung auf die Blätter auf. Zum Ausgleich werden zusätzlich Schwenkgelenke
eingebaut. Der Schwenkausschlag wird jedoch ölhydraulisch gedämpft, um größere Umwuchten in der Rotorebene zu vermeiden.

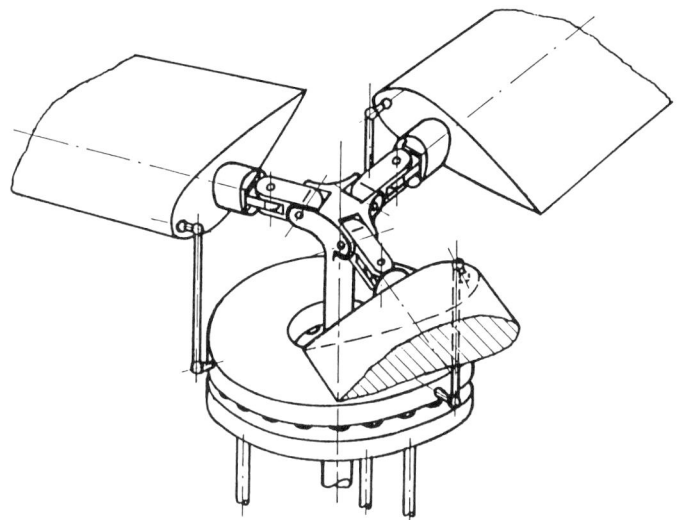

Bild 143 Erzeugung der Blattverstellung mittels Taumelscheibe

Insgesamt stellt der Rotorkopf ein kompliziertes und teures Gebilde dar, das entsprechende Wartung erfordert. Die Entwicklung hochelastischer Werkstoffe (z.B. glas-
faserverstärkter Kunstharz) für das Rotorblatt führt bei modernen Anlagen bereits zu
gelenklosem Blattanschluß.

Mit wachsender Fluggeschwindigkeit nimmt der Bereich der ungünstigen Rückenströ-
mung (Bild 140) am rücklaufenden Blatt zu. Die dadurch entstehende Gefahr der Ablösung bestimmt die höchst zulässige Fluggeschwindigkeit. Andererseits bringt die Addition der Geschwindigkeitsanteile am vorlaufenden Blatt Kompressibilitätsprobleme mit
sich, sobald dort die Schallgrenze erreicht wird.

Die Bremsung erfolgt im allg. durch rasches Zurücknehmen des Steuerknüppels, so daß
die Rotorebene sich nach rückwärts neigt und eine Bremskomponente erzeugt. Aus
Gleichgewichtsgründen dreht sich die Zelle dabei ebenfalls zurück, so daß der Brems-
effekt verstärkt und der Schwebezustand rasch erreicht wird (Flare).

Bild 145 stellt die Verhältnisse beim schrägen Steigflug dar.

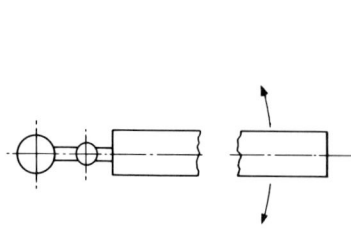

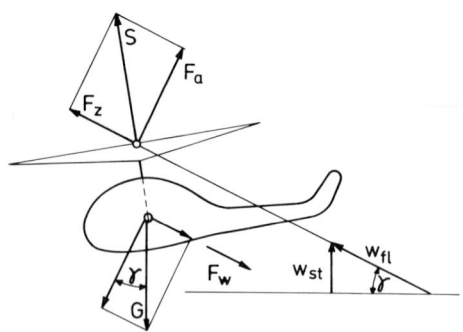

Bild 144 Blattverbindung über
Schwenkgelenk

Bild 145 Schräger Steigflug

Es ist die Zugkraft $F_z = G \sin \gamma + F_w$, wobei sich aus der Größe von Widerstand und Eigengewicht die Neigung der Rotorebene gegenüber der Flugbahn ergibt.

Da zum Heben zusätzliche Energie benötigt wird, ist der Steigflug möglichst bei der optimalen Fluggeschwindigkeit $w_{fl\ opt}$ (Bild 139) durchzuführen, da bei diesem Flugzustand die höchste Leistungsreserve vorhanden ist. Auf diese Weise kann eine wesentlich größere Gipfelhöhe erreicht werden.

Beispiel:

- senkrechter Steigflug . . . . 1300 m Gipfelhöhe
- schräger Steigflug (optimal) . . . . . 4100 m Gipfelhöhe.

2.4.6 Autorotation

Hierbei wird der von der Antriebsmaschine abgekuppelte Rotor durch die Kraftwirkung des Fahrtwindes angetrieben. Die Luft strömt nun von unten durch den Rotor, der Hubschrauber sinkt. Durch die neue Anströmrichtung wird α_{eff} sehr groß, die Einstellung muß verringert werden ($\varphi = 4^\circ$).

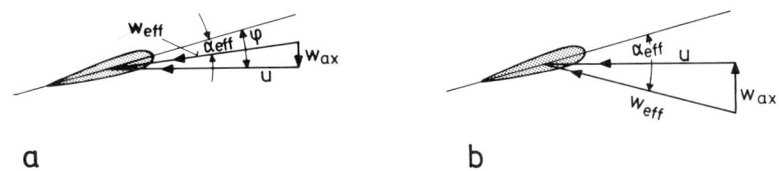

a

b

Bild 146 Geschwindigkeitsverhältnisse am Rotorblatt bei Autorotation
           a) Schwebeflug   b) senkrechter Sinkflug

In Bild 147 sind die Geschwindigkeitsverhältnisse an der Blattspitze denen an der Blattwurzel während des Autorotationszustandes gegenübergestellt. Es zeigt sich, daß im Zentrum der Rotorebene die Tangentialkraft antreibende Wirkung besitzt, in der

Randzone hingegen bremsende Kräfte auftreten. Um stationäre Drehzahl zu erhalten, muß im Sinne des Gleichgewichts die Summe der bremsenden Momente gleich der Summe der antreibenden sein. Wird nun z.B. die Blattverstellung vergrößert, so wird sich die resultierende Luftkraft F_r stärker nach links neigen, der bremsende Bereich weitet sich aus, so daß die Drehzahl abfällt, bis erneut Gleichgewicht herrscht.

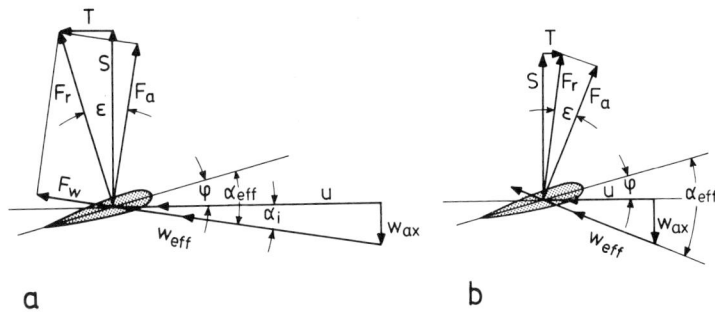

Bild 147 Geschwindigkeits- und Kräfteverhältnisse am Rotorblatt
im stationären Sinkflug bei Autorotation
a) an der Blattspitze   b) an der Blattwurzel

Die Sinkgeschwindigkeit ergibt sich unter Vernachlässigung des Zellenwiderstandes aus

$$F_{w\,ro} = c_{w\,ro}\, A\, \rho\, w_s^2/2$$

$$w_s = \sqrt{\frac{2}{\rho}\frac{G}{A}\frac{1}{c_{w\,ro}}}. \qquad (103)$$

Der Widerstandbeiwert der Rotorebene kann angenähert gleich dem der quer ange-strömten Kreisscheibe angesetzt werden. Es ergibt sich dann die Entwicklung nach Bild 148. Es wird daraus ersichtlich, daß bei vertikalem Sinken trotz Autorotation eine Bruchlandung unvermeidbar ist. Man wird darum den schrägen Gleitflug vorziehen, da ein Abfangen durch Bremsung dann möglich wird. Vor der Landung wird durch stärkere Blattanstellung die Sinkgeschwindigkeit verringert, so daß der Hubschrauber ausgleiten bzw. ausrollen kann.

Autorotation wird notwendig, wenn der Landevorgang beschleunigt werden soll, der Antrieb aussetzt, der Heckrotor defekt ist oder das Wirbelringstadium überwunden wer-den soll.

Bevor volle Autorotation entwickelt ist, sinkt der Hubschrauber ca. 100 m ab. Je nach Höhe der Fluggeschwindigkeit geht für das Landemanöver noch eine Höhe von 30 bis 50 m verloren. Hohe Fluggeschwindigkeit ermöglicht Landung aus geringen Flughöhen. Bild 149 umreißt die Zonen, aus denen eine Landung mit Hilfe der Autorotation gefahr-los vorgenommen werden kann.

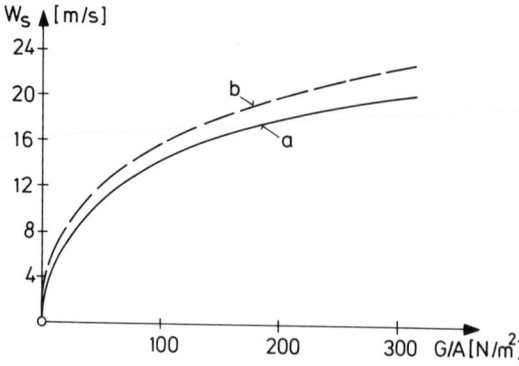

Bild 148 Stationäre Sinkgeschwindigkeit
bei Autorotation
a) im Bereich Meereshöhe
b) bei 2 km Flughöhe

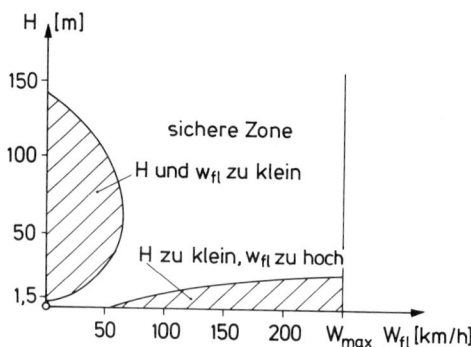

Bild 149 Erforderliche Flughöhe für
gefahrlose Landung
bei Autorotation

3 Grundlagen der Strömungsmaschinen

3.1 Übersicht und Einteilung

A. Kraftmaschinen

    a. Wasserturbine

    b. Windturbine

    c. Wärmekraftmaschine

       - Dampfturbine

       - Gasturbine

B. Pumpen

    a. Kreiselpumpe (als Flüssigkeitsförderer)

    b. Kreiselverdichter

       - Ventilator

       - Gebläse

       - (Turbo-) Kompressor

C. Kombinierte Anlagen

    a. Strömungswandler

    b. Gasturbinenanlage

3.2 Das Schaufelgitter

Es wird das Funktionsprinzip an Pumpe und Turbine im folgenden gemeinsam behandelt.

Bild 150 stellt die axiale Bauform einer Turbine bzw. Pumpe dar. Die Wirkungsweise der Turbine kann anhand der Figur folgendermaßen erläutert werden:

Die Strömung tritt zunächst in das Leitrad, das aus am Gehäuse befestigten, nicht rotierenden Schaufeln gebildet wird. Durch Schaufelkrümmung wird sowohl eine Umlen-

kung der Strömung als auch eine Querschnittsverengung gegenüber der Durchströmrichtung erreicht. Es erfolgt somit eine Umsetzung von Druck in Geschwindigkeit (Prinzip
der Düse). Für den Stromfaden kann im Leitrad die Energiegleichung nach Bernoulli
angewandt werden:

$$gz + p/\rho + w^2/2 = const.$$

Das rotierende Laufrad besitzt ebenfalls ringsum auf einer Nabe angeordnete Schaufeln, die durch entsprechende Krümmung den Schaufelkanälen Düsenform verleihen. Dadurch wird ein weiterer Umsatz von Druck in Geschwindigkeitsenergie erreicht. Die
Hauptaufgabe des Laufrades ist jedoch die Umsetzung der Geschwindigkeitsenergie der
Strömung in Rotationsenergie des Rades, welche als Drehmoment durch die Welle
weitergeleitet wird.

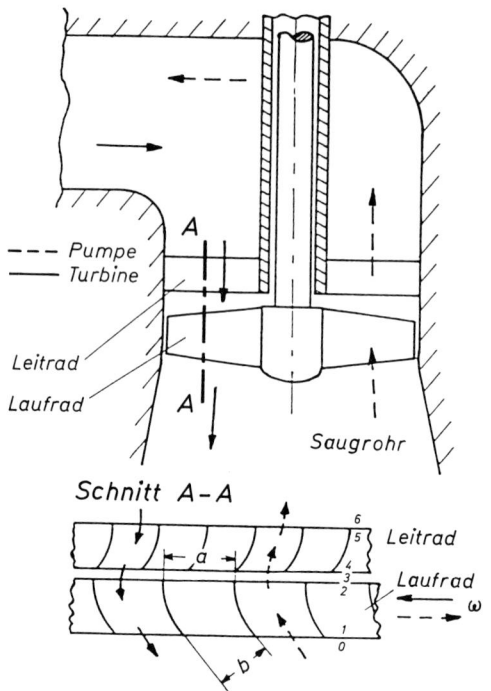

Bild 150 Axiale Maschine

Der Schaufelschnitt A-A stellt eine Zirkumpolarprojektion dar. Die Stromlinien verblei-
ben trotz räumlicher Krümmung stets auf dem gleichen Zylindermantel, also achsparallel, weshalb das Rad als Axialrad angesprochen werden kann.

Im Laufrad wird der Strömung Energie entzogen, so daß der Energiesatz in obiger Form
nicht anwendbar ist.

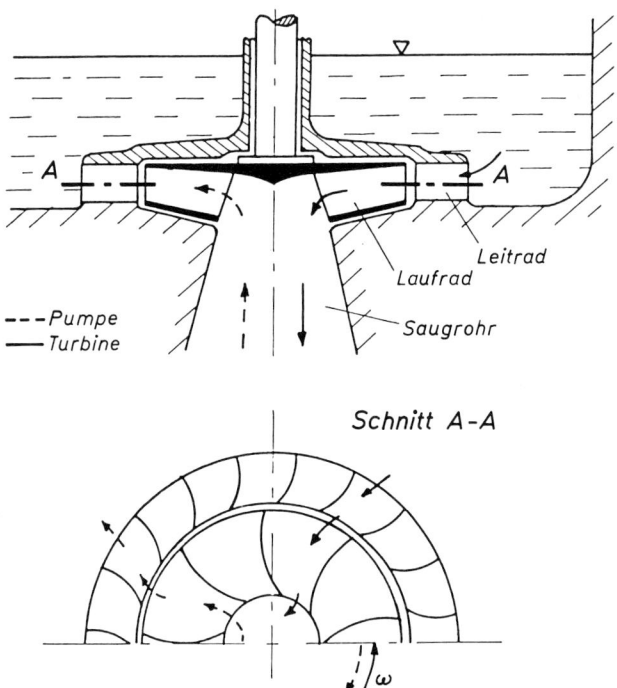

Bild 151 Radiale Maschine

Betrachtet man das Axialrad des Bildes 150 als Pumpenrad, so erkennt man:

Die Teilchen strömen dem Laufrad in axialer Richtung zu, werden jedoch durch die Schaufelkrümmung im Umfangsrichtung abgelenkt. Gleichzeitig tritt eine Durckerzeugung durch die Diffusorwirkung der Kanäle auf. Somit hat das Pumpenlaufrad zwei Aufgaben zu erfüllen:

1. Umsetzung der Rotationsenergie der Maschine in Geschwindigkeitsenergie der Strömung
2. Umsetzung der Geschwindigkeitsenergie in Druckenergie.

Die Schaufelkrümmung im nachfolgenden Leitrad erzielt durch Diffusorwirkung weiteren Energieumsatz in Druck.

Allgemein befindet sich das Leitrad an der Seite der höheren Energie in der Strömung.

Betrachten wir das in Bild 151 dargestellte Radialrad, bei dem die Strömungsteilchen das Schaufelgitter radial durchströmen, so zeigt sich, daß hier bei der Pumpe die Schaufelwirkung durch Zentrifugalkräfte unterstützt wird. Auch ist, gleichbleibender Abstand der rotierenden Scheiben (gleiche Radbreite) vorausgesetzt, die Diffusorwirkung bei der Pumpe bzw. die Düsenwirkung bei der Turbine wesentlich größer, da der

Umfang und damit die Durchtrittsfläche nach außen wächst. Radialräder werden mitunter auch als Zentrifugalräder bezeichnet.

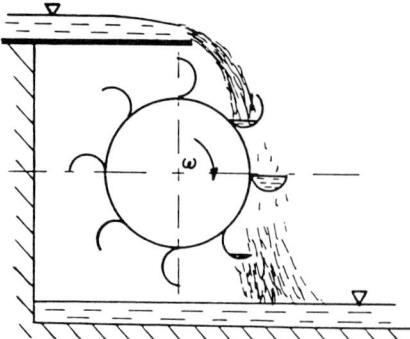

Bild 152 Wasserrad

Ein Wasserrad, wie es in Bild 152 dargestellt ist (oberschlächtiges Rad), ist keine Strömungsmaschine. Eine Strömungswirkung ist nicht vorhanden. Die Rotationsenergie wird durch einseitige Beschwerung des Rades durch die Wasserfüllung einer Anzahl Schaufeln erzeugt.

3.3 Berechnungsmethoden

1. Prinzip der unendlichen Schaufelzahl:

Man geht von der Annahme aus, das Schaufelgitter bestehe aus unendlich vielen Schaufeln, die dann auch unendlich dünn sein müssen. Unter dieser Voraussetzung stimmt die Strömungsrichtung vollständig mit der Schaufelkrümmung überein. Da in der Praxis eine unendliche Schaufelzahl nicht realisierbar ist, die Strombahnen somit aus Trägheitsgründen nur annähernd dem Schaufelverlauf folgen, müssen die Rechenergebnisse durch Korrekturglieder berichtigt werden.

2. Tragflügeltheorie (nach Prandtl):

Hierbei trifft man die Annahme, daß sich eine Einzelschaufel allein durch einen unendlich großen Raum bewege. Das sich ausbildende Strömungsfeld wird dann durch keine benachbarte Schaufel beeinflußt. Bei Anwendung auf ein Schaufelgitter sind auch hier zusätzliche Korrekturen nötig, um brauchbare Ergebnisse zu bekommen. Die Berechnungsart ist für die Auslegung von Tragflügeln geeignet, wird aber auch für die Berechnung des axialen Schaufelgitters verwendet (s. Abschnitt 5.7). In Abschnitt 2.2 wird diese Berechnungsmethode eingehend untersucht.

3. Methode der konformen Abbildung:

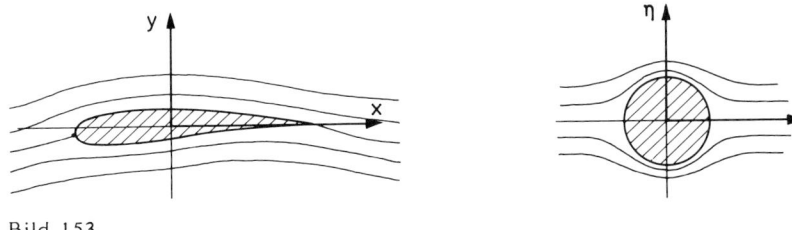

Bild 153

Mit Hilfe der "konformen Abbildung" lassen sich die verwendeten Profile in der Gauß'schen Zahlebene in andere, einfache Figuren überführen (z.B. Kreis). Die Strömungsfelder um diese Figuren sind mathematisch bekannt oder leicht zu ermitteln. Mit Hilfe der verwendeten Transformationsgleichungen lassen sich dann rückwärts die Strombilder für die geforderten Profile aufstellen. Die Rechnungen werden schwierig, wenn zusätzliche Einflüsse wie Zähigkeit und Reibung berücksichtigt werden sollen (s. Abschnitt 2.1 und 2.2.1.1).

4. Singularitätenmethode (Darstellung siehe im Abschnitt 2.2.1.2).

Es wird den folgenden Ausführungen das Prinzip der unendlichen Schaufelzahl zugrundegelegt, da nur damit eine brauchbare Berechnung des Radialrades möglich ist.

3.4 Energieumsatz

Für die Maschine ist die Energiedifferenz in der Strömung zwischen Druck- und Saugstutzen von Bedeutung. Die Energie am Druckstutzen ist

$$E_d = p_d/\rho + w_d^2/2 + gz_d,$$

die Energie am Saugstutzen entsprechend

$$E_s = p_s/\rho + w_s^2/2 + gz_s.$$

Die Differenz beider Energien beträgt somit

$$Y = E_d - E_s = \Delta p/\rho + (w_d^2 - w_s^2)/2 + g\Delta z, \qquad (104)$$

wobei Δp die Druckdifferenz in der Strömung zwischen den beiden Anschlußflanschen, Δz die Höhendifferenz beider Stutzen darstellen mag. Diese Energiedifferenz wird als

124

spezifische Stutzenarbeit bezeichnet und stellt in jedem Falle die Energieänderung in der Strömung dar.

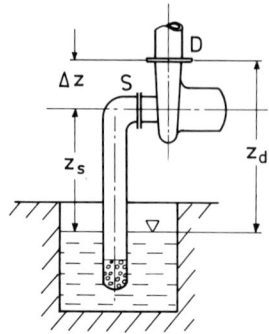

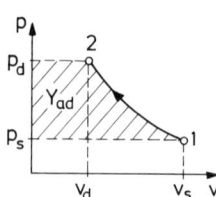

Bild 154 Energieumsatz in
einer Kreiselpumpe

Bild 155 Kompressionsvorgang
im p-v-Diagramm

Für Maschinen mit Flüssigkeitsförderung muß dem Ortshöhenglied bisweilen Beachtung geschenkt werden, zumeist fällt es jedoch wegen gleicher Stutzenhöhe gänzlich heraus. Auch die Differenz der Geschwindigkeitsenergien ist im allgemeinen gleich Null oder nur von geringer Größenordnung, so daß für Flüssigkeitsanlagen näherungsweise gesetzt werden kann

$$Y = \Delta p/\rho .$$ (104a)

Bei Gasmaschinen ist die Ortshöhendifferenz praktisch ohne Bedeutung wegen der geringen Dichte, jedoch wird die Geschwindigkeitsdifferenz mitunter wesentlich wegen hoher Austrittsgeschwindigkeiten (Schubtriebwerk).

Für die Ermittlung der Druckdifferenz muß bei Gasmaschinen die Arbeitsfläche unter der Zustandsänderung im p-v-Diagramm bestimmt werden:

$$\Delta p/\rho = Y_{ad} = \int v \, dp .$$

Ist die Maschinendrehzahl hoch, so wird der Wärmeaustausch mit der Umgebung unbedeutend, da das strömende Teilchen keine Zeit findet, Wärme durch die Wandung aufzunehmen oder abzugeben. Der Vorgang verläuft nahezu adiabat. Setzt man außerdem reibungsfreie Strömung voraus, so daß dem Medium keine innere durch die Reibung erzeugte Wärme mitgeteilt wird, so ist die Zustandsänderung in ihrem ganzen Verlauf als isentrop anzusprechen. Es ist somit:

$$p v^{\varkappa} = \text{const} = p_s v_s^{\varkappa}$$ und

$$Y_{ad} = \int (p_s v_s/p)^{1/\varkappa} \, dp,$$ so daß

$$Y_{ad} = \varkappa/(\varkappa-1) \cdot p_s v_s \left[(p_d/p_s)^{(\varkappa-1)/\varkappa} - 1 \right] \qquad \text{für Kompression}$$

$$Y_{ad} = \varkappa/(\varkappa-1) \cdot p_d v_d \left[1 - (p_s/p_d)^{(\varkappa-1)/\varkappa} \right] \qquad \text{für Expansion}$$

oder nach Einführen der Temperaturen

$$Y_{ad} = \varkappa/(\varkappa-1) \cdot R\, T_s (T_d/T_s - 1) \qquad \text{für Kompression}$$

$$Y_{ad} = \varkappa/(\varkappa-1) \cdot R\, T_d (1 - T_s/T_d) \qquad \text{für Expansion.}$$

Mithin ist auch

$$Y_{ad} = c_p \, \Delta t_{ad} \qquad \qquad (105)$$

oder mit $h = c_p\, t$

$$Y_{ad} = h_d - h_s. \qquad \qquad (105a)$$

Berücksichtigt man unvermeidliche Verluste durch nicht umkehrbare Prozesse, etwa durch Reibung, Verwirbelung und Wärmetausch mit der Umgebung, so findet man für Verdichter und Turbine im h-s-Diagramm und T-s-Diagramm folgende Bilder:

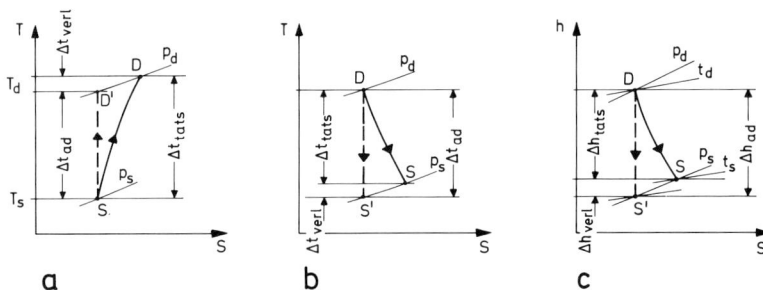

Bild 156 Zustandsänderung in Gasmaschinen
a) Verdichtung im T-s-Diagramm
b) Expansion im T-s-Diagramm
c) Expansion im h-s-Diagramm

3.5 Verluste und Wirkungsgrade

Die Betrachtung der Verluste wird für den Auslegungspunkt der Maschine vorgenommen. Stoßverluste, die nur außerhalb dieses Betriebszustandes auftreten, fallen somit im Rahmen dieser Ausführung heraus (siehe auch Abschnitt 4.1).

126

1. Hydraulische Verluste:

Hydraulische Verluste oder Schaufelverluste stellen die Strömungsverluste in den Schaufelkanälen dar, welche hervorgerufen werden durch Reibung und Verwirbelung. Sie sind rechnerisch nicht genau zu erfassen. Sie können reduziert werden durch saubere Oberfläche und zweckmäßige Schaufelgestaltung.

Mit den Schaufelverlusten E_{vhydr} ergibt sich die Schaufelarbeit zu

$$Y_{sch} = Y + E_{vhydr} \qquad \text{bei der Pumpe und}$$
$$Y_{sch} = Y - E_{vhydr} \qquad \text{bei der Turbine.}$$

(106)

2. Spaltverluste

Zwischen Radeintritt und dem Austritt sucht die Strömung über den Spalt und den Zwischenraum zwischen umlaufendem Rad und Gehäusewand den Druckunterschied auszugleichen. Es entsteht ein Spaltstrom. Bei der Pumpe wird dieser Spaltstrom noch einmal gefördert, die Pumpe muß also für vergrößerte Fördermenge ausgelegt werden. Das ist gleichzeitig ein Leistungsverlust.

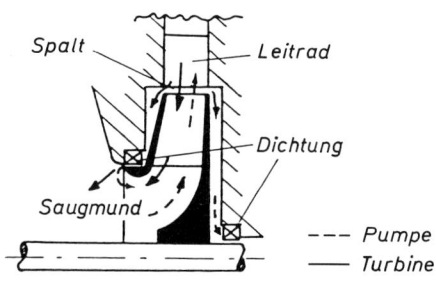

Bild 157

Liefergrad: $\eta_l = \dot{V}/(\dot{V} + \dot{V}_{sp})$

Leistungsaufnahme: $P_i = Y(\dot{V} + \dot{V}_{sp})\rho$. (107)

Bei der Turbine fließt ein Teil des zur Verfügung stehenden Stromes wirkungslos über den Spalt durch die Maschine. Die Leistungsausbeute wird kleiner.

Arbeitsleistung: $P_i = Y(\dot{V} - \dot{V}_{sp})\rho$ (107a)

Die Abdichtung erfolgt zweckmäßig an Stellen möglichst kleinen Durchmessers (Bild 157). Hier ist infolge geringer Umfangsgeschwindigkeit Reibleistung und Reibverschleiß gering, die abzudichtende Fläche ist kleiner, wodurch weniger Dichtungsmaterial notwendig wird, und schließlich arbeitet die Dichtung funktionssicherer.

Zum Abdichten gegenüber der Umgebung werden bei Flüssigkeitsförderung vor allem Stopfbuchsen mit Packungen aus Faserstoffen (Baumwolle, Hanf) verwendet oder bei heißen Flüssigkeiten Asbestmasse (Bild 158),

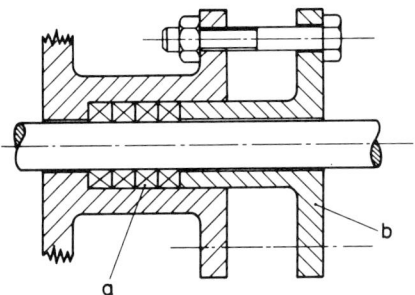

Bild 158 Stopfbuchse
a) Packung   b) Stopfbuchsbrille

Völlige Dichtung wird durch Stopfbuchsen nicht erreicht, ist zumeist auch gar nicht erwünscht, da die Leckflüssigkeit gleichzeitig die Dichtung und die Welle kühlt. Erreicht die Umfangsgeschwindigkeit der Welle hohe Werte, so wird die Erwärmung des Packungswerkstoffes unzulässig hoch, so daß die Stopfbüchse durch einen besonderen Kühlkreislauf gekühlt werden muß. Völlige Dichtung kann erzielt werden durch Anlegen einer unter höherem Druck stehenden Sperrflüssigkeit, welche in die Dichtung hineingeführt wird, ihrerseits jedoch einen Spaltstrom erzeugt. Angewandt wird diese Maßnahme zur Förderung von chemischen oder radioaktiven Flüssigkeiten oder auch dort, wo saugseitig Luft in die Maschine gesaugt werden kann (Kondensationsdampfturbinen).

Bei Pumpen werden häufig die sog. Gleitringdichtungen verwendet (Bild 241).

Für Gas- oder auch Dampfförderung wird im allg. eine Spitzen- oder Labyrinthdichtung benutzt. Durch die Verwirbelung in den einzelnen Kammern wird der Druck so weit abgebaut, daß am Ende die Ausströmgeschwindigkeit und somit der Spaltstrom nur noch gering sind (Bild 159).

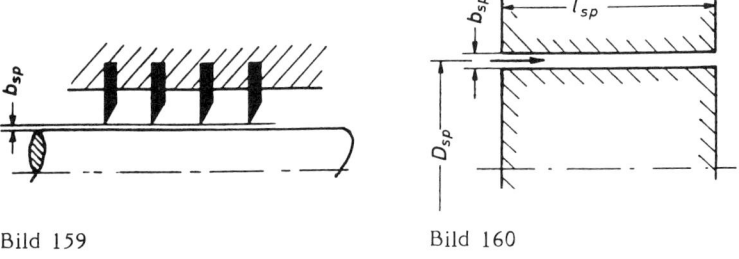

Bild 159   Bild 160

Berechnung der Spaltverluste:

Für den gewöhnlichen ringförmigen Spalt (Bild 160) ist

$$\dot{V}_{sp} = \mu \, A_{sp} \, \sqrt{2 \, \Delta p / \rho} \; ,$$

wobei $A_{sp} = \pi \, D_{sp} \, b_{sp}$ ist und Δp den Druckunterschied zwischen Spalteintritt und -austritt darstellt. Die Durchflußzahl μ berücksichtigt die Rauhigkeit.

Es ist

$$\mu = 1 / \sqrt{1,5 + \lambda \, l_{sp} / 2 b_{sp}} \; ,$$

mit λ als Widerstandsbeiwert (s. Abschnitt 1.2.3.3).

Für Spitzendichtung wird $\mu = \alpha / \sqrt{z}$ mit $\alpha = 0,75$ und $z = $ Zahl der Spitzenbleche.

Als minimale Spaltweite sollte im Normalfall eingehalten werden

$$b_{sp(min)} = 0,6 \, D_{sp} + 10^{-4} \; m.$$

3. Radreibungsverluste:

Das Laufrad rotiert, bei Axialrädern auch mit dem Schaufelkranz, innerhalb des Flüssigkeits- oder Gasraumes. Einerseits haftet die Flüssigkeit an der Gehäusewand, andererseits rotiert sie mit der Laufradwandung, so daß im Mittel $\omega_{fl} = \omega / 2$ ist, lineares Geschwindigkeitsprofil im engen Spalt vorausgesetzt. Die entstehende Flüssigkeitsreibung vermindert die Nutzleistung.

Für Radialräder läßt sich schreiben

$$P_r = 0,027 \, \rho \, n^3 \, D^5, \quad *) \tag{108}$$

für Axialräder mit $D_m > D$ wird entsprechend

$$P_r = 0,0095 \, \rho \, n^3 \, D_m^{\,5}. \tag{109}$$

Wird ein solches Rad teilweise beaufschlagt, so "waten" die übrigen Schaufeln durch den Flüssigkeitsraum und erbringen wegen des Leistungsausfalls eine prozentual größere Verlustleistung. Für das nicht beaufschlagte Rad gilt:

$$P_r = k_i \, \rho \, n^3 \, D_m^{\,4} \, h. \tag{110}$$

*) Die Formulierungen gelten für voll turbulente Strömungen mittlerer Reynold-Zahlen

Die Erfahrungswerte für k_i lauten:

Zahl der Schaufelkränze (nicht beaufschlagt)	1	2	3
k_i	3,8	4,5	6,0

Bei einem nur teilweise beaufschlagten Schaufelkranz läßt sich die Beziehung für nicht beaufschlagte Räder verwenden.

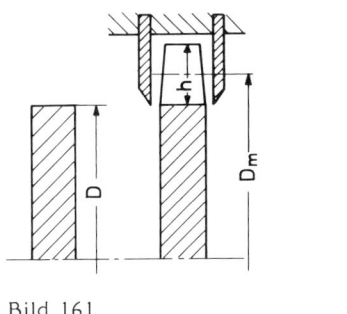

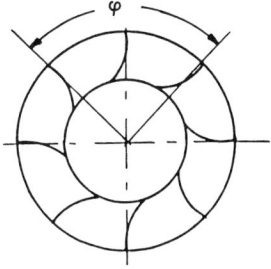

Bild 161   Bild 162

Mit dem beaufschlagten Bogen

$$\varepsilon = \varphi^{\circ}/360 \quad \text{wird} \quad P_{r\ part} = (1 - \varepsilon)P_r. \tag{111}$$

Durch Einhüllen der nicht beaufschlagten Radteile kann man den Verlust erheblich senken (s. Bild 161).

4. Austauschverlust:

Mitunter tritt bei Pumpen ein Teil der Flüssigkeit aus den Leitkanälen in die Laufkanäle zurück. Diese Erscheinung wird durch Kanalwirbel verursacht, ist drehzahlabhängig und mündet in ein Schwingungsproblem. Eine genaue rechnerische Erfassung liegt noch nicht vor.

5. Mechanischer Verlust:

Die mechanischen Verluste umfassen Lagerverluste, Stopfbuchsenreibung, Verluste an Hilfsmaschinen und Reglern. Bei großen Anlagen, bei denen aufwendige und teure Maßnahmen lohnen, können sie mitunter auf 1 % herabgedrückt werden.

6. Gesamtverluste:

Unterscheidet man die innere und äußere Leistung der Maschine, so wird

$$P_i = \rho\,(\dot{V} \pm \dot{V}_{sp})\,Y_{sch} \pm (P_r + P_a) \tag{112}$$

und
$$Y_i = P_i/(\rho \dot{V}) = (1 \pm \dot{V}_{sp}/\dot{V})Y_{sch} \pm (E_{vr} + E_{va}), \qquad (113)$$

womit sich die Gesamtleistung ergibt zu

$$P = P_i \pm P_m = \rho(\dot{V} \pm \dot{V}_{sp})Y_{sch} \pm (P_r + P_a + P_m) \qquad (114)$$

(Anmerkung: + Zeichen für Pumpe, - Zeichen für Turbine).

Entsprechend ergibt sich ein

innerer Wirkungsgrad $\qquad \eta_i = (Y/Y_i)^{\pm 1}$

mechanischer Wirkungsgrad $\qquad \eta_m = (P_i/P_{ges})^{\pm 1}$

Gesamtwirkungsgrad
(Kupplungswirkungsgrad) $\qquad \eta_{ges} = \eta_i\, \eta_m$

Würde eine solche Maschine z.B. einen Gesamtwirkungsgrad von 75 % besitzen, so entfallen etwa

7 - 12 %   auf die Schaufelverluste
6 - 10 %   auf die Radreibungsverluste
3 - 6 %   auf die Spaltverluste
2 - 4 %   auf die mechanischen Verluste.

2 B e i s p i e l e   zur Ermittlung des Radreibungsverlustes:

a) Gegeben: Pumpe, radiale Bauart, d_2 = 300 mm, n = 1450 U/min,
ρ = 1000 kg/m^3.

Berechnet: $P_r = 0{,}027\, \rho\, n^3\, D^5$
$P_r = 0{,}027 \cdot 10^3 \cdot 24{,}2^3 \cdot 0{,}3^5 = 1310$ W $\widehat{=} 1{,}31$ kW.

Erfordert eine solche Pumpe je nach Fördermenge etwa 20 kW Antriebsleistung, so beträgt dieser Verlust ca. 6,5 %.

b) Gegeben: Zweikränziges Curtisrad einer Dampfturbine im Leerlauf,
d_m = 0,45 m, n = 5000 U/min, ρ = 15 kg/m^3, h = 40 mm.

Berechnet: $P_r = k_i\, \rho\, n^3\, D_m^{\,4}\, h$
$P_r = 4{,}5 \cdot 15 \cdot 83{,}4^3 \cdot 0{,}45^4 \cdot 0{,}04$
$P_r = 54.500$ W $\widehat{=} 64{,}5$ kW.

3.6 Strömungsverhältnisse am Laufrad

Infolge der Überlagerung der Bewegung des strömenden Mediums mit der Rotationsbe-
wegung des Systems müssen drei Geschwindigkeiten unterschieden werden:

u = Umfangsgeschwindigkeit des betrachteten Systempunktes

w = Relativgeschwindigkeit des Teilchens gegenüber dem System

c = Absolutgeschwindigkeit, wahre Geschwindigkeit des strömenden Teilchens.

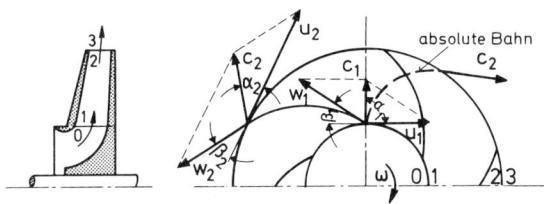

Bild 163 Geschwindigkeitsverhältnisse im Laufrad

Aus der vektoriellen Überlagerung $\bar{u} + \bar{w} = \bar{c}$ ergeben sich die Geschwindigkeitspa-
rallelogramme (Bild 163) bzw. die Geschwindigkeitsdreiecke am Ein- und Austritt. Die
Fußzeichen kennzeichnen den betrachteten Ort, wobei

0 einen Punkt sehr kurz vor dem Eintritt

1 einen Punkt sehr kurz nach dem Eintritt in das Schaufelgitter

2 einen Punkt sehr kurz vor dem Austritt

3 einen Punkt sehr kurz nach dem Austritt aus dem Schaufelgitter kennzeichnet.

Eintrittsdreieck   Austrittsdreieck

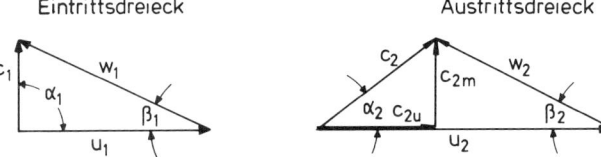

Bild 164 Geschwindigkeitsdreiecke

Der Winkel α stellt die Richtung der Absolutgeschwindigkeit gegenüber der positiven
Umfangsrichtung dar, der Winkel ß gibt die Richtung der Relativgeschwindigkeit gegenüber der negativen Umfangsrichtung an. Die Absolutgeschwindigkeit c wie auch die Relativgeschwindigkeit w können zerlegt werden in eine Umfangskomponente c_u bzw. w_u
und in eine Meridiankomponente c_m bzw. w_m, bei Radialmaschinen wegen radialer
Durchströmung auch mit c_r bzw. w_r, bei Maschinen axialer Art mit c_a oder w_a gekennzeichnet. Um einen stoßfreien Eintritt zu gewährleisten, sollte die Schaufelrichtung am
Eintritt mit der Richtung der Relativgeschwindigkeit übereinstimmen.

3.7 Hauptgleichung für Strömungsmaschinen

Nach dem Impulssatz ist

$$F = c \, dm/dt,$$

wobei c die Absolutgeschwindigkeit des Teilchens darstellt. Somit ist das Drehmoment der eintretenden Strömung vor dem Laufrad

$$M_o = \dot{m} \, c_o \, l_o$$

und mit $l_o = r_1 \cos \alpha_o$ sowie $c_u = c \cos \alpha$ wird $M_o = \dot{m} \, r_1 \, c_{ou}$. Entsprechend ist das Drehmoment der austretenden Strömung hinter dem Laufrad

$$M_3 = \dot{m} \, r_2 \, c_{3u}.$$

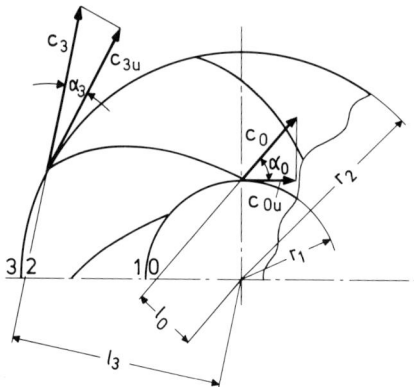

Bild 165 Herleitung der Euler-Hauptgleichung

In diesem Zusammenhang interessiert allein das Differenzmoment, das durch das Pumpenrad in die Strömung hineingebracht bzw. durch ein Turbinenrad der Strömung entzogen wird:

$$\Delta M = \dot{m} \, (c_{3u} \, r_2 - c_{ou} \, r_1). \tag{115}$$

Dabei stellt der Klammerausdruck die Dralldifferenz dar, welche die Strömung erfährt. In einer einfachen Zirkulationsströmung (s. Abschnitt 2.1.2.4) ist der Drall für alle Stromteilchen konstant, ein Drehmoment kann weder erzeugt noch abgegeben werden. Bei Drallgleichheit außen und innen sind somit die Laufschaufeln sinnlos.

Mit $M \, \omega = Y_{sch} \, \dot{m}$ wird

$$Y_{sch} = u_2 \, c_{3u} - u_1 \, c_{ou}. \tag{116}$$

Letztere ist die von Euler aufgestellte Hauptgleichung für Strömungsmaschinen. Sie zeigt den Zusammenhang zwischen der Schaufelarbeit und den Geschwindigkeitsverhältnissen am Ein- und Austritt des Schaufelgitters. Vielfach ist der Eintrittsdrall bei Pumpen ebenso wie der Austrittdrall bei Turbinen gleich Null, das heißt, die Einströmrichtung (Ausströmrichtung) ist radial oder bei Axialmaschinen rein axial gerichtet. Die Hauptgleichung lautet dann einfacher

$$Y_{sch} = c_{3u} u_2 . \tag{116a}$$

Hier sei anhand eines Beispiels auf eine wichtige Folgerung aus der Euler'schen Hauptgleichung hingewiesen:

Nach Gleichung (104a) ist $Y = \Delta p / \rho$ und, wenn die Verluste unberücksichtigt bleiben, $Y_{sch} = Y$. Ein Laufrad mit 0,4 m Außendurchmesser z.B. und einer Umdrehungszahl von n = 1500 U/min erreicht eine Umfangsgeschwindigkeit u_2 von annähernd 30 m/s und somit überschlägig nach Gleichung (116a) eine Stutzenarbeit mit $Y_{sch} \approx u_2^2$ von 1000 Nm/kg. Damit wird

- für Wasserförderung $\Delta p = 10^3 \cdot 1000$ N/m^2 = 10 bar
- für Luftförderung $\Delta p = 1,3 \cdot 1000$ N/m^2 = 0,013 bar.

Es wird ersichtlich, daß mit Hilfe einer Kreiselpumpe bei Förderung von Flüssigkeit offenbar jeder beliebige Druck über Variation von Drehzahl und Baugröße erreicht werden kann, - ein entscheidender Grund für die rasche weltweite Verbreitung der Kreiselpumpe - daß jedoch zur Erzeugung nennenswerter Drücke bei Luftförderung ein solches Rad mit der angegebenen Drehzahl keineswegs ausreicht. Wir sind gezwungen, hier mit höchstmöglichen Umfangsgeschwindigkeiten zu arbeiten. Die Grenzen hierfür sind gegeben durch die Dauerfestigkeit des Materials, da die Fliehkräfte mit der Umfangsgeschwindigkeit ansteigen. Je nach Bauweise können Umfangsgeschwindigkeiten von 200 bis 500 m/s erreicht werden (Scheibe gleicher Festigkeit).

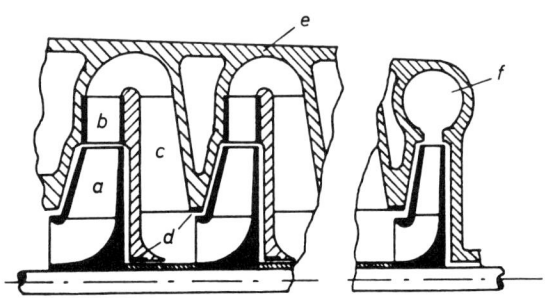

Bild 166 Mehrstufiger Radialverdichter
a) Laufrad   b) Leitrad   c) Rückführrad
d) Dichtung   e) Gehäuse   f) Austrittsgehäuse

Da aber selbst dann die erzielbaren Drücke bei Luft 1 bar kaum übersteigen, die erforderlichen Betriebsdrücke jedoch oft wesentlich höher liegen, schaltet man mehrere
Verdichterräder in einem Gehäuse hintereinander und vervielfältigt so die erzeugbare
Druckhöhe. Die Schaufelform kann bei allen Stufen die gleiche sein, nur muß die Radbreite ensprechend der Zusammenpressung des Mediums abnehmen. Auf diese Weise werden durch Axialkompressoren Drücke von 8 bis 10 bar, durch Radialverdichter bis zu
20 bar über dem atmosphärischen Zustand erreicht. Zur Erzielung höherer Drücke müssen Kolbenkompressoren eingesetzt werden.

3.8 Minderleistung

Bei Anwendung des Berechnungsverfahrens über die unendliche Schaufelzahl wurde
nicht berücksichtigt, daß die Zahl der Schaufeln in der Praxis selbstverständlich nur
eine begrenzte sein kann und somit gleichzeitig die einzelne Schaufel eine endliche
Dicke besitzt. Wir wollen den Einfluß dieser Tatsache untersuchen.

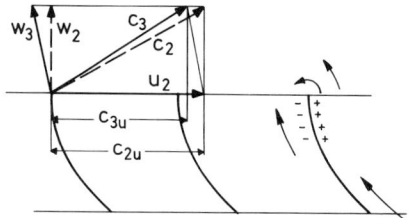

Bild 167 Minderleistung am Pumpengitter: Endliche Schaufelzahl

Durch den Druck der einströmenden Flüssigkeit auf die sich bewegende Schaufel ergibt
sich eine Druckdifferenz zwischen Vorder- und Rückseite der Schaufel. Am Austritt
(Druckseite der Pumpe) ändert das Teilchen dadurch seine Richtung im Sinne eines
Druckausgleiches. Die relative Anströmgeschwindigkeit stimmt nicht mehr mit der
Schaufelführung am Ende der Schaufel überein. Die Folge ist eine Drehung der absoluten Ausströmgeschwindigkeit im Sinne eines geringeren c_{3u}, was eine Verminderung
der Stutzenarbeit nach Gl. (116) bedeutet.

Bei der Turbine kann im allg. die Auseinanderstellung der Schaufeln unberücksichtigt
bleiben. Es erübrigt sich damit die Berechnung der Minderleistung:

$$Y_{sch\,\infty} = Y_{sch}.$$

Ebenso hat die Tatsache der endlichen Schaufelstärke gewisse Folgerungen. Bild 168
stellt einen Ausschnitt aus dem Eintritt in ein Pumpengitter dar. Infolge der Querschnittsverengung durch die Schaufeldicke vergrößert sich beim Eintritt in den Schau-

felkanal die Meridiankomponente der Eintrittsgeschwindigkeit auf

$$c_{1m} = c_{om} \, t_1/(t_1 - \sigma_1),$$

wobei $t = \pi \, d/z$ und $\sigma = s/\sin \beta$ mit t als Teilung am Schaufelgitter ist. Mit der Vergrösserung von c_o auf c_1 ist eine Richtungsänderung der relativen Einströmrichtung verbunden. Durch unrichtige Schaufelanströmung ergeben sich Stoßverluste. Es bedarf somit einer Korrektur des Schaufelwinkels β_1, um den Schaufelverlauf mit der An- strömrichtung in Übereinstimmung zu bringen.

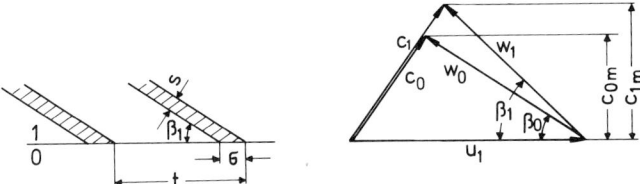

Bild 168 Einfluß der endlichen Schaufelstärke

Sofern $\alpha_1 \neq 90^o$ ist, wird dadurch auch die Umlenkung vermindert (Bild 168). Die Ver- größerung der c_u-Komponente am Eintritt bringt somit nach Gl. (116) eine Vermin- derung der Stutzenarbeit mit sich. Durch die angegebene Schaufelkorrektur wird diese Umlenkungsverminderung nicht aus der Welt geschafft, sondern erst recht fundiert.

Berechnung der Minderleistung bei Pumpen (nach Pfleiderer):

Es ist $Y_{sch \infty} = Y_{sch} (1 + p)$, mit der Minderleistungsziffer $p = r_2^2/(zS)$, wobei S das statische Moment der Schaufelmittellinie (AB) darstellt, z die Schaufelzahl und ψ' ein Faktor, der den Einfluß der Bauform zum Ausdruck bringt.

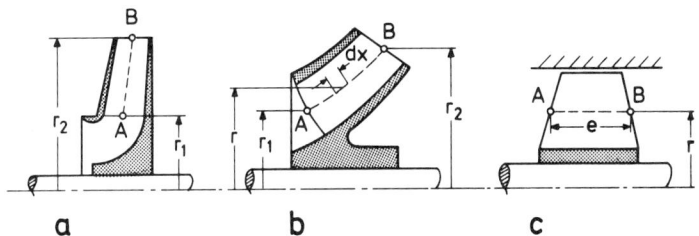

Bild 169 Laufradformen
a) radial   b) halbaxial   c) axial

Das statische Moment ist

$$S = \int_{r_1}^{r_2} r \, dx,$$

womit sich für die Axialmaschine insbesondere $S = r \, e$ ergibt.

Der Wert ψ' ergibt sich für die verschiedenen Bautypen (Bild 169) zu

$$\psi' = 0{,}6 \, (1 + \sin \beta_2)$$

für Räder großer radialer Erstreckung, zu

$$\psi' = 1{,}1 \, r_1/r_2 \cdot (1 + \sin \beta_2)$$

für Räder geringer radialer Erstreckung ($r_1/r_2 \geq 1/2$), zu

$$\psi' = 1{,}1 \; (1 + \sin \beta_2)$$

für Axialräder.

Die Größe des Winkels β_2 ist den Ausführungen in Abschnitt 3.11 zu entnehmen, die Schaufelzahl aus Abschnitt 3.13.

3.9 Gleich- und Überdruckverfahren

Verwendet man im Leitrad einer Turbine Schaufeln starker Krümmung und großer Verengung, so kann wegen der starken Düsenwirkung einer solchen Hochgeschwindigkeitsdüse bereits im Leitrad das gesamte Druckgefälle, welches in der Maschineneinheit (z.B. in einer Stufe einer mehrstufigen Anlage) umgesetzt werden soll, in Geschwindigkeitsenergie mit hohem Drallanteil verarbeitet werden. Die Laufschaufel hat dann nur

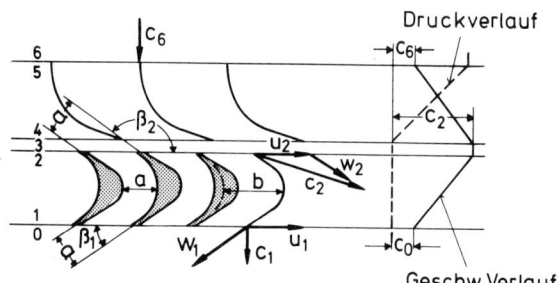

Bild 170 Gleichdruckverfahren

noch die Aufgabe, den Eintrittsdrall in ein Drehmoment der Welle umzusetzen. Damit die Strömung nun drallfrei austritt (denn nur dann ist ihre ausnutzbare Energie restlos verwertet), muß die Schaufel als "Hakenschaufel" großer Krümmung ausgebildet werden (Bild 170). Betrachtet man den zwischen zwei Schaufeln liegenden Kanal, so wird man zunächst hinter dem Eintritt eine Diffusorwirkung und im Kanalende Düsenwirkung erkennen. Ein solcher unnötiger Energieumsatz bringt aber erhebliche Verluste mit sich, zumal die Strömung stark umgelenkt wird. Es wird darum die Laufschaufel in der Weise verstärkt (profiliert), daß sich ein Kanal gleichbleibenden Strömungsquerschnitts ergibt.

Verwendet man im Leitrad gar sauber gefertigte Überschalldüsen, wie sie bei Dampfturbinen mitunter angewendet werden, so erfüllt die Anlage zwei Forderungen:

1. Abbau eines hohen Druckgefälles bei niedrigen Verlusten
2. Einhaltung gleichen Drucks vor und hinter dem Laufrad.

Um das Profil herum spielen sich zusätzliche Druckänderungen ab (s. Abschnitt 2.2.6), so daß von gleichem Druck im Strömungskanal selbst nur bedingt gesprochen werden kann.

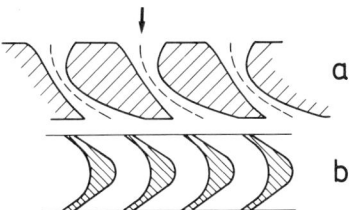

Bild 171 Beschauflung eines Curtisrades
         a) Düsenkranz b) Laufrad

Diese Bauart wird ausgenutzt beim Bau von Dampfturbinen: Da einerseits der Durchmesser eines Laufrades nicht beliebig klein gewählt werden kann, denn vom Durchmesser hängt bei vorgegebener Drehzahl die verarbeitbare Fallhöhe ab (Gl. 116), da andererseits bei einem Dampf- oder Gasstrom das spezifische Volumen am Eintritt in eine Turbine infolge hohen Drucks nur gering ist und somit verlustreiche Düsen- und Schaufelhöhen von wenigen Millimetern erforderlich sein würden, ist eine teilweise Beaufschlagung der Laufkränze häufig notwendig, das heißt, es werden nur einzelne Kanäle vom Medium durchströmt. Das ist aber nur dann möglich, wenn vor und hinter dem Laufrad der gleiche Druck herrscht, da sonst der Strahl im Spalt zersprühen würde.

Die Forderung nach einem Gleichdruckrad wird dringender, wenn der Durchsatz möglichst verlustarm geregelt werden soll. Man wählt partielle Beaufschlagung des Laufrades, indem bestimmte, zu Gruppen zusammengefaßte und jeweils durch ein gesondertes Ventil geregelte Düsen geschlossen werden, während die übrigen beaufschlagten Düsen den Dampfstrahl durch das Laufrad werfen, so der Strahl (wie in der freien Atmosphäre) keiner Druckdifferenz unterliegt und nicht etwa zersprüht. Das gleiche Verfahren wird beim Anlaufen einer Dampfturbine durchgeführt, indem eine Düsengruppe nach der anderen zugeschaltet wird, um hohe Beschleunigungen des Läufers zu vermeiden und eine gleichmäßige, langsame Erwärmung der Anlage zu erreichen.

Da jedoch die hydraulischen Verluste bei Gleichdruckrädern infolge starker Umlenkung und damit verbundenem unkontrollierbaren Grenzschichtverhaltens höher sind, wird normalerweise eine Dampfturbine nur mit einem ein- bis zweistufigen Gleichdruckrad (Curtisrad) am Eintritt ausgestattet, das die Leistungsregelung übernimmt.

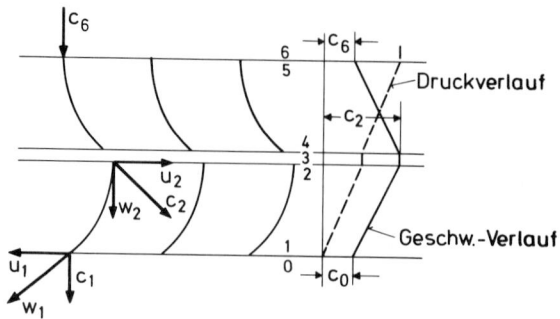

Bild 172 Überdruckverfahren ($\rho' = 0,5$)

Liegt beim Gleichdruckrad im Spalt der gleiche Druck wie am Laufkanalaustritt vor ($Y_{sp} = 0$), so liegt beim Überdruckrad im Spalt ein höherer Druck als am Austritt vor: $Y_{sp} > 0$. Es wird hier sowohl im Leitrad als auch im Laufrad Druck in Geschwindigkeit bzw. umgekehrt umgesetzt. Dadurch ist die Drallerzeugung im Leitrad weniger groß, es kann also je Stufe kein allzu großes Gefälle verarbeitet werden. Eine Düsenwirkung der Laufschaufel ist notwendig, darum erübrigt sich eine derartige Profilierung, wie sie bei der Gleichdruckschaufel erforderlich ist. Auch liegt der Schaufelwirkungsgrad ein wenig höher gegenüber dem der Gleichdruckschaufel, da auch im Laufrad beschleunigte Strömung vorliegt und somit die Grenzschicht stabiles Verhalten zeigt. Regelung durch partielle Beaufschlagung ist nicht möglich. Zur Erzielung des gleichen Gefälles wie bei der Gleichdruckanordnung muß die Stufenzahl entsprechend erhöht werden (siehe hierzu auch die Bilder 352 und folg.).

Man definiert den Reaktionsgrad

$$\rho' = Y_{sp}/Y. \tag{117}$$

Diese Kennzahl liefert ein Maß dafür, welcher Anteil des gesamten Stufengefälles im Laufrad verarbeitet wird. Somit ist für

Gleichdruck: $Y_{sp} = 0$ → $\rho' = 0$

Überdruck: $Y > Y_{sp} > 0$ → $1 > \rho' > 0$.

Beide Verfahren kommen häufig vor. Kreiselpumpen arbeiten jedoch stets nach dem Überdruckprinzip.

Erläuternd zu diesem Abschnitt mag kurz die Peltonturbine betrachtet werden. Die Pelton- oder Freistrahlturbine ist eine Wasserturbine in Gleichdruckbauart. Die Düse stellt das Leitorgan dar. In ihr wird das gesamte Druckgefälle in Geschwindigkeit umgesetzt. Da das Rad in der freien Atmosphäre arbeitet, ist der Druck auf den strömenden Strahl am Ein- und Austritt der Laufschaufel gleich groß. Durch tangentiale Anströmung der Schaufel ist $c_{2u} = c_2$, das heißt, der Eintrittsdrall erreicht ein Maximum. Infolge nahezu völliger Umlenkung des Strahls relativ zur Schaufel (Bild 173) tritt das Tröpfchen ohne Umfangskomponente aus. Nach Gleichung (116) wird somit die verarbeitbare Fallhöhe bei gegebener Drehzahl sehr groß. Darum wird die Turbine vor allem im Gebirge eingesetzt (Talsperren). Im allgemeinen wird das Rad durch ein bis vier Strahldüsen partiell beaufschlagt. Die Radreibungs- oder Ventilationsverluste sind trotz der partiellen Beaufschlagung nicht sonderlich hoch, da das Rad nur in atmosphärischer Luft umläuft. Ein einfacher Zusammenhang ergibt sich aus den Geschwindigkeitsdreiecken. Es ist

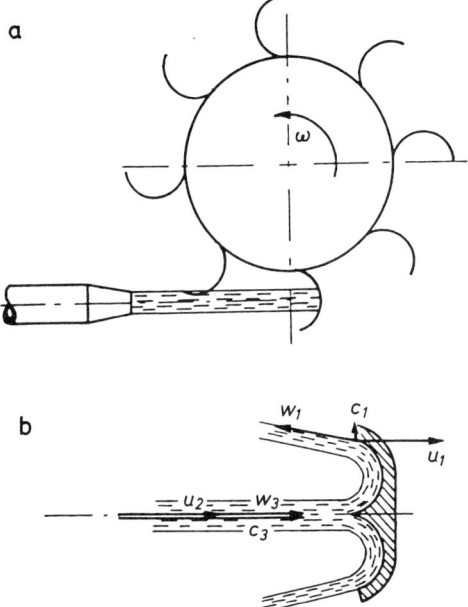

Bild 173 Peltonturbine
a) Anlage b) Geschwindigkeitsverhältnisse am Becher

$$u_1 \approx w_1 = w_3 \, , \qquad c_3 = u_2 + w_3 \quad \text{und} \quad u_1 = u_2.$$

Daraus folgt

$$u \approx c_2/2.$$

Sofern die Umfangsgeschwindigkeit der Schaufeln mithin halb so groß ist wie die Anströmgeschwindigkeit des Strahls, ist eine bestmögliche Energieausnutzung gewährleistet (s. Bild 48).

Für die Auslegung von Turbinen eignet sich die Laufzahl

$$k_u = u/C = u/\sqrt{2Y} \tag{118}$$

darum ganz allgemein. Es steht diese Kennzahl in enger Beziehung zu der in Abschnitt 3.11 definierten Druckziffer.

3.10 Die spezifische Drehzahl

Die wesentlichen Grundgrößen, welche den Typ und die Bauart einer Strömungsmaschine bestimmen, sind die Stutzenarbeit Y, der Durchsatz $\dot{V}$ und die Drehzahl n. Ändert man eine dieser Größen, so müßte sich folgerichtig die Bauart der Maschine ändern.

Es erreicht beispielsweise die in Bild 174 dargestellte Maschine bei einer Drehzahl n die Fördergrößen $\dot{V}$ und Y.

1. Änderung
Wir fordern einen geringeren Druckaufbau für den Fall einer Pumpe, etwa $Y' = Y/2$ bei gleichbeibender Drehzahl und ebenso gleichem Durchsatz. Dann stellt sich die Frage nach der neuen, zweckentsprechenden Bauform der Maschine. Die Schaufelkrümmung und mithin auch die Schaufelwinkel sollen in allen Fällen gleich bleiben. Wegen Verringerung von Y muß nach der Euler-Gleichung auch die Umfangsgeschwindigkeit u_2 verringert werden; das bedeutet bei konstanter Drehzahl die Forderung nach Verminderung des Außendurchmessers d_2. Dann reicht aber die Schaufellänge zur Stromführung nicht mehr aus (Bild 174). Die Schaufeleintrittskante muß in den Saugmund hineingezogen werden, und wir erhalten eine teilweise axiale Durchströmung des Rades. Legt man auch die Austrittskante noch schräg, so erhält man den Bautyp des halbaxialen Laufrades.

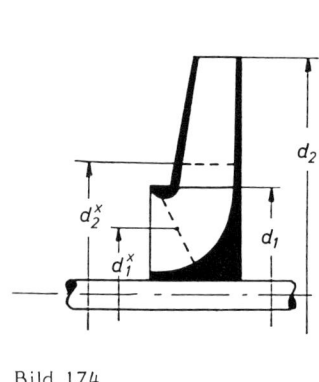

Bild 174

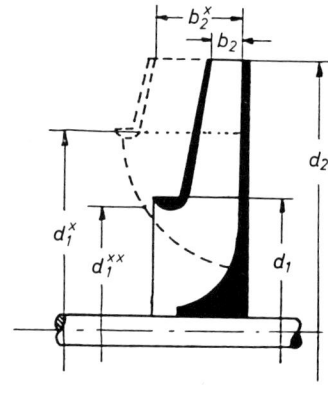

Bild 175

2. Änderung
Es soll der Durchsatz bei konstantem Y und n verdoppelt werden.

Während im ersten Fall die Radbreite wegen konstanten Durchsatzes erhalten blieb, muß diese nun bei gleichbleibendem Außendurchmesser mitsamt der Fläche des kreis-ringförmigen Saugmundes verdoppelt werden. Dadurch wird wiederum die Führungslänge der Schaufel zu kurz, weshalb sich auch in diesem Falle eine Verlängerung der Schaufel in den Saugmund als notwendig erweist (Bild 175).

Bei stärkerer Änderung in der aufgezeigten Tendenz wird man in beiden Fällen zu der Bauart der reinen Axialmaschine kommen.

Faßt man nun die drei Größen zu einer Kennziffer

$$n_q = n \frac{\sqrt{\dot{V}}}{Y^{3/4}} \tag{119}$$

zusammen, so stellt dieser Ausdruck eine Richtgröße für den Bautyp der Maschine dar, welche die geforderten Werte liefert. Tatsächlich stellt diese Kennziffer jedoch jene Drehzahl dar, welche eine in allen Abmessungen geometrisch ähnliche Maschine aufweisen würde, deren Durchsatz gerade 1 m^3/s und deren Stutzenarbeit 1 Nm/kg betragen würde.

Gliederung der Bauarten:

Langsamläufer .... $n_q = 0,04 - 0,12$ (Radialrad, $d_2 \geqq 2 \, d_1$, s. Bild 169a)

Mittelläufer   .... $n_q = 0,12 - 0,36$ (Halbaxialrad mit in den Saugmund vorgezogener Schaufel oder Schraubenrad, s. Bild 169b)

Schnelläufer   .... $n_q = 0,36 - 1,2$ (Axialrad oder Propeller, s. Bild 169c).

Anmerkung: Bei Turbinen können die Zahlenwerte niedriger angesetzt werden (s. Abschnitt 7.5).

Je kleiner nun die spezifische Drehzahl, um so größer die radiale Erstreckung des erforderlichen Rades. Ein solches Rad erfüllt dann die Forderung nach großer Stutzenarbeit bei geringem Durchsatz. Umgekehrt kann die Axialschaufel bei hoher Schluckfähigkeit keine große Stutzenarbeit erreichen.

Mitunter wird bei geringem Durchsatz eine derart große Stutzenarbeit verlangt, daß die spezifische Drehzahl wesentlich unter den hier als untere Grenze angegebenen Wert von $n_q = 0,04$ fällt. Diese Erscheinung tritt häufig bei Pumpen mit Flüssigkeitsförderung auch bei verhältnismäßig hoher Drehzahl auf. Sie erfordert eine große radiale Erstreckung, also sehr lange Schaufelkanäle mit vermehrten Reibungsverlusten und bringt darum ein Absinken des Wirkungsgrades mit sich. Trägt man den Wirkungsgrad über n_q auf, so zeigt sich von einem bestimmten Bereich um den bezeichneten Wert $n_q = 0,04$ ab ein starkes Absinken des Wirkungsgrades. Man hilft sich, indem man die

142

gesamte Stutzenarbeit auf mehrere Räder aufteilt. Man gelangt so auch bei der Flüssigkeitspumpe zur mehrstufigen Bauweise. Die Stufenzahl der Maschine ergibt sich aus der Forderung, daß n_q für jede einzelne Stufe innerhalb des für Radialräder vorgeschriebenen Bereichs liegt. Andererseits gelingt es, durch partielle Beaufschlagung die Verluste im Schaufelgitter im Bereich geringer spezifischer Drehzahlen herabzudrücken.

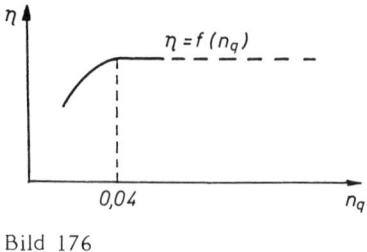

Bild 176

3.11 Wahl des Schaufelwinkel β_2

Der Winkel β_2 ist bei festgelegten Radabmessungen entscheidend für die Größe der erreichbaren Stutzenarbeit.

Betrachtet man drei verschiedene Schaufeltypen bei festgehaltener Umfangsgeschwindigkeit (Bild 177), so zeigt sich, daß mit wachsender Krümmung der Laufschaufel die Umfangskomponente c_{2u} und damit die verarbeitbare Leistung wächst.

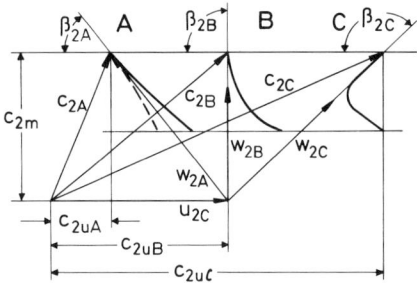 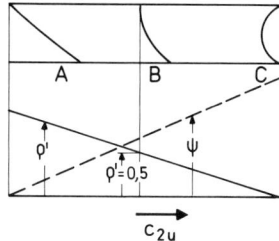

Bild 177 Schaufelformen für
verschiedene Winkel β_2

Bild 178

In der Praxis hat sich vor allem zur Auslegung von Gebläsen eine Ähnlichkeitskennzahl

$$\psi = \frac{2\,Y}{u_2^2} = \frac{\Delta p}{\rho\,u_2^2/2} \qquad (120)$$

durchgesetzt. Sie stellt eine Kennziffer für die erzeugbare Druckhöhe dar (s. Abschnitt 5.1). In Bild 178 ist in Anlehnung an Bild 177 der Verlauf der Druckziffer über der wachsenden Schaufelkrümmung bzw. über steigendem c_{2u} aufgetragen. Es wird deutlich, daß Maschinen mit stark gekrümmten Schaufeln eine hohe Druckziffer besitzen.

Bild 179 zeigt die betrachteten Schaufelformen, ausgeführt an einem Radialrad. Kleine Austrittswinkel β_2 erfordern rückwärts gekrümmte Schaufeln, da die vorwärts gekrümmte Schaufel in diesem Falle den Eintritt gar nicht erreichen würde.

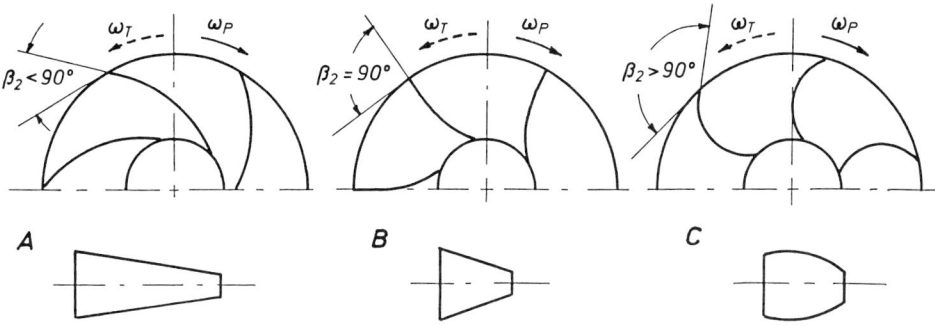

Bild 179 Kanalformen

Um bei Pumpen zu starke Verzögerungen zu vermeiden, führt man hier kleine Austrittswinkel aus, so daß sich längere, allmählich erweiternde Kanäle ergeben. Bei Verdichtern muß man notgedrungen β_2 häufig größer auslegen, da hier die geringe Dichte eine größere Stutzenarbeit erfordert.

Aus dieser Überlegung wird aber auch deutlich, daß Räder mit starker Vorwärtskrümmung dank ihrer hohen c_{2u}-Komponente bei gegebener Drehzahl und festem Δp gegenüber der rückwärts gekrümmten Beschaufelung nur geringe Umfangsgeschwindigkeit, d.h. geringe Baudurchmesser erfordern. Bei gedrängter Bauweise wird darum oft ein Laufrad des Bautyps C mit "Hakenschaufeln" gewählt.

Eine Betrachtung der sich ergebenden Kanalformen zeigt, daß der Kanal zu Bauart A sehr lang ist und somit zwar eine gute Stromführung gewährleistet, jedoch höhere Reibungsverluste hervorruft. Der aus der Hakenschaufel (Fall C) gebildete Kanal wird hingegen zwar geringe Reibungsverluste hervorrufen, die Stromführung jedoch ist schlecht.

Der Austrittswinkel β_2 ist mithin auf die Arbeitsleistung und das Verhalten einer Strömungsmaschine von entscheidendem Einfluß. Der Zusammenhang zwischen Umfangsgeschwindigkeit und dem Austrittswinkel läßt sich analytisch über die Hauptgleichung darstellen.

Aus dem Austrittsdreieck (Bild 164) ist zu entnehmen

$$c_{2u} = u_2 - c_{2m} \cot \beta_2.$$

Setzt man diesen Ausdruck in Gl. (116a) ein und löst diese nach u_2 auf, so ergibt sich

$$u_2 = \frac{c_{2m}}{2\tan\beta_2} + \sqrt{(\frac{c_{2m}}{2\tan\beta_2})^2 + Y_{sch\,\infty}}\,.\qquad(121)$$

Dieser Ausdruck stellt eine handliche Gleichung zur Ermittlung der Umfangsgeschwindigkeit und somit bei festem Durchmesser auch der notwendigen Antriebsdrehzahl dar, weil alle Glieder hierin leicht bestimmbar sind im Gegensatz zur Umfangskomponenten c_{2u} in der Hauptgleichung. Für die verschiedenen Bauformen der Strömungsmaschinen gibt es jeweils einen optimalen Bereich für den Winkel β_2, innerhalb desselben der Wirkungsgrad günstige Werte aufweist. Da man die Drehzahl einer Maschine nicht immer beliebig hoch wählen kann mit Rücksicht auf elektrischen An- oder Abtrieb, läßt sich die Pumpe bzw. die Turbine über die Wahl des Schaufelwinkels auslegen.

Übersicht über die Maschinentypen:

1. Wasserturbinen
   - Peltonrad: Sehr große Fallhöhe; Gleichdruck ($\rho' = 0$); Schaufelform C; $\beta_2 > 90^\circ$; langsamläufig; Radialrad.
   - Francisturbine: Mittlere Fallhöhe (50 ... 500 m); Überdruck ($\rho' = 0,5$ und größer); Schaufelform B; $\beta_2 = 90^\circ$ und kleiner; radiale und halbaxiale Bauform; $0,06 > n_q > 0,3$.
   - Kaplanturbine (Propellerturbine):
                        Geringe Fallhöhe (wenige Meter); Überdruck (ρ' fast 1); Schaufelform A; $\beta_2 < 90^\circ$; schnelläufig; axiale Bauform

Wasserturbinen sind im allgemeinen einstufig. Die Drehzahlen sind begrenzt (... 200 ... 500 ... U/min) einmal aus Gründen der Kavitation, sodann wegen zu hoher Umfangsgeschwindigkeit, verbunden mit hoher Beanspruchung bei großen Durchmessern.

2. Dampfturbinen
   - Gleichdruckrad (Curtisrad oder Zoellyturbine):
                        $\rho' = 0$; Schaufelform C; $\beta_2 > 90^\circ$; Verarbeitung von hohem Gefälle; stark profilierte Schaufeln.
   - Überdruckrad (Reaktionsturbine):
                        ρ' um 0,5; Schaufelform B; $\beta_2 = 90^\circ$.

Dampfturbinen sind im allgemeinen Axialräder; die Zahl der Stufen ist je nach Druckgefälle groß.

3. Gasturbinen   Geringes Druckgefälle je Stufe; mehrstufig; axiale Bauart; Überdruck ($\rho' = 0,3 - 0,8$); Schaufelform zwischen A und B; $\beta_2 < 90^\circ$.

4. Pumpen
- Flüssigkeitspumpen: Überdruck ($\rho' = 0,5 - 1$); $\beta_2 = 15^\circ - 40^\circ$; Schaufelform A; zumeist langsamläufig mit verhältnismäßig hohen Drehzahlen (... 1500 ... 3000 ... U/min); ein- und mehrstufige Bauweise.
- Verdichter: Überdruck ($\rho' = 0,5$ und größer); $\beta_2 = 50^\circ - 70^\circ$; Schaufelform A und B; zumeist höhere Drehzahlen als bei Flüssigkeitspumpen; bei einfachen Ventilatoren auch aus Gründen billiger Herstellung und zum Erreichen hoher Druckziffern Anwendung der Hakenschaufel.

Pumpen werden sowohl in radialer als auch in axialer Bauweise gefertigt.

3.12 Saugfähigkeit und Kavitation, Überschallströmung

Bezeichnet man die Saugenergie E_s als diejenige Energie, welche die Pumpe aufbringen muß, um an der Saugseite
- die Flüssigkeit bis zur höchten Stelle der Schaufeleintrittskante zu heben
- die Verluste in der Saugleitung zu decken (Rohrverlust, Krümmer, Ventile ...)
- die Geschwindigkeit im Saugrohr zu erzeugen,
so ist

$$E_s = (z_s + d_1/2)\,g + c_s^2/2 + E_{vs}. \tag{122}$$

Das Glied $d_1/2$ kommt im Fall vertikaler Welle in Fortfall, ist auch sonst wegen des vergleichsweise geringen Laufraddurchmessers bedeutungslos. Dieser Energieaufwand macht sich durch entsprechende Druckabsenkung in der Pumpe bemerkbar.

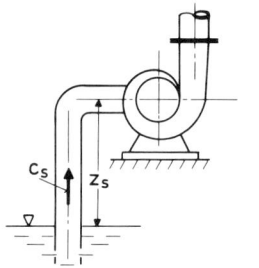

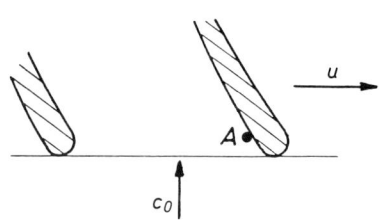

A Punkt niedrigsten Drucks

Bild 180 Saugverhältnisse
an einer Pumpe

Bild 181

Durch die Erscheinung der Minderleistung - Druckabfall an der Schaufelrückseite sowie Geschwindigkeitserhöhung, verbunden mit Druckabbau innerhalb des Schaufeleintrittsraumes infolge endlicher Schaufelstärke - liegt der Punkt tiefsten Drucks nicht unmittelbar vor der Eintrittskante, sondern trotz beginnenden Druckaufbaus durch die Schaufeln innerhalb des Schaufelgitters an der Schaufelrückseite (Bild 181).

Die hier zusätzlich auftretende Druckdifferenz wird als Haltedruck bezeichnet und kann beträchtliche Werte annehmen. Rechnerisch läßt sich dieser Wert ausdrücken durch

$$\Delta y = \left(\frac{n\sqrt{\dot{V}}}{S\sqrt{k}} \right)^{4/3},$$
(122a)

wobei $k = 1 - (d_n/d_s)^2$ die Nabenverengungsziffer und S die Saugzahl, eine Güteziffer für die Saugqualität der Anlage ist.

Für Pumpen kann gesetzt werden (Saugzahlen für Wasserturbinen s. Abschnitt 7):

S = 0,52   für Propellerpumpen

S = 0,45   für normale Radialräder

S = 0,52   für Radialräder mit in den Saugmund vorgezogener Schaufelein-
            trittskante.

Jede Flüssigkeit hat die Neigung zu verdampfen. Der umgebende Luftdruck hindert daran. Sinkt nun der Umgebungsdruck unter einen bestimmten Wert, den Dampfdruck, so können die Teilchen sich aus ihrem Flüssigkeitsverband befreien, - die Flüssigkeit verdampft. Der Dampfdruck ist erfahrungsgemäß stark von der Temperatur abhängig.

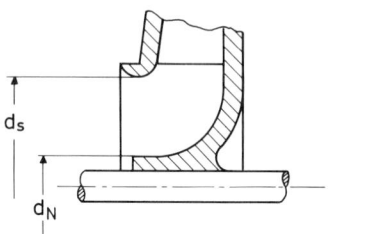

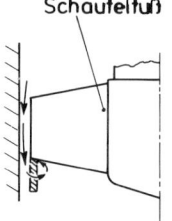

Bild 182 Nabenverengung   Bild 183

Wird nun in der Pumpe dieser Dampfdruck erreicht oder gar unterschritten, so bilden sich an der betreffenden Stelle Dampfblasen. Diese treiben mit der Strömung in Zonen höheren Drucks, wo sie wieder zusammenfallen (implodieren). Dieser plötzliche Zusammenfall löst Druckwellen aus, die das Material sehr stark beanspruchen. Solange nun der Unterdruck sich nicht ändert, wiederholt sich der Vorgang in rascher Folge. Es kommt dadurch zu erheblichen Zerstörungen an Schaufel und Wandung.

Um diesen Vorgang der Kavitation zu vermeiden, darf der Unterdruck in der Pumpe niemals auf den Dampfdruck absinken.

Für die Berechnung gehen wir von dem Fall des Ansaugens aus einem freien Gewässer aus. Vielfach liegt jedoch ein anderer Druck als der der freien Atmosphäre vor der Saugleitung der Pumpe vor. Die Berechnung gestaltet sich jedoch entsprechend.

Mit dem Atmosphärendruck p_a und dem Dampfdruck p_t stellt sich somit die Forderung

$$p_{min} = p_a - \rho (E_s + \Delta y) \geqq p_t \qquad \text{oder} \qquad (123)$$

$$E_{s\ max} = (p_a - p_t)/\rho - \Delta y.$$

In Verbindung mit Gl. (122) ergibt sich damit die maximale Aufstellungshöhe für eine Pumpe, welche nicht überschritten werden darf. Äußere Kennzeichen für das Eintreten von Kavitationserscheinungen sind Verminderung des Durchflusses, Abfall des Wirkungsgrades und vor allem erhebliche Geräusche.

Bei Wasserturbinen und bei Schiffsschrauben trifft man mitunter Kavitation in der Nähe der Schaufelspitze an. Infolge der um die Spitze im Sinne eines Druckausgleiches herumflutenden Teilchen entstehen dort Verwirbelungen mit zusätzlichen Druckabsenkungen. Abhilfe kann geschaffen werden etwa durch Anbringen eines Blechringes am Schaufelende (Bild 183). Jedoch besteht auch am Schaufelfuß die Gefahr der Kavitation wegen der dort vorhandenen großen Schaufelstärke.

Überschallgrenze:

Entsprechend der Kavitationsgrenze bei Flüssigkeitsanlagen trifft man bei Verdichtern und in geringerem Maße bei Dampf- und Gasturbinen schädliche Auswirkungen durch das Erreichen der Überschallgrenze an. Wird örtlich Ma = 1 erreicht oder sogar überschritten, so entsteht ein Verdichtungsstoß, welcher durch die von ihm ausgehende Druckwelle die Anlage gefährdet und den Wirkungsgrad erheblich verringert.

Wir definieren die Schallziffer

$$S_q = n \sqrt{\dot{V}_o/(k\,c_s^{\,3})}, \qquad (124)$$

wobei die Schallgeschwindigkeit

$$c_s = \sqrt{\varkappa\,R\,T}$$

oder, die Daten der atmosphärischen Luft eingesetzt,

$$c_s = 20{,}0\,\sqrt{T} \quad \text{ist.}$$

$\dot{V}_o$ stellt das tatsächliche Durchflußvolumen dar, welches bei großen Zuströmgeschwindigkeiten wegen des Unterdrucks im Saugraum gegenüber dem Durchflußvolumen im "Ruhezustand" beträchtlich anwachsen kann.

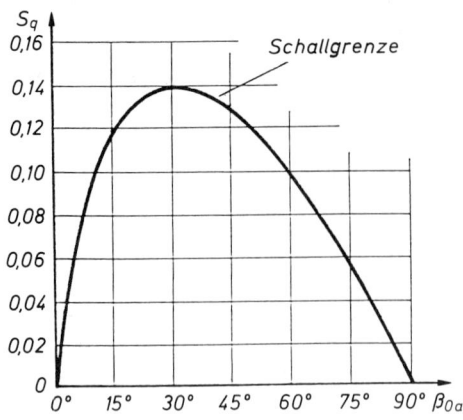

Bild 184

Die Schallgrenze ist vom Schaufeleintrittswinkel am Schaufelaußenrand β_{oa} abhängig (Bild 184). Sie sollte nicht überschritten werden.

Anleitung: In bedenklichen Fällen ist die Schallziffer zu errechnen und mit der Schallgrenze zu vergleichen. Liegt S_q zu hoch, so ist eine der Einflußgrößen zu ändern.

Ü b u n g s b e i s p i e l zur Saugfähigkeit:

Für eine Kreiselpumpe sind folgende Daten gegeben:

Durchsatz $\dot{V}$ = 0,1 m³/s; Drehzahl n = 1450 Upm; Saugzahl S = 0,4; Sauggeschwindigkeit c_s = 3 m/s; Eintrittsdurchmesser d_1 = 0,1 m; Luftdruck p_a = 1 bar = 10^5 N/m² $\hat{=}$ 100 Nm/kg; Verlustenergie im Saugrohr E_{vs} = 3 Nm/kg; keine Nabenverengung, da fliegend gelagert.

a) Förderung von kaltem Wasser mit t = 20 °C

Nach Tabelle (Dampfdrucktabelle im Anhang) ist p_t = 2 Nm/kg.

$$\Delta y = \left(\frac{24,2 \sqrt{0,1}}{0,4 \sqrt{1}} \right)^{4/3} = 51 \text{ Nm/kg} \qquad \text{(Gl. 122a)}$$

$$E_{s\,max} = 100 - 2 - 51 = 47 \text{ Nm/kg} \qquad \text{(Gl. 123)}$$

$$z_{s\,max} = (47 - 4,5 - 3)/9,81 - 0,05 \approx 4,0 \text{ m} \qquad \text{(Gl. 122)}$$

Die Pumpe darf demnach höchstens 4 m über dem Wasserspiegel aufgestellt werden.

b) Förderung von heißem Wasser mit $t = 90^{\circ}C$

$$p_t = 70 \text{ Nm/kg}$$

$$E_{s \, max} = 100 - 70 - 51 = -21 \text{ Nm/kg}$$

$$z_{s \, max} = (-21 - 4,5 - 3)/9,81 - 0,05 = -2,1 \text{ m}.$$

Die Pumpe muß jetzt mindestens 2,1 m unter den Wasserspiegel abgesenkt werden.

3.13 Einlaufziffer und Schaufelzahl

a) Einlaufziffer

Um einen Anhalt für die Wahl des optimalen Schaufeleintrittswinkels und der Zuström-geschwindigkeit zu erhalten, wird die Einlaufziffer

$$\varepsilon = c_{om}/\sqrt{2Y} \qquad (125)$$

definiert, welche zwar grundsätzlich von einer größeren Zahl von Einflußgrößen abhän-gig ist (Eintrittsdrall, Schaufeleintrittswinkel und Nabenverengung), im Normalfall je-doch für Pumpen und Verdichter beschrieben werden kann mit

$$\varepsilon = (0,85 \ldots 1,43) \, n_q^{2/3}. \qquad (126)$$

Dabei wird drallfreier Eintritt vorausgesetzt. Bei Langsamläufern mit $n_q \leq 0,1$ kann man überschlägig setzen

$$\varepsilon = 0,1 \ldots 0,3. \qquad (126a)$$

Für Wasserförderung ist der untere Grenzwert günstiger, für Luftförderung der obere.

Bei Turbinen ist eine genauere Festlegung der Einlaufziffer - hier Auslaßwert - erfor-derlich. Nach Pfleiderer ist

$$\varepsilon^2 = 2,6 \, (n_q \tan \beta_{oa})^{4/3} \qquad (126b)$$

wodurch der Einfluß des oft recht unterschiedlichen Eintrittswinkels zum Ausdruck kommt. Die Beziehung ist gültig für drallfreien Austritt (Auslegungspunkt) und für nicht nennenswerte Nabenverengung.

Anleitung: Es ist die Einlaufziffer zunächst nach einer der Gleichungen (126) zu ermitteln, sodann c_{om} als Grundlage zur Eintrittsberechnung aus Gleichung (125) zu bestimmen.

b) Schaufelzahl

Zahlreiche Schaufeln gewährleisten eine gute Stromführung, verringern den Schaufeldruck und damit die Minderleistung bei der Pumpe, soweit diese vom Schaufeldruck abhängt. Gleichzeitig erhöhen sie jedoch den Reibungsverlust im Kanal und vergrößern wiederum infolge der endlichen Schaufeldicke, die nun einmal aus Fertigungsgründen nicht beliebig klein gemacht werden kann, die Verengung am Kanaleintritt und vermindern so die Saugfähigkeit. Wir gehen daher von einer günstigen Kompromißlösung aus, indem wir die mittlere Kanallänge im Meridianschnitt doppelt so groß wie die mittlere Kanalweite wählen, also

$$l_m = 2\,e_m.$$

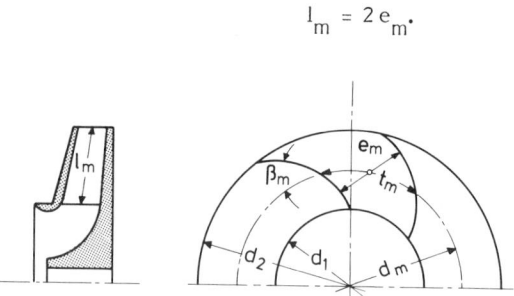

Bild 185 Ermittlung der Schaufelzahl

Setzt man ferner

$$\beta_m = 1/2\,(\beta_1 + \beta_2),$$ so wird

$$e_m = t_m \sin \beta_m = 2\,r_m \frac{\pi}{z} \sin \beta_m,$$ also

$$l_m = 4\,r_m \frac{\pi}{z} \sin \beta_m$$ und somit die Schaufelzahl

$$z = 4\,r_m \frac{\pi}{l_m} \sin \beta_m.$$

Für Radialschaufeln ist $r_m = (d_2 + d_1)/4$ und $l_m = (d_2 - d_1)/2$, so daß sich endgültig ergibt

$$z = k\,\frac{d_2 + d_1}{d_2 - d_1}\,\sin \beta_m \qquad (127)$$

mit $k = 2\,\pi$ für gegossene Räder und mit $k = 11$ bei Anwendung von Blechschaufeln.

Für Axialräder bietet sich eine geänderte Formulierung an mit

$$z = 2 \pi k \frac{r}{e} \sin^2 \beta_m \qquad \text{mit } k = 2,5. \qquad (127a)$$

Diese Beziehungen sollen Richtwerte liefern und sind keineswegs als verbindlich anzusehen. Die daraus bestimmbaren Schaufelzahlen geben Hinweis auf einen Bereich günstigen Wirkungsgrades.

3.14 Achsschub

Von der Druckseite strömt der unter Druck stehende Spaltstrom in den Spalt vor und hinter das rotierende Rad zurück. Wegen der verschieden großen Angriffsflächen auf das Rad an der Vorder- und an der Rückseite wie auch wegen der nicht einheitlichen Anordnung der Dichtungen ist der Schub infolge statischen Überdrucks einseitig wirksam und drückt im allgemeinen den Läufer zur Saugseite hin. Der Flüssigkeitsdruck verteilt sich etwa parabelförmig, da ein wesentlicher Anteil durch die Fliehkraft der mit $\omega/2$ umlaufenden Flüssigkeitsmenge im Spalt erzeugt wird; die Fliehkraft ist aber dem Quadrat des Radius proportional (Bild 186).

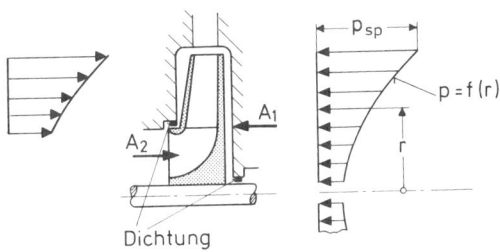

Bild 186

Es errechnet sich diese Axialkraft zu

$$A_1 = \int_{r_i}^{r_a} 2 \pi r \, \Delta p \, dr,$$

wobei für den variablen Druck geschrieben werden kann

$$p = p_{sp} - (\omega/2)^2 \rho (r_2^2 - r^2)/2.$$

Zudem wird noch eine weitere Axialkraft durch die Ablenkung des einströmenden Mediums wirksam. Nach dem Impulssatz drückt sich diese aus durch

$$A_2 = \rho \dot{V} c_s.$$

Diese Kraft ist jedoch verhältnismäßig klein. Bei senkrechter Welle kommt zu diesen Kräften noch das um den Auftrieb verminderte Läufergewicht hinzu.

Infolge der rechnerischen Unsicherheit ist eine Überschlagsformel gebräuchlich. Es ist

$$A = k \ \rho \ Y \ d_2^{\ 2} \tag{128}$$

mit $k = 1,2 \ n_q$ bei Pumpen und $k = 1,2 \ n_q \ \sqrt{\eta}$ bei Turbinen.

Maßnahmen zum Achsschubausgleich:

Vielfach sind die auf den Läufer wirkenden Axialkräfte derartig groß, daß sie durch Axiallager nicht aufgenommen werden können. Man versucht darum die Kräfte hydraulisch auszugleichen.

Folgende Maßnahmen sind gebräuchlich:

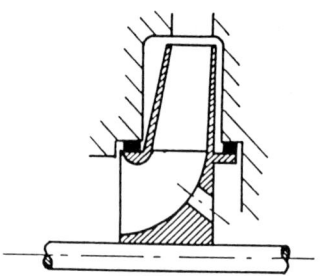

Bild 187 Achsschubausgleich durch Enlastungsbohrungen

1. Anbringen der Dichtungen an der Vorder- und Rückseite des Rades in gleicher Höhe; zusätzliche Bohrungen in der Rückwand in Höhe des Saugmundes gleichen die verbleibende statische Druckdifferenz aus. Ein eventuell verbleibender Restschub kann durch ein Spurlager aufgenommen werden (Anwendung zumeist bei kleineren Anlagen, vor allem bei Flüssigkeitspumpen).

2. Bei mehrstufigen oder mehrflutigen Anlagen werden die Räder spiegelbildlich angeordnet. Dadurch wird nahezu völlige Aufnahme des Schubes erreicht. Es eignet sich diese Maßnahme vor allem für mehrflutige Anlagen.

3. Ausgleich mittels eines Ausgleichkolbens (Bild 189): Diese Möglichkeit wird vor allem bei mehrstufigen, meist größeren Anlagen benutzt. Der Kolben wird durch das unter Überdruck stehende Medium einseitig, und zwar entgegen der Richtung des Achsschubes belastet. Die Kolbenfläche muß so ausgelegt werden, daß die erzeugte Kraft den Achsschub nahezu aufhebt. Der durch den vergrößerten Spalt verursachte Leckstrom wird zum Saugmund der Maschine zurückgeführt.

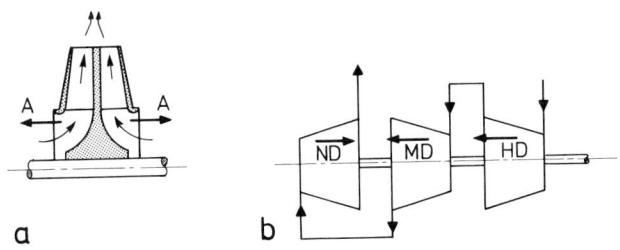

Bild 188 Achsschubausgleich durch spiegelbildliche Anordnung
  a) mehrflutige Anlage
  b) mehrstufige Anlage (Schema einer Dampfturbine mit Hochdruck-,
     Mitteldruck- und Niederdruckteil)

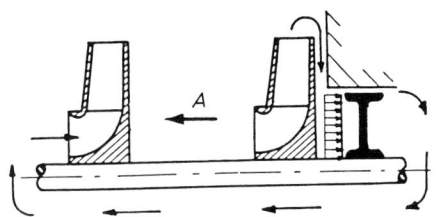

Bild 189 Schubentlastung durch
  Ausgleichskolben

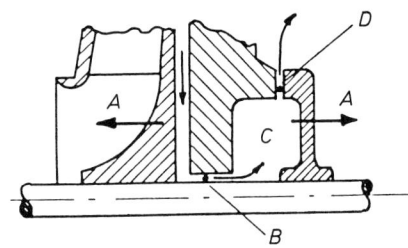

Bild 190 Selbsttätiger Schubausgleich

4. Automatischer Schubausgleich: Hier wird ebenfalls ein Kolben verwendet, der mit der Welle fest verbunden, zum Gehäuse hin einen schmalen, radial gerichteten und ringförmig angeordneten Spalt D freiläßt (Bild 190).

Im Druckraum C baut sich in Abhängigkeit von der Spaltbreite in D und B ein veränderter Druck des Spaltstroms auf. Würde nun der Läufer durch den Achsschub nach links bewegt, so verkleinert sich der Spalt D, der Druck in der Druckkammer C wächst an, die Kraft auf den Kolben wird größer und der Läufer schiebt sich zurück. Damit vergrößert sich jedoch der Spalt D wieder, wodurch die Kolbenkraft vermindert und die Bewegung rückläufig wird. Tatsächlich stellt sich ein Kräftegleichgewicht ein und jede Bewegung entfällt. Ein Axiallager ist hier nicht erforderlich, es würde das sich ausgleichende Kräftespiel vielmehr hemmen. Auch hierbei wird die austretende Leckflüssigkeit wieder der Maschine im Saugmund zugeführt.

4 Betriebsverhalten der Strömungsmaschine

Um das Verhalten einer Maschine bei wechselnder Belastung zu beschreiben, ist es notwendig, die Abhängigkeit der Größen $\dot{V}$, Δp und n voneinander zu kennen, also eine Antwort z.B. auf die Fragen geben zu können: Wie ändert sich die Druckerzeugung einer Pumpe, wenn der Durchsatz gedrosselt wird, oder: Wie reagieren Druck und Durchsatz auf eine Verminderung der Drehzahl? Da diese Fragen in erster Linie für Pumpen und Verdichter von entscheidender Bedeutung sind (Turbinen arbeiten häufig konstant im Auslegungspunkt), werden sie zunächst für diese Maschinen behandelt.

4.1 Die Drosselkurve

Die Abhängigkeit $p = f(\dot{V})$ ergibt sich aus dem Austrittsdreieck. Aus diesem wird ersichtlich (Bild 191), daß mit wachsender c_m-Komponente, also mit zunehmendem Durchsatz, die Umfangskomponente c_{2u} proportional absinkt. Das bedeutet bei konstanter Umfangsgeschwindigkeit (die Drehzahl werde zunächst als konstant angenommen) eine lineare Abnahme der Druckhöhe, da $\Delta p \sim u_2 \, c_{2u}$ ist.

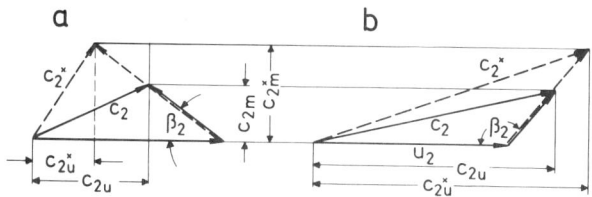

Bild 191 Austrittsdreiecke für unterschiedliche Durchsätze mit
   a) $\beta_2 < 90^\circ$ b) $\beta_2 > 90^\circ$

Diese Folgerung ist jedoch nur richtig für Maschinen mit Schaufelaustrittswinkeln $\beta_2 < 90^\circ$. Bild 191 zeigt die Verhältnisse für $\beta_2 > 90^\circ$. Hier steigt die c_u-Komponente und somit die Druckhöhe proportional mit wachsendem Durchsatz an. Den Grenzfall stellt selbstverständlich die Schaufel mit dem Austrittswinkel $\beta_2 = 90^\circ$ dar. In diesem Fall ist der Druck unabhängig von der Durchsatzänderung.

Sinkt der Durchsatz auf den Wert Null ab, so wird $c_{2u} = u_2$, - die Schaufelarbeit erreicht den Wert $Y_{sch\infty} = u_2^2$, sie stellt den (theoretischen) Druck bei geschlossenem Schieber dar. Er ist offenbar wesentlich von Null verschieden.

Diese in Bild 192 dargestellten Abhängigkeiten stellen jedenfalls noch nicht den wahren Druckverlauf über der Durchsatzänderung dar, sofern wir diese aus der Eulerschen Gleichung ableiten. Man gewinnt die echte "Schaufelarbeit" durch Verringerung von $Y_{sch\infty}$ um die Minderleistung (Bild 193). Sodann sind die hydraulischen Verluste abzuziehen, so daß man nunmehr zumindest im Auslegungspunkt der Maschine beim Nenndurchsatz ($\dot{V}_N$) die echte Druckhöhe gewinnt. Da die hydraulischen Verluste Reibungsverluste der Flüssigkeit im Schaufelgitter darstellen, sind sie von c_m und somit auch vom Durchsatz quadratisch abhängig.

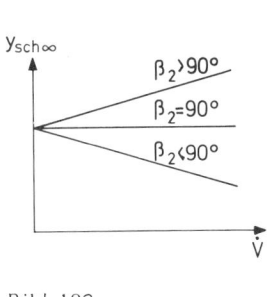

Bild 192

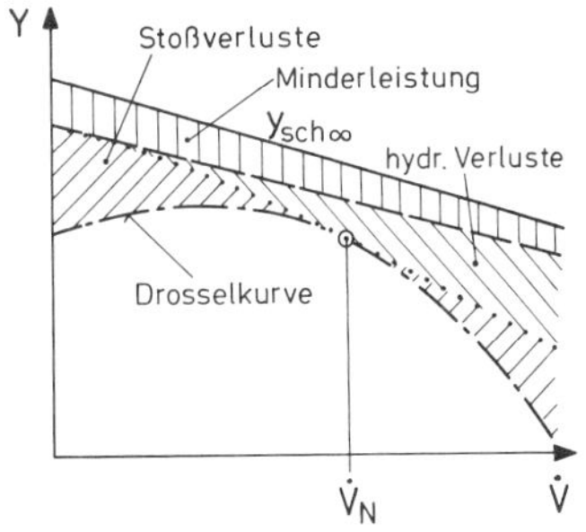

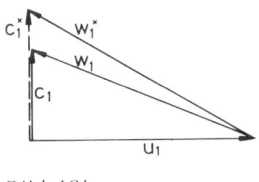

Bild 193 Entstehung der Drosselkurve

Schließlich treten abseits vom Auslegungspunkt Stoßverluste durch falsche Anströmung der Schaufeln auf, da die Schaufelform am Eintritt in Lauf- und Leitrad nach dem Berechnungsdreieck und nicht nach der veränderten Relativrichtung bei irgend einer anderen Größe der Anströmgeschwindigkeit ausgeführt ist (Bild 194). Diese Verluste sind ebenfalls annähernd quadratisch vom Durchsatz abhängig. Im Berechnungspunkt verschwinden sie selbstverständlich.

Bild 194

Zieht man auch diese Verluste von der bislang gewonnenen $\dot{V}$-Y-Linie ab, so ergibt sich endgültig die Abhängigkeit des Drucks vom Durchsatz: Die Kennlinie der Maschine.

Diese wird nun nicht in der Weise errechnet, wie unser Gedankenvorgang sie ermittelte, da die genauen Verlustwerte quantitativ nur unvollständig über dem Regelbereich zu erfassen sind. Man drosselt vielmehr den Durchsatz an der ausgeführten Maschine auf dem Versuchsstand und gewinnt durch Messung bei dem jeweiligen Drosselzustand den erzeugten Druck. Die Verbindung aller dieser Druckpunkte im $\dot{V}$-p-Diagramm stellt dann die Kennlinie dar, die auch als Drosselkurve bezeichnet wird.

Charakteristisch ist der bogenförmige Verlauf. Der Nullförderdruck ist auch nach Abzug sämtlicher Verluste ungleich Null.

In Verbindung mit dem Spaltstrom stellt $\Delta p_o \cdot \dot{V}_{sp}$ die Leistung bei Nullförderung dar.

4.2 Das Kennfeld

Die im vorhergehenden Abschnitt behandelte Kennlinie wurde für eine gleichbleibende Antriebsdrehzahl abgeleitet. Es ist nunmehr der Einfluß der Drehzahl auf den Durchsatz und auf die Druckerzeugung zu untersuchen.

Für nicht allzu zähe Medien ist

$$\left.\begin{array}{l} \dot{V}_2 : \dot{V}_1 = n_2 : n_1 \\ P_2 : P_1 = (n_2 : n_1)^2 \quad - \text{(Euler-Gleichung)} \\ P_2 : P_1 = (n_2 : n_1)^3 \quad - (P \sim \dot{V} \cdot \Delta p). \end{array}\right\} \tag{129}$$

Ist also für einen Punkt A auf der Kennlinie der Drehzahl n_1 Druck p_A und Durchsatz $\dot{V}_A$ gegeben, so sind die entsprechenden Werte $p_{A'}$ und $\dot{V}_{A'}$ für eine Drehzahl n_2 nach Gl. 129 leicht zu bestimmen. Man gewinnt so den Punkt A' als einen möglichen Betriebspunkt der neuen Antriebsdrehzahl n_2. Sucht man weitere Punkte der gleichen Drehzahl auf (z.B. Punkt B') und verbindet diese miteinander, so erhält man die Kennlinie der Maschine zur Drehzahl n_2. Auf diese Weise läßt sich eine Reihe solcher Kennlinien ermitteln. Sie sind untereinander kongruent.

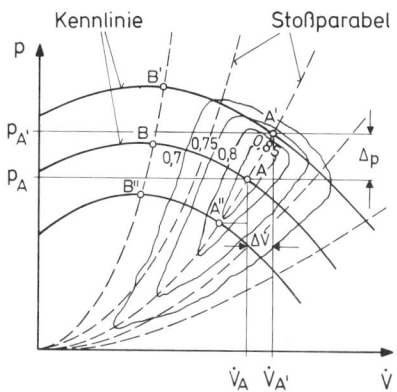

Bild 195 Kennfeld einer Strömungsmaschine

Stellt A den Auslegungspunkt der Maschine dar, so sind A' und A" entsprechende "Auslegungspunkte" bei einer anderen Drehzahl. Das gilt in gleicher Weise etwa für den Scheitelpunkt B bezüglich B' und B". Da der Abszissenzuwachs $\Delta \dot{V}$ linear, der Ordinatenzuwachs jedoch quadratisch ist (Δp), stellen die Verbindungslinien aller einander entsprechenden Punkte (z.B. A, A', A") Parabeln dar, die durch den Ursprung gehen. Da alle Punkte der Parabel durch den Auslegungspunkt A offenbar ähnliche Geschwindigkeitsverhältnisse aufweisen, sind die Stoßverluste längs dieser Linie gleich Null (Voraussetzung ist richtige Schaufelauslegung). Entsprechend ist die Abweichung für alle Punkte der Parabel durch B vom Strömungszustand zugehöriger Punkte auf der "Auslegungsparabel" der gleiche, der Stoßverlust auf dieser Linie mithin konstant. Alle diese Parabeln sind somit Linien gleichen Stoßzustandes.

In erster Näherung stellen die "Stoßparabeln" also gleichzeitig Linien gleichen Wirkungsgrades dar. Da bei hohen Drehzahlen jedoch Kavitationserscheinungen bzw. Strömungsablösungen den Wirkungsgrad rasch absinken lassen, im Bereich niederer Drehzahlen schließlich drehzahlunabhängige Verluste (z.B. die Lagerreibung) stärker zu Buch schlagen, den Wirkungsgrad mithin auch nach unten allmählich verringern, ergeben sich die in Bild 195 eingezeichneten Linien gleichen Wirkungsgrades. Selbstverständlich schließen sie den Auslegungspunkt ein, da dieser für ein Verlustminimum ausgelegt wird. Mit einiger Phantasie können diese Linien als "muschelförmige" Figuren erkannt werden, weshalb das Kennfeld auch unter dem Namen "Muscheldiagramm" bekannt geworden ist. Es sollte jeder Maschine beigegeben sein, da aus ihm das gesamte betriebliche Verhalten der Maschine hervorgeht. *)

4.3 Arbeitspunkt und Betriebsverhalten der Arbeitsmaschine

Der Punkt, auf dem die Maschine arbeitet, braucht durchaus nicht mit ihrem Auslegungspunkt übereinzustimmen, jedoch ist es im Sinne eines guten Wirkungsgrades vorteilhaft, wenn beide Punkte aufeinanderfallen.

Der von einer Strömungsarbeitsmaschine erzeugte Druck hat im allgemeinen Fall zwei Aufgaben zu erfüllen:

- Erzeugung einer statischen Druckhöhe (Heben einer Wassermenge in einen Hochbehälter, Auffüllen eines Luftdruckbehälters)

- Überwindung der Widerstände in der Leitung (Δp_{dyn}).

Da der statische Druck von der Menge unabhängig ist, die Rohrverluste aber wegen des quadratischen Widerstandsgesetzes mit wachsendem Durchsatz quadratisch ansteigen,

*) Kennfelder von Kreiselmaschinen in den Abschnitten 5.2 und 7.3

ergibt sich die in Bild 196 dargestellte Widerstandsparabel, auch als Rohrkennlinie bezeichnet. Lediglich im Schnittpunkt mit der Maschinenkennlinie besteht Gleichgewicht zwischen erzeugtem und entgegenstehendem Druck. Dieser stellt also den Betriebspunkt dar.

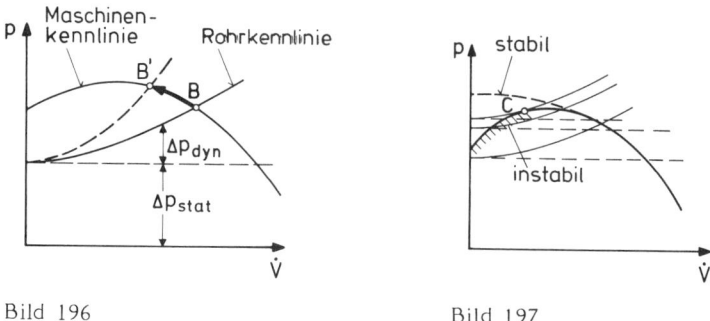

Bild 196   Bild 197

Wachsen die Widerstände im Rohr an, etwa durch teilweises Schließen eines Ventils, so steigt die Widerstandskurve steiler an, der Betriebspunkt wandert im Sinne abnehmender Fördermenge nach links (B'). Man erkennt die Abhängigkeit des Durchsatzes vom Leitungszustand.

Tritt nun der Fall ein, daß z.B. ein Verdichter in einen Druckbehälter fördert, aus dem weniger an Menge entnommen wird als der Verdichter liefert, so steigt der statische Gegendruck, die Widerstandslinie, von vornherein im wesentlichen durch p_{stat} erzeugt, steigt ebenfalls an und erreicht den Punkt C, wo sie die Maschinenkennlinie nur noch berührt (Bild 197). Einer weiteren Erhöhung des Gegendrucks kann die Maschine nicht folgen. Es kommt zu einem Rückströmen des Mediums zur Saugseite. Die Rückströmung dauert so lange, bis der Druck hinter dem Verdichter auf einen Wert gesunken ist, der weit unter dem Betriebsdruck liegt.

Hält der Zustand zu geringer Mengenabnahme an, bedingt z.B. durch falsche Auslegung der Maschine, so kommt es zu stoßartigem Betrieb. Diesen Vorgang bezeichnet man bei Verdichtern als das "Pumpen" der Maschine. Es kann offenbar nur durch den abfallenden, "instabilen" Ast der Kennlinie hervorgerufen werden. Auch bei Kreiselpumpen tritt diese Erscheinung auf, vor allem dann, wenn der statische Gegendruck überwiegt, wenn also etwa eine Pumpe in einen Hochbehälter fördert, dessen Spiegel infolge absinkenden Verbrauchs ansteigt. Man hilft sich durch Anbringen eines Rückschlagventils, das bei Erreichen des Punktes C schließt.

Für Verdichter ist aber bereits ein länger andauernder Leerlaufbetrieb mit Gefahren verbunden, da die dauernd umgewälzte Restluft sich stark erwärmt und die Schaufeln durch Erhitzung gefährdet. Man sieht darum ein Abblaseventil vor, welches bei Erreichen eines bestimmten Gegendrucks die zuviel geförderte Luft abbläst. Die Mindestfördermenge ist also immer etwas größer als die Pumpgrenzmenge. Letztere liegt allerdings bei Axialgebläsen mitunter schon bei 80 % des Nenndurchsatzes.

Bei Radialanlagen läßt sich das "Pumpen" im allgemeinen von vornherein vermeiden, indem man mittels konstruktiver Maßnahmen die Kennlinie stabil gestaltet. Man erreicht das durch Anwendung eines schaufellosen Ringraumes - die den instabilen Ast verursachenden Stoßverluste fallen teilweise fort auf Kosten erhöhter Reibungs- und Verwirbelungsverluste -, durch Anwendung kleiner Schaufelaustrittswinkel (Bild 192) und durch Reduzierung der Schaufelzahl.

Schalten wir zu einer vorhandenen Maschine (1) eine weitere (2) parallel dazu zur Vergrößerung der Fördermenge, so zeigt Bild 198 folgendes Resultat:

Bis zum Förderstrom $\dot{V}_A$ arbeitet die Pumpe (2) allein, da der höhere Gegendruck dieser Maschine das Rückschlagventil der Pumpe (1) zudrückt. Ab $\dot{V}_A$ kommt Pumpe (1) in Tritt. Die Durchsätze beider Maschinen addieren sich nun. Es ergibt sich die resultierende Kennlinie beider Maschinen gemeinsam. Der Arbeitspunkt wird durch den Schnitt mit der Widerstandskennlinie dargestellt (Punkt C). Ursprünglich erbrachte die Anlage (1) den Durchsatz $\dot{V}_A$. Die Vergrößerung der Fördermenge ist außerordentlich gering. Die Maßnahme ist als wenig sinnvoll zu bezeichnen, zumal dann, wenn die Kennungen einen steilen Verlauf zeigen.

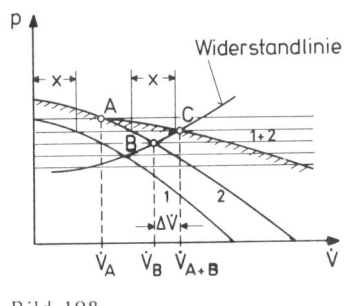

Bild 198

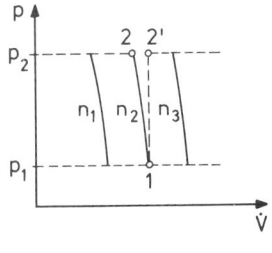

Bild 199

Selbstverständlich tritt diese Erscheinung nicht etwa allgemein bei mehrflutigen Anlagen auf, die von vornherein auch bezüglich ihrer Fördermenge auf das Netz zugeschnitten sind. Auch setzt dieses Ergebnis voraus, daß keine Änderung im Widerstandssystem (Rohrleitung) vorgenommen wurde.

Der Kennung der Kreiselpumpe sei an dieser Stelle das Verhalten der Kolbenpumpe gegenübergestellt:

Von Verlusten abgesehen, ist die Fördermenge vom erzeugten Druck hier völlig unabhängig, da der Zylinder stets die gleiche Menge faßt (1-2'). Nun steigen jedoch mit wachsendem Druck die Spaltverluste an, so daß die Kennlinie im Bereich höherer Drücke eine Krümmung nach links erleidet (Bild 199).

4.4 Regelverfahren

Die häufigsten Regelverfahren stellen Drosselung und Drehzahlregelung dar. Im abgebildeten Pumpenkennfeld (Bild 200) sind beide Vorgänge eingetragen. Die Drosselung verläuft im Sinne zunehmenden Rohrwiderstandes auf der Kennlinie nach links zum Punkt C, die Drehzahlverminderung verschiebt den Betriebspunkt längs der Linie gleichen Widerstandes auf Punkt B.

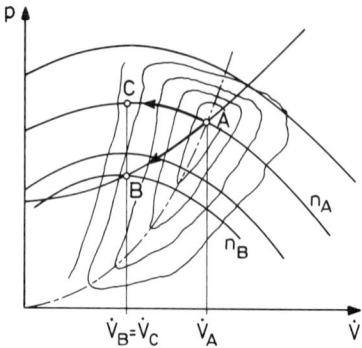

Bild 200   Drossel- und Drehzahlregelung im Kennfeld

Die Abnahme des Wirkungsgrades bei der Drehzahlregelung ist geringer als bei der Drosselung, der erzeugte Druck steigt bei der Drosselung an. Beides zusammen kann beim Drosselvorgang trotz abnehmender Fördermenge zu einer Steigerung der Antriebsleistung führen, abhängig vom Verlauf von Widerstandslinie und Maschinenkennung. Die Drehzahlregelung wirkt sich also eindeutig günstiger aus, jedoch ist diese oft mit höherem konstruktivem und geldlichem Aufwand verbunden (drehzahlregelbare Gleichstrommotore z.B. sind teurer gegenüber der Asynchronmaschine) oder sogar nicht möglich (Turbine zum Antrieb eines Drehstromgenerators, wenn die Umlaufzahl an die Netzfrequenz gebunden ist).

Es werden die wichtigsten Regelungsarten zusammenfassend dargestellt:

a) Drosselregelung

b) Drehzahlregelung

c) Teilbeaufschlagung (Dampfturbine)

d) Aussetzregelung

e) Abblasen durch Ventil (Verdichter)

f) Füllungsregelung (Strömungskupplung)

g) Brennstoffregelung (Gasturbine)

h) konstruktive Maßnahmen:

   - Schaufelverstellung von Leit- oder auch Laufschaufel (Kaplanturbine)

   - Drallregler (Gebläse)

   - Verstellboden (Ventilator).

4.5 Betriebsverhalten der Turbine

Das Kennfeld einer Turbine ist prinzipiell dem einer Pumpe ähnlich. Es soll an dieser Stelle das Kraft- und Leistungsverhalten der (ungesteuerten) Turbine untersucht und die Regelungsmöglichkeit erörtert werden. Aus den Darstellungen des Abschnitts 1.2.5 werden Kraft- und Nutzleistungsverlauf über der Drehzahl ersichtlich. Das wirksame Drehmoment M_d ist der Kraft F proportional. Der Durchsatz ist bei der ungesteuerten Maschine nahezu unabhängig von der Drehzahl, ebenso die Fallhöhe. Mit

$$\eta = P_{Nutz}/(\dot{V} \cdot \Delta p) = P_{Nutz}/const \text{ ist also } \eta \sim P_{Nutz}.$$

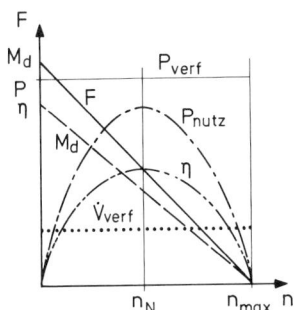

Bild 201 Verhalten der (ungeregelten) Turbine

Legt man den Auslegungszustand mit der Nenndrehzahl bei η_{max} fest, so ist die Durchgangsdrehzahl n_{max} etwa doppelt so groß. Dieser Betriebszustand wird im allgemeinen nicht ausgefahren, da entweder die Maschine selbst am Auslegungspunkt bereits nahe an der Festigkeitsgrenze arbeitet (Dampfturbine) oder die mit hochgezogene elektrische Maschine die hohe Drehzahl nicht aushält.

Ein Eingriff durch Steuerungsorgane, etwa durch drehbare Schaufeln, ändert die Abhängigkeiten (Bild 201) in gewissen Grenzen.

Aufgabe der Regelung bei einer Turbine ist es nun, einerseits die Drehzahl konstant zu halten trotz veränderter Betriebsbedingungen (abnehmender Durchsatz, verminderte Belastung), andererseits aber - so bei Wasserturbinen - unzulässig hohe Drucksteigerungen im Zulaufrohr, die durch Bremsung der zuströmenden Wassermassen infolge Regeleingriffs vor der Turbine hervorgerufen werden, zu verhindern.

Um hohe Drehzahländerungen zu vermeiden, muß die Eingriffzeit des Reglers klein gehalten werden, die Schwungmassen der rotierenden Bauteile groß sein. Diese recht aufwendigen Forderungen werden umgangen durch Anwendung einer Doppelregelung. Hierbei stellt ein Steuerorgan einen Kräfteausgleich gegenüber dem verminderten, widerstrebenden Belastungsmoment her, indem es augenblicklich den auf das Turbinenrad wirkenden Durchsatz reduziert. Ein zweites Organ führt anschließend eine allmähliche Drosselung des Stroms auf den nunmehr notwendigen Bedarf herbei.

In diesem Sinne wirkt sich bei der Peltonturbine die Koppelung zwischen Ablenker und Düsennadel (s. Abschnitt 7.2), bei der Francisturbine die Kombination von gesteuertem Nebenauslaß am Spiralgehäuse mit den Fink'schen Drehschaufeln (Abschnitt 7.3) aus.

Bei den thermischen Turbomaschinen ist das Regelverhalten stärker von der individuellen Bauart abhängig. Eingehendere Ausführungen darüber in Abschnitt 11.3.

5 Gebläse und Verdichter

5.1 Einführung und Übersicht

Gebläse und Ventilatoren dienen zur Erzeugung geringer Drücke: letztere sollen oft nur die Luft umwälzen. Sie werden darum im allgemeinen einstufig gebaut. Nach den Regeln des VDI nennt man Anlagen, die eine Druckdifferenz kleiner $p_2 : p_1 = 1,1$ erzeugen, Ventilatoren. Mehrstufige Einheiten erzeugen höhere Drücke und werden als Verdichter (Turbokompressoren) bezeichnet.

Die Auslegung wird häufig mit Hilfe von Druckziffer ψ und Lieferziffer φ durchgeführt. Es ist

$$\psi = \frac{\Delta p}{\rho \, u_2^2/2} \qquad\qquad \varphi = \frac{\dot{V}}{d_2^2 \, \frac{\pi}{4} \, u_2} \qquad\qquad (130)$$

Bild 202 zeigt eine Übersicht über die Gebläseformen mit den zugehörigen Kennwerten.

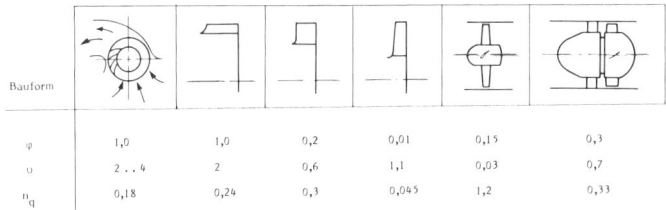

Bauform						
φ	1,0	1,0	0,2	0,01	0,15	0,3
ψ	2..4	2	0,6	1,1	0,03	0,7
n_q	0,18	0,24	0,3	0,045	1,2	0,33

Bild 202 Übersicht über die Gebläsebauformen und deren Kennzahlen

Aus Bild 203 können die äußeren Abmessungen eines Laufrades überschlägig entnommen werden.

Die Forderungen, die neben einer bestimmten Druckerzeugung an ein Gebläse oder einen Verdichter gestellt werden können und damit seine Auswahl bestimmen, sind

1. hoher Wirkungsgrad
2. geringe Geräuschentwicklung

3. geringer Verschleiß (staubhaltige Gase!)

4. große Schluckfähigkeit

5. kleine Abmessungen und billige Ausführung bei hoher Leistung

6. stabile Kennlinie.

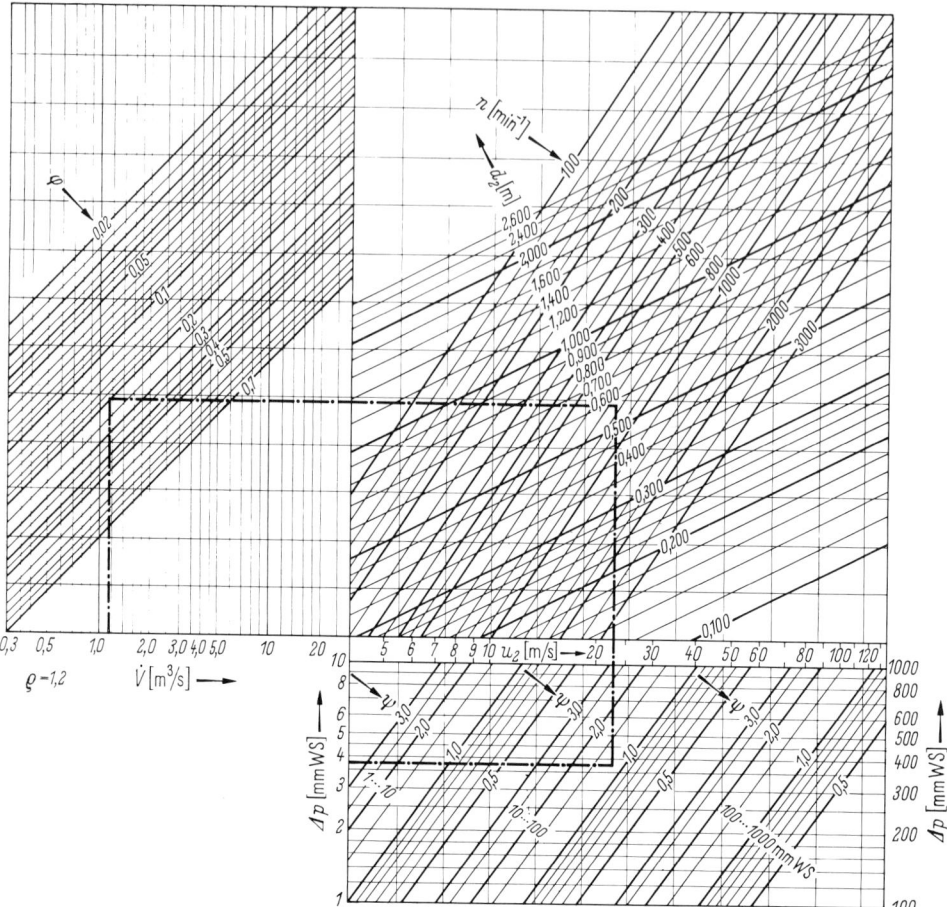

Bild 203 Diagramm zur Ermittlung der Laufradabmessungen über die Förderkennzahlen

Nun ist die Strömung in einem Verdichter grundlegend anders geartet als in einer Turbine. Während dort eine beschleunigte Strömung die Grenzschicht stets stabilisiert, liegt beim Verdichter ein verzögerte Strömung vor. Unrichtige Profilierung, zu starke Erweiterung der Strömungskanäle, geringfügige Materialfehler können vor allem bei Anlagen mit hohen Stufendrücken Ablösung der Grenzschicht hervorrufen und einen steilen Wirkungsgradabfall nach sich ziehen.

5.2 Radiale und axiale Maschinen

Gebläse axialer Bauart haben gegenüber den Radialverdichtern den Vorzug der raumsparenden Bauweise. Sie lassen sich unauffällig samt Antriebsmaschine in die Rohrleitung einbauen. Ein weiterer Vorteil ist neben der hohen Schluckfähigkeit der gute Wirkungsgrad der axialen Maschine.

Jedoch tritt die unangenehme Erscheinung auf, daß, weil hier die Zentrifugalkräfte des Rades auf die Strömung fehlen, abseits vom Berechnungspunkt der Wirkungsgrad rasch absinkt. Es bilden sich Kanalwirbel in Verbindung mit Rückströmungen, die den Schaufelkanal verstopfen und den Durchsatz mindern, mitunter sogar blockieren. In manchen Fällen reißt die Strömung bereits am Auslegungspunkt ab. Entsprechend hat die Kennlinie eine instabile Form (s. Abschnitt 4.3).

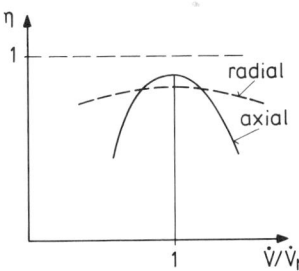

Bild 204 Gegenüberstellung des Wirkungsgradverlaufs einer radialen und
axialen Maschine

Während man bei Anlagen radialer Art durch Anwendung des schaufellosen Ringraums in Verbindung mit hoher Schaufelzahl und kleinem Schaufelaustrittswinkel wie bei Kreiselpumpen Abhilfe schaffen kann, bringt diese Maßnahme bei der Axialmaschine keinen nennenswerten Erfolg. Hier greift man zur Schaufelregelung, wobei mitunter sowohl die Leitschaufeln als auch die Laufschaufeln verstellt werden können. Diese Maßnahme wird vor allem bei größeren Anlagen durchgeführt und bedarf eines recht aufwendigen Verstellmechanismusses.

Bild 205 zeigt das Kennfeld eines Gebläses mit verstellbaren Leitschaufeln, Bild 206 schließlich einen ausgeführten Verdichter als kombinierte Axial-Radialanlage, wobei der radiale Teil wegen geringen Volumens dem axialen nachgeschaltet ist (Konstruktive Einzelheiten zur Schaufelverstellung s. Abschnitt 7.3 und 7.4).

Mitunter hilft man sich gegen das "Pumpen" durch Abblasen, indem die Förderung den Auslegungspunkt nicht unterschreitet und die überschüssige Luft durch ein Ventil abgeblasen wird.

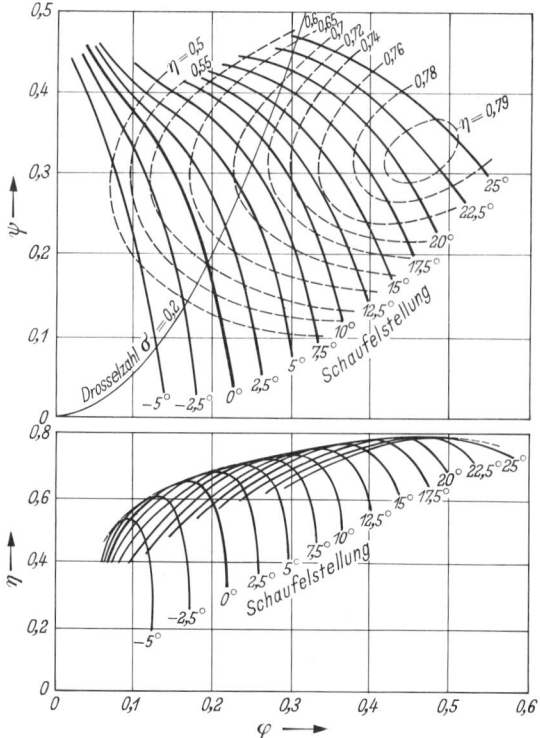

Bild 205 Kennfeld eines Axialgebläses mit Leitschaufelregelung

Ein Vergleich der Entwicklung beider Maschinentypen zeigt, daß der Axialverdichter erst verhältnismäßig spät zum Einsatz in größerem Umfang gekommen ist. Es ist das Verdienst der Tragflügeltheorie Prandtl's (s. Abschnitt 2), durch welche die Strömung um die Axialschaufel eindeutig erfaßt und daher axiale Anlagen mit gutem Wirkungsgrad ausgelegt werden konnten. Nachdem heute auch Hochleistungsradialgebläse mit Wirkungsgraden bis zu 90 % gebaut werden, stehen sich beide Bauformen bei richtigem Einsatz gleichwertig gegenüber. Bild 207 zeigt ein Hochleistungsradialgebläse, dessen große Radbreite und gute Abrundung am Einlauf kennzeichnende Merkmale sind.

Die Stufenförderhöhe eines Axialverdichters ist eng begrenzt. Man erreicht mit mehrstufigen Verdichtern axialer Bauart (10 Stufen und mehr werden nicht selten ausgeführt) eine Luftpressung 4 bis 10 bar bei hohen Durchsätzen, wie sie der Axialmaschine eigen sind (s. auch Abschnitt 9.3, Strahltriebwerk). Mit mehrstufigen radialen Anlagen lassen sich hingegen bei gleicher oder sogar noch geringerer Stufenzahl 20 bar und mehr erzielen. Grenzen werden durch vermehrten Bauaufwand (Kühlung) und Verminderung des Wirkungsgrades gegenüber den in höheren Druckbereichen wirtschaftlicher arbeitenden Kolbenverdichtern gesetzt.

Bild 206 Kombinierter Axial-Radialverdichter mit verstellbaren Leitschaufeln
im axialen Primärteil

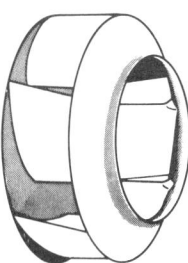

Bild 207 Laufrad eines radialen Hochleistungsgebläses

Prinzipiell bietet sich für den Antrieb eines größeren Verdichters die Dampf- oder
Gasturbine an. Antriebs- und Arbeitsmaschine sind dann Strömungsmaschinen, laufen
hochtourig und besitzen ähnliche Betriebskennlinien.

Während der Abdichtung bei größeren Anlagen, vor allem bei Gasverdichtern in der
chemischen Industrie, erhöhte Aufmerksamkeit geschenkt werden muß, werden Ventila-

168

toren nicht besonders abgedichtet. Man rechnet dann mit größeren Spaltverlusten (je nach Bauart 10 bis 20 %).

5.3 Gekühlte Verdichter

Verdichtet man auf ein Druckverhältnis von 3 : 1 und darüber hinaus, so ist die Erwärmung des Gases so hoch, daß der Verdichter je nach Warmfestigkeit des verwendeten Schaufelwerkstoffes gekühlt werden muß.

Man verwendet entweder Gehäusemantelkühlung oder, häufiger noch, die Zwischenkühlung. Bei dem zweiten Verfahren wird die Luft nach dem Austritt aus dem Niederdruckteil (Niederdruckstufe) durch einen Kühler geleitet, wird dort auf nahezu Ausgangstemperatur rückgekühlt, sodann im folgenden Verdichterteil weiter komprimiert, durchströmt einen zweiten Kühler und erreicht im Hochdruckteil schließlich den gewünschten Enddruck: Dreistufige Verdichtung (Bild 208).

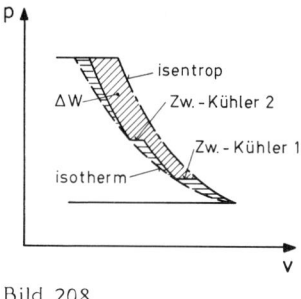

Bild 208

Durch diese Maßnahme wird erreicht:

1. eine bedeutende Arbeitsersparnis ΔW
2. die Vermeidung hoher werkstoffgefährdender Temperaturen
3. geringere Volumina und damit Verringerung der Maschinenabmessungen im Bereich hoher Drücke.

Die optimale Arbeitsersparnis wird ungefähr erreicht bei i Stufen, wenn

$$\Delta p_{st} = \sqrt[i]{\Delta p_{ges}}$$

ist. Bild 209 zeigt den Längs- und Querschnitt durch einen mehrstufigen gekühlten Verdichter. Die Abmessungen des Wärmetauschers sind ersichtlich bedeutend gegenüber dem Bauvolumen der eigentlichen Maschine. Darum ist ein schnelläufiger Hochdruckverdichter vom Bauaufwand her gesehen eigentlich mehr als Wärmetauscher denn als Verdichter anzusprechen.

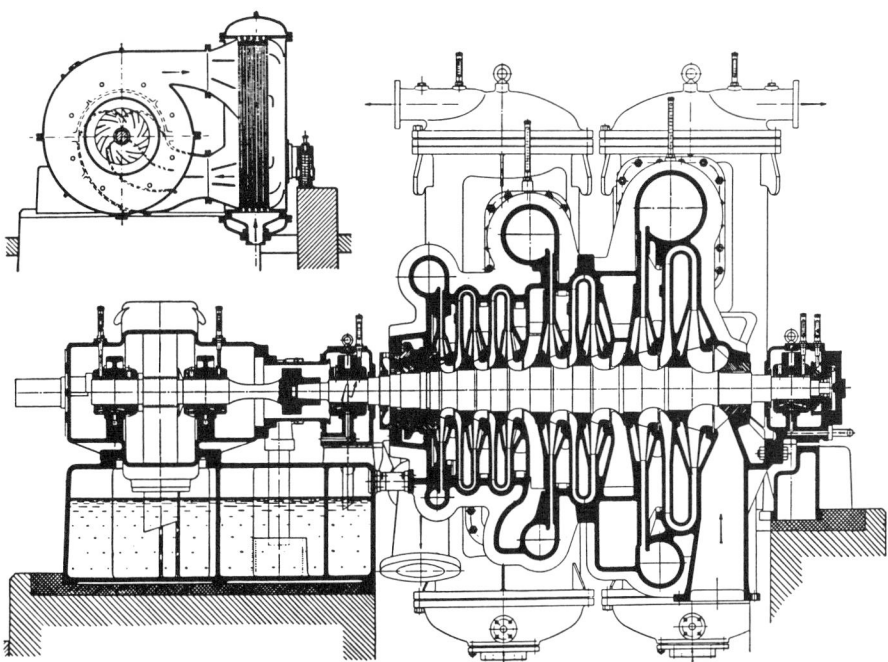

Bild 209 Siebenstufiger Verdichter mit Zwischenkühlung nach der 2. und 4. Stufe
und schaufellosem Ringraum

5.4 Gestaltung

5.4.1 Radialmaschine

5.4.1.1 Laufrad

Die Laufräder der Radialmaschine werden je nach Beanspruchung aus Blech hergestellt
oder aus einem Stück gegossen, bei hohen Ansprüchen auch aus dem Vollen gefräst
(Ladegebläse). Bei gefrästen Rädern, bei denen die Strömung aus der axialen Richtung
in die radiale umgelenkt wird (Bild 210c), wird vielfach aus Gründen einfacherer Fertigung der axiale Teil als Vorlaufrad gesondert hergestellt und hernach mit dem Radial-
teil verbunden.

Die Deckscheibe wird, sofern nicht angegossen, über die Schaufeln in einer der in Bild
212 angegebenen Art befestigt.

Gerade Schaufeln werden nur bei einfachsten Bauformen gewählt, vielfach verwendet
man eine Kreisbogenschaufel, die einen Schaufelkanal formt, der am Schrägabschnitt
zunächst wirkungslos ist, also die Form einer logarithmischen Spirale von A bis B besitzt (Bild 214), hernach eine konstante Verzögerung gewährleistet.

Bild 210

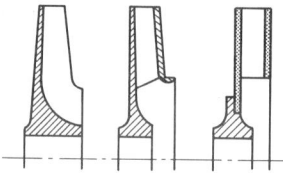

Bild 211 Laufradausführungen für verschieden hohe Umfangskräfte
(ansteigende Festigkeit von
rechts nach links)

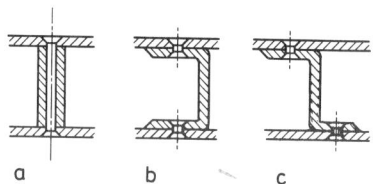

Bild 212

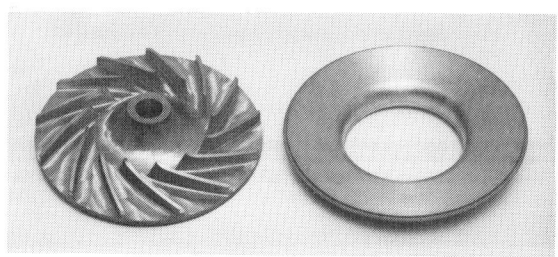

Bild 213 Aufgedecktes Laufrad
(gegossen) mit gefrästen
Schaufeln

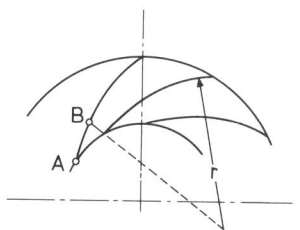

Bild 214

Die Deckscheibe wird in vielen Fällen konisch angesetzt, da eine zu starke Erweiterung (entsprechender maximaler Erweiterungswinkel 10 bis 12°) Ablösungen nach sich zieht.

Die günstigste Eintrittsbreite ist (nach Eck) $b_1 = d_1/4,8$ (Bild 215).

5.4.1.2 Leitorgane

Bei den einstufigen Gebläsen werden Leitschaufeln dank des hohen Reaktionsgrades nur selten verwendet. Hier stellen die Spiralgehäuse Ersatzleiträder dar.

Die Spiralgehäuse werden oft parallelwandig ausgeführt, entweder gemäß Form a (Bild 216) mit ausschließlich radialer Erstreckung oder auch nach einer der Formen b, bei welcher die Breite zusätzlich wächst. Bild 217 zeigt die Gehäuseausführung an einem Gebläse.

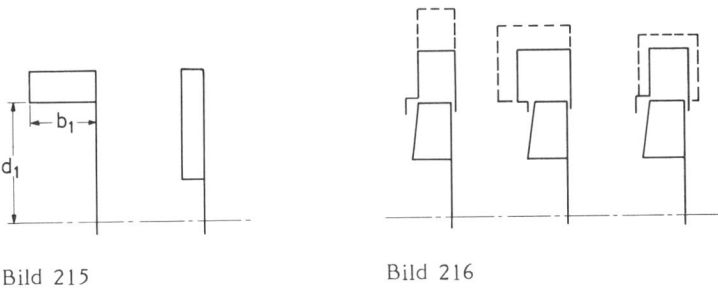

Bild 215   Bild 216

Der Abstand der Zunge sollte möglichst groß gehalten werden wegen des durch sie verursachten Lärms. Sie ist jedoch niemals radial, sondern im Sinne des Stromfadens zurückzunehmen, um größere Verluste zu vermeiden.

Im übrigen gilt für Berechnung und Gestaltung von Lauf- und Leitorganen das gleiche wie für die Pumpen radialer Bauart (s. Abschnitt 6.2).

5.4.2 Axialmaschine

Bild 218 zeigt ein (meridianbeschleunigtes) einstufiges Axialgebläse. Die Schaufeln werden im allgemeinen in einem Stück zusammen mit der Nabe hergestellt, bei größeren Anlagen angeschweißt. Bei hohen Ansprüchen ist darauf zu achten, daß zur Vermeidung von Schaufelbrüchen der Schaufelquerschnitt nach außen mit wachsendem Raddurchmesser abnimmt.

Mitunter wird bei einstufigen Anlagen das Gleichdruckprinzip angewandt (Schicht-Gebläse). Da hier im Laufrad keine Druckerzeugung, vielmehr nur eine Beschleunigung vorliegt, kann auf profilierte Schaufeln hoher Oberflächengüte verzichtet werden. Der Wirkungsgrad diese Gebläsetyps ist hoch.

Bild 217 Kleingebläse (Gleichdruckbauart)   Bild 218 Meridianbeschleunigtes
                                                         Axialgebläse

Mehrstufige Großverdichter lehnen sich in der Bauweise an die Dampfturbine an: Läufer mit aufgesetzten Radkränzen, Ausgleichs- und Kupplungsscheibe. Bisweilen werden Welle und Laufscheiben aus einem Schmiedestück hergestellt. Das Gehäuse ist durch horizontale Trennfuge geteilt, doppelwandige Ausführung wegen thermischer Belastung (s. Bild 206). Mitunter wird eine Restgas- oder Entspannungsturbine als Hilfsturbine angeflanscht, welche die im Teillastbetrieb abgeblasene Luft bzw. ein unter Druck stehendes Abfallgas verarbeitet und somit den Antrieb entlastet.

5.5 Bautypen und besondere Einsatzgebiete

Zu den größten Gebläsen zählen solche, mit denen Windkanäle betrieben werden (bis zu $40 \cdot 10^6$ m^3/h bei 50 mb), Kühlwasser im Kühlturm eines Kraftwerks rückgekühlt wird oder auch Saugzuggebläse zur Verstärkung des natürlichen Zugs im Fabrikschornstein. Die Flügeldurchmesser größter Ventilatoren liegen bei 20 m.

Wegen ihrer Besonderheit stellt die Grubenbewetterung eine schwierige Aufgabe dar. Rechnet man auf jeden Bergmann 6 m^3/min Frischluft und berücksichtigt, daß je nach Leitungslänge und Zahl der Luftschleusen nur ca. 30 % der gelieferten Luftmenge am Ort des Verbrauchs zur Verfügung stehen, so kommt man auch hier zu hohen Durchsätzen. Bild 219 stellt die Wetterführung einer Grube (Bild 219a) und die Einzelbewetterung eines blinden Stollens aus einem Hauptstollen heraus (Bild 219b) dar.

Zusätzliche Schwierigkeiten können bei Förderung staubhaltiger Luft eintreten. Es ist der Materialverschleiß an Schaufeln und Wandungen höher und es können durch Staubbelag Verstopfungen entstehen. Gegen die zweite Gefährdung kann man sich schützen, indem der Schaufelwinkel an keiner Stelle den Reibungswinkel des Staubes gegenüber dem Wandungsmaterial unterschreitet.

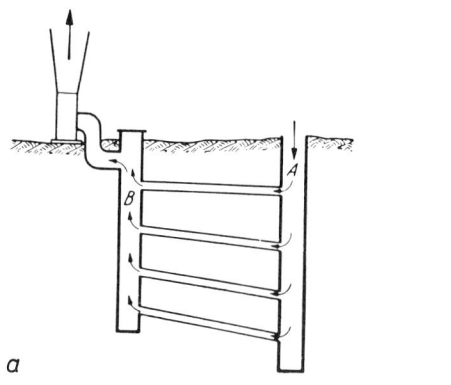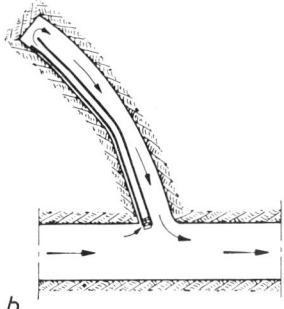

Bild 219 Bewetterung im Bergwerk
a) Schema einer Grubenbelüftung
b) Belüftung eines blinden Stollens

In vielen Fällen ist es Aufgabe des Gebläses, Luft oder ein anderes Gas lediglich umzuwälzen. Das trifft für Klimaanlagen zu, darüber hinaus beispielsweise für Zentrifugalsichter, Trocknungsvorrichtungen und ähnliche Anlagen.

Bei der Auslegung von Gebläsen ist zu beachten, ob eine Entlastung etwa durch Warmluftauftrieb vorliegt (Kühlturmgebläse) oder ein Staudruck die Gebläsewirkung unterstützt (Fahrtwind am Kraftwagen).

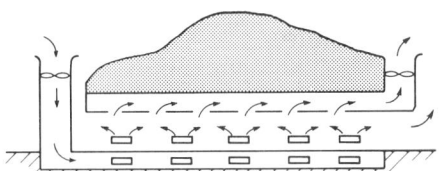

Bild 220 Schema einer Tunnelbelüftung

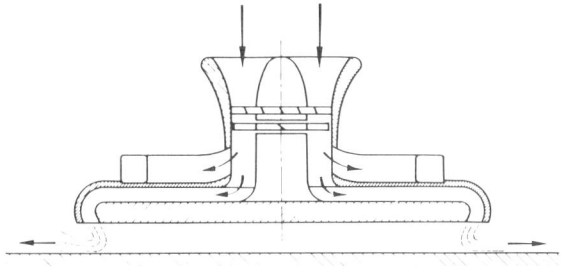

Bild 221 Luftführung beim Luftkissenfahrzeug

Zu den modernen Anlagen zählen Tunnelbelüftungen (eine Ausführung ist in Bild 220 dargestellt) und der Antrieb eines Luftkissenfahrzeugs (Bild 221).

Gebläse werden auch häufig eingesetzt zur Materialförderung, so in der Landwirtschaft zur Förderung von Heu, Körnern usw. oder auch in der Verladung von Schüttgütern im Warenverkehr. Bild 222 zeigt eine häufig verwendete Möglichkeit.

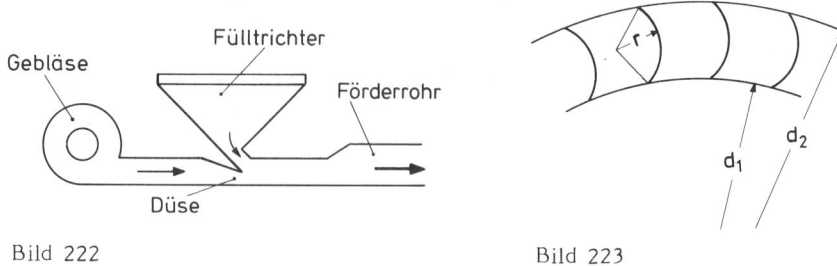

Bild 222   Bild 223

Wir wollen noch kurz einige Sonderentwicklungen betrachten: Trotz seines mäßigen Wirkungsgrades (ca. 50 %) hat sich ein radiales Gleichdruckrad durchgesetzt, der sogenannte Siroccoläufer, auch als Trommelläufer bezeichnet. Die gedrängte Bauweise und die Geräuscharmut diese Rades sind ausschlaggebend für die Verbreitung. Das Gebläserad besitzt vorwärts gekrümmte Schaufeln in Kreisbogenform (Bild 223) mit fast völliger Gleichdruckwirkung ($w_2 = w_1$). Die Schaufelzahl ist hoch. Es sind mit diesem Rad Druckziffern zwischen $\psi = 1$ und $\psi = 1,2$ zu erreichen.

Eine andere Sonderentwicklung stellt das Querstromgebläse dar. Hier wird das Laufrad zweimal durchströmt. Wie aus Bild 224 hervorgeht, strömt die angesaugte Luft zunächst radial von außen durch das Schaufelgitter, bildet an einer bestimmten Stelle im Rad-innern einen Wirbelkern und strömt im Winkel um diesen Wirbel herum aus dem Laufrad aus, dabei noch einmal den Schaufelkranz passierend. Ein Leitrad fehlt völlig.

Druck und Leiferziffer des Gebläses liegen sehr hoch (Bild 202). Das Gerät ist für Haushalt und Büro als Lüfter oder Heizgerät wegen seiner handlichen Bauweise weit verbreitet.

Ein wichtiger Anwendungsbereich der Kleingebläse stellt der Staubsauger dar. Die Bauart eines Staubsaugers wird entscheidend beeinflußt durch die Art der Staubabsonderung. Je nachdem, ob der Filtersack vor oder hinter dem Gebläse angeordnet ist, wird das Laufrad von reiner oder staubhaltiger Luft durchströmt. Die erzielte Druckdifferenz liegt zwischen 20 und 120 mb, die Drehzahlen zwischen 8000 und 20.000 Upm mit einer Schluckfähigkeit von 0,3 bis 3 m^3/min und einem Anschlußwert von 100 und 300 Watt bei Haushaltsgeräten.

Verdichter für die Anwendung in Gasturbinenanlagen und als Ladegebläse werden in den Abschnitten 9.2.1 und 9.4 behandelt.

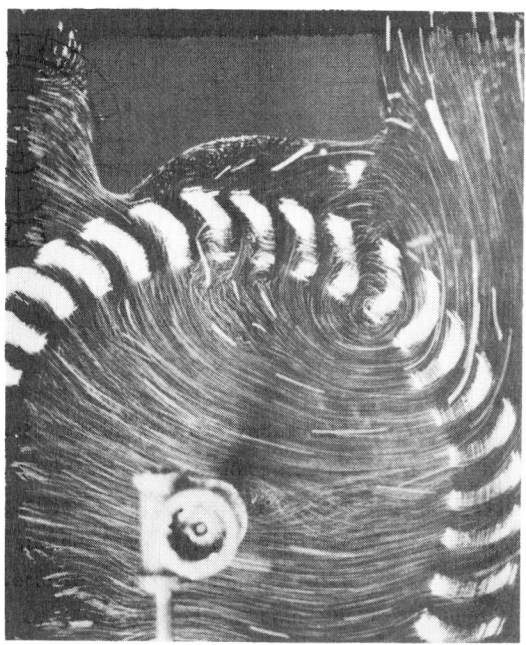

Bild 224 Prinzip des Querstromlüfters

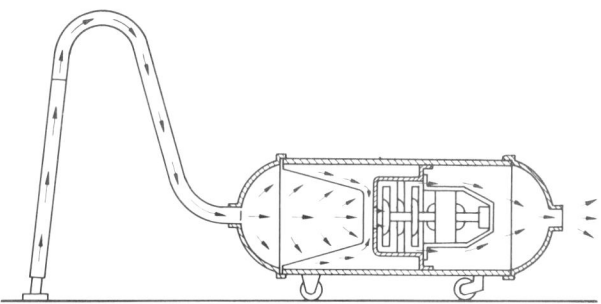

Bild 225 Staubsauger

Maßnahmen konstruktiver Art zur Regelung sind neben der Schaufelverstellung ein verstellbarer Leitapparat vor dem Gebläse als Drallregler (Bild 226a) und der Verstellboden (Bild 226b).

Bisweilen ist eine steile (instabile) Kennlinie erwünscht, wie z.B. im Bergbau: Bei plötzlicher Widerstandsänderung liefert mit absinkendem Druck ein solches Gebläse immer noch hohe Luftmengen, die unter Umständen lebensnotwendig sind. In solchen Fällen ist ein Axialverdichter vorzuziehen.

Bei mehrstufigen Großmaschinen haben sich kombinierte Anlagen von Kolben- und Turboverdichtern bewährt, vor allem zur Bewältigung großer Mengen bei hohen Drücken.

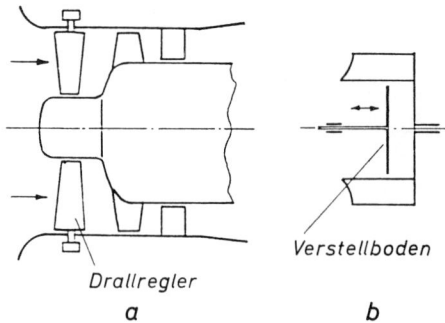

Drallregler   Verstellboden

a   b

Bild 226 Konstruktive Gebläseregelungsmaßnahmen

Es wird dann der Kolbenverdichter der Strömungsmaschine nachgeschaltet. Bei Abnahme geringerer Mengen kann die Kolbenmaschine allein arbeiten; dadurch ergibt sich
eine optimale Anpassung an den Bedarf.

Eine unangenehme Eigenschaft der Verdichter und Gebläse ist die Geräuschentwicklung.
Den niedrigsten Geräuschpegel besitzen die Gebläse mit hoher Druckziffer. Untersuchungen haben gezeigt, daß in der Nähe des Auslegungspunktes die Geräuschentwicklung ein Minimum aufweist. Bei radialen, leitradlosen Gebläsen konzentriert sich die
Lärmentwicklung an der Spiralenzunge (s. Abschnitt 5.4.1.2 sowie Bild 253), in allen anderen Fällen ist es die Schaufelzuordnung, welche die Resonanz bestimmt. Um stärkere
Resonanzen zu vermeiden, sollte die Schaufelzahl des Laufrades möglichst in keinem
ganzzahligen Verhältnis zur Zahl der Leitschaufeln stehen. Auch eine ungleiche Schau-
felteilung ist zu empfehlen. Eine Vergrößerung des Abstandes zwischen Lauf- und Leitschaufel wirkt sich ebenfalls in diesem Sinne aus, vergrößert jedoch die Maschinenabmessungen. Vielfach wird die Lärmfortpflanzung herabgesetzt durch schalldämmende
Ummantelung. Moderne Laboratorien werden schallabsorbierend ausgekleidet.

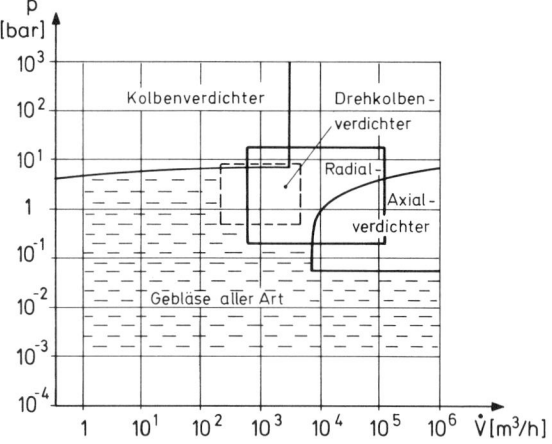

Bild 227 Einsatzbereich der Gebläse und Verdichter im p-$\dot{V}$-Diagramm

Laut VDI-Richtlinien sollte in Wohnungen und Büros, in denen geistige Arbeit geleistet wird, eine Lautstärke von 50 phon nicht überschritten werden. Ab 90 phon ergeben sich Dauerschäden am Gehör, 120 phon können zum Tod führen.

5.6 Sonderbauarten

Bei einigen Verdichterbauarten führt zwar das Arbeitselement eine rotierende Bewegung aus, die Gaspressung vollzieht sich jedoch nach dem Verdrängerprinzip. Es handelt sich also im eigentlichen Sinne nicht um Strömungsmaschinen. Dennoch seien die wichtigsten Ausführungen hier kurz aufgeführt.

5.6.1 Schraubenverdichter

Zwei schraubenförmig ausgebildete Läufer gleichen Durchmessers kämmen ineinander. Die Drehzahlen sind verschieden, so daß auch die "Zähnezahl" unterschiedlich sein muß, z.B. 4 und 6 Zähne.

Im Einströmgehäuse öffnen sich die Zahnlücken (Ansaugen), später, zum Druckstutzen hin, verringern sich die Zwischenräume, indem das Profil des einen Läufers sich stärker in den anderen hineinschiebt; das ist die Verdichtungsphase. Es folgt restloser Ausschub. Eine metallische Berührung der Läufer liegt nicht vor, so daß die Schmierung sich erübrigt und das Medium ölfrei verdichtet wird. Die Steuerkante am Austritt kann verschoben werden, wodurch das Verdichtungsverhältnis beeinflußt wird. Wegen der Verschleißlosigkeit können die Maschinen mit hohen Drehzahlen arbeiten. Dadurch wird das Leistungsgewicht klein. Die üblichen Druckverhältnisse liegen bei 2 bis 10 bar Luftpressung. Die Kennung im $\dot{V}$-Y-Schaubild entspricht der des Kolbenverdichters.

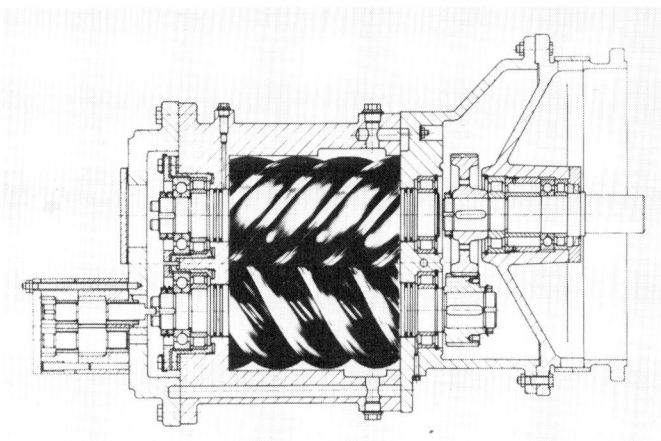

Bild 228 Schraubenverdichter

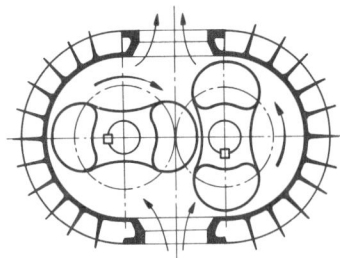

Bild 229 Rootsgebläse

5.6.2 Rootsgebläse

Dieses Gebläse ähnelt in seiner Funktion der Zahnradpumpe. Zwei Flügel in Form einer 8, deren Wellen durch gleich große Zahnräder gekuppelt sind, drehen sich entgegengesetzt. Sie dichten sowohl gegenüber der Wand als auch gegeneinander gasdicht ab, berühren jedoch nicht. Hohe Herstellgenauigkeit ist erforderlich. Der Wirkungsgrad ist nur mäßig, da die Undichtigkeitsverluste erheblich sind. Die Drehzahl kann auf 1000 U/min gebracht werden, so daß das Gebläse raumsparend baut. Die Pressungen liegen meist unter 0,5 bar, die Fördermenge schwankt zwischen 1 und 500 m^3/min.

5.6.3 Zellenverdichter

Eine Walze läuft exzentrisch im Verdichtergehäuse um. Eine Anzahl Schieber, die in der Walze geführt werden, drücken infolge der Fliehkraft nach außen und dichten die einzelnen Zellen gegen die Wand ab. Bei Verkleinerung der Zellen wird das Gas verdichtet und am Druckventil entnommen. Die Schieberbleche sind in Umfangsrichtung

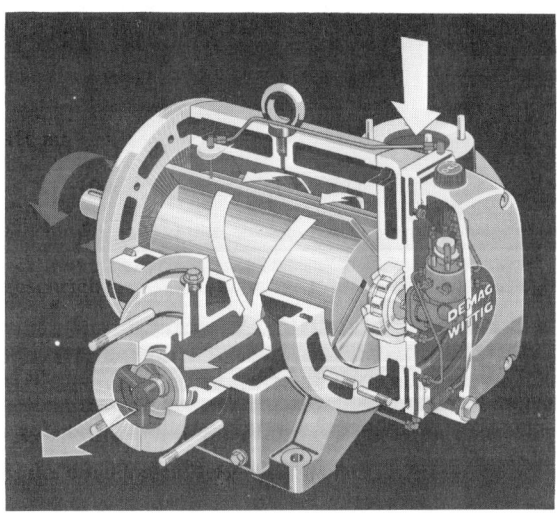

Bild 230 Zellenverdichter

schräg gestellt, um Biegebrüche zu vermeiden. In die Wandung ist ein mit der Walze umlaufender Ring eingefügt, damit die Schieber das Gehäuse selbst nicht berühren und nur der Relativbewegung des Exzenters ausgesetzt sind. Druckverhältnisse von 5 : 1 werden erreicht bei Wirkungsgraden von 65 %.

5.7 Berechnung des axialen Gitters nach der Tragflügeltheorie

Aus den entprechenden Tabellen und den Diagrammen sind Auftriebs- und Widerstandbeiwerte sowie optimale Anstellwinkel zu entnehmen (siehe auch Diagramme der Bilder 231 und 232). Da diese im allg. für endliche Flügellänge (zumeist $b/l = 5$) entworfen sind, bei den Strömungsmaschinen jedoch die Schaufel durch Nabe und Rohrwand begrenzt ist und somit der Einfluß der endlichen Schaufellänge keine besondere Rolle spielt, sind die aufgefundenen Werte zunächst zu korrigieren.

Der Anstellwinkel wird vermindert um

$$\Delta \alpha^{o} = c_a \, 57,3 \, l/(\pi \, b) = 3,65 \, c_a \qquad \text{(für } b/l = 5\text{),} \qquad (131)$$

der Beiwert c_w ist entsprechend zu reduzieren um

$$c_w = c_a^2 \, l/(\pi \, b) = c_a^2/15,7 \qquad \text{(für } b/l = 5\text{).} \qquad (132)$$

Bis hinab zu einer Re-Zahl von ca. 40.000 bleibt die Grenzschicht am rotierenden Flügel im allg. turbulent. Erst unterhalb dieser Schranke schlägt die Grenzschicht in den laminaren Zustand um, womit ein schlagartiges Anwachsen des Widerstandes verbunden ist. Darum lohnt sich die Verwendung von Profilschaufeln bis zu diesem Wert hinunter. Dies umso mehr, als profilierte Schaufeln gegenüber Blechschaufeln geringeres Geräusch entwickeln.

Werden Blechprofile verwendet, so bietet sich das Kreisbogenprofil an (Bild 231). Das Wölbungsmaß f/l sollte dabei im Bereich zwischen 0,05 und 0,1 liegen.

Für die am häufigsten verwendeten Profile zeigt Bild 232 Auftriebs- und Widerstandsbeiwerte, umgerechnet auf $b/l = \infty$.

Bezüglich der Verwendung der Profile sollte darauf geachtet werden, daß $d/l = 0,2$ nicht überschritten sowie die Dickenrücklage $0,3 < x_d/l < 0,5$ eingehalten wird.

*) Grundlagen hierzu siehe Abschnitt 2.2

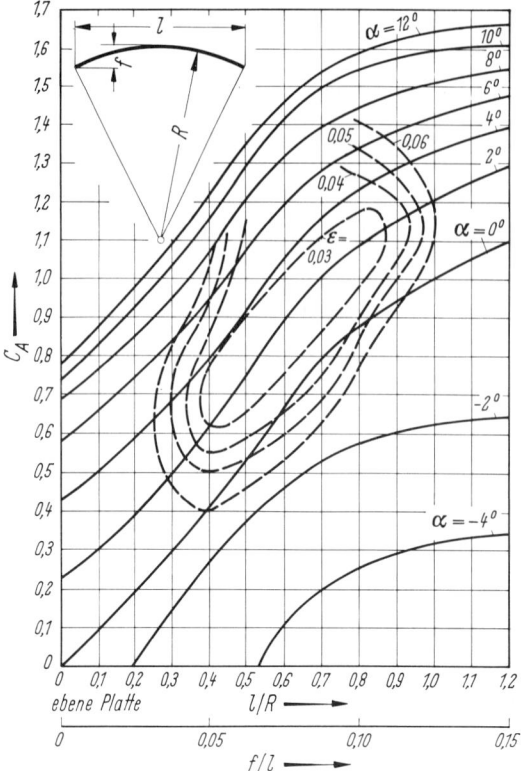

Bild 231 Diagramm zur Auswahl eines Blechprofils

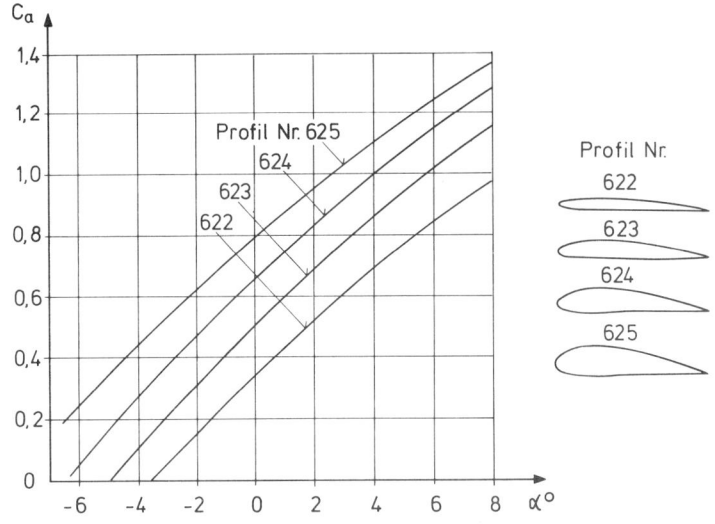

Bild 232 Darstellung von Göttinger Profilen im c_a-α-Diagramm

Zur Auswahl des Profils bzw. des Anstellwinkels bei gewähltem Profil kann Bild **232** zu Hilfe genommen werden. Die dort eingetragenen Schaubilder entsprechen den Funktionen

$$c_a = A \, y_{max}/l + B \, \alpha^o,$$

wobei die Konstanten A und B für die einzelnen Profile unterschiedlich sind.

Wir untersuchen den Reaktionsgrad für das Axialrad. Nach Bild **233** ist $\Delta c_u = \Delta w_u$ wegen der Indentität von u_1 und u_2, sodann ist

$$w_\infty = (w_1 + w_2)/2 \,.$$

Die gesamte Schaufelarbeit pro Stufe läßt sich unter Vernachlässigung der Laufschaufelverluste ausdrücken als Summe des Energiezuwachses bis zum Spalt und dem folgenden Abbau der Geschwindigkeitsenergie z.B. im Leitrad

$$Y_{sch} = Y = Y_{sp} + (c_2^2 - c_1^2)/2. \qquad (a)$$

Schließlich ist nach der Euler-Gleichung

$$Y_{sch} = Y = u_2 c_2 \cos \alpha_2 - u_1 c_1 \cos \alpha_1. \qquad (b)$$

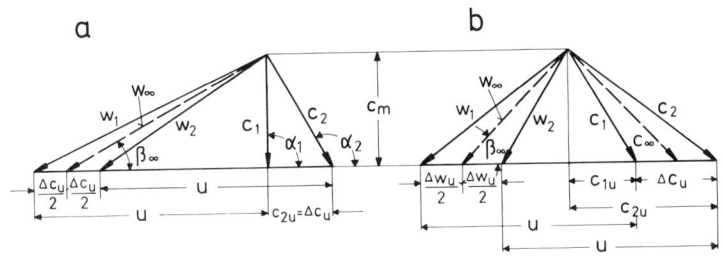

Bild 233

Wendet man auf (b) nach Bild 233 den Kosinussatz an, so wird

$$u_2 c_2 \cos \alpha_2 = (c_2^2 + u_2^2 - w_2^2)/2$$

$$u_1 c_1 \cos \alpha_1 = (c_1^2 + u_1^2 - w_1^2)/2. \qquad (c)$$

Durch Kombination von (a) und (c) sowie Auflösung nach Y_{sp} wird dann

$$Y_{sp} = (u_2^2 - u_1^2 + w_1^2 - w_2^2)/2.$$

Für Axialräder mit $u_1 = u_2$ gilt dann

$$Y_{sp} = (w_1^2 - w_2^2)/2.$$

Für c_m = const ist

$$w_1^2 = c_m^2 + w_{1u}^2 \qquad \text{sowie} \qquad w_2^2 = c_m^2 + w_{2u}^2,$$

so daß $w_1^2 - w_2^2 = w_{1u}^2 - w_{2u}^2$ wird.

Damit wird der Reaktionsgrad

$$\rho' = \frac{Y_{sp}}{Y} = \frac{(w_1^2 - w_2^2)/2}{u \, \Delta c_u} = \frac{(w_{1u}^2 - w_{2u}^2)/2}{u \, \Delta c_u} = \frac{\Delta w_u \, w_{\infty u}}{u \, \Delta c_u}$$

$$\rho' = w_{\infty u}/u. \tag{133}$$

Wir können nun drei wichtige Fälle unterscheiden bezüglich der Schaufelanordnung:

1. Leitrad vor Laufrad

   Dann ist $c_{2u} = 0$, das Laufrad setzt die c_u-Komponente am Eintritt in Druck um. Der im Laufrad erzeugte statische Druck ist dann größer als der Gesamtdruck. Reaktionsgrad $\rho' > 1$. Wegen der hohen Relativgeschwindigkeiten wird diese Anordnung selten gewählt.

2. Leitrad nach Laufrad

   Es ist hierbei $c_{1u} = 0$, die c_{2u}-Komponente wird im nachfolgenden Leitrad in Druck umgesetzt; Reaktionsgrad $\rho' = w_{\infty u}/u < 1$ (Bild 233a). Dieser Fall kommt häufig vor.

3. Leitrad vor und hinter dem Laufrad (Bild 233b)

   $\rho' = w_{\infty u}/u = 0{,}5$. Diese Möglichkeit bietet sich vor allem bei mehrstufigen Anlagen an. Die Geschwindigkeiten und damit die Reibungsverluste im Schaufelgitter erreichen ein Minimum.

Im allgemeinen darf gesagt werden, daß bei den üblichen hohen Umfangsgeschwindigkeiten w_∞ von u wenig abweicht, so daß die Reaktionsgrade hoch liegen. Das bewirkt gleichzeitig einen guten Wirkungsgrad.

Zur Berechnung der Axialschaufel ist die Abhängigkeit der Blattgeometrie und des Auftriebsbeiwertes von den Geschwindigkeitsverhältnissen erforderlich. Nach Gleichung (115) wird für Axialräder mit $r_1 = r_2$ die Tangentialkraft

$$T = \dot{m} \, \Delta c_u = b \, t \, \rho \, c_m \, \Delta c_u$$

mit dem Schaufelabstand t und der Luftmasse $\dot{m}$. Außerdem ist, sofern man den geringen Luftwiderstand vernachlässigt (Bild 123)

$$T = F_a \sin \beta_\infty = c_a \frac{\rho}{2} w_\infty^2 \, b \, l \sin \beta_\infty.$$

Nun wird freilich die Strömung durch die Schaufel von β_1 auf β_2 umgelenkt, jedoch verhält sie sich ebenso, als würde ein Einzelflügel unter dem Winkel β_∞ angeblasen. Senkrecht zu dieser ausgezeichneten Richtung steht dann die Auftriebskraft F_a. Die Gleichsetzung liefert

$$t \, \rho \, c_m \, \Delta c_u = c_a \frac{\rho}{2} w_\infty^2 \, l \sin \beta_\infty$$

und mit $w_\infty = c_m / \sin \beta_\infty$

$$\rho \, \Delta c_u = c_a \, l/t \, \frac{\rho}{2} \, w_\infty.$$

Wir koppeln diese Gleichung mit der Eulerschen Turbinengleichung

$$\rho \, \Delta c_u = \Delta p / u$$

und erhalten

$$\Delta p = c_a \frac{l}{t} w_\infty u \, \rho/2 \qquad \text{oder auch} \qquad c_a \, l/t = \frac{2 \, \Delta p}{\rho \, u \, w_\infty}.$$

Schließt man die Reibung an den Blättern mit ein, so wird

$$c_a \frac{l}{t} = \frac{2 \, \Delta p}{\rho \, u \, w_\infty \, \eta_{hydr}}. \qquad (134)$$

DerWert t/l sollte mit Rücksicht auf hinreichenden Schaufelabstand den Wert 1 nur geringfügig unterschreiten. Für Räder hoher Umfangsgeschwindigkeit ist es zweckmäßig, t/l nach außen stärker anwachsen zu lassen, um der Fliehkräfte wegen außen schmale Blätter zu erzielen. Hat man das Profil über den Auftriebsbeiwert gewonnen, so entnimmt man den genauen Profilumriß den Tabellen einschlägiger Literatur.

5.8 Übungsbeispiel

Auslegung eines Axiallüfters

Gegeben ist der Durchsatz $\dot{V}$ = 40.000 m^3/h = 11,1 m^3/s und die Drucksteigerung Δp = 400 N/m^2. Mit Rücksicht auf die Antriebsmaschine soll möglichst n = 1500 U/min gewählt werden.

184

Lösung: Spezifische Drehzahl: $n_q = n \dfrac{\sqrt{\dot{V}}}{Y^{0,75}}$.

Unter Normalbedingungen mit $\rho_{Luft} = 1,27 \ kg/m^3$ wird

$Y = 400/1,27 = 314 \ Nm/kg$ und somit $n_q = 1500/60 \ \dfrac{\sqrt{11,1}}{315^{0,75}} = 1,12.$

Gewählt wird ein Nabenverhältnis $d_a/d_N = 2$. Daraus ergibt sich die Nabenverengung

$$k = 1 - (d_n/d_a)^2 = 0,75.$$

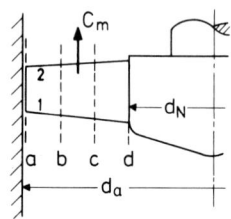

Bild 234

Über die Einlaufziffer ergibt sich die Sauggeschwindigkeit

$$\varepsilon = 1,35 \ n_q^{0,67} = 1,35 \cdot 1,12^{0,67} = 1,45 \qquad \text{und damit}$$

$$c_o = c_m = \varepsilon \sqrt{2 \ Y} = 1,45 \ \sqrt{2 \cdot 314} = 36 \ m/s.$$

Somit wird der Außendurchmesser

$$d_a^2 \frac{\pi}{4} = \frac{\dot{V}'}{c_m \ k} \quad \rightarrow \quad d_a = \sqrt{\frac{4 \ \dot{V}}{\pi \ c_m \ k}}.$$

Nimmt man die Spaltverluste zu etwa 10 % an, so wird

$$d_a = \sqrt{\frac{11,1 \cdot 1,1 \cdot 4}{\pi \ 36 \cdot 0,75}} = 0,76 \ m \quad \rightarrow \quad d_N = d_a/2 = 0,38 \ m.$$

Antriebsleistung $P = \dfrac{\dot{V} \ \Delta p}{\eta}$ mit $\eta_{ges} = 0,75$ geschätzt

$$P = \frac{11,1 \cdot 400}{0,75} = 5930 \ W \approx 6 \ kW.$$

Da ein Eintrittsleitrad fehlt, tritt die Strömung senkrecht zu. Wir berechnen das Schaufelprofil an 4 verschiedenen Stellen (Bild 234). Die Rechnung wird tabellarisch durchgeführt (siehe Tabelle auf der folgenden Seite).

Zunächst werden die Durchmesser festgelegt, sodann die Umfangsgeschwindigkeiten an den gewählten Schnittstellen bestimmt. Die erforderliche c_u-Komponente ergibt sich aus der Euler-Gleichung

$$c_u = \frac{\Delta p}{\rho \, u \, \eta_{hydr}}$$

für $c_{1u} = 0$ und mit $\rho = 1{,}27 \ kg/m^3$.

Die Veränderlichkeit der Dichte ist bei dem vorliegenden Druckverhältnis bedeutungslos. Erst ab $\Delta p = 0{,}2$ bar sollte diese berücksichtigt werden.

η_{hydr} wird zu 0,88 geschätzt.

Aus der Geschwindigkeitsfigur (Bild 233) ergibt sich

$$w_\infty = \sqrt{c_m^2 + (u - c_u/2)^2}.$$

Tabelle:

Schnitt	a	b	c	d
d (m)	0,76	0,63	0,51	0,38
u (m/s)	59,5	49,5	40	30
c_u (m/s)	6,0	7,2	9,0	11,9
w_∞ (m/s)	67	58,5	50,5	43,5
$(t/l)_{ang}$	1,2	1,05	0,9	0,75
c_a (l/t)	0,18	0,25	0,36	0,55
$(t/l)_{korr}$	1,56	1,44	1,32	1,2
c_a	0,28	0,36	0,48	0,66
t (m)	0,6	0,5	0,4	0,3
l (m)	0,38	0,35	0,3	0,25
β_∞ (°)	32,5	38,2	45,5	56,3
$(\Delta \alpha)_\infty$ (°)	1,0	1,3	1,8	2,4
α_{korr} (°)	2,9	2,6	2,2	1,5
$\beta = \beta_\infty + \alpha_k$ (°)	35,4	40,8	47,7	57,8

Nun wird Gl. (134) zu Hilfe genommen. Da die Teilung nach außen zunimmt, wird $(t/l)_1$ = 0,75 vorläufig angenommen. Die Änderung von t/l nach außen ist so zu wählen, daß auch c_a l/t nach außen eindeutig abnimmt. Es werden entsprechende Werte t/l vorbehaltlich einer späteren Korrektur festgelegt. Bei Einsatz der angenommenen (t/l)-Werte ergeben sich Auftriebsbeiwerte $0{,}2 < c_a < 0{,}4$. Diese Werte sind recht klein. Wir wählen darum t/l neu. Es ergeben sich nunmehr die endgültigen Auftriebsbeiwerte. Gewählt wird eine Schaufelzahl z = 4.

Nachdem die Teilung t über die Schaufelzahl für die einzelnen Schnitte bestimmt ist, ergibt sich die Profillänge aus

$$l = t/(t/l)_{korr}.$$

Das Geschwindigkeitsdreieck (Bild 233a) liefert

$$\tan ß_\infty = c_m/(u - c_u/2),$$

wodurch $ß_\infty$ bestimmt werden kann.

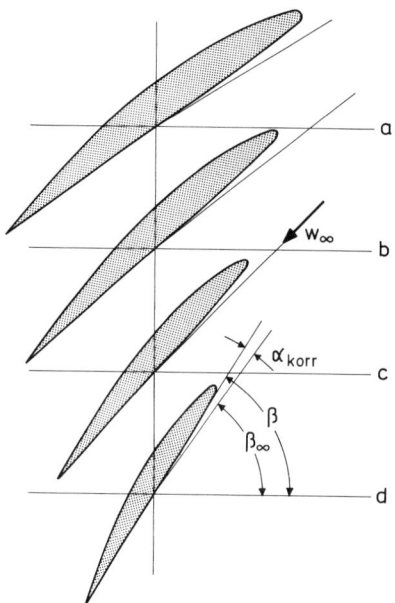

Bild 235 Schaufelentwurf

Die Korrektur des Anstellwinkels liefert Gleichung (132). Wir wählen das Profil Gö 623, das nicht zu dick ist (aus Festigkeitsgründen nicht erforderlich) und keine starke Wölbung zeigt (nicht notwendig, da c_a hinreichend klein ist). Für dieses Profil liefert Bild 233 einen optimalen Anstellwinkel $\alpha = 4^o$, d.h. der Gleitwert ε nimmt ein Minimum an. Vermindern wir diesen für $b/l = 5$ ermittelten Wert um den Korrekturwert $(\Delta \alpha)_\infty$, so ergibt sich die Neigung der Profilsehne zur Umfangsrichtung $ß = ß_\infty + \alpha_{korr}$. Damit ist das Schaufelblatt bestimmt. Bild 235 zeigt die Profilschnitte mit den entsprechenden Anströmrichtungen.

6 Kreiselpumpe

6.1 Bauformen, Wirkungsweise und Gestaltung

Die verschiedenen Anforderungen, die hinsichtlich Druckerzeugung und Durchsatz an eine Kreiselpumpe gestellt werden, führen zu einer breiten Skala von Bauformen, zumal jede nach dem Gesichtspunkt höchster Wirtschaftlichkeit ausgelegt werden muß.

Man unterscheidet bezüglich der Druckerzeugung Hochdruck- und Niederdruckpumpen; die Grenze dürfte etwa bei einer Stutzenarbeit von 300 bis 500 Nm/kg gesetzt werden können. Die Bauform sowie die Zahl der Stufen wird durch die Auslegungsdaten Δp, $\dot{V}$ und n festgelegt (s. Abschnitt 3.10). Es kommen ebenso radiale, axiale und auch halbaxiale Einheiten vor. Bei sehr hohen Fördermengen werden zweiflutige Anlagen (z.B. Kühlwasserpumpen im Konsatorbetrieb) erforderlich.

Höchste Stufendrücke werden den Kesselspeisepumpen abverlangt. Betriebsdrücke von 350 bar sind keine Seltenheit. Je Stufe werden dann 50 und mehr bar erzeugt. Schwierig wird bei diesen Drücken die Abdichtung zwischen den Stufen. Um nicht durch die Durchbiegung des Läufers gegenüber dem Gehäuse die Spaltverluste allzu hoch werden zu lassen, formt man das Gehäuse entsprechend der Biegelinie des Rotors im Betrieb.

Zumeist wird das Gehäuse aus konzentrischen Ringen zusammengesetzt, die durch Zuganker zusammengezogen werden. Da eine separate Dichtung zwischen den Ringen bei derart hohen Drücken nicht mehr in Frage kommt, werden die Ringe so stark gegeneinander gepreßt, daß die Oberflächen verschweißen und somit metallisch dichten. Bisweilen wird bei hohen Drücken auch die Topfbauweise vorgezogen (Bild 237).

Derart große Anlagen, deren Betriebsbereitschaft zur Aufrechterhaltung der Energieversorgung ständig gefordert werden muß, werden zumeist paarweise eingesetzt, wobei eine Pumpe elektrisch, die andere häufig durch Dampfturbine angetrieben wird. Dadurch wird die Sicherheit gegenüber Ausfall einer Pumpe bzw. eines Antriebsmittels erhöht.

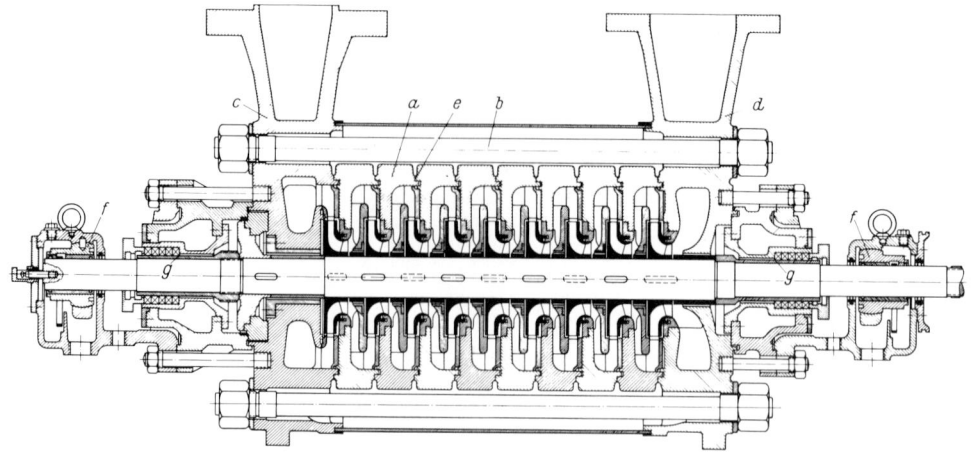

Bild 236 Neunstufige Kesselspeisepumpe
a) Gehäusering (druckfest)   b) Zuganker
c) Austrittsstutzen   d) Eintrittsstutzen
e) Dichtungsfläche (geschliffener Stahl)
f) Lager   g) Stopfbuchse

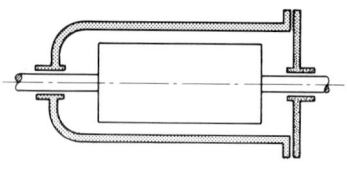

Bild 237

Da die Kavitationsgefährdung bei Pumpen höherer Druckerzeugung kritisch wird, schaltet man eine Niederdruckpumpe als Zubringerpumpe vor.

Vielfach unterliegen Pumpen einem rauhen und variablen Betrieb. So muß z.B. bei Abwasserpumpen in Kläranlagen mit Fremdstoffen wie Textilien, Bindfäden und ähnlichem gerechnet werden. Vielfach müssen die Anlagen völlig wartungsfrei arbeiten, da Personal knapp und teuer ist. Die Pumpen werden dann ferngesteuert.

In neuerer Zeit wird die Pumpe auch eingesetzt zur Förderung fester Stoffe. Das Material wird zerkleinert und mit Wasser versetzt. Die für den Transport derartiger Medien verwendeten Pumpen haben sehr geringe Schaufelzahl, oft enthält das Laufrad nur einen Strömungskanal (Bild 239). Leitschaufeln fehlen vollständig. Dadurch vermeidet man ein Verstopfen durch Hängenbleiben von Dickstoffen an den Schaufelkanten (Kanalpumpen z.B. in Zellstoff- und Zuckerfabrikation).

Besondere Aufgaben hat die Pumpe in der chemischen Industrie zu erfüllen. Je nach Eigenart des Fördermediums werden Sonderwerkstoffe benötigt. Man verwendet Stahlguß, Chromlegierungen, Grauguß mit Gummi überzogen, Kunststoffe und Porzellan für die

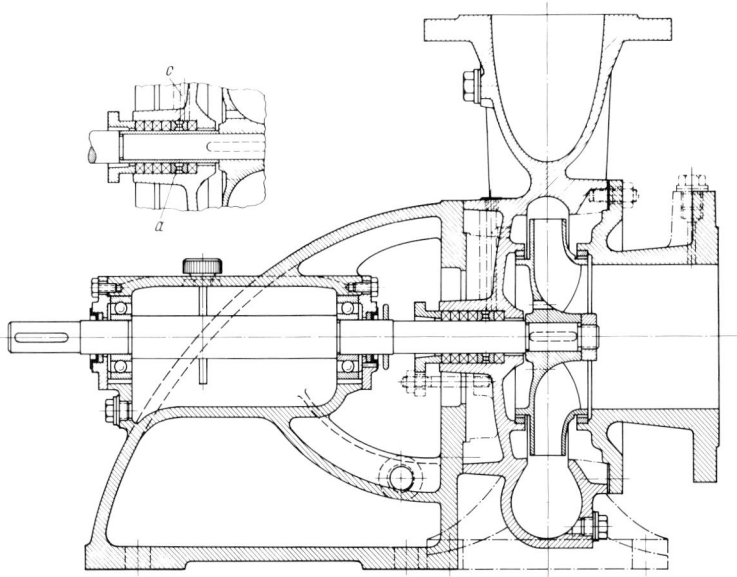

Bild 238 Einstufige Kreiselpumpe

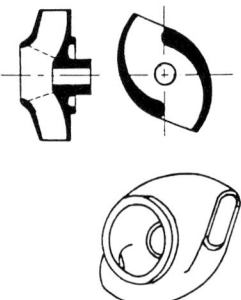

Bild 239

durch das Fördermedium gefährdeten Bauteile (Transport von Säure . . .). Kritisch wird
hierbei auch das Abdichtungsproblem. Vielfach wird die Gleitringdichtung verwendet.
Bild 240 zeigt eine solche Dichtungsart. Die Abdichtung findet in einer fein bearbeiteten Planfläche zwischen einem rotierendem und einem feststehenden Ring statt, welche
durch Federkraft gegeneinander gedrückt werden. Die Welle wird damit von ihrer Dich-
tungsaufgabe befreit. Diese Dichtung erweist sich bei sauberer Bearbeitung und rich-
tiger Kombination der Werkstoffpaarung als praktisch undurchlässig.

Bei der Bohrlochpumpe (Bild 241) ist die halbaxiale Bauform aus Gründen der Durch-
messerbegrenzung durch das Außenrohr vorzuziehen, da hierbei das Durchmesserverhältnis auf $d_2/d_1 = 1,35$ verringert werden kann. Liegt der Flüssigkeitsspiegel sehr
tief, so muß der Antriebsmotor mit in das Bohrloch abgesenkt werden. Es ist dann
darauf zu achten, daß der Motor vor Überflutung geschützt wird.

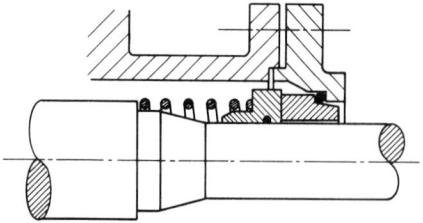

Bild 240   Gleitringdichtung

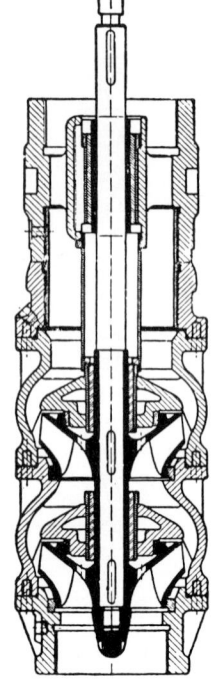

Bild 241 Bohrlochwellenpumpe

Durch Fertigung im Großserienverfahren sind im Kreiselpumpenbau schon viele Bauteile standardisiert und können nach dem Baukastenprinzip zusammengefügt werden.

Werden zähe Flüssigkeiten gefördert, so nimmt der Leistungsbedarf vor allem bei kleinen Anlagen mit schmalen Laufrädern mit steigender Viskosität erheblich zu.

Die Regelung wird zumeist durch die einfache Drosselregelung herbeigeführt. Diese erweist sich jedoch bei schnelläufigen Maschinen als sehr ungünstig (s. Abschnitt 4.4). Neben der Leistungserhöhung seitens der Antriebsmaschine können Abreißen der Strömung und Kavitation eintreten. Es wird darum häufig die Drehzahlregelung angewandt. Daneben findet man Regelmöglichkeiten über eine Bypass-Leitung sowie die Anwendung eines Drallreglers (Erzeugung von Vordrall).

Normalerweise kann eine Kreiselpumpe im Gegensatz zur Kolbenpumpe die Saugleitung und das Gehäuse nicht selbständig entlüften. Es muß daher die Saugleitung mit Wasser aufgefüllt werden, sofern nicht wegen der Art der Anlage (umlaufende Rohrleitung) oder durch Anwendung eines Fußventils die Flüssigkeit bereits beim Anlaufen vor der Pumpe steht. Verlangt man von der Maschine ein häufiges Anfahren bei entleerter Saugleitung (Lenzpumpe, Feuerlöschpumpe u.a.), so werden selbstansaugende Pumpen eingesetzt:

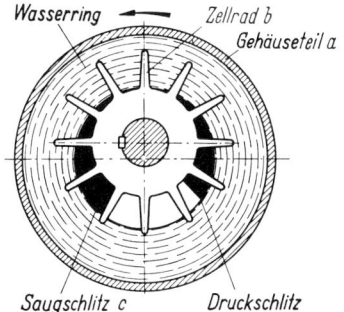

Bild 242 Schnittfigur einer Wasserringpumpe

Die Wasserringpumpe z.B. erzeugt bei Rotation des exzentrisch gelagerten Läufers einen sich mitdrehenden Wasserring - eine gewisse Flüssigkeitsmenge muß stets im Gehäuse bleiben -, in den die Schaufeln mehr oder weniger tief eindringen. Dadurch werden die entstehenden Zellen verschieden groß. Diese Pumpe wird wegen ihres mäßigen Wirkungsgrades bei Flüssigkeitsförderung weniger zur eigentlichen Förderung, sondern vielmehr als Hilfsaggregat zur Entlüftung des Saugrohres eingesetzt.

Ähnlich arbeitet die Seitenkanalpumpe. Der Läufer ist jedoch zentrisch gelagert, und die Förderung geschieht durch einen seitlich neben dem Schaufelkranz befindlichen Kanal veränderlicher Breite.

6.2 Übungsbeispiel

Entwurf einer radialen Kreiselpumpe

6.2.1 Ausgangsdaten

Werden keine zusätzlichen Anforderungen gestellt, etwa durch die Art der Förderflüssigkeit oder durch begrenzten Platzbedarf, so richtet sich der Entwurf nach den Forderungen für Durchsatz, Drucksteigerung und Antriebsdrehzahl.

Gegeben sei $\quad\dot{V} = 150 \ m^3/h \ (\hat{=} \ 0{,}0417 \ m^3/s)$

$\Delta p = 10 \ bar \ (\hat{=} \ 10^6 \ N/m^2)$

$n = 1450 \ U/min \ (\hat{=} \ 24{,}2 \ U/s).$

Gefördert wird kaltes Wasser mit einer Temperatur von $15^{\circ}C$. Die Pumpe sei nicht kavitationsgefährdet.

6.2.2 Bauform und Stufenzahl

Entscheidend für den Bautyp ist die spezifische Drehzahl.

$$n_q = n \frac{\sqrt{\dot V}}{Y^{0,75}} \quad \rightarrow \quad n_q = 24,2 \frac{\sqrt{0,0417}}{(10^3)^{0,75}} = 0,0274$$

mit $Y = \Delta p/\rho = 10^3$ Nm/kg. Bauform: radial und mehrstufig, da $n_q < 0,04$.

Um nicht ein Rad zu geringer Breite und mit schlechtem Wirkungsgrad zu bekommen, wird $n_{q\,St} = 0,06$ gewählt. Die Stutzenarbeit pro Stufe ist dann

$$Y_{St} = \left(\frac{n \sqrt{\dot V}}{n_q}\right)^{4/3} \quad \rightarrow \quad Y_{St} = \left(\frac{24,2 \cdot 0,204}{0,06}\right)^{1,33} = 360 \text{ Nm/kg.}$$

Es ergeben sich damit $z = 10^3/360 \approx 3$ Stufen, woraus endgültig $Y_{St} = 333$ Nm/kg wird. Die tatsächliche Kennziffer beträgt dann

$$n_{q\,St} = \frac{n \sqrt{\dot V}}{Y_{St}^{0,75}} \qquad n_{q\,St} = \frac{24,2 \cdot 0,204}{333^{0,75}} = 0,063.$$

6.2.3 Leistung und Wellendurchmesser

Die Leistungsaufnahme der Pumpe ergibt sich aus $P_{zug} = \dot m\, Y_{ges}/\eta_{ges}$. Der Wirkungsgrad kann zunächst nur geschätzt werden. Er wird frühestens beim Probelauf auf dem Versuchsstand genau ermittelt werden können.

Setzt man $\eta_{hydr} = 0,85$ (keine Bearbeitung der Innenflächen)

$$\eta_r = 0,94$$
$$\eta_{sp} = 0,95$$
$$\eta_{mech} = 0,97 \text{ an, so wird}$$

$$\eta_{ges} = 0,85 \cdot 0,94 \cdot 0,95 \cdot 0,97 = 0,735.$$

Somit wird $P_{zug} = 0,0417 \cdot 10^3 \cdot 10^3/0,735 = 56,8 \cdot 10^3$ W $\hat= 56,8$ kW.

Der Wellendurchmesser läßt sich annnähernd aus dem maximal durchzuleitenden Drehmoment bestimmen.

$$M_d = \frac{P}{2 \pi n} \quad \rightarrow \quad M_d = \frac{56,8 \cdot 10^3}{2 \pi 24,2} = 374 \text{ Nm.}$$

Es ist dann

$$d_w = \sqrt[3]{\frac{M_d \, 16}{\pi \, \tau_{zul}}}$$

wobei die zulässige Torsionsspannung mit großer Sicherheit gewählt werden sollte wegen des noch unbekannten Einflusses des zusätzlich belastenden Biegemoments. Vorbehaltlich einer späteren Nachrechnung wird

$$\tau_{zul} = 240 \cdot 10^5 \ N/m^2 \quad \text{bei einstufigen}$$
$$\tau_{zul} = 150 \cdot 10^5 \ N/m^2 \quad \text{bei mehrstufigen Anlagen angenommen.}$$

$$d_w = \sqrt[3]{\frac{374 \cdot 16}{\pi \ 150 \cdot 10^5}} = 0,0502 \ m.$$

Unter Beachtung, daß der Motor wegen eventueller Überlastung der Pumpe ein wesentlich größeres Drehmoment aufbringen muß, die Welle zudem durch Paßfedernute geschwächt wird, wird der Wellendurchmesser gewählt zu $d_w = 6$ cm.

6.2.4 Saugmund

Für den kleinsten Nabendurchmesser reicht erfahrungsgemäß $d_N = 1,15 \ d_w$ aus. Demzufolge wird $d_N = 7$ cm festgesetzt. Die Saugmundöffnung stellt sich hier als Kreisringfläche dar. Mit der Eintrittsgeschwindigkeit c_s wird

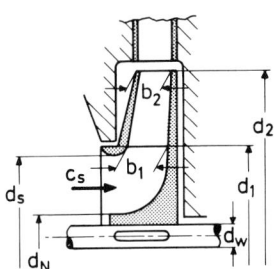

Bild 243

$$\dot{V}'/c_s = d_s^2 \ \pi/4 - d_N^2 \ \pi/4 \quad \rightarrow \quad d_s = \sqrt{\frac{\dot{V}' \cdot 4}{c_s \ \pi} + d_N^2}$$

Die Eintrittsgeschwindigkeit ermittelt sich über die Saugzahl:

$$c_s = \epsilon \ \sqrt{2 \ Y_{St}} \quad \text{mit} \quad \epsilon = 0,12 \quad \text{(s. Abschnitt 3.13)}$$

$$c_s = 0,12 \ \sqrt{2 \cdot 360} = 3,2 \ m/s.$$

Damit wird, sofern man den Spaltverlust mit $\eta_{sp} = 0,95$ berücksichtigt

$$d_s = (0,0417 \cdot 4)/(3,2 \ \pi \ 0,95) = 0,149 \ m \quad \rightarrow \quad d_s = 14,9 \ cm.$$

Der hier achsparallel gewählte Schaufeleintritt dürfte aus Fertigungsgründen ein wenig höher liegen (Bild 243): $d_1 = 16$ cm.

6.2.5 Eintrittskante der Laufschaufel

Die Meridiankomponente sollte im gesamten Strömungskanal die gleiche Größe besitzen. Sie darf zumindestens keine Verzögerung erfahren wegen der Verluste durch Strömungsablösung, kann darum eher am Schaufeleintritt gegenüber dem Saugmund etwas größer gewählt werden, um mit Sicherheit Verzögerungen durch unkontrollierte Querschnittsentwicklung im Saugraum vorzubeugen: $c_o = 3,4$ m/s gewählt.

Mit $u_1 = d_1 \pi n = 0,16 \pi 24,2 = 12,2$ m/s ergibt sich das Eintrittdreieck vor der Schaufel. Die Schaufel darf jedoch nicht nach w_o, sondern muß nach w_1 geformt werden (Bild 244). Die Änderung des Winkels β_1 gegenüber β_o wird durch die Einschnürung infolge der Schaufelstärke hervorgerufen (s. Abschnitt 3.8).
Die Einschnürung sei mit $\xi^{(1)}$ *) $= t_1/(t_1 - \sigma_1) = 1,2$ angenommen.

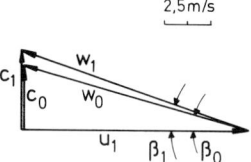

Bild 244 Eintrittsdreieck

Dann wird

$$c_1^{(1)} = \xi^{(1)} c_o \rightarrow c_1^{(1)} = 1,2 \cdot 3,4 = 4,08 \text{ m/s.}$$

$$\tan \beta_1^{(1)} = c_1^{(1)}/u_1 \rightarrow \tan \beta_1^{(1)} = 4,08/12,2 \rightarrow \beta_1^{(1)} = 18,5°.$$

Es sind nun zur genauen Bestimmung der Eintrittsverengung zunächst Schaufelzahl und Schaufelstärke festzulegen.

$$z = 2\pi \frac{d_2 + d_1}{d_2 - d_1} \sin \frac{\beta_1 + \beta_2}{2}. \qquad (127)$$

Der Austrittswinkel β_2 soll im Bereich zwischen $15°$ und $40°$ liegen. Gewählt: $\beta_2 = 30°$. Die Stufenzahl der Maschine ist so gewählt worden, daß das Laufrad eindeutig im Be-

---

*) Die beigefügte Zahl in Klammern kennzeichnet die Reihenfolge der Iterationsschritte.

reich der Radialmaschinen liegt. Somit dürfte sich das Durchmesserverhältnis d_2/d_1 nicht weit von dem Wert 2 entfernen. Geschätzt: $d_2/d_1 = 2 \rightarrow d_2 = 32$ cm. Der Winkel β_1 ist zwar noch nicht genau bekannt, jedoch genügt die Näherung $\beta_1^{(1)}$ zur Bestimmung der Schaufelzahl vollständig.

Somit wird die Zahl der Schaufeln - vorbehaltlich einer späteren Kontrolle -

$$z = 2\pi \; \frac{32 + 16}{32 - 16} \; \sin \frac{18,5^{O} + 30^{O}}{2} = 7,8.$$

Gewählt werden $z = 8$ Schaufeln.

Die Schaufelstärke richtet sich nach Werkstoff, Fertigungsverfahren und Art des Einsatzes. Bei den normalen Gußverfahren lassen sich bei Grauguß und Bronze Schaufeldicken bis etwa 3 mm hinab ausführen. Es wird $s = 3$ mm gewählt.

Mit
$$t_1 = d_1 \pi/z = 16 \; \pi/8 = 6,28$$

und
$$\sigma^{(1)} = s/\sin \beta_1^{(1)} = 0,3/0,318 = 0,95$$

wird
$$\xi_1^{(2)} = t_1/(t_1 - \sigma_1^{(1)}) = 6,28/(6,28 - 0,95) = 1,18.$$

Der errechnete Wert weicht von dem geschätzten geringfügig ab. Darum wird eine zweite Näherung durchgeführt. Mit dem neuen Wert für ξ_1 ergibt sich:

$$c_1^{(2)} = 4,0 \; m/s \qquad \text{und} \qquad \beta_1^{(2)} = 18,2^{O}.$$

Eine Steigerung der Genauigkeit duch weitere Iterationsschritte erweist sich als überflüssig. Damit ist $\beta_1 = 18,2^{O}$ der auszuführende Schaufelwinkel, unter dem Vorbehalt jedoch, daß sich keine wesentliche Änderung des Durchmesserverhältnisses mehr ergibt. Die Radbreite an dieser Stelle wird ermittelt aus

$$b_1 = \frac{\dot{V}}{\pi \; d_1 \; c_0} \qquad \rightarrow \qquad b_1 = \frac{0,0417 \cdot 100}{0,95 \; \pi \; 0,16 \cdot 3,4} = 2,6 \; cm.$$

6.2.6 Schaufelaustrittskante

Nach Gl. (121) errechnet sich die Umfangsgeschwindigkeit aus

$$u_2 = \frac{c_{2m}}{2 \tan \beta_2} + \sqrt{(\frac{c_{2m}}{2 \tan \beta_2})^2 + \Delta Y_{sch \infty}}.$$

Es sind alle Werte ($c_{2m} = c_{1m} = c_1$) bis auf die theoretische Schaufelarbeit bekannt.

$$\Delta Y_{sch\infty} = \Delta Y(1 + p)/\eta_{hydr} \quad *) \qquad (\eta_{hydr} \text{ wurde zu } 0,85 \text{ angenommen})$$

$$p = \psi' \, r_2^{\,2}/(z\,S) \qquad \text{mit} \qquad \psi' = 0,6\,(1 + \sin \beta_2)$$

$$\psi' = 0,6\,(1 + \sin 30^\circ) = 0,9$$

$$\text{und} \qquad S = \int_{r_1}^{r_2} r \, dx = (r_2 + r_1)(r_2 - r_1)/2$$

$$S = (16 + 8)(16 - 8)/2 = 96 \text{ cm}^2$$

unter der Voraussetzung $r_2/r_1 = 2$.

Somit wird

$$p = 0,9 \cdot 16^2/(8 \cdot 96) = 0,3 \qquad \text{und} \qquad \Delta Y_{sch\infty} = 360\,(1 + 0,3)/0,85 = 550 \text{ Nm/kg}.$$

Für die Umfangsgeschwindigkeit ergibt sich dann

$$u_2 = \frac{4,0}{2 \tan 30^\circ} + \sqrt{(\frac{4,0}{2 \tan 30^\circ})^2 + 550} = 27,3 \text{ m/s}$$

$$u_2/u_1 = d_2/d_1 = 2,24 > 2.$$

Es ergibt sich eine nicht vernachlässigbare Abweichung von dem geschätzten Durchmesserverhältnis. Eine weitere Annäherung ist erforderlich:

Mit

$$d_2^{(1)} = 2,24 \, d_1 = 2,24 \cdot 16 = 35,8 \text{ cm}$$

wird

$$S^{(1)} = (17,9 + 8)(17,9 - 8)/2 = 128 \text{ cm}^2$$

und

$$p^{(1)} = 0,9 \cdot 17,9^2/(8 \cdot 128) = 0,28$$

sowie

$$Y_{sch\infty}^{(1)} = 360\,(1 + 0,28)/0,85 = 538 \text{ Nm}$$

und schließlich

$$u_2^{(1)} = \frac{4,0}{2 \tan 30^\circ} + \sqrt{(\frac{4,0}{2 \tan 30^\circ})^2 + 538} = 27,0 \text{ m/s}.$$

Die Abweichung vom zuletzt errechneten Wert ist geringfügig; eine Steigerung der Genauigkeit durch weitere Iterationsschritte ist unnötig. Es wird dann

---

*) Anm.: Der hydraulische Wirkungsgrad ändert sich durch die Verringerung der Schaufelzahl nur geringfügig.

$$d_2^{(2)} = u_2/(\pi n) \rightarrow d_2^{(2)} = 27{,}0/(\pi\ 24{,}2) = 0{,}355\ m \triangleq 35{,}5\ cm$$

$$(d_2/d_1)^{(2)} = 35{,}5/16 = 2{,}22.$$

Die Bestimmung der Schaufelzahl und des Schaufelwinkels am Eintritt baute auf der Schätzung $d_2/d_1 = 2$ auf.

Die Nachprüfung ergibt:

$$z = 2\pi\ \frac{35{,}5 + 16}{35{,}5 - 16}\ \sin\frac{18{,}2^{o} + 30^{o}}{2} = 6{,}75.$$

Es werden $z = 7$ Schaufeln gewählt. Die weiteren Werte am Eintritt sind dann

$$t_1^{(2)} = 16\pi/7 = 7{,}18\ cm \qquad \xi_1^{(3)} = 7{,}18/(7{,}18 - 0{,}95) = 1{,}15$$

$$\tan\beta_1^{(3)} = 3{,}92/12{,}2 \rightarrow \beta_1^{(3)} = 17{,}8^{o}, \ da\ c_1^{(3)} = 1{,}15\ \dot{}\ 3{,}4 = 3{,}92\ m/s.$$

Endgültig wird $\qquad z = 7, \quad \beta_1 = 17{,}8^{o} \quad und \quad c_1 = 3{,}9\ m/s.$

Am Austritt ändert sich der Minderleistungsbeiwert

$$p^{(2)} = 0{,}9\ \ 17{,}9^2/(7 \cdot 130) = 0{,}32; \qquad \Delta Y_{sch\infty}^{(2)} = 360\ (1 + 0{,}32)/0{,}85\ *) = 560$$

$$u_2^{(3)} = \frac{3{,}9}{2\tan 30^{o}} + \sqrt{(\frac{3{,}9}{2\tan 30^{o}})^2 + 560} = 27{,}3\ m/s.$$

5m/s

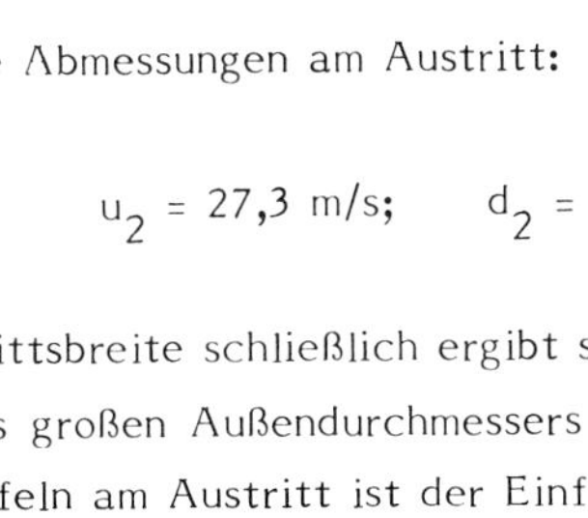

Bild 245 Austrittsdreieck

Endgültige Abmessungen am Austritt:

$$u_2 = 27{,}3\ m/s; \qquad d_2 = 0{,}36\ m = 36\ cm; \qquad d_2/d_1 = 2{,}25.$$

Die Austrittsbreite schließlich ergibt sich aus $b_2 = \dot{V}'/(\pi\ d_2\ c_{3m})$.

Wegen des großen Außendurchmessers bei geringer Schaufelzahl sowie der Zuschärfung der Schaufeln am Austritt ist der Einfluß der endlichen Schaufelstärke vernachlässigbar gering $\rightarrow c_{3m} = c_{2m}$.

$$b_2 = 0{,}0417/(0{,}95\ \pi\ 0{,}36 \cdot 3{,}9) = 0{,}0099\ m; \ \rightarrow b_2 = 1\ cm\ gewählt.$$

6.2.7 Gestaltung des Laufrades

Mit den errechneten Werten ist die Gestalt des Laufrades im Achsenschnitt (Bild 243) festgelegt. Es sind strömungs- und fertigungstechnisch gerade Kanalwände von Vorteil. Man verstärkt die Gußwandungen zur Mitte hin, die Saugmundinnenkante wird durch eine strömungsgünstige Kurve auf d_N hin ausgeführt. An der Außenkante bleibt unten eine nach innen gut abgerundete Fase zur Aufnahme der Dichtung.

Zieht man aus Gründen einer stabilen Kennlinie die Schaufel in den Saugmund hinein, so ist die Eintrittsrechnung für den mittleren Stromfaden auszulegen. Schließlich sind noch Bohrungen zum Ausgleich des Achsschubes vorzusehen.

6.2.8 Entwurf der Laufschaufel

Die Schaufelform wird bei hohen Ansprüchen punktweise berechnet, im allg. jedoch formt man die Schaufel aus einem oder zwei ineinander übergehenden Kreisbögen.

Aus der Rechnung sind die Zahlenwerte für d_1, d_2, $ß_1$, $ß_2$, z und s bekannt. Wir zeichnen den Radialschnitt, daneben das noch schaufellose Gitter (Bild 246). Punkt A wird als Anfangspunkt einer Schaufel gewählt. Die Senkrechte auf den an A angelegten Schenkel des Winkels $ß_1$ ist eine Ortslinie für den Mittelpunkt des Kreises, aus dem die Schaufel in ihrem ersten Teil gestaltet wird. Wir legen M_1 zunächst irgendwo auf dieser Linie fest, etwa um 2/3 s (s = $\overline{AD}$, mit D als Schnitt der Geraden mit dem Innendurchmesser) von A entfernt. Sollte sich bei späterer Nachprüfung der Kanalquerschnitt als ungünstig herausstellen, so läßt sich durch Verschieben des Punktes M_1 eine Korrektur herbeiführen.

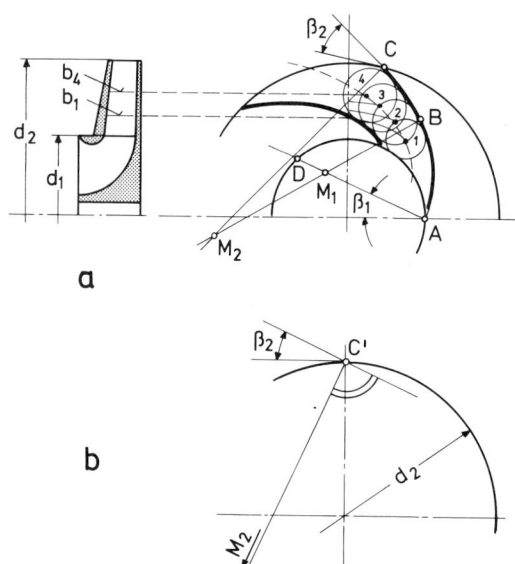

Bild 246 Entwurf der Laufschaufel

Die Schaufel wird nun etwa bis zu ihrer vorraussichtlich halben Länge mit dem Radius $\overline{AM_1}$ ausgezogen (in Bild 246 bis zum Punkt B). Zur Ermittlung des Anschlußkreises, der einmal in B in den Kreis M_1 mit gleicher Tangente übergehen soll und zum anderen den Außenumfang unter dem Winkel $ß_2$ schneiden soll, zeichnet man sich auf Klarpapier die in Bild 246b dargestellte Figur. Man bringt die Figur auf dem Klarpapier zur Deckung mit dem Kreis des Bildes 246a und verschiebt den Punkt C so lange auf dem durchscheinenden äußeren Umfang, bis die Länge der Senkrechten auf dem Winkelschenkel von $ß_2$ (Klarpapier) mit jener der Senkrechten auf dem Eingangskreis M_1 in B bis zu ihrem gemeinsamen Schnittpunkt M_2 übereinstimmt. Damit ist der Mittelpunkt des gesuchten Kreises gefunden. Wir zeichnen die Schaufelform vollständig aus. Man legt dann um die gefundene "Skelettlinie" das gewünschte Profil bzw. die Blechstärke herum, rundet am Eintritt ab und schärft eine Blechschaufel am Austritt zu. Dadurch vermeidet man bei Teillast harte Schaufelstöße und bewirkt ein wirbelfreies Abströmen.

Zur Durchführung einer Kanalquerschnittskontrolle wird eine benachbarte Schaufel eingezeichnet. Man legt eine Reihe von Kreisen (1 ... 4) so in den Kanal, daß sie beide Schaufeln tangieren. Die Verbindungslinie der Mittelpunkte stellt die Kanalmittellinie (mittlerer Stromfaden) dar. Die Durchmesser dieser Kreise stellen in großer Näherung die Kanalweiten an den betreffenden Punkten 1 ... 4 dar. Sodann ermittelt man über zugehörige Ordner die entsprechenden Kanalbreiten b_1 ... b_4, die aus dem Radialschnitt zu entnehmen sind. Das Produkt aus d_i und b_i stellt dann ein Maß für den Kanalquerschnitt an den einzelnen Punkten dar.

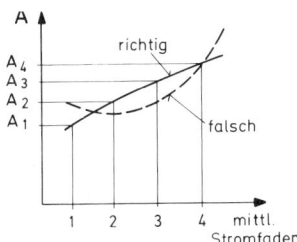

Bild 247 Kanalquerschnittskontrolle

Trägt man über dem abgewickelten mittleren Stromfaden mit den Punkten 1 ... 4 die Kanalquerschnitte auf und verbindet die sich ergebenden Punkte, so erhält man den Querschnittsverlauf. Der Kanal ist richtig gestaltet, wenn sich eine kontinuierliche Erweiterung ergibt. Kanäle etwa mit der in Bild 247 gestrichelt gekennzeichneten Querschnittsentwicklung sind schlecht. Sie können verbessert werden durch Verschiebung des Mittelpunktes M_1, durch Verschiebung des Punktes B längs der Schaufel, aber auch durch Abweichen von der geraden Breitenentwicklung.

Erstellt man die Schaufel aus einem einzigen Kreisbogen, so fällt Punkt B mit Punkt A zusammen, die Konstruktion ist entsprechend.

200

6.2.9 Leitorgange

6.2.9.1 Schaufelloser Ringraum

Im allgemeinen wird im Laufrad nur ein Teil der der Strömung mitgeteilten Geschwindigkeitsenergie in Druck umgesetzt, vor allem deshalb, weil eine allzu starke Diffusorwirkung erhebliche Verluste durch Ablösung mit sich bringt. Man verteilt darum die Druckerhöhung auf Laufrad und Leitorgan.

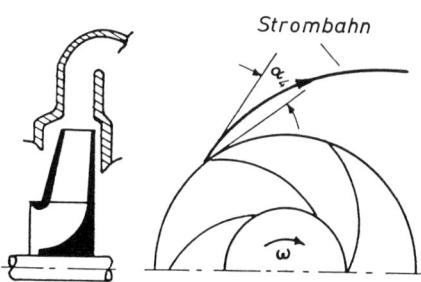

Bild 248 Strömungsaustritt aus dem Laufrad mit anschließendem schaufellosen Ringraum

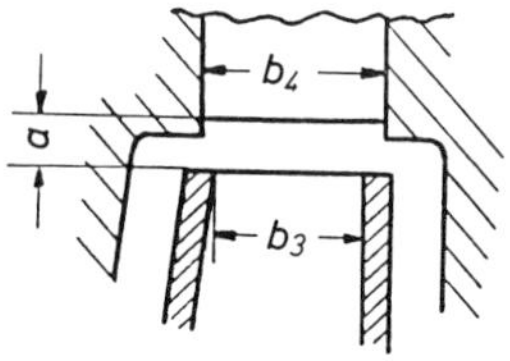

Bild 249

Zunächst betrachten wir einen schaufellosen, ringförmig sich an das Laufrd anschließenden Raum konstanter Breite (Bild 248). Für den aus dem Laufrad austretenden Stromfaden zeigt sich, daß mit wachsendem Abstand vom Mittelpunkt der Durchtrittsquerschnitt linear größer, die c_m - Komponente entpsrechend kleiner wird. Ferner wird nach dem Satz des konstanten Dralls (r c_u = Drall = konst) auch die Umfangskomponente mit wachsender Entfernung von der Wellenmitte geringer. Entsprechend baut sich ein Druck auf.

Offenbar reicht zur Umsetzung der im Spalt noch vorhandenen kinetischen Strömungsenergie in Druck ein solcher schaufelloser Ringraum (glatter Leitring) aus.

Die Bahn, die ein aus dem Laufrad tretendes Teilchen beschreibt, ist, von Reibungseinflüssen abgesehen, die logarithmische Spirale, deren Gleichung in Polarkoordinaten

$$r = r_o e^{a\widehat{\varphi}} \tag{135}$$

lautet (a = tan α_4 = konst) (s. Abschnitt 2.1.2.6). Nun ist aber bei kleinen Austrittswinkeln die Strombahn des austretenden Teilchens sehr lang, bevor es eine annehmbare Drucksteigerung erbringen würde; dieser lange Reibungsweg zehrt dann sämtliche mögliche Druckerzeugung im Ringraum auf. Infolgedessen ist es angezeigt, bei Austrittswinkeln $\alpha_4 < 15°$ keinen schaufellosen Ringraum anzuwenden, obwohl sich dieser sehr günstig auf die Stabilität der Kennlinie auswirkt.

6.2.9.2 Leitrad

Bei Ausführung eines Leitrades richtet sich die Spaltbreite a nach Maschinentyp und Verwendungszweck: Es dürfen keine Fremdkörper verklemmen, eine Berührung des Läufers am Gehäuse infolge Durchbiegung oder Wärmedehnung muß unbedingt vermieden werden.

Die Breite b_4 ist ein wenig größer auszulegen (ca. 2 bis 3 %) als die Laufradbreite, um den heraustretenden Strahl ohne Kantenstoß auffangen zu können (Bild 249).

Der Eintrittswinkel α_4 ändert sich gegenüber α_3. Ursachen sind die verschiedenen Radbreiten, die Einschnürung des Stromes durch die flach angesetzte Leitschaufel, sowie eine Unausgeglichenheit der Strömung, berücksichtigt durch den Beiwert μ. Es ist dann

$$c_{4m} = c_{3m} (b_2/b_4) \qquad \text{und}$$

$$\tan \alpha_4 = \tan \alpha_3 (b_2/b_4) \, \xi_4 \, \mu \qquad (136)$$

mit $\xi_4 = t_4/(t_4 - \sigma_4)$ und $\mu = 1{,}3 \ldots 1{,}8$ (mit der unteren Grenze für große radiale Erstreckung und der oberen für Schnelläufer).

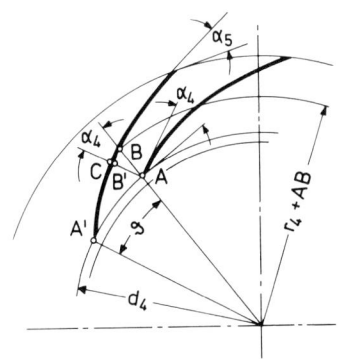

Bild 250 Entwurf der Leitschaufel

Es ist zweckmäßig, zumindest bis zum Schrägabschnitt (AB') die Schaufel als logarithmische Spirale auszuführen. Strecke AB wird dann nach Gl. (135)

$$\overline{AB} = r_4 \, e^{\tan \alpha_4 \, \hat{\vartheta}} - r_4 \qquad \text{und} \qquad \overline{AB'} = r_4/\cos \alpha_4 \, (e^{\tan \alpha_4 \, \hat{\vartheta}} - 1).$$

Die Reihenentwicklung des Exponentialausdrucks

$$e^{\tan \alpha_4 \, \hat{\vartheta}} = 1 + \frac{\hat{\vartheta} \tan \alpha_4}{1!} + \frac{\hat{\vartheta}^2 \tan^2 \alpha_4}{2!} \ldots$$

kann nach dem dritten Glied abgebrochen werden, da $\hat{\vartheta} \tan \alpha_4 \ll 1$ ist, und liefert dann

$$\overline{AB'} = \frac{r_4}{\cos \alpha_4} \, \hat{\vartheta} \, \tan \alpha_4 \, (1 + \frac{1}{2} \, \hat{\vartheta} \, \tan \alpha_4)$$

und mit $\hat{\vartheta} = 2\,\pi/z_{le}$

$$\overline{AB'} = \frac{d_4\,\pi}{z_{le}} \sin \alpha_4 \, (1 + \frac{\pi \sin 2\alpha_4}{z_{le}}).$$

Es wird dann unter Beifügung des Korrekturgliedes $\mu = 1,2$

$$\overline{AC} = s_{le} + \frac{d_4\,\pi}{z_{le}} \sin \alpha_4 \, (1 + \frac{\pi \sin 2\alpha_4}{z_{le}}) \, \mu \,. \tag{137}$$

Für die Schaufelzahl kann nun gesetzt werden $z_{le} = d_4\,\pi \sin \alpha_4/b_3$, da dann über $b_3 = \overline{AB'}$ etwa quadratischer Einströmquerschnitt vorliegt. Diese Beziehung ist aber nur ein Anhalt, und es darf daraus kein Schluß auf die Größe von $\overline{AB'}$ gezogen werden. Aus Resonanzgründen ist eine solche Leitschaufelzahl zu vermeiden, die in einem ganzzahligen Vielfachen zur Zahl der Laufschaufeln steht.

Entwurf der Leitschaufel: Bestimmung der Leitschaufelzahl; Eintragung zweier benachbarter Schaufelanfangspunkte; Bestimmung von $\overline{AC}$ und Eintragung des Punktes C; Kreis durch A' und C, der unter α_4 in A' ansetzt; restliche Schaufelkontur von Hand zum Außenumfang ergänzen im Sinne einer kontinuierlichen Strömung.

Für die Größe des Leitkranzaußendurchmessers ist angezeigt $d_5 = (1,4 \ldots 1,6)\,d_4$. Die Querschnittskontrolle des Kanals ist durchzuführen. Die Erweiterung sollte einen (umgerechneten) Öffnungswinkel von 8 - 10° wegen Ablösungsgefahr nicht überschreiten.

6.2.9.3 Rückführrad

Die besprochene Leitschaufel führt nicht zur Drallfreiheit am Austritt; sie gewährt lediglich eine zwanglose Führung. Darum muß bei der mehrstufigen Maschine, in der die Strömung nicht durch ein Spiralgehäuse aufgefangen wird, sich ein weiteres Leitorgan anschließen, welches die Führung der Strömung durch den Rückführraum übernimmt und das Medium wieder drallfrei in das folgende Laufrad eintreten läßt (Bild 251).

Die Rückführschaufel fängt die Strömung in dem Sinne auf, wie diese das Leitrad verlassen hat. Mit Rücksicht auf die mitunter nicht vernachlässigbare Schaufelverengung, auf unterschiedliche Kanalbreiten und auf Reibungseinflüsse, die die Richtung des Stromfadens beeinflussen, wird

$$\tan \alpha_6 = \mu \, \xi \, \frac{b_5}{b_6} \tan \alpha_5 \,.$$

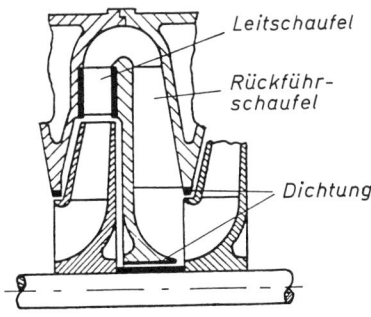

Bild 251

Der Austrittwinkel wird etwas größer als 90° gewählt, um die Strömung mit Sicherheit drallfrei zu erhalten ($\alpha_7 \approx 95^o$). Die Zahl der Rückführschaufeln sollte im Bereich $z_{la} < z_{rü} < z_{le}$ liegen. Schaufelzahlen, die gegenüber der Laufschaufelzahl Resonanzen verursachen können, sind zu vermeiden. Anschließend ist eine Querschnittskontrolle erforderlich.

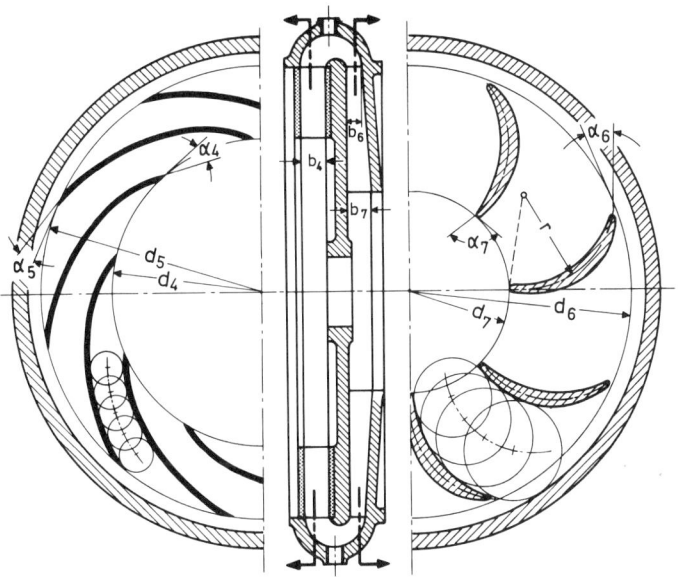

Bild 252 Schnittfigur zu den Leitorganen einer mehrstufigen Kreiselpumpe

6.2.9.4 Spiralgehäuse

Bei einstufigen Pumpen wird häufig, soweit nur $\alpha_4 > 15^o$ ist, auf ein Leitrad verzichtet. Das Spiralgehäuse als ein den Laufradumfang umschließender Ringraum erfüllt dann zwei Aufgaben:

1. Abführung des Volumenstroms in die Rohrleitung
2. Druckaufbau aus der noch im Spalt als Drall vorhandenen Geschwindigkeitsenergie.

Das Spiralgehäuse muß darum stärker erweitert werden, als es im Sinne des ringsum zuströmenden Druchsatzes notwendig wäre.

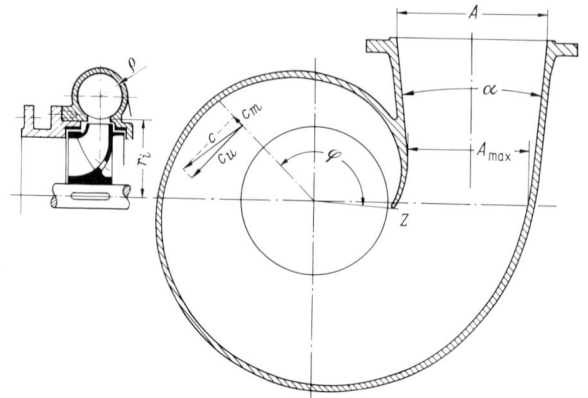

Bild 253 Spiralgehäuse

Bei Pumpen wird am häufigsten das Spiralgehäuse mit kreisrundem Querschnitt angewandt. Für dessen Auslegung wird die Beziehung

$$\rho = \varphi^o/C + \sqrt{2\,r_i\ \varphi^o/C} \qquad\qquad (138)$$

angeführt mit

$$C = 360^o/(b_2\ \tan\alpha_3)\ . \qquad\qquad (138a)$$

Man ermittelt den theoretischen Verlauf der Spirale, indem man ab $\varphi = 0^o$ von 15° zu 15° die Winkelwerte einsetzt und den jeweiligen Querschnittskreis (Radius ρ) errechnet. Man führt diese Rechnung am besten tabellarisch durch. Sodann gestaltet man die Zunge (s. Abschnitt 5.4.1.2). Am Endquerschnitt der Spirale schließlich mit dem Durchmesser $2\cdot\rho_{max}$ ist die dort herrschende Geschwindigkeit nachzuprüfen. Sie ist ggf. durch einen Diffusor auf den für die anschließende Rohrleitung geforderten Wert zu reduzieren.

6.2.10 Zusätzliche Auslegungshinweise

Die Auslegung einer Kreiselpumpe enthält abschließend eine Überprüfung des Wirkungsgrades, soweit sich die Verluste durch die nunmehr vorhandenen Baudaten erfassen lassen. Die Welle ist über die Vergleichsspannung nachzurechnen, da ja die Biegespannung, die selbstverständlich auch die im Betrieb auftretenden Umwuchten erfassen muß, bestimmbar ist. Die Ermittlung der kritischen Drehzahl bereitet bei mehrstufigen Anlagen gewisse Schwierigkeiten: Die Dichtungsstellen zwischen den Laufrädern wirken sich mit Anwachsen der Umdrehungsgeschwindigkeit als hydrodynamische Lager aus.

Das System wird dadurch statisch unbestimmt. Es ist schließlich der Achsschub zu ermitteln und entsprechende Maßnahmen zum Ausgleich vorzunehmen. Ebenso ist die Saugfähigkeit nachzuprüfen.

7 Wasserturbinen

7.1 Einführung

Das Wasserrad ist historisch als Vorgänger der Turbine anzusprechen, besitzt aber eine andere Wirkungsweise (s. Bild 152): Die Drehung wird durch einseitige Gewichtsvermehrung dank der Wasserfüllung einzelner Becher erzeugt.

Das bedeutet

- geringe Drehzahl (n = 4 - 8 Upm) mit der Forderung nach großen Übersetzungen
- geringe Leistung, da bei Erzielung höherer Durchsätze das Rad riesige Abmessungen erhalten muß zur Aufnahme der Füllungen
- unzureichender Wirkungsgrad

Moderne Turbinen sollen jedoch

- jede gegebene Fallhöhe verarbeiten können
- mit möglichst hohen Drehzahlen arbeiten, um geringes Leistungsgewicht und Bauvolumen zu erreichen
- hohe Wirkungsgrade auch bei schwankendem Betrieb erzielen, um die Anlage rentabel zu gestalten
- gute Regelbarkeit besitzen.

Die angeführten Anforderungen werden durch drei Bautypen erfüllt, durch Pelton-, Francis- und Kaplanturbine (Propellerrad).

7.2 Freistrahlturbine

Die wichtigsten Bauelemente der Peltonturbine sind die becherförmigen Schaufeln, die als Doppelschaufeln ausgeführt werden. Der freie Strahl wird in Umfangsrichtung auf die Schaufelmitte gelenkt und fließt in zwei dünnen Querschnitten durch die Schaufelmulden (Bild 254), so daß eine Umlenkung um nahezu 180° erreicht wird. Die Aussparung des Bechers an der Außenseite bewirkt, daß jede Schaufel vom Strahl stets im Zentrum erfaßt wird und ein Aufprall am Schaufelrand vermieden wird. Auf diese Weise gelangt man zu einer vollständigen Ausnutzung der Strahlenergie.

Die Becher werden im allg. mit dem Radkörper verschraubt, mitunter, vor allem bei kleinen Anlagen, wird das gesamte Rad als ein Gußstück hergestellt, wobei an die Werkstatt erhebliche Anforderungen gestellt werden (Bild 260).

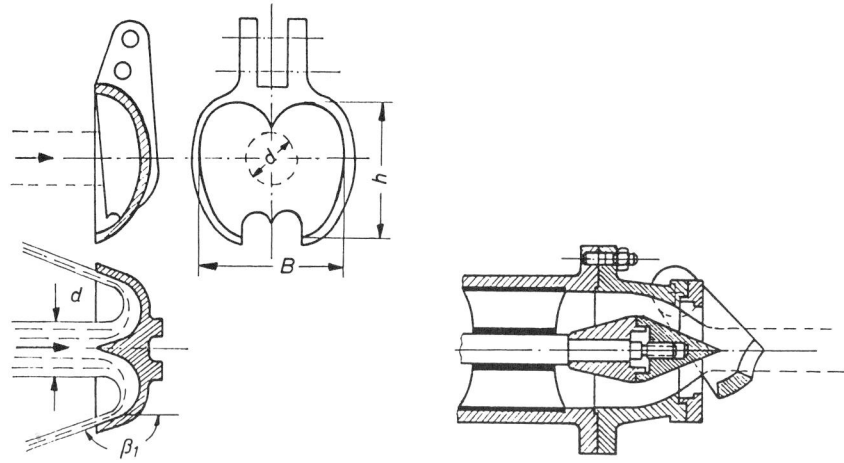

Bild 254 Becher der Peltonturbine   Bild 255 Düse mit Nadel und Ablenker

Eine Umlenkung des Strahls um volle 180° wird vermieden, da der aus dem Becher heraustretende Strahl die folgende Schaufel von hinten berühren und damit gleichzeitig abbremsen würde. Der entsprechende Ablenkungswinkel $(180 - \beta_1)$ liegt zwischen 5° und 7°. In der Düse, welche die Druckleitung abschließt (Bild 255), wird die gesamte Fallhöhe in Geschwindigkeit umgesetzt. Das ist notwendig, da die Schaufeln in der Atmosphäre arbeiten, also keinen Druck mehr umsetzen können (Gleichdruckverfahren, siehe auch Abschnitt 3.9).

Die Regelung des Durchsatzes und damit der Leistung geschieht durch eine zumeist zwiebelförmig ausgeführte Düsennadel, die mehr oder weniger weit in den Düsenmund hineingeschoben wird und dabei eine Drosselung herbeiführt.

Wegen der hohen Fallhöhen, die diese Turbinen verarbeiten (bis zu 2000 m im Hochgebirge) genügt die Nadel zur alleinigen Regelung nicht. Bei der großen Länge des Druckrohres würden die in der Leitung strömenden Wassermassen bei einer spürbaren Durchsatzdrosselung am Ende der Leitung eine erhebliche Drucksteigerung vor allem an der Düse herbeiführen, welche das Druckrohr sprengen würde. Man schaltet darum einen Ablenker hinzu, der zunächst in den Strahl eingreift und einen Teil abschneidet. Die Wassermenge wird dadurch nicht gedrosselt. Die Impulskraft auf die Schaufel wird jedoch entsprechend der verminderten Umfangskraft seitens der Belastung reduziert, so daß auch die Drehzahl erhalten bleibt und keinen größeren Schwankungen unterliegt. Die Düsennadel kann in Verbindung mit der Ablenkerbewegung allmählich vorgezogen werden, soweit der angestrebte Regelzustand dieses erforderlich macht. Durch den langsam erfolgenden Schließvorgang werden Drucksteigerungen in der Leitung vermieden.

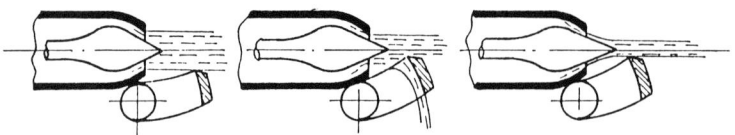

Bild 256 Schema der Doppelsteuerung

Bild 257 zeigt das Steuerungsprinzip, das zur Regelung der Turbine angewandt wird: Bei einer plötzlichen Entlastung reagiert die Turbine durch Drehzahlerhöhung, der Regler R spricht an, so daß über den Steuerkolben St der Kolben K nach unten bewegt wird und über den Hebel H den Ablenker in den Strahl führt. Die Nadel schließt nur langsam, veranlaßt durch den Ventilkolben V, der vom Druckwasser der Leitung beaufschlagt wird. Ein weitergehendes Schliessen der Nadel wird verhindert durch die begrenzte Schlitzlänge des Hebels. Es stellt sich also ein Gleichgewicht ein. Der Strahl wird derart eingeschnürt, daß der Ablenker nicht mehr einschneidet (Bild 257). Bei einer plötzlichen Belastung geht umgekehrt der Kolben K nach oben, bewirkt ein Öffnen der Nadel und ein gleichzeitiges Zurückziehen des Ablenkers. Letzterer bleibt stets am Rande des Strahls.

Die Zahl der Düsen ist begrenzt. Bei der meist verwendeten horizontalen Wellenführung findet man bis zu zwei Düsen (Bild 260), bei Anlagen mit senkrechter Welle bis zu sechs. Vorteile der mehrdüsigen Anordnung sind geringere Bechergröße, da der Wasserstrom sich auf mehrere Becher verteilt, und eine gleichmäßige Belastung des Rades, der Lager usw.

Betrachtet man den Relativweg der Teilchen auf der Schaufel, so ergeben sich für die Dauer des Schaufeleingriffs keineswegs gleiche Strombahnen. Vielmehr zeigt sich bei Beginn des Eingriffs eine Bewegungsrichtung nach oben infolge der Abwärtsbewegung des Bechers, am Ende eine solche nach unten. Das hat zur Folge, daß der Becher nicht nur zylindrisch ausgeformt sein darf, sondern auch eine radial gerichtete Strömung aufzunehmen hat, also räumlich ausgeformt sein muß.

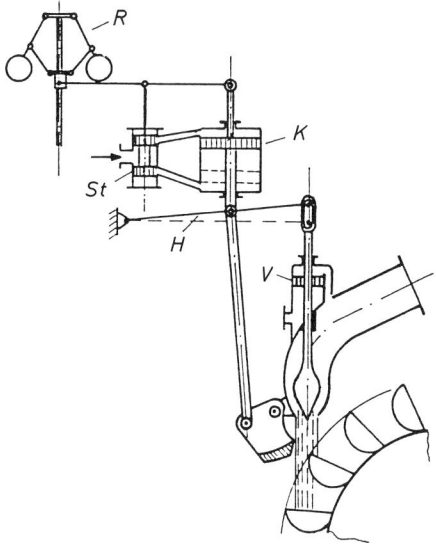

Bild 257 Regelschema zur Peltonturbine

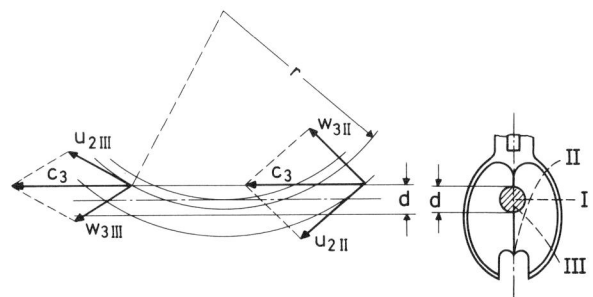

Bild 258 Strombahn und Schaufelkinematik
       I Strombahn, theoretisch
     II Strombahn bei Strahleintritt
   III Strombahn bei Strahlaustritt

Die Schneide muß scharf angeschliffen werden, da Abrundungen den Strahl zersplittern würden.

Schaufelzahl und Schaufelgröße sollten so ausgelegt werden, daß die Energie des Wasserstrahls möglichst vollständig ausgenutzt wird. Sie sind abhängig vom Strahldurchmesser, Erfahrungswerte werden angegeben für die Schaufelzahl

$$z = 16 \text{ bis } 22 \text{ Becher}$$

und für die Ausführung der Schaufel

$$B = 3,5 \text{ d} \qquad h = 3,2 \text{ d}.$$

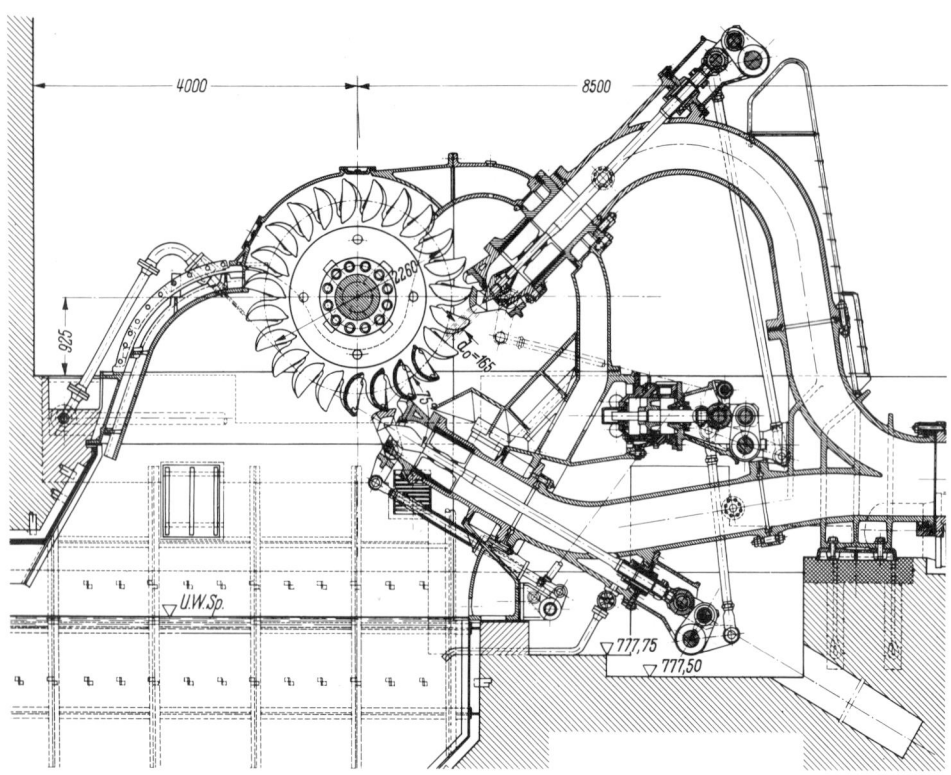

Bild 259 Schnittzeichnung einer zweistrahligen Peltonturbine

Bild 260 Laufrad einer großen Peltonturbine (167 MW Nennleistung)

Die Befestigung der Becher wird so ausgeführt, daß sich die einzelnen Schaufeln gegenseitig abstützen. Belastet wird die Schaufel durch Fliehkräfte sowie durch die Impulskraft des umgelenkten Strahls. Um Auswaschungen vor allem bei sandhaltigem Wasser zu vermeiden, werden die Becher nur bei Fallhöhen bis zu ca. 150 m aus Grauguß hergestellt, darüberhinaus aus Stahlguß, bei besonderen Ansprüchen sogar aus Spezialstählen. Ebenfalls müssen Düse und Düsennadel aus hochwertigem Material hergestellt werden.

Die spezifische Drehzahl n_q kann wegen der Teilbeaufschlagung bei der Peltonturbine beliebig abgesenkt werden. Jedoch werden die Schaufeln bei geringem Durchsatz klein, der Raddurchmesser für große Fallhöhe sehr groß. Wegen der dann anwachsenden Länge des freien Strahls sinkt der Wirkungsgrad ab. Optimale Wirkungsgrade werden erreicht bei $n_q = 0,01$ bis 0,02. Im Bereich höherer spezifischer Drehzahlen (je nach Düsenzahl zwischen $n_q = 0,03$ und 0,06) wird der Anschluß an die Francisturbine gewonnen.

7.3 Francisturbine

Die Francisturbine wird zumeist für spezifische Drehzahlen von $n_q = 0,09$ bis 0,35 ausgeführt, entsprechend für Fallhöhen von 20 bis 350 m. Als Grundformen werden demzufolge Normalläufer mit überwiegend radialer Bauart und Schnelläufer mit überwiegend axialer Bauart ausgeführt. Die Leitschaufeln werden wegen besserer Regelbarkeit grundsätzlich radial durchströmt. Die Entwicklungstendenz läuft auf Ansnutzung größerer Fallhöhen hinaus, da diese Maschine wirtschaftlicher arbeitet als die Peltonturbine.

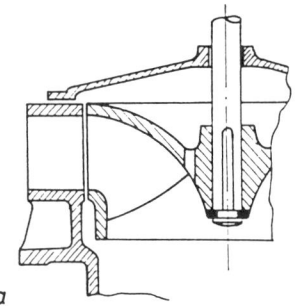 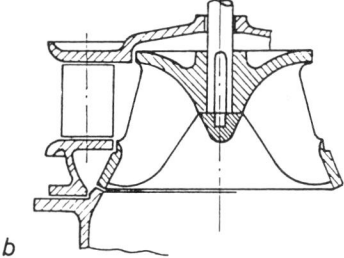

a   b

Bild 261 a) Francis-Normalläufer
               b) Francis-Schnelläufer

Bei den Langsamläufern arbeitet man im allg. mit radial endenden Schaufeln (Bild 263); verkleinert man den Winkel β_2, so wird die Komponente c_{2u} kleiner, zur Verarbeitung der gleichen Fallhöhe ist eine entsprechend höhere Drehzahl nötig. Da in diesem Falle

212

die Kanäle jedoch recht lang werden, somit der Wirkungsgrad wegen der erhöhten Reibung absinkt, werden die Francisräder auch im Bereich der Schnelläufer mit Eintrittswinkeln nahe $\beta_2 = 90^0$ ausgeführt.

Bild 262 Francis-Laufrad

Aus der Abströmgeschwindigkeit c_0 und dem Durchsatz ergibt sich der Saugrohrdurchmesser. Mit wachsender Wassermenge, also bei höherer Schnelläufigkeit, läßt man $c_m = c_0$ ansteigen, um nicht allzu hohe Baugrößen zu bekommen. Da gerade bei Schnelläufern die Fallhöhe zumeist klein ist (... 30 ... 40 ... m), würde damit ein erheblicher Austrittsverlust verbunden sein. Um diese Energie nicht zu verlieren, schließt man ein konisches Saugrohr an (Erweiterungswinkel bis zu 10^0), so daß ein Teil der Geschwindigkeitsenergie in Druck zurückverwandelt wird. Auf diese Weise gelingt es, einen Unterdruck am Turbinenaustritt zu erzeugen, d.h., die Turbine verarbeitet ein größeres Druckgefälle, als es durch die Höhendifferenz Oberwasserspiegel - Laufradhöhe gegeben ist. Der tatsächliche Rückgewinn beträgt wegen der Rohrreibung nur etwa 90 % des möglichen. Bei Schnelläufern macht dieser Gewinn mitunter 25 % der gesamten Fallhöhenenergie aus, so daß das Saugrohr eine beträchtliche Erweiterung erfahren muß. Es schließt darum an den senkrechten Turbinenaustritt oft noch ein horizontaler Diffusor an (Bild 265). Durch das Vorhandensein eines Unterdrucks am Turbinenaustritt ist somit auch die Gefahr der Kavitation gegeben und dieser erhöhte Aufmerksamkeit zu schenken.

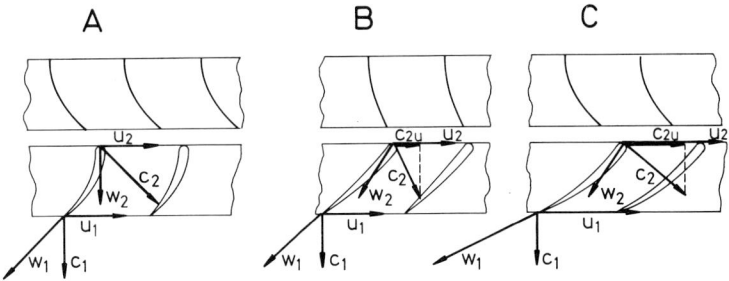

Bild 263 Schaufelformen und Geschwindigkeitspläne

$$A \quad \beta_2 = 90°$$
$$B \quad \beta_2 = 45°, \; u_{2B} = u_{2A}$$
$$C \quad \beta_2 = 45°, \; u_{2C} > u_{2A}$$

Ausnahmslos werden heute alle Francisturbinen mit Hilfe verstellbarer Leitschaufeln geregelt (Fink'sche Drehschaufeln). Bei Rückdrehung der Schaufeln entsprechend einer Durchsatzdrosselung werden die Relativgeschwindigkeiten im Laufrad kleiner, da hier die Querschnittsverhältnisse die gleichen bleiben. Der aus dem Leitkanal austretende Strom behält die Absolutgeschwindigkeit in voller Höhe bei, und da auch die Umfangsgeschwindigkeit konstant bleibt, ändert sich das Eintrittsdreieck nach Bild 264b. Wegen der Drehung von c_2 erfolgt nun ein Stoß auf die Laufschaufel, der Wirkungsgrad wird darum mit zunehmender Leitschaufeldrehung abgebaut. Der Eintrittsdrall wird jedoch vergrößert, was eine Erhöhung der verarbeitbaren spezifischen Energie zur Folge hat.

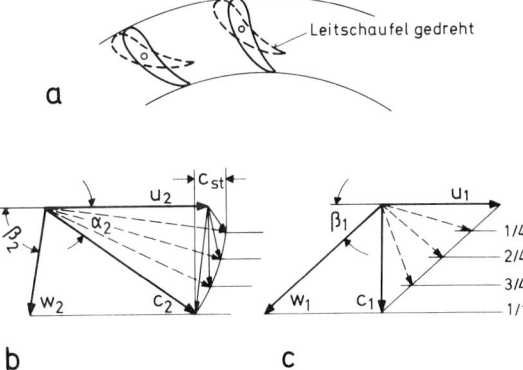

Bild 264 Auswirkung der Leitschaufelverstellung

Am Austritt (Bild 264 c) ergibt sich eine Umfangskomponente c_{1u}, wodurch wiederum eine Verringerung der verarbeitbaren Fallhöhe herbeigeführt wird. Durch richtige Auslegung der Leitschaufel kann also eine gleichmäßige Fallhöhe mit unveränderlicher

Drehzahl im Regelbetrieb erreicht werden, wohingegen Drehmoment und Leistung der Maschine infolge der Durchsatzverringerung abgesenkt werden.

Um kein zu rasches Absinken des Wirkungsgrades im Teillastbereich zu erhalten, legt man die Maschine für 75 - 80 % der Vollast aus ($\dot{V}_N = 0{,}75 \ \dot{V}_{1/1}$), so daß der Wirkungsgrad für volle Beaufschlagung ($\dot{V}_{1/1}$) ein wenig absinkt. Diese Maßnahme ist vor allem bei Schnelläufern wichtig, da diese im Teillastbereich stark wirkungsgradempfindlich sind. Bild 266 zeigt die Abhängigkeit für einen Schnelläufer, dessen Wirkungsgrad ersichtlich bei 0,2 $\dot{V}_{1/1}$ bereits auf Null abgesunken ist, d.h., die Schaufeln laufen frei um, ohne ein Drehmoment zu entwickeln.

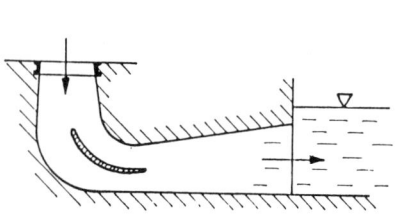

Bild 265 Saugrohr

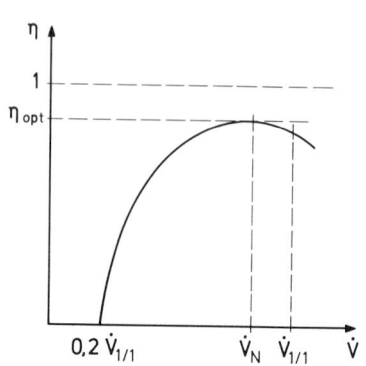

Bild 266

Durch die beschriebene Regelmaßnahme wird also zweierlei erreicht:

1. die Konstanthaltung der Drehzahl (wichtig bei Koppelung mit Drehstromgeneratoren)
2. die Erhaltung der nutzbaren Fallhöhe, um ein allzu starkes Absinken der Abtriebsleistung zu vermeiden (Y $\sim \dot{V}^2$).

Bild 267 zeigt die mechanische Steuerung der Fink'schen Drehschaufeln bei der Francisturbine. Jede dieser Schaufeln ist über Zapfen und Hebel mit einem umlaufenden Stellring verbunden, der über einen Regler in Abhängigkeit von der Drehzahl gesteuert wird.

Bild 268 zeigt den Regler mit starrer Rückführung, welche ein Pendeln des Reglers um die Ruhelage vermeidet und den Beharrungszustand erhält. Häufig wird diese Regelung durch Anbringen eines Nebenauslasses am Spiralgehäuse zu einer Doppelregelung erweitert (s. Abschnitt 4.5).

Mitunter wird bei großen Einheiten jede einzelne Schaufel mittels Servomotor verstellt, da die Steuerung mit Hilfe von Stellring und Hebelübertragung baulich zu groß wird und die hohen Stellkräfte schlecht zu beherrschen sind.

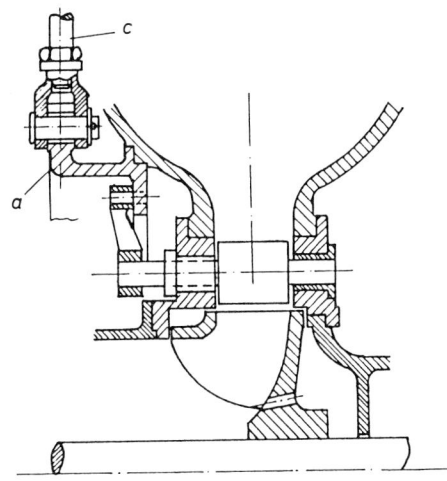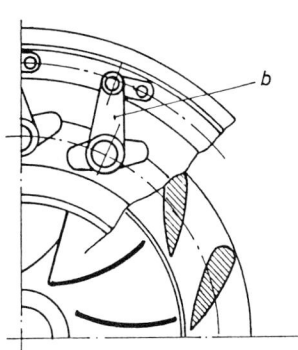

Bild 267 Verstellmechanismus zur Leitschaufelsteuerung
a) Regelring   b) Stellhebel   c) Antriebsgestänge

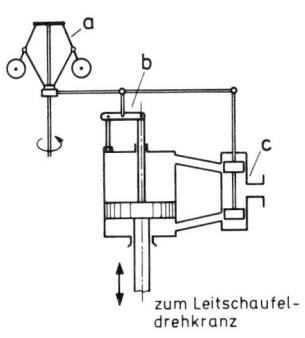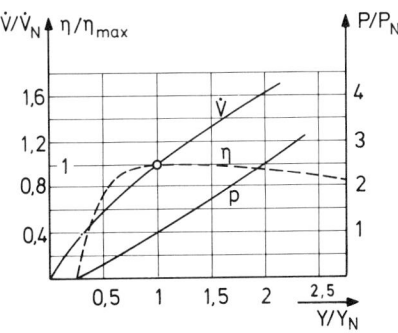

Bild 268 Turbinenregler
a) Regelorgan
b) Rückführung
c) Steuerzylinder

Bild 269 Kennlinien einer Francisturbine für n = const

Bild 270 zeigt das Kennfeld eines langsamläufigen Francisrades für vier Regelstufen. Die Werte sind bezogen auf ein Modellrad mit der Fallhöhe 1 m. Da bei Wasserturbinen oft Schwankungen der Fallhöhe in Betracht gezogen werden müssen, die Drehzahl aber durch den Regler konstant gehalten wird, interessiert das Verhalten der Turbine für einen solchen Fall. Wie Bild 269 zeigt, steigen Durchsatz und Leistung mit wachsender Fallhöhe an.

Zur Lagerung der Turbine werden heute fast ausschließlich Kippsegment-Lager (Michell-Lager) benutzt. Eine Schiefstellung der Segmente infolge asymmetrischer Abstützung erzeugt die notwendige Druckbildung im Ölkeil, so daß der Ölfilm in Drehrichtung

216

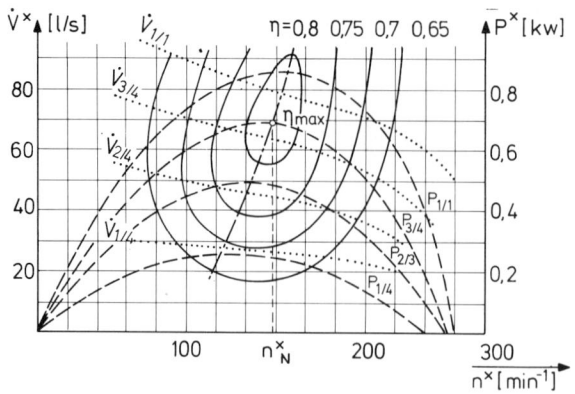

Bild 270 Kennfeld einer Francisturbine (d$_2$ = 350 mm, n$^*_N$ = 158 Upm)

abfließt und sich stetig erneuert. Eine Ringölleitung liefert jedem einzelnen Segment die nötige Schmierstoffmenge. Bild 271 zeigt ein solches Spurlager zur Aufnahme einer Francisturbine. Da die Welle zumeist vertikal geführt ist, hat das Spurlager aufzunehmen

- Wellengewicht und Spurzapfen
- Laufradgewicht einschließlich darin enthaltene Wassermenge
- Gewicht des Dynamoankers
- Achsschub, sofern nicht ausgeglichen.

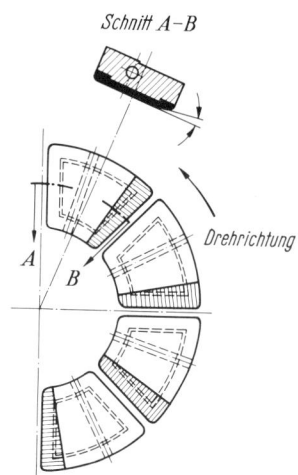

Bild 271 Spurlager einer Francisturbine

Der Maschine wird die Flüssigkeit im allgemeinen über eine Zulaufspirale zugeführt.

Als Werkstoff für Laufschaufeln sowie für Leitschaufeln kommt Stahlguß in Betracht; bei größeren Fallhöhen werden die Leitschaufeln geschmiedet, das Laufrad aus Sonderstahl mit Rücksicht auf die Kavitation ausgeführt. Das Spiralgehäuse wird aus Grauguß hergestellt, mitunter auch aus kegeligen Rohrteilen zusammengeschweißt.

Ü b u n g s b e i s p i e l :

Auslegung einer Francisturbine

Für eine Fallhöhe von 60 m und einen maximalen Wasserstrom $\dot{V}_{1/1}$ = 3 m^3/s ist das Laufrad einer Francisturbine zu entwerfen. Die Turbine soll mit einem Drehstromgenerator unmittelbar gekoppelt werden. Die maximale Saughöhe soll H_s = 2,4 m nicht überschreiten. Aufstellung in 400 m Höhe entsprechend einem Luftdruck von p_a = 0,95 bar. Wassertemperatur 20°C.

Lösung:

Die Drehzahl ist bei Wasserströmung nicht durch die Festigkeit, sondern durch die Kavitation begrenzt.

Mit dem Dampfdruck p_t = 0,024 bar bei t = 20°C wird

$$\Delta y = (p_a - p_t)/\rho - E_s \qquad (E_s \hat{=} H_s = 24 \text{ Nm/kg für } E_{vs} \approx 0)$$

$$\Delta y = 95 - 2,4 - 24 = 68,6 \text{ Nm/kg.}$$

Tabelle:

n_q	0,045	0,075	0,09	0,18	0,27	0,36	0,4
$\dot{V}/\dot{V}_{1/1}$	0,81	0,82	0,83	0,85	0,87	0,9	0,91
$\eta_{1/1}$	0,78	0,8	0,82	0,83	0,83	0,83	0,83
S	0,65	0,76	0,86	0,95	0,91	0,80	0,74

Die Tabelle liefert Erfahrungswerte für Francisturbinen. Da das Turbinenrad weniger empfindlich gegenüber Kavitation ist als das Pumpenrad, liegen die Saugzahlen recht hoch

$$\Delta y = \left(\frac{n\sqrt{\dot{V}}}{\sqrt{k}\,S}\right)^{4/3} \quad \rightarrow \quad n = \Delta y^{3/4}\,\frac{S\sqrt{k}}{\sqrt{\dot{V}}}.$$

Für fliegend aufgehängtes Rad kann k = 1, nach den Richtwerten in der Tabelle die Saugzahl S etwa gleich 0,9 gesetzt werden.

$$n = 68,6^{0,75}\,(0,9/\sqrt{3}) = 12,3 \text{ U/s} \hat{=} 740 \text{ Upm.}$$

Wegen des Anschlusses an Drehstromgenerator wird n = 750 Upm gewählt.

$$n_{q\,1/1} = n\,\sqrt{\dot{V}_{1/1}}/Y^{0,75} \quad \rightarrow \quad n_{q\,1/1} = 750/60 \cdot \sqrt{3}/(60g)^{0,75} = 0,18.$$

Es zeigt sich, daß die Saugzahl und somit Δy für $n_{q\,1/1} = 0,18$ vorsichtig beurteilt worden ist (s. Tabelle).

$$\eta_{1/1} = 0,83.$$

Nutzleistung: $\quad P_{1/1} = \dot{V}\,\rho\,Y\,\eta \quad \rightarrow \quad P_{1/1} = 3 \cdot 10^{3} \cdot 60\,g\,0,83$

$$P_{1/1} = 1470.000\,\text{W} \,\hat{=}\, 1470\,\text{kW}.$$

Der Wellendurchmesser ergibt sich aus dem Torsionsmoment:

$$M_d = P/\omega \quad \rightarrow \quad \omega = 2\,\pi\,n \quad \rightarrow \quad \omega = 78,5\,1/\text{s}$$

$$M_d = 1470 \cdot 10^{3}/78,5 = 19.000\,\text{Nm}$$

$$\tau_{zul} = \frac{M_d}{W_p} \quad \rightarrow \quad d_w = \sqrt[3]{\frac{16\,M_d}{\tau_{zul}\,\pi}} \quad \text{mit } W_p = \pi\,d^{3}/16.$$

Wegen der noch nicht bekannten Biegebeanspruchung der Welle wird $\tau_{zul} = 210\,\text{N/cm}^2$ mit großer Vorsicht angesetzt.

$$d_w = \sqrt[3]{\frac{16 \cdot 19000 \cdot 10^{2}}{\pi\,2100}} = 16,4\,\text{cm}.$$

Gewählt wird als Wellendurchmesser $d_w = 17$ cm.
Nabendurchmesser: $d_N = 1,15\,d_w = 19,5$ cm.

Der Auslegungsstrom liegt bei $\dot{V}_N = 0,85\,\dot{V}_{1/1}$:

$$\dot{V}_N = 0,85 \cdot 3 = 2,55\,\text{m}^3/\text{s}.$$

Die spezifische Drehzahl wird im Berechnungspunkt

$$n_{q\,N} = n\,\sqrt{\dot{V}_N}/Y^{0,75} \quad \rightarrow \quad n_{q\,N} = 750/60 \cdot \sqrt{2,55}/(60g)^{0,75} = 0,167.$$

Über die Einlaufziffer $\varepsilon^2 = 2,6\,(n_q\,\tan\beta_{oa})^{4/3}$ ergibt sich die Ausströmgeschwindigkeit c_o.

Als optimaler Wert für β_{oa} (Schaufelwinkel an der Außenkante) wird 21° empfohlen.

Aus Kavitationsgründen sollte dieser Winkel 20° nicht unterschreiten.

$$\varepsilon^2 = 2,6 \ (0,167 \tan 21^o)^{1,33} \quad \rightarrow \quad \varepsilon = 0,31.$$

$$c_o = \varepsilon \sqrt{2\,Y} \quad \rightarrow \quad c_o = 0,31 \ \sqrt{2g\ 60} = 10,6 \ \text{m/s}.$$

Der Außendurchmesser wird dann

$$d_s^2 \ \pi/4 = \dot{V}_N/c_o \quad \rightarrow \quad d_s = \sqrt{(4 \cdot 2,55)/(\pi \ 10,6)} = 0,555 \ \text{m}.$$

$$d_s = 60 \ \text{cm} \qquad \text{gewählt.}$$

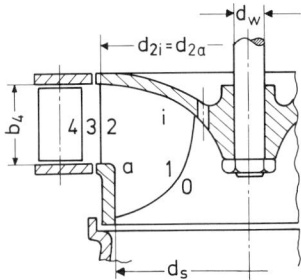

Bild 272

Das ist gleichzeitig der Außendurchmesser d_{1a} am Radaustritt. Die Meridiankomponente der Strömung c_m kann im Rad konstant gehalten werden, sollte aber im Bereich größerer Schnelläufigkeit an der Druckseite nicht zu hoch werden. Da nämlich c_{3u} dann stark abnimmt, c_3 also im Auslegungspunkt sehr steil zufließt, müßte der Drehwinkel der Leitschaufeln sehr groß werden, was auf Schwierigkeiten beim Verstellmechanismus führt.

Da n_q hier nicht sonderlich hoch ist, kann $c_{3m} = c_o$ gesetzt werden. Dies ist dann ein Mittelwert für die Druckkante. An der Innenkante soll der Schaufelwinkel möglichst ein rechter sein (Bild 263A): $\beta_{2i} = 90^o$.

Somit ergibt sich nach Euler die Umfangsgeschwindigkeit:

$$u_{2i} = \sqrt{Y_{sch}} \qquad \text{mit} \qquad Y_{sch} = \eta_{hydr} \ Y = 0,87 \cdot 60 \ g$$

$$u_{2i} = \sqrt{g \ 0,87 \cdot 60} = 22,6 \ \text{m/s}$$

$$d_{2i} = 2 \ u_{2i}/\omega \ = 2 \cdot 22,6/78,5 = 0,577 \ \text{m} \ .$$

Aufgrund der Zahlenwerte für die Durchmesser kann die Druckkante achsparallel ausgeführt werden, also $d_{2a} = d_{2i}$ gesetzt werden.

Die Eintrittsbreite und somit die Leitschaufelhöhe ergibt sich aus

$$b_4 = \frac{\dot{V}_N}{\pi\ d_{2a}\ c_{3m}} = \frac{2,55}{\pi\ 0,577 \cdot 10,6} = 0,133\ \text{m}\ .$$

Es können nun die Seitenwandungen gezeichnet werden, wobei die Wandkrümmungen möglichst gleichmäßig sind. Es wird dann die Saugkante $\overline{a_1 i_1}$ eingezeichnet, wobei diese die Stomfäden möglichst steil schneidet, andererseits aber die Schaufel weder innen noch außen zu lang sein sollte.

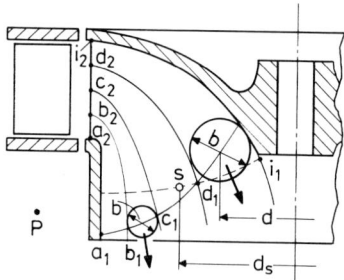

Bild 273

Wir greifen nun ein Anzahl von Stromfäden so heraus, daß zwischen ihnen jeweils der Teildurchsatz gleich ist, so daß $\overline{b\ d} = \text{const}$ ist.

Die Durchströmgeschwindigkeit vor allem beim Schnelläufer wird nicht über die ganze Saugkante gleich sein (Annäherung an eine Zirkulationsströmung; die Stromfäden kreisen etwa um einen gedachten Punkt "P"). Es ist dann c_m für die Punkte a_1 bis i_1 zu berechnen.

Berechnung für d_1: Niveaukurve (Potentiallinie) durch d_1, Schwerpunkt S dieser Linie; d_s ist Rotationsdurchmesser für die Linie der Länge 1. Es ist dann $A_s = d_s\ \pi\ 1$ die Austrittsfläche an dieser Stelle, $\dot{V}/A_s = c_2(d_1)$ die entsprechende Geschwindigkeit dort. Analog können, falls nötig, die Meridiangeschwindigkeiten am Schaufeleintritt festgelegt werden. Der Schaufelaustrittswinkel läßt sich nunmehr aus $\tan \beta_1 = c_1/u_1$ an den einzelnen Stellen ausrechnen, wobei die Schaufelwinkel in Wirklichkeit etwas kleiner auszuführen sind wegen der endlichen Schaufeldicke.

Die Schaufelwinkel am Eintritt errechnen sich über die Euler-Gleichung

$$c_{2ui} = Y_{sch}/u_{2i}\ .$$

In dem betrachteten Falle ist jedoch wegen der Konstanz der Umfangsgeschwindigkeit c_{2u} und somit auch der Schaufelwinkel an der Eintrittskante gleich.

Die Rechnungen für die einzelnen Stromfäden werden am besten tabellarisch durchgeführt.
Somit sind die Schaufelwinkel für jeden Stromfaden bekannt, die Schaufeln können gezeichnet werden. Hat man die Schaufelform in Aufriß und Seitenriß entworfen, werden Bretter nach dem Entwurf ausgeschnitten und diese übereinander zu einem Modellklotz verleimt (Schreinerschnitte). Die Blech- oder Profilschaufel kann alsdann nach dem bearbeiteten Modellklotz etwa zwischen Ober- und Untergesenk durch Pressen über einen Abguß aus Stahl herausgeformt werden.

7.4 Kaplanturbine

Das Kaplanrad stellt die schnelläufigste Bauart unter den Wasserturbinen dar. Es arbeitet mit spezifischen Drehzahlen von 0,45 bis 0,9, wird also in erster Linie für geringe Gefälle eingesetzt, wie sie bei Flußkraftwerken auftreten.

Die Laufschaufeln sind axial angeordnet, die Leitschaufeln hingegen zumeist radial. Jedoch baut man heute bereits "Rohrturbinen", bei denen sowohl Laufrad als auch Leitrad in axialer Richtung hintereinander angeordnet sind. Der Außenkranz der Laufschaufeln wird fortgelassen, die Zahl der Schaufeln ist nur gering (zwischen 3 und 8). Entsprechend wird ein Teil der Stromfäden beim Durchtritt durch den Laufkranz nur sehr unvollständig umgelenkt. Die Schaufelkräfte werden also durch die unterschiedlichen Drücke an Ober- und Unterseite der Schaufel hervorgerufen und können nach der Tragflügeltheorie berechnet werden.

Bild 274   Laufrad einer Kaplanturbine
            (42 MW)

222

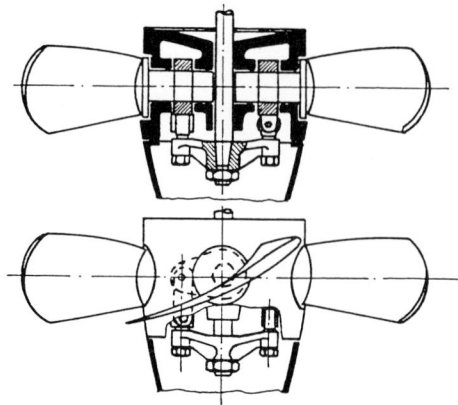

Bild 275 Laufschaufelregelung
          einer Kaplanturbine

Die Schaufel ist in ihrer Länge verwunden. Der Grund dazu ist in der vom Schaufelfuß bis zur Schaufelspitze wachsenden Umfangsgeschwindigkeit zu suchen (Bild 276). Zur Verarbeitung der gleichen, durch die Leitschaufel gelieferten Umfangskomponenten c_{2u} längs der gesamten Schaufel ist, um unrichtige Anströmung der Laufschaufel zu vermeiden, am Fuß eine stärkere Krümmung notwendig als am Kopf.

Der Durchmesser der Nabe ist abhängig von der Fallhöhe. Wegen des aufzunehmenden Regelgestänges wird er jedoch meist recht groß ausgeführt (häufig um 40 % des Radaußendurchmessers). Eine strömungsgünstige Kappe trägt zur Vermeidung von unnötigen Strömungsverlusten bei.

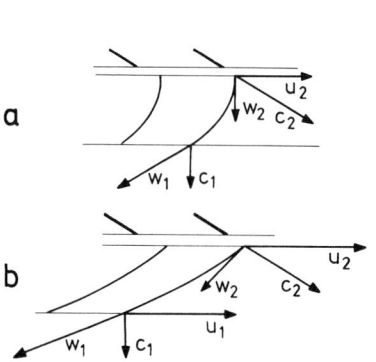

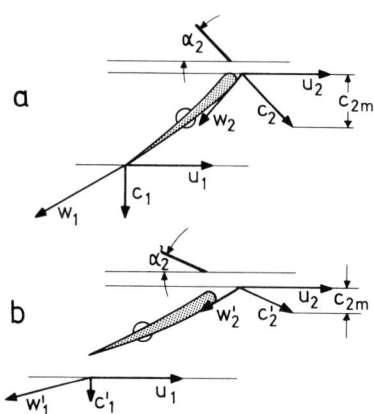

Bild 276 Verwindung der Laufschaufel,
          Geschwindigkeitsdreiecke
          a) am Schaufelfuß
          b) am Schaufelkopf

Bild 277 Auswirkung der
          Laufschaufeldrehung
          a) $\dot{V} = \dot{V}_N$ b) $\dot{V} = 1/2\ \dot{V}_N$

Heute werden axiale Propellerturbinen nur noch als Kaplanturbinen gebaut, d.h., es werden sowohl die Leitschaufeln (Ausführung wie beim Francisrad) als auch die Laufschaufeln drehbar ausgeführt.

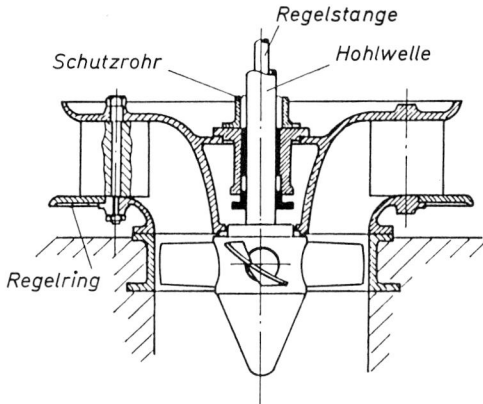

Bild 278 Kaplanturbine (Schnittfigur)

Konstruktiv wird durch eine Regelstange über ein mehrarmiges Kreuz die steuernde Hubbewegung durch seitlich den Schaufelzapfen fassende Hebel in Drehbewegung umgeformt. Bild 277 zeigt die Geschwindigkeitsverhältnisse bei der kombinierten Regelung von Leit- und Laufrad:

Beim Schließvorgang der Leitschaufel durch Drehung vermindert sich c_m, gleichzeitig ändert c_2 die Richtung. Die Eintrittsrichtung w_2 ist stärker geneigt, so daß die Laufschaufel entsprechend der neuen Relativrichtung nachgedreht werden muß. Es zeigt sich, daß auch im Regelbereich die Drallkomponente am Austritt nahezu verschwindet, so daß der Wirkungsgrad der Maschine im gesamten Betriebsbereich hoch ist (Bild 282). Aus dem Diagramm geht die erhebliche Wirkungsgradsteigerung im Teillastbereich durch die Laufschaufelregelung hervor.

Kaplanturbinen werden heute für Leistungen bis zu 100.000 kW und mehr gebaut. Die Raddurchmesser liegen bei Anlagen dieser Leistung bei 6 bis 8 Metern.

Von besonderen Interesse bei der Energiegewinnung aus geringsten Fallhöhen sind die Rohrturbinen. Sie bieten infolge ihrer eindeutigen Durchströmrichtung die Möglichkeit, die gesamte Turbinenanlage einschließlich Generator in den Staudamm einzubauen. Die ganze Anlage wird dann vom Wasserlauf überflutet (Bild 279).

Ü b u n g s b e i s p i e l :

Auslegung einer Kaplanturbine

Für eine Fallhöhe H = 4 m und einen maximalen Durchsatz von $\dot{V}_{1/1}$ = 6 m³/s soll eine Kaplanturbine berechnet werden.

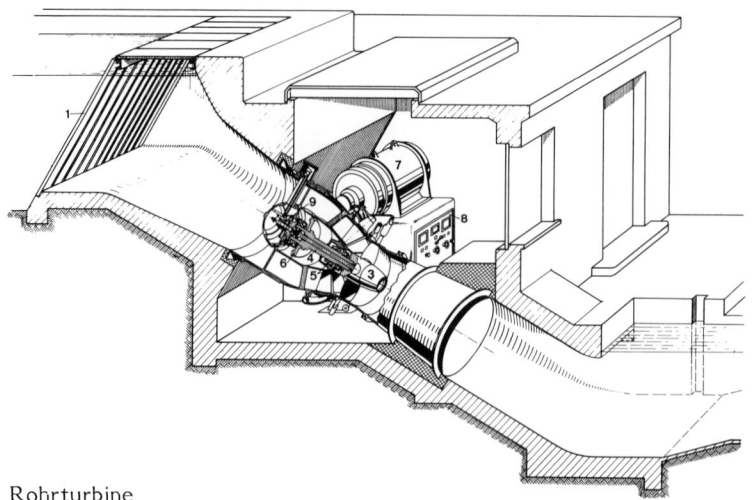

Bild 279 Rohrturbine

      1) Einlaufrechen 2) Leitrad 3) Laufrad 4) Turbinenwelle mit Lagerung

      5) Stopfbuchse 6) Getriebe 7) Generator 8) Schalttafel 9) Regler

Durchtrittsgeschwindigkeit

$$c_o = \varepsilon \sqrt{2\,Y} \quad \text{mit} \quad \varepsilon^2 = 2{,}6\,(n_q \tan \beta_{oa}/\sqrt{k})^{4/3} \qquad \text{(Gl. 126)}$$

$n_q = 0{,}6$ geschätzt; $\beta_{oa} = 20^o$ angenommen;

$$k = 1 - (0{,}4/1)^2 = 0{,}84$$

$$\varepsilon^2 = 2{,}6\,(0{,}6 \tan 20^o/\sqrt{0{,}84})^{1{,}33} = 0{,}62.$$

$$c_o = 0{,}62\,\sqrt{2 \cdot 4g} = 5{,}52 \text{ m/s} \qquad c_o = 5{,}5 \text{ m/s} \qquad \text{festgelegt.}$$

Tabelle:

n_q	0,42	0,51	0,6	0,68
z	7	6	5	4
$n_{1/1}$	0,83	0,84	0,84	0,85
$S_{1/1}$	0,82	0,73	0,68	0,64

Durchmesser: $\dot{V}_{1/1}/c_o = d_s^2\,\pi/4$

$$d_2 = d_s = \frac{4}{\pi}\,\frac{\dot{V}_{1/1}}{c_o} = 4 \cdot 6/(\pi\,5{,}5) = 139 \text{ cm}$$

$$d_2 = 1{,}4 \text{ m} \qquad \text{festgesetzt.}$$

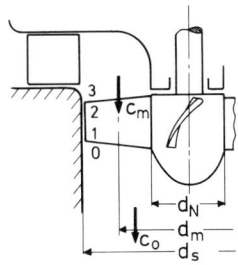

Bild 280

Den Nenndurchsatz legen wir bei $\dot{V}_N = 0,8\ \dot{V}_{1/1} \rightarrow \dot{V}_N = 4,8\ m^3/s$. Die Drehzahl ist durch die Saugfähigkeit begrenzt:

$$\Delta y = \left(\frac{n\ \sqrt{\dot{V}}}{\sqrt{k'S}}\right)^{4/3} \qquad \text{(Gl. 122a)} \qquad n = (\Delta y)^{0,75} \frac{\sqrt{k\ S}}{\sqrt{\dot{V}}}.$$

Laut Tabelle dürfte die Saugzahl bei $S = 0,68$ liegen. Die Aufstellungshöhe über dem Saugwasserspiegel sollte aus baulichen Gründen $e_s = 0,5\ m$ nicht unterschreiten.

$$\Delta y = (p_a - p_t)/\rho\ - E_s.$$

Mit dem Atomsphärendruck $p_a = 1$ bar und einem Dampfdruck von $p_t = 0,02$ bar sowie $E_s \approx g\ e_s$ wird

$$\Delta y = 100 - 2 - 5 = 93\ Nm/kg.$$

$$n = 93^{0,75}\ (\sqrt{0,84} \cdot 0,68/\sqrt{6}) = 7,6 \,\hat{=}\, 457\ Upm$$

gewählt: $n = 375$ Upm mit Rücksicht auf die elektrische Abtriebsmaschine. Damit wird

$$n_{q\ 1/1} = 375/60\ \sqrt{6}/(4g)^{0,75} = 0,955.$$

Die spezifische Drehzahl erscheint recht hoch; die Drehzahl wird auf den kleineren Wert $n_{1/1} = 250$ vermindert. Daraus ergibt sich

$$n_{q\ 1/1} = 0,635, \qquad \Delta y = 46\ Nm/kg \qquad \text{und} \qquad e_{s\ max} = 5,1\ m.$$

Mittl. Durchmesser: $\qquad d_m = 0,7\ d_a = 0,98\ m.$

Umfangsgeschwindigkeit: $\quad u_m = d_m\ \pi\ n \rightarrow u_m = 0,98\ \pi\ 4,16 = 12,8\ m/s.$

Die Euler-Gleichung liefert

$$c_{2u} = g H/u_2 \rightarrow c_{2u} = 39,2/12,8 = 3,06\ m/s.$$

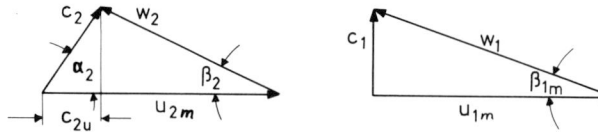

Bild 281 Geschwindigkeitsdreiecke

Mit $c_{mN} = 0,8 \; c_{m \; 1/1} = 0,8 \cdot 5,5 = 4,4$ m/s liegt das Eintrittsdreieck fest (Bild 281). Aus dem Geschwindigkeitsdreieck ergibt sich $\alpha_2 = 61^{\circ}$ und $\beta_{2m} = 29,5^{\circ}$. Ebenso liegt wegen drallfreien Austritts nunmehr auch das Austrittsdreieck fest; es ist damit $\beta_{1m} = 23,2^{\circ}$.

Leistung:

$$P_{1/1} = \dot{V} \, \rho \, Y \, \eta = 6 \cdot 10^3 \cdot 4 \; g \; 0,85 \quad \text{mit} \quad \eta = 0,85 \quad \text{nach Tabelle}$$

$$P_{1/1} = 200.000 \; W \;\hat{=}\; 200 \; kW.$$

Die weitere Schaufelauslegung vollzieht sich nach dem Tragflügelprinzip (siehe Berechnungsbeispiel Abschnitt 5.8).

7.5 Vergleichende Betrachtung

Abschließend mag eine ergänzende Gegenüberstellung der Wasserkraftmaschinen folgen. Bezieht man die Drehzahl n und den Durchsatz $\dot{V}$ auf ein Modellrad, welches, geometrisch ähnlich, den Durchmesser $d_1 = 1$ m besitzt und die Fallhöhe $H = 1$ m verarbeitet, so ist die entsprechende Einheitsdrehzahl

$$n_e = n \, d_1 / \sqrt{H} \qquad \text{sowie die Einheitsmenge} \qquad \dot{V}_e = \dot{V}/(d_1^2 \, H)$$

Über das Teillastverhalten gibt Bild 282 Aufschluß.

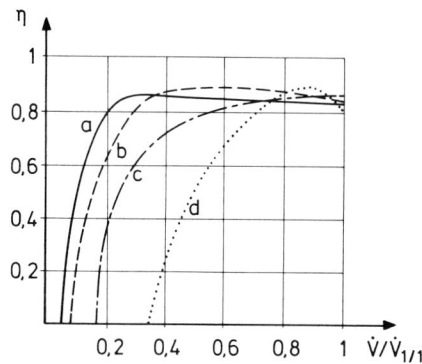

Bild 282 Teillastverhalten der Wasserkraftmaschinen
a) Peltonturbine   b) Kaplanturbine
c) Francisturbine ($n_q = 0,15$)
d) Propellerturbine

Tabelle: Kennwerte der Wasserturbinen

Bauart	Freistrahlturbine (Gleichdruck)		Francisturbine (Überdruck)		Kaplanturbine (Überdruck)
	Becherturbine		Langsamläufer		8 Flügel
	eindüsig *)		Normalläufer		5 Flügel
			Schnelläufer		3 Flügel
n_q	0,01 -	0,015	0,05 -	0,12	0,35
	0,015 -	0,025	0,12 -	0,21	0,42
			0,21 -	0,35	0,6
$\dot{V}_e$	0,007 -	0,018	0,1 -	0,36	1,1
	0,018 -	0,045	0,36 -	0,83	19
			0,83 -	1,28	24
n_e	39,8 -	39,1	61 -	64	115
	39,1 -	38	64 -	72,5	140
			72,5 -	92	170
H_{max}(m)	1800 -	1100	410 -	275	50
	1100 -	400	275 -	100	20
			100 -	35	6

*) bei Wahl von i Düsen $n_{q\,i} = n_q \sqrt{i}$

8 Strömungswandler

8.1 Einführung

Der hydrodynamische Wandler - oft auch als hydraulischer oder Strömungswandler oder in zumeist abgewandelter Bauform als hydraulische Kupplung bezeichnet - verdankt seine Entwicklung und rasche Verbreitung in erster Linie der Tatsache, daß der Kolbenverbrennungsmotor als Antriebsaggregat für Fahrzeuge im Hinblick auf sein Betriebsverhalten denkbar schlecht geeignet ist. Wir wollen darum zunächst diese Eigenschaft ins Auge fassen.

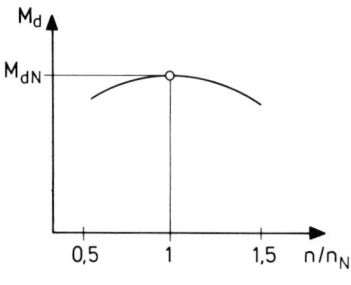

Bild 283

Während die Nutzleistung des Motors je nach Bauart bei wachsender Drehzahl ansteigt, zeigt sich jedoch das Drehmoment und damit die Antriebskraft als nahezu konstant über der Drehzahl und damit auch, starre Verbindung zwischen Motor und Fahrzeug vorausgesetzt, über der Fahrgeschwindigkeit. Der allmähliche Abfall im Bereich höherer Drehzahlen hat seine Ursache in dem abnehmenden Verbrennungsdruck, der sich dank schlechterer Liefergrade bei hohen Drehzahlen einstellt.

Nun ist die Leistung

$$P = F\,w, \tag{139}$$

so daß im Fahrdiagramm (Bild 284) sich das Leistungsangebot hyperbelförmig darstellen lassen muß. Dann würden am Rad bei hohen Fahrgeschwindigkeiten selbstverständlich nur geringe Kräfte bzw. Drehmomente verlangt werden können, jedoch müßten bei niederen Geschwindigkeiten entsprechend niederen Motordrehzahlen große Kräfte abgegeben werden können. Da der Kolbenmotor jedoch nur ein über einen gewissen Drehzahlbereich konstantes Drehmoment abzugeben vermag, wird die angebotene Motorleistung nur an einem einzigen Fahrzustand voll ausgenützt, im übrigen Bereich nur zu Bruchteilen (siehe Kennlinie z.B. des II. Gangs). Durch Einsatz eines mechanischen Schaltgetriebes gelingt es, den Drehzahlbereich, in welchem der Motor ein hohes Drehmoment abgibt, in mehrere Geschwindigkeitsbereiche hinüberzuschieben. Dadurch wird die Motorleistung in einem umfassenderen Fahrbereich ausgenutzt. Erst jetzt können (nach Bild 284) überhaupt erst Steigungen von 20 % und mehr bewältigt werden.

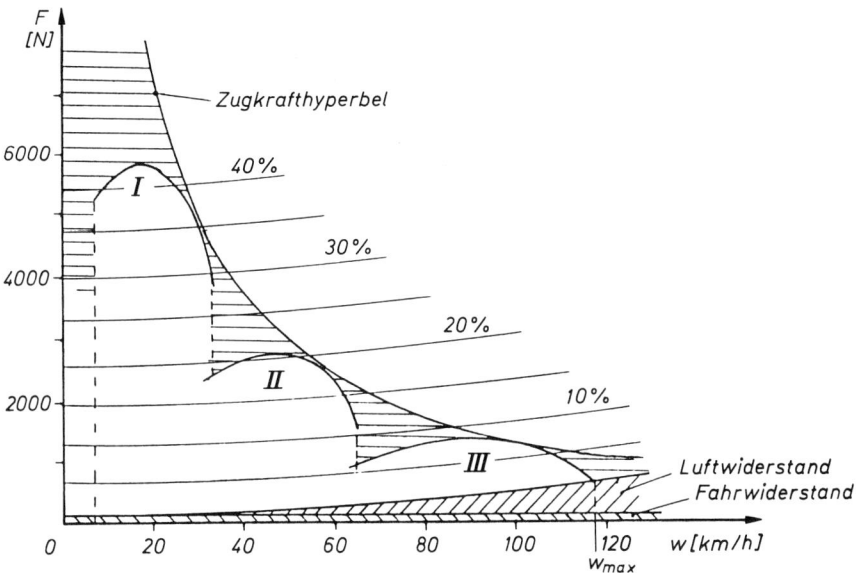

Bild 284 Fahrdiagramm eines Personenkraftwagens

Im Anfahrbereich ist auch jetzt der Motor noch nicht arbeitsfähig. Wir lassen ihn darum auf höherer Drehzahl laufen und entnehmen von dem dort vorhandenen Motordrehmoment einen Teil über rutschende Kupplung.

Die gestrichelten Verbindungslinien zweier Gänge sind erreichbar bei Motorhöchstdrehzahl und Drosselung des Vergasers. Auch jetzt ist die vom Motor angebotene Dauerleistung noch keineswegs vollständig genutzt. Dies zeigen die durch Horizontalschraffur gekennzeichneten Felder und der Anfahrzustand. Darüber hinaus wird durch den Schaltvorgang der Kraftfluß unterbrochen und zusätzliche Beschleunigungsenergie verbraucht.

Die günstige Charakteristik der Turbine legt nun eine hydraulische Verbindung zwischen Motor und Abtrieb nahe, zumal diese eine hochelastische Kupplungswirkung besitzt und nur kleine Übertragungselemente erfordert. Der Wirkungsgrad einer guten Pumpe wie der einer Wasserturbine liegt jedoch bei etwa 0,85, so daß eine Nacheinanderschaltung beider Elemente in einem Übertragungskreis einen nur geringen Gesamtwirkungsgrad erbringen würde. Einen bedeutenden Schritt stellt darum Föttingers Entwicklung dar, der durch direkte Zusammenschaltung in einem Gehäuse Gesamtwirkungsgrade bis zu 97 % erzielte.

Heute sind hydrodynamische Wandler im Gebiet der Antriebs- und Übertragungstechnik weithin verbreitet.

8.2 Der hydrodynamische Drehzahlwandler (hydraulische Kupplung)

In der einfachsten Bauform als Anfahrkupplung bildet eines der Schaufelräder zusammen mit einer Abschlußschale ein Gehäuse (Bild 285), in dem das andere Schaufelrad drehbar eingefügt und das mittels einer Schleifdichtung nach außen abgeschlossen ist. Gehäuseinnenraum und Schaufelräume sind mit Öl gefüllt, im allgemeinen jedoch nicht vollständig.

Das Pumpenrad erzeugt über das Drehmoment der Antriebswelle einen bestimmten Drall in der Flüssigkeit. Mathematisch drückt sich diese Umsetzung durch die Eulersche Hauptgleichung aus:

$$M_d = \dot{m} \, (r_2 \, c_{2u} - r_1 \, c_{1u}).$$

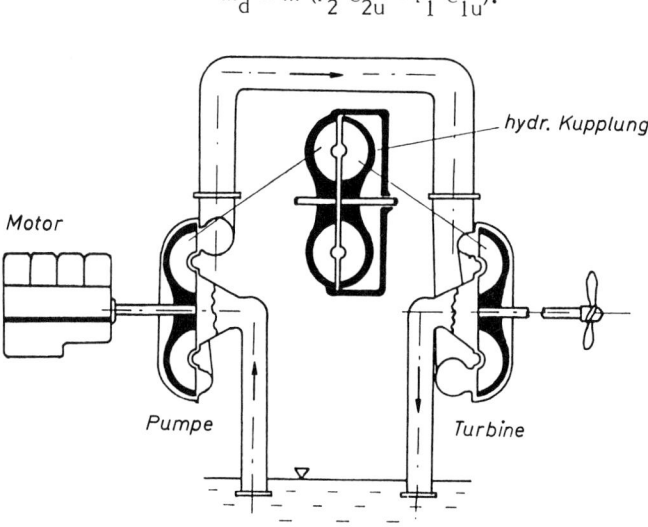

Bild 285 Funktionsschema einer hydraulischen Kupplung

Dieser Drall wird im Turbinenrad wieder abgebaut, d.h., auf die Turbinenschaufel wird eine Impulskraft wirksam, welche die Turbine und damit gleichzeitig die Abtriebswelle antreibt. Die Strömung kreist in der angegebenen Richtung durch Pumpen- und Turbinengitter (Bild 286). Die Dralldifferenz, die in der Turbinenschaufel abgebaut wird, muß gleich derjenigen sein, welche im Pumpenrad erzeugt wird, da zwischen Pumpen- und Turbinenschaufel kein weiteres Glied einen zusätzlichen Drallumsatz gewährleisten könnte:

$$M_{dT} = M_{dP}. \tag{140}$$

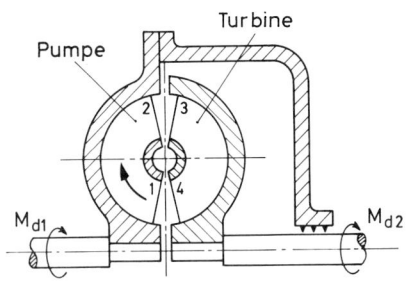

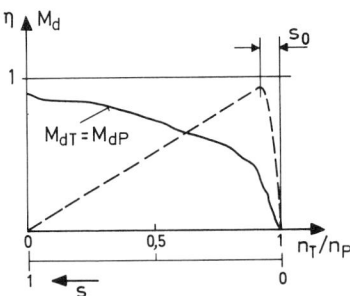

Bild 286 Hydrodynamische Kupplung

Bild 287 Betriebsverhalten der hydrodynamischen Kupplung

Sinkt die Turbinendrehzahl ab, so wird der Druck der strömenden Flüssigkeit auf die Turbinenschaufel größer - das Drehmoment steigt an (Bild 287). Je nach Aufgabenstellung kann der Momentenverlauf durch die Beschaufelungsrichtung und deren Übereinstimmung in Pumpe und Turbine beeinflußt werden. Normalerweise fällt er bis zu einem geringen Schlupfwert nur geringfügig, hernach jedoch steil auf Null ab. Zahlenmäßig wird der Schlupf definiert zu

$$s = \frac{n_P - n_T}{n_P}. \tag{141}$$

Bild 288 Bauteile einer hydrodynamischen Kupplung

Je geringer nun die Abtriebsdrehzahl, um so geringer bei nahezu konstantem Moment auch die übertragene Energie ($P = M_d \, n$). Es ergibt sich daraus, daß der Wirkungsgrad mit sinkender Abtriebsdrehzahl (steigendem Schlupf) nahezu linear fällt.

Für den Kupplungsfall wird die Beschauflung ausgelegt im Sinne eines optimalen Wirkungsgrades im Betriebspunkt. Jedoch liegt in diesem Fall keineswegs völlige Drehzahlgleichheit vor. Nur bei Vorhandensein eines gewissen Schlupfes kann eine Kraft übertragen werden. Bei völligem Gleichlauf ($n_T = n_P$), z.B. bei Talfahrt, kann kein Druck erzeugt werden (wogegen?), die Flüssigkeit kreist drucklos durch den Wandler (Analogie zum Asynchronmotor in der Elektrotechnik). Für den normalen Betriebszustand, also den Kupplungspunkt, liegt der Schlupf im allg. bei $s_o = 1{,}5$ bis 5 %.

Bild 289 zeigt die Geschwindigkeitsverhältnisse am Schaufelgitter einer hydrodynamischen Kupplung. In Bild 289a wird die Schaufel von Pumpe und Turbine ausgelegt für den Kupplungspunkt $n_T = n_P$.

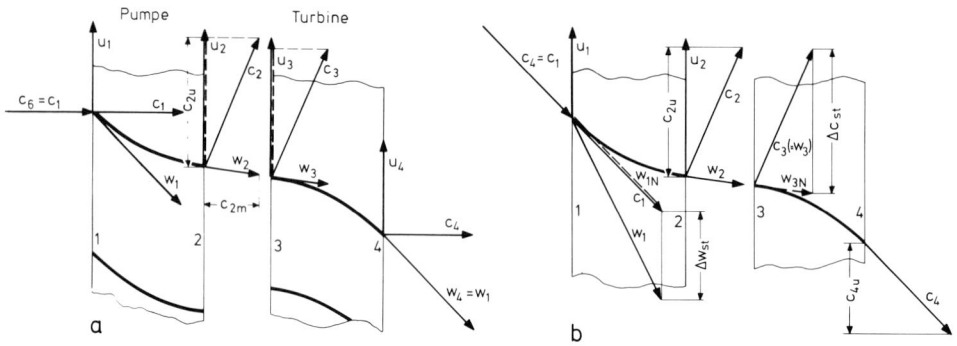

Bild 289 Beschauflung und Geschwindigkeitsverhältnisse an einer hydrodynamischen Kupplung
a) Schaufelauslegung für $n_T = n_P$, $c_{2m}/c_1 = (b_1 \, d_1)/(b_2 \, d_2)$, $M_{dN} = \dot{m} \, c_{2u} \, r_2$
b) Betriebspunkt $n_T = 0$, $M_d = \dot{m}(c_{2u} \, r_2 + c_{4u} \, r_4)$

In der Figur b werden für das einmal ausgelegte Schaufelgitter die Geschwindigkeitsverhältnisse für den Betriebszustand $n_T = 0$ untersucht. Es zeigen sich Stoßverluste sowohl am Pumpen- als auch am Turbinenrad, dargestellt durch die Stoßkomponenten c_{st} bzw. w_{st}, die das Absinken des Wirkungsgrades verursachen.

Es zeigt sich auch, daß das übertragbare Moment mit abnehmender Turbinendrehzahl (Abtriebsdrehzahl) zunimmt (Bild 287).

Eine Änderung des Verlaufs des übertragbaren Moments kann erreicht werden durch

- Veränderung der Schaufelwinkel (auch gerade Schaufeln sind möglich)
- Variation der Radbreite und damit Beeinflussung der c_m-Komponente

- Veränderung des Abstandes der Turbinen- oder auch der Pumpenschaufel von der Welle in radialer Richtung und damit Beeinflussung der Umfangsgeschwindigkeit.

Es bleibt festzuhalten, daß ein Drehmomentenwandel jedoch nicht möglich ist.

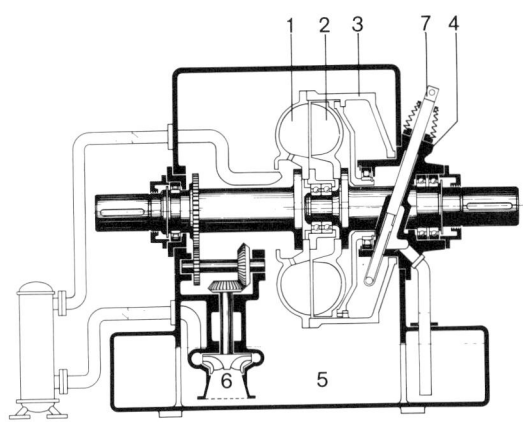

Bild 290 Regelkupplung
1) Primärrad 2) Sekundärrad 3) Schale 4) Schöpfrohrgehäuse
5) Ölbehälter 6) Ölumlaufpumpe 7) Schöpfrohr

Regelkupplung: Durch Anbringung eines Schöpfrohres kann die Kupplung teilweise oder gänzlich entleert werden. Eine Kreisel- oder Zahnradpumpe füllt die Kupplung bei Bedarf wieder auf. Dadurch kann der Abtrieb ganz oder teilweise abgekuppelt werden, der Kupplungsschlupf entsprechend beliebig verändert werden.

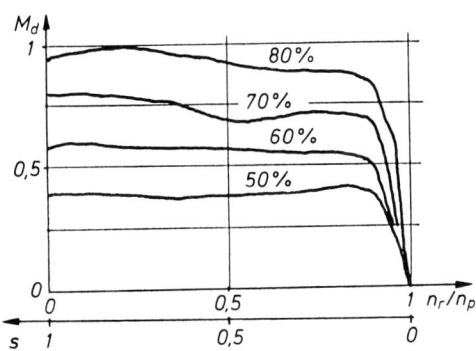

Bild 291 Betriebsverhalten einer Regelkupplung

Da im Falle eines längeren Betriebes mit Schlupf die durch die Antriebsmaschine aufgewendete Leistung teilweise oder gar völlig in Verwirbelungsenergie der Wandlerflüssigkeit und damit vor allem in Wärme umgesetzt wird, das Öl also unzulässig hoch erwärmt werden kann, ist bei größeren Anlagen stets ein Ölkühler vorzusehen (Bild 290).

8.3 Der hydrodynamische Momentenwandler (hydraulisches Getriebe)

Um nun einen Momentenwandel zu erreichen, muß in der Turbine ein größerer Drall abgebaut werden, als der, welcher im Pumpenrad entsprechend dem zugeführten Drehmoment aufgebaut wurde. Damit jedoch das Drallgleichgewicht im Wandler gewährleistet
bleibt, bedarf es eines weiteren Schaufelkranzes, in dem der in der Turbine zuviel
abgebaute Drall wieder "aufgebaut" wird, daß also die in Gegenrichtung rotierende
Strömung wieder derart umgelenkt wird, daß das Medium drallfrei dem Pumpenrad
zuströmt.

Da nun der zugeschaltete Schaufelkranz nur für die Erzeugung einer drallfreien Strömung erforderlich ist, können es gehäusefeste Leitschaufeln sein, die diese Aufgabe
übernehmen. Es kann nun die Leitschaufel so geformt sein, daß deren Eintrittsrichtung
übereinstimmt mit der Turbinenaustrittsgeschwindigkeit für einen anderen als den
Gleichlauffall $n_T = n_P$, etwa für die Übersetzung $n_T = 1/2\, n_P$. Wird die Leitschaufel
nun derart geformt, daß die Strömung stoßfrei in das Pumpenrad geleitet wird, so erreichen wir einen neuen Betriebspunkt mit optimalem Wirkungsgrad. Die Dralldifferenz,
die in der Turbine abgebaut wird, steigt gegenüber dem in der Pumpe erzeugten Drall
an, wobei auch das Abtriebsmoment entsprechend größer wird. Der in der Turbine zuviel umgesetzte Drall wird nun im Leitrad abgebaut, bzw. wird das Restmoment in der
Leitschaufel und damit am Gehäuse "abgestützt". Dadurch wird die Anlage zu einem
Drehmomentenwandler, in dessen Auslegungspunkt unter optimalem Umsetzungsgrad eine Momentenwandlung durchgeführt wird.

Abseits des Auslegungspunktes sinkt der Wirkungsgrad ab, das Abtriebsmoment steigt
mit sinkender Turbinendrehzahl an, fällt also mit steigender Drehzahl (Bild 294).

Bild 292 zeigt die Geschwindigkeitsverhältnisse am Schaufelgitter für drei Betriebs-
punkte, und zwar für

1. $n_T = 0$
2. $n_T = 1/2\, n_P$ (Auslegungspunkt) und
3. $n_T > n_P$ (Durchgangsdrehzahl).

Es wird ersichtlich, daß das Abtriebsmoment bei konstant bleibendem Antriebsmoment
mit sinkender Turbinendrehzahl ansteigt, andererseits aber auch, daß abseits des Auslegungspunktes sowohl im Bereich größerer Drehzahlabweichungen nach oben wie auch
nach unten der Wirkungsgrad durch Stoßverluste erheblich absinkt.

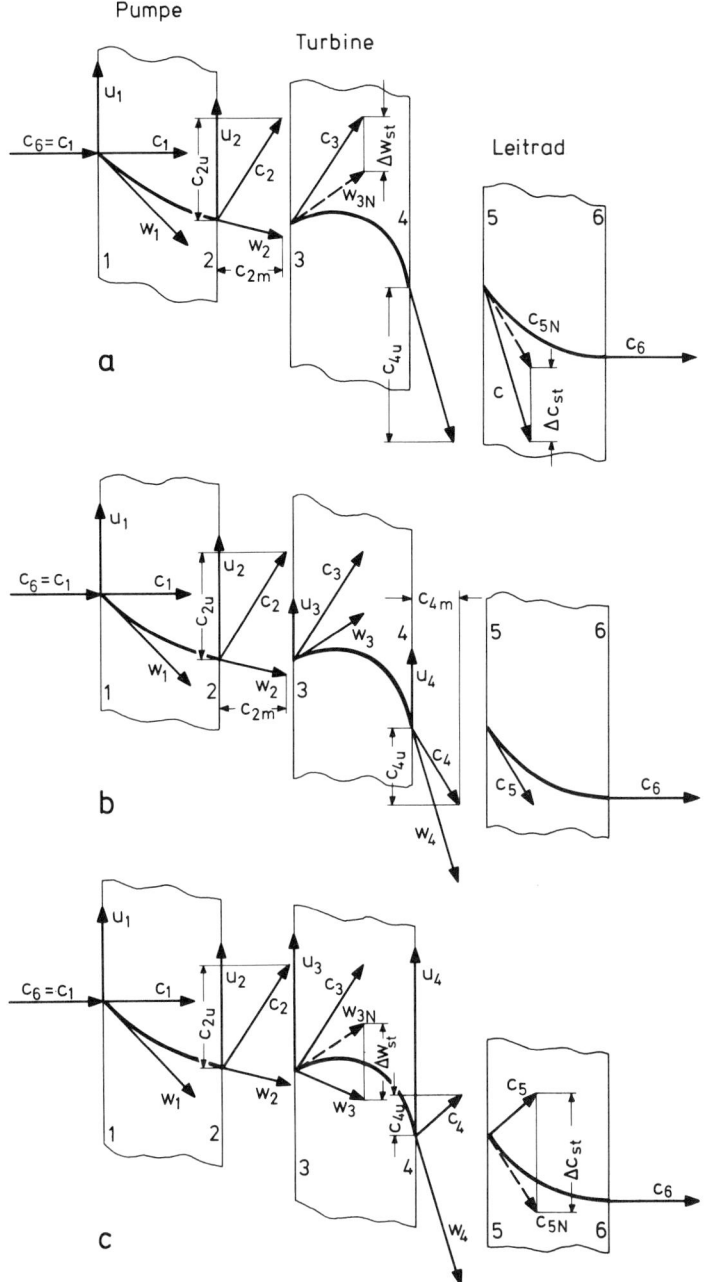

Bild 292 Geschwindigkeitsverhältnisse am Schaufelgitter eines hydrodynamischen
Drehmomentenwandlers

a) $n_T = 0$, Turbine festgebremst, $M_{dT} = c_{2u} r_2 - c_{4u} r_4$

b) $n_T = 1/2\ n_P$, Auslegungspunkt, $M_{dT} = c_{2u} r_2$

c) $n_T > n_P$, Durchgangsdrehzahl, $M_{dT} = c_{2u} r_2 + c_{4u} r_4$

236

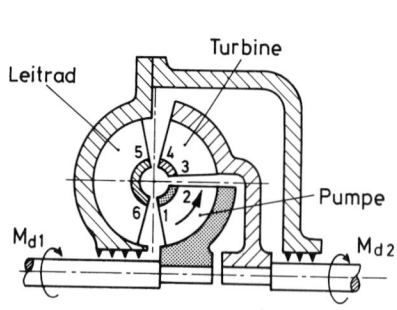

Bild 293 Hydrodynamischer Drehmomentenwandler

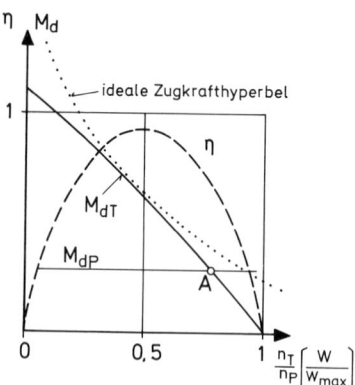

Bild 294 Betriebsverhalten eines hydrodynamischen Drehmomentenwandlers

Bei Übertragung auf den Fall des Kraftfahrzeugantriebs lassen sich die drei Fälle folgendermaßen beschreiben:

1. Turbine fest:

Das Fahrzeug hat großen Widerstand zu überwinden (z.B. am Berg, im Gelände), die Räder und damit die Abtriebsseite drehen langsam. In diesem Falle ist das übertragbare Moment sehr hoch, auf die Räder wird eine große Kraft wirksam. Der gleiche Sachverhalt liegt beim Anfahren vor. Der Übertragungsgrad ist gering, da Abtriebsdrehzahl klein (Bild 294). Die Leistung, die der Antriebsmotor an die Pumpe überträgt, wird allein von der Wandlerflüssigkeit aufgenommen, wobei sich die verwirbelnde Flüssigkeit erwärmt. Die Verluste werden verursacht durch Stöße auf Pumpen- und Turbinenschaufel, da die Schaufelwinkel für diesen Strömungszustand nicht ausgelegt sind.

2. Normalbetrieb:

Die Beschaufelung wird für diesen Fall ausgelegt, so daß die kreisende Flüssigkeit sowohl in die Pumpe als auch in die Turbine stoßfrei eintritt.

3. Durchgangsdrehzahl:

Turbinendrehzahl wird gleich oder größer als Pumpendrehzahl (s. Abschnitt 8.2), beispielsweise bei Talfahrt eines Kraftfahrzeuges. Die Turbine wirkt als Pumpe und versucht den Motor zu beschleunigen. Da der Widerstand desselben jedoch sehr groß ist, wird die Abtriebsseite gebremst (Wandlerbremse). Die Energieübertragungsrichtung ändert sich, der Übertragungsgrad wird null oder gar negativ.

Es ist einleuchtend, daß eine solche Charakteristik für den Antrieb eines Kraftfahrzeuges hervorragend geeignet ist. Einerseits wird die Forderung erfüllt: Großes Drehmoment bei geringen Geschwindigkeiten, kleines Drehmoment bei hohen Geschwindigkeiten. Andererseits steht die Motorleistung, soweit der Wandlerwirkungsgrad das zuläßt, jederzeit vollständig zur Verfügung, da der Motor völlig unabhängig vom Abtrieb stets mit optimaler Drehzahl laufen kann.

Der Drehzahlbereich, in welchem die Turbine mit günstigem Wirkungsgrad arbeitet, hat eine wirtschaftlich vertretbare Spanne von mindestens 2 : 1 bis 3 : 1, gesehen von der Grundübersetzung im Berechnungspunkt aus. Die Grundübersetzung kann sehr hoch sein, etwa 10 : 1, sie kann aber je nach Erfordernis auch sehr gering sein. Anfahrwandler, die nur zum Zwecke des erleichterten Anfahrens eingebaut werden, besitzen im allg. eine hohe Grundübersetzung.

Hydraulische Wandler erreichen Wirkungsgrade von ca. 90 %. Der Wirkungsgradabfall gegenüber einer Kupplung ergibt sich durch die zusätzlichen Veruste infolge Durchströmung des Leitrades.

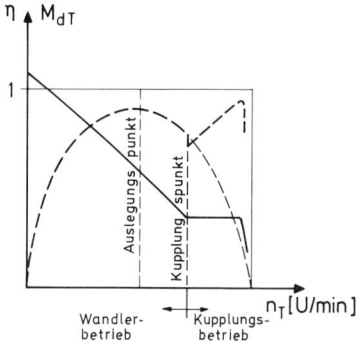

Bild 295 Betriebsverhalten eines Trilokwandlers

Jenseits des Punktes A (Bild 294) unterschreitet das Turbinenmoment dasjenige der Pumpe. Die Leitschaufel wird nun von der entgegengesetzten Seite angeströmt, und zwar, da Strömungsrichtung und Schaufelwinkel bei diesem Betriebszustand im allg. keineswegs übereinstimmen, unten hohen Stoßverlusten (Wirkungsgradverlauf in Bild 294). Da dieser Betriebszustand keine weiteren Vorteile verschafft, läßt man das Leitrad in diesem ab Punkt A nach rechts sich erstreckenden Betriebsfeld häufig frei mitrotieren (Ausführung durch Freilauf, der das Rad einseitig gegen Drehung arretiert). Da das Leitrad nun für eine Momentenwandlung keine Bedeutung mehr hat, wirkt der Wandler nur noch als Kupplung ($M_T = M_p$) mit dem hierbei auftretenden günstigen Übertragungsgrad. Dieses Verfahrenn hat als "Triloverfahren" (Bild 295) weite Verbreitung gefunden.

Übersteigt schließlich die Turbinendrehzahl diejenige der Pumpe - $n_T/n_p > 1$ - (Talfahrt eines Kraftfahrzeuges z.B.), so bremst der Wandler das Fahrzeug.

8.4 Anwendungen des hydrodynamischen Wandlers

Die hydraulische Kupplung (Drehzahlwanderl) findet ihren Einsatz vor allem dort, wo schwere, stoßweise Belastung vorliegt (Kräne, Bagger, Erdbaumaschinen . . .) oder schwierige Anlaufvorgänge zu bewältigen sind (Schiffsmaschinen, schwere Wasserturbinen, Verdichter . . .).

Als einfachste Form wird sie als Anfahrkupplung eingesetzt. Die hohe Drehzahl des Motors, die bereits im Leerlauf erreicht worden ist, wird gegenüber der sich entwickelnden Drehzahl der Arbeitsmaschine durch Schlupf überbrückt. Da der Wärmeanfall hierbei im allg. nicht sehr hoch ist, erübrigt sich die Anwendung eines Ölkühlers.

Die gleiche Kupplungsform kann als Rutschkupplung im Überlastfall eingesetzt werden (Bild 287). Die Kupplung rutscht bei Erreichen eines zu hohen Drehmoments durch; dadurch wird die Maschine vor Überlast geschützt.

In Fällen schwerer Anlaufbedingungen genügt das Wärmespeichervermögen des Öls nicht. Es ist dann eine Kupplung mit Kühlkreislauf zu wählen, wofür jede Regelkupplung mit Schöpfrohr (Bild 290) geeignet ist. Zusätzlich ist ein Ölkühler erforderlich.

Das Zu- oder Abschalten einer Anlage läßt sich durch völlige Entleerung bzw. Auffüllung stoßfrei erreichen. Dabei dauert der gesamte Umfüllvorgnag auch bei großen Leistungen ca. 3 bis 6 Sekunden. Eine teilweise Entleerung bedeutet allmähliche Momentenwegnahme (slip).

In allen diesen Anlagen wirkt sich der Schlupf als Verlust aus. In anderen Fällen, in denen eine Momentenwandlung erforderlich wird, kommt nur ein echtes hydraulisches Getriebe in Frage, welches bereits bei einer bestimmten Grundübersetzung unter gutem Wirkungsgrad das Drehmoment vergrößert.

Ist zusätzlich eine Änderung der Übertragungsleistung ohne Änderung der Motordrehzahl verlangt, so ist der Wandler mit einer Regeleinrichtung zu versehen. Dazu wird im allg. eine Drallregelung durch Verstellung der Leitschaufeln bzw. der Laufschaufeln des Pumpenrades vorgenommen, welche die geringsten Verluste verursacht. Solche Wandler werden z.B. eingesetzt zum Anfahren und Einregeln großer Wasserpumpen in Speicherkraftwerken auf Synchrondrehzahl. Nach beendetem Anfahrvorgang kann die mechanische Kupplung stoßfrei eingerückt und der Wandler entleert werden. Anfahrzeit ca. 25 Sekunden bei Anlagen von 50 000 kW.

Mitunter werden mehrstufige Wandler eingesetzt, wobei jede Stufe eine andere Grundübersetzung hat (Bild 296). Es ergibt sich dann für alle Arbeitsbereiche ein optimaler Wirkungsgrad neben der Tatsache, daß die Antriebsleistung stets voll zur Verfügung steht. Durch Anwendung des Trilokprinzips kann der günstige Wirkungsgrad noch weiter ausgedehnt werden (Bild 295). Der mehrstufige Wandler besitzt allerdings einen niedrigeren Wirkungsgrad wegen mehrfacher Spaltverluste.

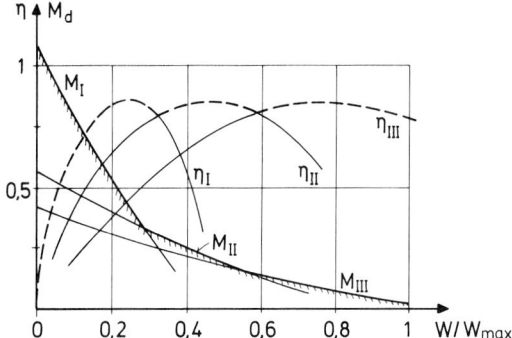

Bild 296 Wirkungsgrad- und Drehmomentenverlauf eines dreistufigen Wandlers

Eine Reihe hervorstechender Eigenschaften hat dem Wandler eine rasche Verbreitung in der Technik verschafft. Es sind dies vor allem:
Die elastische Verbindung zwischen Antriebs- und Abtriebsmaschine, die stufenlose Wandlung des Drehmoments, die Anpassung an die Zugkrafthyperbel in der Fahrzeugtechnik, schließlich auch der geringe Verschleiß und die Wartungsfreundlichkeit durch den Betrieb im Ölstrom.
Der Leistungsverbrauch steigt im allg. bei Einsatz eines Wandlers als Übertragungsglied infolge seines Wirkungsgradverlaufes.

Der Wandler wird als drehzahl- oder drehmomentwandelndes Organ unter anderem eingesetzt in Schienenfahrzeugen, Omnibussen, Baumaschinen, Spezialfahrzeugen (Kräne, Bagger . . .), in Verbindung mit Schiffsantrieben sowie bei vielen stationären Anlagen (Förderbänder, Kompressoren, schwere Werkzeugmaschinen . . .). Auch im Bau von Personenkraftwagen setzt sich der Wandler zur Zeit stark durch. Allerdings muß hier für den Fahrzeughalter mit einem Mehrkostenaufwand von 6 - 8 % gerechnet werden, der aber der Sicherheit und Bequemlichkeit des Fahrers zugute kommt.

8.5 Das Leistungsteilungsgetriebe

Zur Ergänzung soll ein vollständiges Getriebe einfacher Art mit hydraulischem Drehmomentenwandler beschrieben werden, wie es häufig in Omnibussen zum Einsatz kommt. Es handelt sich um ein Leistungsteilungsgetriebe, dessen hydraulischer Teil in erster Linie im Anfahrzustanmd und unter erschwerten Fahrbedingungen eingesetzt wird.

Beschreibung: Vom Motor kommend, wird die Leistung über das Planetenteilungsgetriebe TG weitergeleitet über die Kegelräder a oder b. Dabei ist die Hohlwelle zum Wandler starr mit Rad b verbunden, die Hauptwelle zum Direktantrieb des Fahrzeugs erhält die Leistung über Rad a.

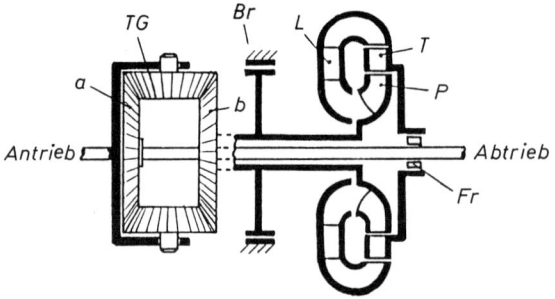

Bild 297 Funktionsschema eines Leistungsteilungsgetriebes

Ist nun der Widerstand am Fahrzeug sehr groß (Anfahren, Bergfahrt ...), so bringt der Motor wegen des niedrigen Drehzahlbereichs das notwendige Drehmoment zum Antrieb des Fahrzeugs nicht auf, vielmehr kann Rad a als starr betrachtet werden, die Planetenräder rollen auf Rad a ab und treiben Rad b und mit ihm die Wandlerwelle an. Die Pumpe P setzt den Flüssigkeitsstrom in Umlauf, so daß über die Turbine T die Abtriebswelle angetrieben werden kann. Das geringe Drehmoment reicht selbstverständlich aus, um die Pumpe anzutreiben. Die Turbine erzeugt ein hohes Drehmoment entsprechend der vorliegenden Übersetzung, wodurch die Kräfte zum Anfahren aufgebracht werden können.

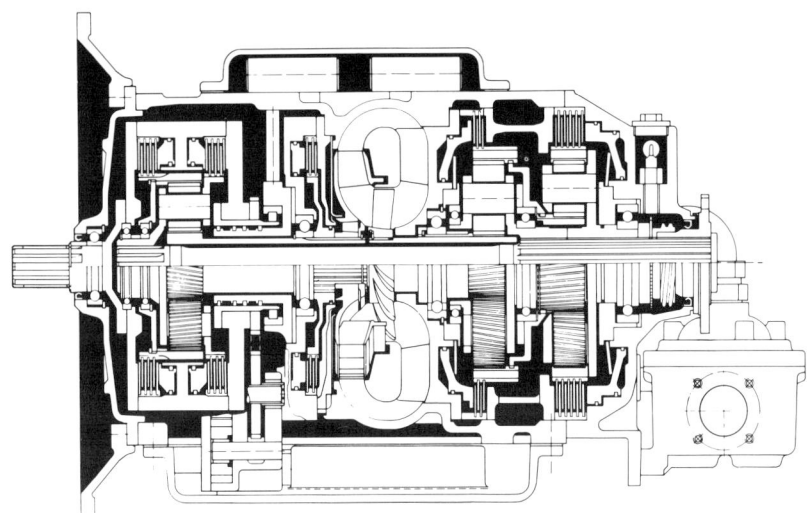

Bild 298 Schnittbild eines Leistungsteilungsgetriebes

Mit wachsender Motordrehzahl steigt das verfügbare Drehmoment der Antriebsmaschine, die Hauptwelle über Rad a wird stärker zur Leistungsübertragung herangezogen. Dabei wird der Motor während des gesamten Anfahrvorganges drehzahlmäßig gedrückt, so daß nur ein allmähliches Eingreifen des mechanisches Teils stattfindet. Der Anfahrzustand wird also vollständig über den Wandler vollzogen. In seiner Übersetzung wird der Wandler so ausgelegt, daß bei Überschreiten seines Wirkungsgradmaximums der Wandler durch die Bremse Br stillgelegt werden kann, so daß die gesamte Leistung nunmehr rein mechanisch über die Hauptwelle übertragen wird. Beim Umschalten auf mechanischen Betrieb (Festbremsen der Wandlerwelle) sinkt die Motordrehzahl infolge des verstärkten Widerstandes zunächst ab und steigt dann allmählich bis zum Vollastpunkt an. Zur Vermeidung von Ventilationsverlusten wird das Turbinenrad über einen Freilauf mit der Hauptwelle gekoppelt, so daß im mechanischen Fahrbereich das Turbinenrad nicht mit umläuft. Es kann jedoch die Turbine nach Wahl zugeschaltet werden, wodurch z.B. bei Talfahrt eine zusätzliche Wandlerbremsung eintritt.

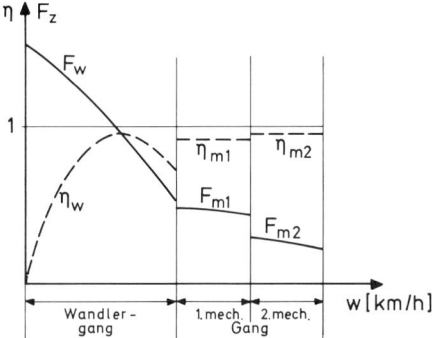

Bild 299 Fahrdiagramm bei Anwendung eines Leistungsteilungsgetriebes

Um das Getriebe den jeweils verschiedenen Betriebsbedingungen anzupassen (z.B. bei Omnibussen Stadtverkehr, Gebirge . . .), ist im allg. ein Schaltgetriebe zugeschaltet, das insgesamt ein oder zwei Vorwärtsgänge und einen Rückwärtsgang besitzt und mit jeweils einer hydraulischen Stufe und einer automatisch geschalteten mechanischen Stufe ausgefahren werden kann.

Die vorgeschaltete Kupplung hat lediglich die Aufgabe, Abweichungen der Achsmitten zwischen An- und Abtrieb auszugleichen, im mechanischen Übertragungsfall Stöße aufzufangen und den Motor vor Überlastung zu schützen.

Die Vorteile einer solchen Kombination von mechanischer und hydraulischer Kraftübertragung liegen auf der Hand: Schwierige Fahrzustände, die mechanisch nur aufwendig und verlustreich überwunden werden können, übernimmt der Wandler. Den Normalfahrzustand übernimmt das mechanische Getriebe mit seinem besseren Wirkungsgrad, welcher im Fall gleichmäßiger Beanspruchung auch tatsächlich zur Auswirkung gelangt.

8.6 Betriebliche Hinweise für Strömungsgetriebe

Normalerweise sind drei Schaltstufen üblich. Der mittlere Öldruck beträgt 3,5 bar, steigt jedoch bei manchen Bauarten bis 12 bar an. Während des Betriebes schwankt der Druck beachtlich.

Betriebstemperaturen von 80 bis 90°C sind normal. Steigt die Temperatur der Wandler-flüssigkeit auf 120°C an, so sollte Abhilfe geschaffen werden (Anhalten des Fahrzeugs und Abstellen des Motors). Bei 160°C besteht Gefahr der Selbstzündung. Hat das Öl einmal diese Temperatur erreicht, so verliert es seine Schmierfähigkeit und muß ausge-wechselt werden. Zu hohe Erwärmung kann bei ungekühlten Anlagen sowohl bei zu langem Anfahrzustand wie auch bei abgetrenntem Abtrieb (Turbine läuft mit Durch-gangsdrehzahl) stattfinden, da in beiden Fällen der Übertragungsgrad $\eta = 0$ ist, d.h. die gesamte vom Motor gelieferte Leistung in Flüssigkeitsverwirbelung umgesetzt wird.

Häufig wird als Betriebsflüssigkeit Mineralöl hoher Dünnflüssigkeit benutzt (5 bis 6° Engler). Das Öl sollte nicht schäumen, nicht oxydieren, gut schmierfähig sein. Mitunter wird Dieselkraftstoff verwendet. Im Schiffbau wird auch oft Süßwasser als Wandler-flüssigkeit benutzt.

9 Gasturbinen

9.1 Der Gasturbinenprozeß – Thermodynamik des Prozesses und Aufbau der Anlage

9.1.1 Offener Prozeß

Eine Gasturbinenanlage setzt sich grundsätzlich aus dem Verdichter, der Turbine und der Brennkammer (oder auch einem als Heizkörper wirksamen Wärmetauscher) zusammen.

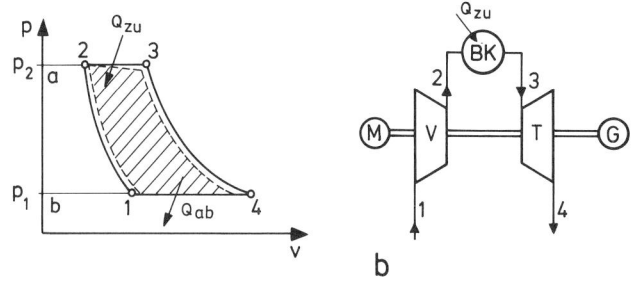

Bild 300 Einfacher offener Gasturbinenprozeß
　　　　　a) Prozeßdarstellung im p-v-Diagramm
　　　　　b) Anlageschema

Der einfachste Prozeß ist der offene Prozeß ohne Wärmetauscher (Bild 300). Die Luft wird aus der Atmosphäre (Zustand 1) angesaugt, im Verdichter V komprimiert auf den Zustand 2, im Gleichdruckverfahren wird Wärme zugeführt unter Temperatursteigerung, das Gas expandiert in der Turbine T auf Außendruck (Zustand 4) und wird ins Freie entlassen. Hier kühlen sich die Gasteilchen auf die Außentemperatur ab, so daß die Wärmeenergie des Gases hinter der Turbine verloren ist (thermischer Wirkungsgrad, Bild 301). Den Prozeß kann man sich zwischen 4 und 1 geschlossen denken, da es für den Ablauf des Prozesses völlig gleichgültig ist, ob es die gleichen Teilchen sind, die den Prozeß wieder durchlaufen oder andere vom gleichen Ausgangszustand. Die Wärmezufuhr kann nur unter gleichbleibendem Druck erfolgen, da weder in der Brennkammer

244

Bk noch in einem Wärmetauscher eine Drucksteigerung aufgenommen werden kann. Die in der Turbine gewonnene Rotationsenergie wird teilweise zum Antrieb des Verdichters benötigt, zum anderen Teil wird sie als Nutzenergie, z.B. zum Antrieb eines Generators G, abgeführt. Die Anlage kann nicht allein anfahren, da zum Betrieb der Turbine verdichtete Luft nötig ist und der Verdichter seinerseits ohne Energiezufuhr nicht arbeitet. Es wird also noch ein Anwurfmotor M benötigt.

Das p-v-Diagramm in Bild 300 zeigt deutlich die Leistungseinbuße, die durch den Antrieb des Kompressors in Kauf genommen werden muß. Statt der gesamten der Turbine entnommenen Energie (Fläche 34ab) verbleibt nach Abzug der Verdichterarbeit (Fläche 12ba) noch die vom Prozeß umschlossene Arbeitsfläche. Die Arbeit, die zum Antrieb des Verdichters notwendig ist, ist im Gegensatz zur erforderlichen Antriebsenergie für eine Kesselspeisepumpe beim Dampfkraftprozeß von erheblicher Größenordnung. Der Grund liegt in dem unbedeutenden Volumen des Speisewassers gegenüber dem der Luft bei gleichem Gewichtsdurchsatz. Die Arbeitsleistung ergibt sich aber als Produkt von Druck und Volumen (W = Δ p v) (s. auch Abschnitt 10.1.1).

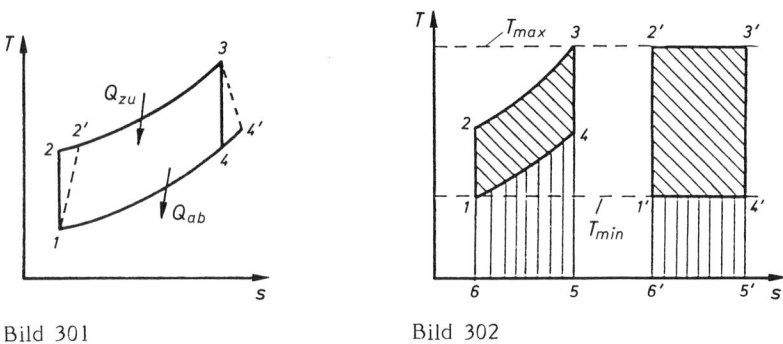

Bild 301   Bild 302

Bild 301 zeigt den offenen Gasturbinenprozeß im T-s-Diagramm. Es wird ersichtlich, daß die Notwendigkeit, die Wärme dem strömenden Gas in der Praxis isobar zuführen zu müssen, den thermischen Wirkungsgrad des Prozesses erheblich verringert. Stellt man sich nämlich zwei Prozesse vor, welche beide zwischen denselben Temperaturen T_1 und T_2 arbeiten (Bild 302), so schneidet jener, dessen Wärmezufuhr- als auch Wärmeabfuhrtemperatur konstant ist (im Diagramm der rechte Prozeß), bezüglich des thermischen Wirkungsgrades am besten ab (Carnotprozeß). Es ist nämlich

$$\eta_{th} = A_{1234}/A_{2356}.$$

Voraussetzung für einen hohen thermischen Wirkungsgrad ist also nicht allein eine maximale Wärmezufuhr und eine minimale Wärmeabfuhrtemperatur, sondern auch eine Konstanz dieser Temperaturen. Das ist aber beim ausführbaren Gasturbinenprozeß nicht gewährleistet.

Beachtet man ferner, daß sowohl Verdichter als auch Turbine einen Maschinenwirkungs-grad besitzen, daß also der Verdichterprozeß infolge irreversibler Nebenprozesse im Sinne zunehmender Entropie statt auf den Zustand 2 zum Zustand 2' gelangt (Bild 301) und der Turbinenprozeß entsprechend zum Zustandspunkt 4' verläuft, so erkennt man eine weitere Abnahme des Wirkungsgrades der Anlage. Im p-v-Diagramm wird deutlich, daß so die Arbeitsfläche des Prozesses von beiden Seiten her abgebaut wird. Zudem be-sitzt auch die Brennkammer einen Wirkungsgrad, so daß sich etwa die in Bild 300 ge-strichelt gezeichnete Prozeßführung ergibt.

Aus all diesen Überlegungen ergibt sich, daß die Gasturbinenanlage in dieser Form nur einen recht geringen Gesamtwirkungsgrad besitzt.

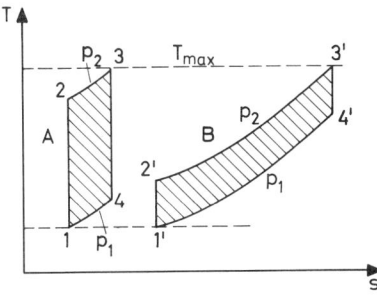

Bild 303

Aus Bild 301 geht außerdem hervor, daß auch der Leistung einer Gasturbine Grenzen gesetzt sind. Die Höchsttemperatur des Prozesses ist T_3, welche durch die Warmfestig-keit der Turbinenschaufel, die ja sowohl durch Fliehkräfte als auch durch Hoch-temperatur beansprucht wird, begrenzt ist. Steigert man nun das Druckverhältnis p_2/p_1 des Kompressors, so ergibt sich nach Bild 303 ein sehr schmaler Prozeß, dessen thermi-scher Wirkungsgrad zwar günstiger ist, dessen Leistungsausbeute allerdings nur gering wird wegen verminderter Wärmezufuhr dank geringer Temperaturspanne zwischen dem Kompressionsende und der Maximaltemperatur T_3. Es ist ferner leicht einzusehen, daß der Einfluß der Maschinenwirkungsgrade (Gütegrad des Prozesses) bei einem derartigen Prozeß wesentlich größer wird. Ein Prozeß schließlich mit geringem Verdichtungsver-hältnis, wie ihn Bild 303B zeigt, dürfte nur einen außerordentlich geringen thermischen Wirkungsgrad erreichen, da die mittlere Wärmezufuhrtemperatur niedrig, die mittlere Wärmeabfuhrtemperatur hoch liegt. Es bietet sich naturgemäß eine Lösung zwischen den Prozeßmöglichkeiten A und B an, für welche sowohl der thermische Wirkungsgrad als auch die Leistungsausbeute annehmbar sind. Die günstigsten Druckverhältnisse liegen je nach Höhe von T_3 bei p_2/p_1 = 4 bis 8. Können höhere Turbineneintrittstempe-raturen erreicht werden, so sind jedoch auch Verdichtungsgrade bis zu 20 möglich, wie sie mit Hilfe von Überschallverdichtern in Strahltriebwerken ausgeführt werden.

Da die Leistung wesentlich vom Druckverhältnis abhängt, ist die Erzeugung großer Energien, wie sie heute der Dampfturbine in großem Stil abverlangt wird, der Gasturbine zumindest im offenen Prozeß nicht möglich. Die größten Leistungen liegen bei ausgeführten Anlagen bei 30.000 bis 60.000 kW.

Es ist einleuchtend, daß die Gasturbine lange Zeit keine breitere Anwendung als Antriebsmittel gewinnen konnte. Aus den vorstehenden Überlegungen geht aber auch hervor, daß das Bestreben im Hinblick auf besseren Wirkungsgrad auf die Beherrschung höherer Gastemperaturen hinausgeht, wodurch gleichzeitig die Forderung nach warmfesteren Schaufelwerkstoffen und besseren Kühlmethoden gestellt werden muß.

9.1.2 Prozeß mit Wärmetauscher

Zur Verbesserung des Wirkungsgrades schaltet man einen Wärmetauscher in den Prozeß ein (Bild 304). Die verdichtete Luft wird zunächst von den Turbinenabgasen vorgewärmt auf T_2' und nimmt dann in der Brennkammer weitere Wärme auf bis T_3 erreicht ist. Es ergibt sich ein Wirkungsgradanstieg der Anlage von ca. 6 ... 10 % je nach Verdichtungsverhältnis und Höhe der maximalen Prozeßtemperatur. Selbstverständlich ist ein Wärmetauscher (WT) nur dann sinnvoll, wenn die Abgastemperatur über der Kompressionsendtemperatur liegt, was nun wiederum nur bei recht schmalen Prozessen mit geringem Druckverhältnis gewährleistet ist. Aus dem in Bild 304 beigefügten Diagramm wird ersichtlich, daß die Nutzarbeit im Verhältnis zur zugeführten Energie beträchtlich angestiegen ist, da ja ein Teil der zuzuführenden Wärme dem ohnehin verlorenen Abgas entzogen wird. Beachtet man, daß auch der Wärmetauscher einen Wirkungsgrad besitzt, da ja beim Wärmetausch ein Temperaturverlust zwischen dem aufzuheizenden Stoff und dem Heizmedium (hier Abgas) unvermeidlich ist, so stellt sich der Vorgang im Diagramm nicht mehr in der gestrichelten Form dar, sondern in der voll ausgezogenen, - die nutzbare Tauschwärme q_{WT} wird entsprechend geringer.

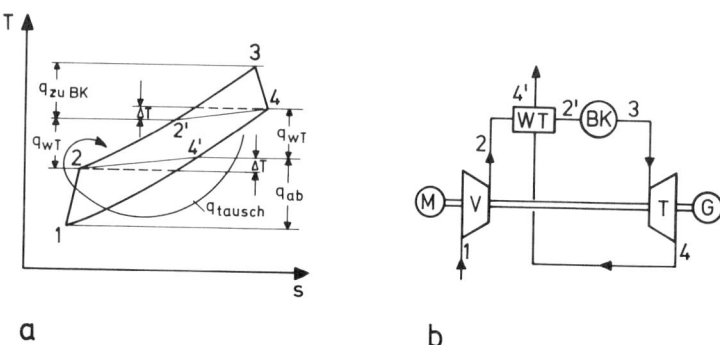

Bild 304 Gasturbinenprozeß mit Wärmetauscher
a) Prozeßdarstellung im T-s-Diagramm
b) Anlageschema

247

9.1.3 Zwischenkühlung und Zwischenerhitzung

Eine weitere Verbesserung des Prozesses wird durch Zwischenkühlung bei der Kompression und Zwischenerhitzung bei der Expansion in der Turbine ereicht.

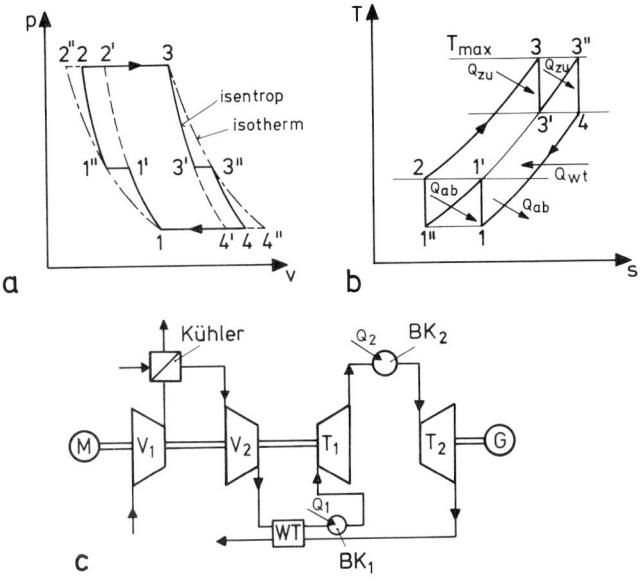

Bild 305 Gasturbinenprozeß mit Zwischenkühlung, Zwischenerhitzung
und Wärmetausch (Zweiwellenanordnung)
a) Prozeßdarstellung im p-v-Diagramm
b) Prozeßdarstellung im T-s-Diagramm
c) Anlageschema

Der Verdichtungsprozeß teilt sich in zwei hintereinandergeschaltete Verdichterstufen auf, zwischen denen das Medium auf Ausgangstemperatur ($T_1 = T_{1''}$) rückgekühlt wird (Bild 305). Man nähert sich auf diese Weise der isothermen Verdichtung, der Prozeß wird "carnotisiert". Die Isotherme ist im p-v-Diagramm (Bild 305a) gestrichelt angedeutet (Linienzug 1 1'' 2''). Man erkennt auf diese Weise den Leistungsgewinn, der durch die Fläche $A_{1'\,1''\,2\,2'}$ dargestellt wird. Die Wärme, die im Wärmetauscher WT_1 an das Kühlmedium abgegeben wird, kann als Heizwärme etwa für Raumheizung nutzbar gemacht werden, wodurch der Ausnutzungsgrad weiter ansteigt. Entsprechend unterteilt man den Turbinenprozeß in zwei Abschnitte, zwischen denen eine Aufheizung auf $T_3 = T_{max}$ vorgenommen wird. Das Prozeßschema im T-s-Diagramm zeigt, daß einmal die Nutzwärme, dargestellt durch die umfahrene Fläche, angestiegen ist, zum anderen, daß durch die geringen Temperaturanstiege im Verdichter bzw. durch die verminderten im Expansionsprozeß die Möglichkeit des Wärmetausches mit Erfolg genutzt werden kann. Unterbricht man schon den Expansionsprozeß der Turbine, so ist es zweckmäßig, die Leistung der ersten Turbinenstufe so auszulegen, daß durch diese der gesamte Verdichter angetrieben werden kann. Die zweite Turbinenstufe dient dann allein zur Erzeugung der Nutzarbeit. Die in Bild 305c dargestellte Zweiwellenausführung bietet dann die Möglichkeit, beide Anlagenteile unabhängig voneinander mit verschiedenen Drehzahlen laufen zu lassen und gestattet eine feinfühlige Regelung (s. Abschnitt 9.5).

9.1.4 Geschlossener Prozeß

Bild 306 zeigt den schematischen Aufbau eines geschlossenen Heißluftprozesses. Nach Austritt aus dem Verdichter wird das Medium zunächst über einen Wärmetauscher durch die aus der Turbine tretende heiße Luft vorgewärmt und wird anschließend in einem Erhitzer weiter auf die maximale Prozeßtemperatur aufgeheizt. Nach Durchgang durch die Turbine und Aufheizung der Verdichterluft im Wärmetauscher durchläuft die Abluft noch einmal einen Kühler, wo sie auf Prozeßeingangstemperatur rückgekühlt wird.

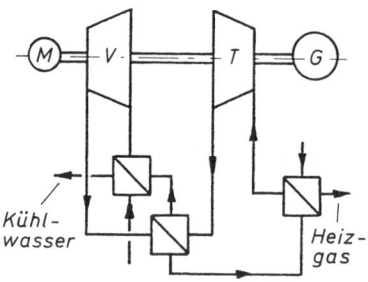

Bild 306 Geschlossener Gasturbinenprozeß

Dieser Prozeß hat den Vorteil, daß die Luft stets sauber umläuft und keine Fremdkörper durch die Verbrennung aufnehmen muß. Das bedeutet gleichzeitig eine geringere Belastung der Turbinen- als auch der Verdichterschaufeln, die beim offenen Prozeß häufig durch Temperaturkorrosion infolge von Ablagerungen gefährdet sind. In der Heizgaserzeugungsanlage dieses Prozesses kann aber jede beliebige Brennstoff verarbeitet werden, was die Wirtschaftlichkeit der Anlage erhöht.

Da man beim geschlossenen Prozeß nicht mehr auf die atmosphärische Luft und ihren Druck angewiesen ist, läßt sich das Druckniveau bei gleichem Verdichtungsverhältnis steigern. So kann man, setzt man ein Verdichtungsverhältnis von $p_2/p_1 = 5$ voraus, den Verdichter z.B. zwischen 10 und 50 bar arbeiten lassen. Das bedeutet, daß bei gleicher Bauweise und gleichen Strömungsgeschwindigkeiten etwa die zehnfache Menge den Prozeß durchläuft, damit aber auch die zehnfache Leistung gewonnen wird. Selbstverständlich sind alle beteiligten Bauteile entsprechend dem höherem Druck auszulegen.

Der Wirkungsgrad des Erhitzers ist ungünstiger als der einer offenen Verbrennung in einer Brennkammer wegen schlechteren Wärmeübergangs, der Bauaufwand wird höher.

Diese Mängel können je nach Art des Einsatzes durch die geschilderten Vorteile des Prozesses aufgehoben werden.

9.2 Bauelemente der Gasturbine

9.2.1 Verdichter (s. auch Abschnitt 5)

Wegen des erheblichen Einflusses des Verdichterwirkungsgrades auf den Gesamtwirkungsgrad der Anlage ist der Verdichterausführung große Aufmerksamkeit zu schenken. Im allgemeinen werden heute Axialverdichter eingesetzt, die im Auslegungspunkt einen höheren Wirkungsgrad besitzen als ein Kompressor radialer Bauart. Da die zu erzielenden Druckverhältnisse nicht allzu hoch sind, andererseits die geforderte Luftmenge aus Kühlungsgründen sehr groß wird, bietet sich diese Bauart auch im Hinblick auf die spezifische Drehzahl an.

Bild 307 Beschauflung des Verdichters einer Gasturbinenanlage

Zur Steigerung des Wirkungsgrades im Teillastbereich werden vielfach drehbare Leit- oder Laufschaufeln eingesetzt. Wegen der Anfälligkeit des Axialverdichters gegenüber der Erscheinung des "Pumpens" und gegenüber Verdichtungsstößen sind sorgfältig ausgeführte Profilschaufeln nötig. Um Verschmutzungen der empfindlichen Kompressorschaufeln zu vermeiden, wird beim offenen Prozeß die Luft vor Eintritt in den Verdichter gefiltert.

9.2.2 Brennkammer

Die Brennkammer (Bild 308) wird im allg. als doppelwandiger Behälter ausgeführt. Zur Verbrennung wird dem Brennstoff zunächst durch den Außenraum nur diejenige Luftmenge zugeführt, die zur vollständigen Verbrennung notwendig ist, wobei im Mittel die Luftzahl λ = 1,5 beträgt. Mittels angebrachter Drallbleche wird die Luft verwirbelt und der fein zerstäubte Brennstoff verbrannt. Auf dem Wege des Abgases durch die Brennkammer wird weitere Luft (Sekundärluft) zugeführt, so daß insgesamt etwa die vier- bis fünffache Luftmenge gegenüber der stöchiometrisch notwendigen verwendet wird. Diese gewaltige Luftmenge dient zur Vermeidung allzu hoher Abgastemperaturen, denen die Turbinenschaufel nicht gewachsen ist.

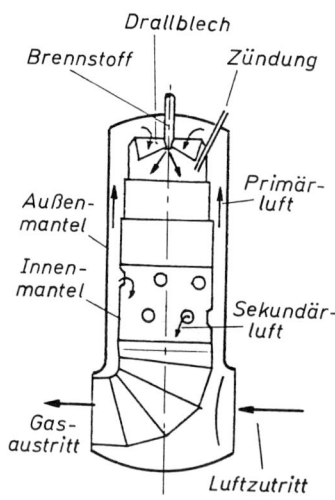

Bild 308 Brennkammer

Infolge der Umströmung des Innenmantels durch die Primärluft ergibt sich ein verhältnismäßig rascher Temperaturabbau zum Außenmantel hin. Nur die Außenwand der Brennkammer wird auf Druck beansprucht, der Innenmantel hat dagegen allein die hohe Wärmebelastung aufzunehmen. Der Wärmeaustausch geschieht zumeist im Gegenstrom.

Als Brennstoffe werden für die Gasturbine im stationären Betrieb Heizöl und Erdgas, für Flugtriebwerke vorwiegend Flugbenzin verwendet. Der geschlossene Prozeß ermöglicht ferner die Verbrennung von Abfallstoffen wie Gichtgas, minderwertige Kohle und Müll.

9.2.3 Turbine

Die Problematik der Gasturbine liegt vor allem in der Hochtemperaturbeanspruchung der Laufschaufel. Im Gegensatz zur Kolbenkraftmaschine ist der Schaufelwerkstoff stets der gleichen Wärmebelastung ausgesetzt. Um die heute üblichen Gastemperaturen von 700°C und mehr auszuhalten, sind spezielle Werkstoffe entwickelt worden wie Nimonic und andere Legierungen auf der Basis von Nickel, Chrom, Kobalt und Molybdän.

Zur Bearbeitung dieser sehr harten Werkstoffe bedarf es besonderer Verfahren. Bild 310 zeigt die Zeitstandsfestigkeit eines hitzebeständigen Werkstoffs unter hoher Wärmebelastung.

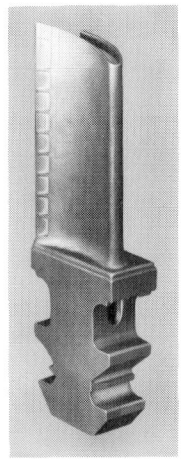

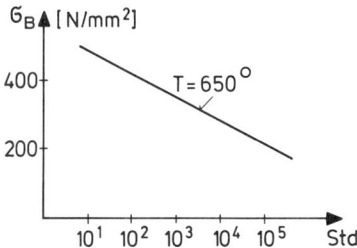

Bild 309 Gasturbinenschaufel
(innengekühlt)

Bild 310 Zeitstandsfestigkeit
warmfester Werkstoffe

Für kurzzeitige Belastungen, wie sie etwa beim Antrieb von Flugzeugen auftreten, kann offenbar die Wärmebelastung erheblich höher sein als bei stationären Anlagen, die über längere Zeiträume dauernd in Betrieb sind. So liegt die Gastemperatur bei stationären Anlagen bei etwa 700°C, bei Flugtriebwerken jedoch bei 1000°C und mehr. Häufig wird die Schaufel zusätzlich von innen gekühlt, indem entweder Verdichterluft durch die Hohlschaufel streicht oder auch nur den Schaufelfluß umströmt.

Im allgemeinen wird die axiale Bauweise bevorzugt, doch kommt bisweilen bei geringen Durchsätzen (z.B. bei Abgasturboladern) auch die Radialturbine vor.

Wegen des verhältnismäßig geringen Druckgefälles bleibt die Stufenzahl begrenzt, bei Flugtriebwerken werden sogar einstufige Anlagen bevorzugt, die zwar wegen höherer Geschwindigkeiten keine optimalen Wirkungsgrade erzielen, dafür aber einfacher und leichter bauen.

Die Beschaufelung wird nach den Grundsätzen der Dampfturbinenschaufel ausgelegt; wegen des Wirkungsgrades liegt Überdruck mit einer Reaktion um 0,5 vor. Der Fuß wird im allgemeinen in Tannenbaumform ausgeführt (Bild 309).

252

9.2.4 Zusammenfassung

Stellt man die wensentlichen Eigenschaften der Gasturbine zusammen, so ergibt sich:

1. hohe Leistung bei geringem Bauvolumen bzw. Baugewicht, jedoch mit mäßigem Wirkungsgrad
2. guter Wirkungsgrad bei Anlagen mit Wärmetauscher und Zwischenüberhitzung
3. mittlere Leistungsgrößen (zwichen 3 und 50 MW)
4. Verwendung billiger Brennstoffe
5. geringe Anlaufzeit, rasche Betriebsbereitschaft
6. ansteigender Zugkraftverlauf über der Drehzahl bei Zweiwellenausführung
7. erhebliche Geräuschentwicklung durch Verdichter und Auspuff (Düse).

Aus diesen Eigenschaften ergibt sich der Einsatz:

a) in Flugzeugen als Antriebsorgan, da hier in erster Linie das geringe Gewicht entscheidet und der Wirkungsgrad eine zweitrangige Rolle spielt
b) in der Energieerzeugung zur Deckung der Spitzenlast
c) in der Industrie als Antriebsmittel (Hüttenwerke, chemische Fabriken) sowie in Verbindung mit Heizwärmeerzeugung im kommunalen Bereich
d) in mobilen Anlagen als Antriebsorgan (Schiffe, Hubschrauber, schwere Fahrzeuge).

9.3 Strahlantriebe

9.3.1 Strahltriebwerk

Eine heute weit verbreitete Anwendung findet die Gasturbine im Strahltriebwerk, welches vor allem zum Antrieb von Flugzeugen dient. Hier wird (Bild 311) die mit der Fluggeschwindigkeit in das Triebwerk eintretende Luft in einem Verdichter komprimiert, in den ringförmig um die Welle verteilten Brennkammern dem Brennstoff zur Verbrennung zugeführt und das Abgas in der Turbine so weit entspannt, daß die Turbi-

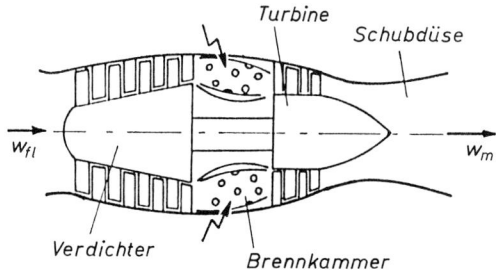

Bild 311

nenleistung ausreicht, um den Verdichter anzutreiben (Dehnungslinie 3 - 4 in Bild 312). Das Gas tritt also mit hoher Energie aus der Turbine heraus und entspannt sich in der nachfolgenden Schubdüse auf den Außendruck. Die Mündungsgeschwindigkeit des Gases ist dann höher als seine Eintrittsgeschwindigkeit und kann durchaus bei Anwendung einer Lavaldüse trotz hoher Gastemperatur höher als die Schallgeschwindigkeit sein.

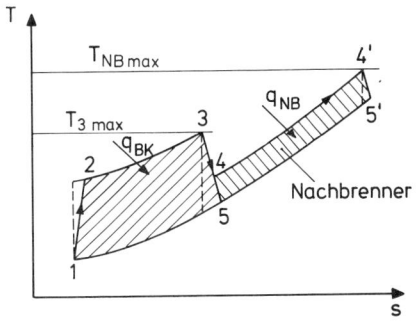

Bild 312 Prozeßschema eines Strahl-
triebwerks mit Nachbrenner

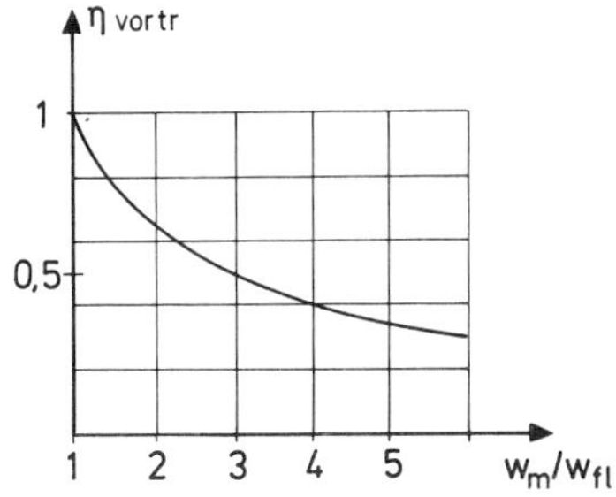

Bild 313

Nach dem Impulssatz ist die Schubkraft

$$S = \dot{m}_m \, w_m - \dot{m}_1 \, w_{fl},$$

sofern die Düse auf den richtigen Außendruck entspannt. Nun ist die austretende Masse $\dot{m}_m$ zwar um die zugeführte Brennstoffmenge größer als die in das Triebwerk eintretende Luftmenge $\dot{m}_1$, wegen der Kühlung der Turbinenschaufel ist aber die erforderliche Luftmenge etwa 60 bis 70 mal so groß wie die Brennstoffmenge, so daß näherungsweise $\dot{m}_1 = \dot{m}_m$ gesetzt werden kann:

$$S = \dot{m}(w_m - w_{fl}). \tag{142}$$

Somit wird die Nutzleistung

$$P = w_{fl} \, S = \dot{m} \, w_{fl} \, (w_m - w_{fl}) \tag{143}$$

und der Vortriebswirkungsgrad mit der zur Verfügung stehenden Energie des Strahls

$$P_{verf} = \dot{m} \, (w_m{}^2/2 - w_{fl}{}^2/2)$$

$$\eta_{vortr} = \frac{2}{1 + w_m/w_{fl}} \tag{144}$$

oder mit $w = w_m - w_{fl}$

$$\eta_{vortr} = \frac{1}{1 + 0,5 \, \Delta w/w_{fl}}. \tag{144a}$$

Es wird ersichtlich, daß zur Erzeugung großer Schubkräfte ein großer Massendurchsatz, also auch hohe Fluggeschwindigkeit und damit gleichzeitig eine um so höhere Austrittgeschwindigkeit notwendig ist. Im Gegensatz dazu ist jedoch der Wirkungsgrad bei hohen Durchsatzbeschleunigungen (hohes Δw) schlecht, so daß von diesem Triebwerk, das ja noch einen inneren thermischen und einen Maschinenwirkungsgrad aufweist, keine gute Brennstoffausnützung erwartet werden kann.

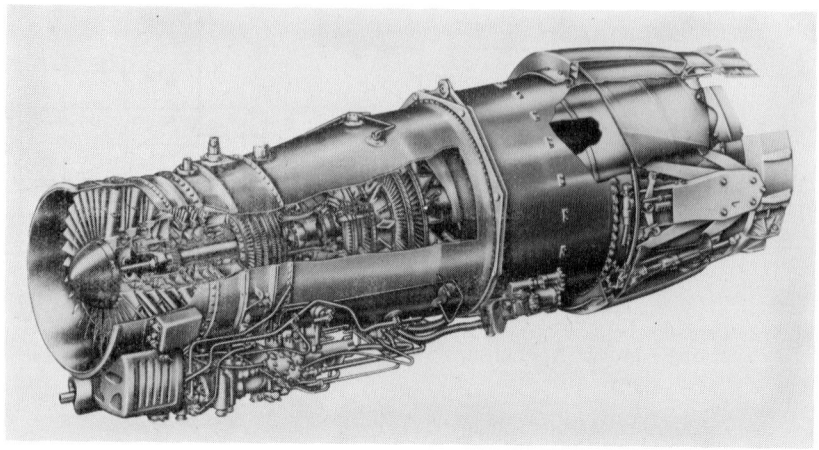

Bild 314   Strahltriebwerk RB 199 zum Antrieb Tornado

Vielfach spritzt man hinter der Turbine in den Abgasstrahl zusätzlich Brennstoff zur Steigerung der Leistung (Bild 312). Es kommt zu einer weiteren Verbrennung (Nachverbrennung), da ja Luft im Überschuß vorhanden ist. Die Temperatur und damit auch die erzeugbare Schubleistung (Fläche 44'5'5) darf hohe Werte erreichen, da jenseits der Turbine kein gefährdetes rotierendes Maschinenteil mehr vorhanden ist. Wegen des hohen Brennstoffverbrauchs (der schmale Prozeßteil besitzt ersichtlich einen schlechten thermischen Wirkungsgrad) wird diese Maßnahme bei Kampfflugzeugen nur im Bedarfsfalle angewendet. Wegen der variablen Betriebsverhältnisse, die ein Flug in den verschiedenen Höhenlagen und bei verschiedenen Fluggeschwindigkeiten mit sich bringt, wird die Schubdüse oft durch einen Verstellmechanismus mit veränderlichem Mündungsquerschnitt ausgestattet, so daß stets die optimale Entspannung in der Düse erreicht wird.

Die nachfolgende Tabelle zeigt eine Gegenüberstellung der Brennstoffverbräuche für ein TL-Triebwerk und ein Kolbentriebwerk in g/kWh.

w_{fl} (km/h)	400	800	1200
Strahltriebwerk	1230	610	500
Kolbenmotor	300	325	410

Dabei ist zu beachten, daß für hohe Schubleistungen die Kolbenmaschine ohnehin wegen ihres hohen Baugewichts ausfällt. Die Gegenüberstellung macht deutlich, daß das Strahltriebwerk bei hohen Fluggeschwindigkeiten recht gut abschneidet.

9.3.2 Schubrohr

Das Funktionsprinzip des Schubrohres (Bild 315) ist bestechend einfach:

Die Luft tritt mit w_{fl} in den Diffusor ein, wo sie auf w_2 verzögert und der Druck entsprechend erhöht wird. Zwischen 2 und 3 findet die Brennstoffeinspritzung und die Verbrennung statt, die durch die Querschnittsentwicklung gesteuert werden kann. Die Luftgeschwindigkeit in der Brennkammer darf eine gewisse Grenze nicht überschreiten (ca. 50 m/s), da sonst die Flamme ausgeblasen wird. In der Schubdüse wird schließlich eine hohe Mündungsgeschwindigkeit erzeugt.

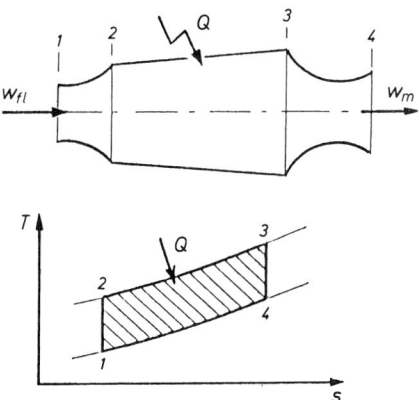

Bild 315 Funktionsprinzip des Schubrohres

Da das Triebwerk im Stand keine Verbrennungsluft aufnimmt bzw. verdichtet, ist der Startschub gleich Null. Somit sind Starthilfen notwendig, z.B. Hilfsraketen. Der innere (thermische) Wirkungsgrad ist im Stand entsprechend Null, bei geringen Fluggeschwindigkeiten äußerst gering, steigt jedoch im Überschallbereich auf hohe Werte an.

9.4 Abgasturbolader

Die Leistung einer Kolbenbrennkraftmaschine, etwa eines Dieselmotors, ist abhängig von der Luftmenge, die pro Hub durch den Zylinder geschleust werden kann und mittels derer eine genau bestimmte Brennstoffmenge verbrannt wird. Verdichtet man die

Frischluft, bevor sie in den Motor eintrtt, so steigt die Luftmenge entsprechend dem Verdichtungsgrad. In diesem Falle kann eine höhere Brennstoffmenge verbrannt werden: Es ergibt sich eine Leistungssteigerung bei gleichbleibender Baugröße der Maschine.

Eine solche Vorverdichtung oder Aufladung wird z.B. dort vorgenommen, wo der Liefergrad von vornherein schlecht ist, also bei Motoren, die unter hoher Temperatur oder unter geringem Druck stehende Luft ansaugen, wie es etwa bei Anlagen vorkommt, die in großen Höhen arbeiten. Darüber hinaus wird heute bereits die Mehrzahl aller Dieselmaschinen aufgeladen, vor allem der Groß-Diesel ist ohne Lademaschine kaum noch denkbar.

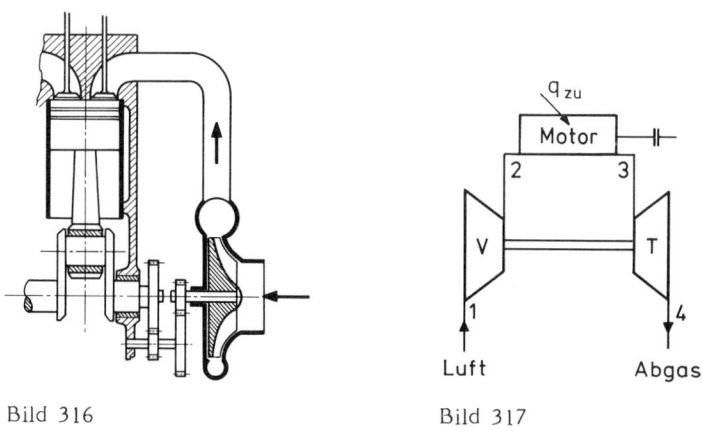

Bild 316   Bild 317

Die einfachste Möglichkeit ist die mechanische Aufladung (Bild 316). Das Ladegebläse wird über die Kurbelwelle angetrieben. Mit Rücksicht auf den Bauaufwand werden die Gebläse im allgemeinen einstufig und mit verhältnismäßig kleinem Außendurchmesser ausgeführt. Soll nun eine Verdichtung der Ladeluft auf 1,5 bis 2 bar erreicht werden, wie es zumeist gefordert ist, so kann das nur über maximale Umfanggeschwindigkeiten erreicht werden (s. auch Abschnitt 3.7).

Die Antriebsdrehzahl ist bei kleinen Ladern entsprechend hoch und erreicht 70.000 bis 80.000 Umdrehungen pro Minute. Mit Rücksicht auf die hohen Fliehkräfte endet die Schaufel am äußeren Umfang radial ($\beta_2 = 90^\circ$), so daß die Massenanhäufung dort möglichst gering ist. Gleichzeitig wird dadurch eine verhältnismäßig hohe Drallkomponente erzeugt. Ebenso wird aus Festigkeitsgründen auf eine Deckscheibe verzichtet (Bild 322). Bei den üblichen Luftdurchsätzen hat sich eine Bauform durchgesetzt, bei der die Luft axial eintritt und in die radiale Richtung umgelenkt wird.

Erheblich wirtschaftlicher arbeitet der Abgasturbolader. Hier wird das Ladegebläse angetrieben durch eine Turbine, die ihrerseits ihre Leistung aus der Abgasenergie des Motors entnimmt. Betrachtet man das Arbeitsdiagramm einer Maschine mit gemischter

Verbrennung (Bild 318), so zeigt sich, daß bei vollständiger Expansion des Abgases auf Atmosphärendruck wegen des erheblich zunehmenden Volumens lange Zylinder erforderlich werden. Dadurch steigen nicht nur Bauvolumen und Leistungsgewicht an (der Leistungsgewinn wird mit abnehmendem Druck geringer), die vermehrte Reibungsarbeit frißt einen nicht unerheblichen Teil der gewonnenen Energie wieder auf. Die Leistung zum Antrieb des Turboladers wird somit aus der ohnehin nicht mehr verwertbaren Abgasenergie gewonnen. Dadurch sowie durch die Erhöhung des effektiven Drucks und durch die prozentual verringerte Reibarbeit steigt neben der Motorleistung auch der Wirkungsgrad an.

Grenzen der Aufladung sind gegeben durch die höhere Druckbelastung des Motors, die durch die Triebwerksteile aufgenommen werden muß, durch die Temperatursteigerung infolge erhöhten Kompressionsenddrucks im Zylinder sowie durch die Temperaturbeanspruchung der Turbinenschaufeln.

A u f l a d e v o r g a n g :
Bild 318 zeigt die Wirkungsweise des Abgasturboladers im p-v-Diagramm. Im Punkt C verläßt das Abgas den Motor. Es erfolgt im Fall der "Stauaufladung" zunächst eine Expansion in einen Staubehälter, angenähert dargestellt durch den Linienzug C-3, wodurch die Strömung des pulsierenden Gasstromes vergleichmäßigt wird, allerdings unter Verzicht auf die den Druckstößen des Gases innewohnenden Energie, entsprechend etwa der Fläche C-3-2-C.

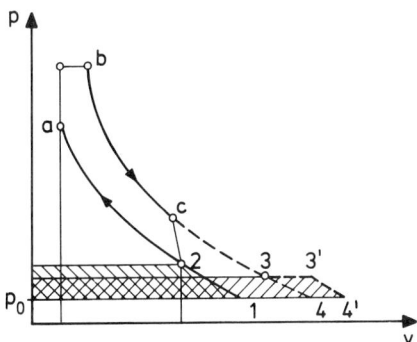

Bild 318 Wirkungsweise der Abgasturboaufladung im p-v-Diagramm

Durch den Drosselvorgang im Staubehälter sowie durch die Gaswechselverluste tritt gegenüber der isentropen Expansion eine deutliche Temperaturerhöhung auf (je nach Motorbauart zwischen 150 und 300 grd), wodurch eine Volumenvergrößerung hervorgerufen und die Expansion in der Turbine auf den Linienzug 3'-4' verschoben wird. Dadurch wird ein Teil der duch den Stauvorgang verlorenen Energie zurückgewonnen.

Durch die hohe Temperatur der Abgase ergibt sich eine für den Verdichterantrieb auch dann noch ausreichende Antriebsenergie, wenn der Druck vor der Turbine kleiner ist als der Verdichterenddruck p_2.

Bei der "Stoßaufladung" wird versucht, durch enges Heranziehen der Turbine an die Auslaßorgane und Anwendung enger Abgasführungen auch die dynamische Energie des Gases zu verwerten. Der Wirkungsgrad der Turbine wird schlechter, da die Zuströmgeschwindigkeit größeren Schwankungen unterlegen ist (Stoßverluste). Zudem müssen die Abgasleitungen aus den Zylindern unterschiedlicher Ventilöffnungen voneinander separat zur Turbine geführt werden, damit die Spitzendrücke des Abgases aus dem einen Zylinder den Gaswechsel in einem anderen nicht stören (Bild 319).
Entsprechend wird in diesem Fall an der Turbine eine doppelte Einlaufspirale notwendig.

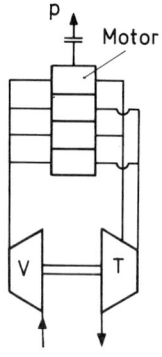

Bild 319 Prinzip der Stoßaufladung

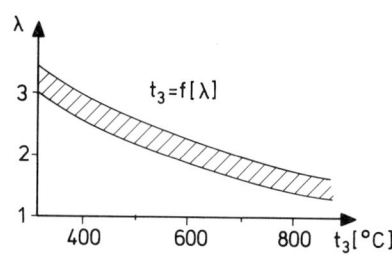

Bild 320

Berechnungsgrundlagen:
Da die Turbine außer der Verdichterantriebsleistung alle in den Laufrädern auftretenden Verluste sowie die mechanischen Verluste aufbringen muß, wird

$$E_V / \eta_{isV} = \eta_m \, E_T \, \eta_{isT}.$$

Nach Gl. (52) ist für die Expansion in der Turbine

$$E_T = \dot{m}_T \frac{\varkappa}{\varkappa - 1} R \, T_3 \left[1 - \left(\frac{p_4}{p_3} \right)^{\frac{\varkappa - 1}{\varkappa}} \right]$$

und entsprechend für die Kompression im Verdichter

$$E_V = \dot{m}_V \frac{\varkappa}{\varkappa - 1} R \, T_1 \left[\left(\frac{p_2}{p_1} \right)^{\frac{\varkappa - 1}{\varkappa}} - 1 \right].$$

Sofern kein Gas abgeblasen wird, ist $\dot{m}_T = \dot{m}_V$. Die Isentropenexponenten sind unterschiedlich, und zwar ist einzusetzen für Luft $\varkappa = 1,4$, für Abgas $\varkappa = 1,35$.

Da das Kompressionsverhältnis im Verdichter eine geforderte und damit bekannte Grösse ist, T_3 durch die Luftzahl λ festliegt (Bild 320), kann das erforderliche Druckverhältnis p_3/p_4 für die Turbine durch Verknüpfung der Gleichungen 145 und 146 bestimmt werden.

Z u s a m m e n a r b e i t   M o t o r   u n d   L a d e g r u p p e :
Es liegen Verdichter- und Turbinenkennfelder im allgemeinen vor. Das Verdichterkennfeld sollte den vollständigen Arbeitsbereich des Motors erfassen. Der Motorauslegungspunkt (zugehörige Schlucklinie 60 bis 80 % von der Maximaldrehzahl) sollte mit dem Auslegungspunkt des Verdichters zusammenfallen (Bild 321). Das ausnutzbare Kennfeld wird begrenzt durch

- die maximale Temperatur von Motor und Turbine
- die Pumpgrenze des Verdichters
- die Rauchgrenze im unteren Drehzahlbereich.

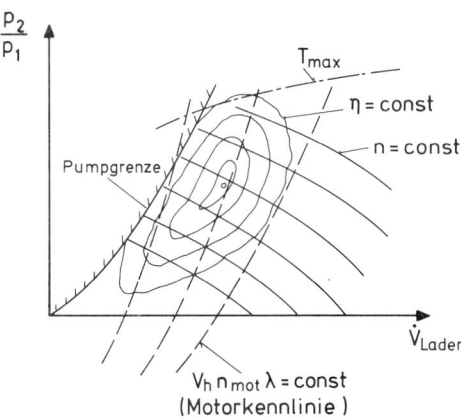

Bild 321 Laderkennung im Motorkennfeld

R e g e l u n g :
Gewöhnlich regelt sich der Abgasturbolader selbsttätig, da mit wachsender Belastung die Turbinenarbeit wegen Drehzahlanstieges zunimmt und damit auch eine höhere Verdichtung erzielt werden kann. Bei Fahrzeugmotoren ist allerdings auch im unteren Drehzahlbereich ein ausreichender Ladedruck gefordert. Es kann Abhilfe geschaffen werden durch

- Verschiebung des Wirkungsgradoptimums des Verdichters in den Bereich niederer Belastung und Abblasen des überschüssigen Gases vor der Turbine im Vollastbereich
- Düsenverstellung an der Turbine mit Schließtendenz zum Bereich höherer Belastung.

Konstruktive Details:

Während der Verdichter fast durchweg in radialer Bauweise ausgeführt wird (Bild 322), wird bei der Turbine nur für Kleinlader die radiale Bauart vorgezogen. Der geringere Wirkungsgrad dieser Bauweise bei der Turbine wird gerechtfertigt durch die symmetrische und platzsparende Bauweise von Läufer und Gehäuse. Der Rotor wird meist in öldruckgeschmierten Gleitbuchsen gelagert. Schwierig ist die Wärmeisolierung des Heißgasteils gegenüber der Verdichterluftseite. Da durch die Kompression und durch Wärmeübergang vom Abgasteil eine Erwärmung der Verdichterluft unvermeidlich ist, wird bei höheren Verdichtungsverhältnissen ein Ladeluftkühler die Verdichterluft rückkühlen, bevor sie in den Motor gelangt.

Bild 322 Läufer eines Abgasturboladers

Bild 323 Dieselmotor mit Abgasturbolader

Der außerordentlich geringe Einbauaufwand und Gewichtsbedarf hat den Abgasturbolader zu einem unentbehrlichen Gerät zur Leistungssteigerung von Kolbenmaschinen werden lassen. So können mit Niederdruckladern (bis 1,5 bar) Leistungsanstiege bis zu 50 % erreicht werden, mit Hochdruckladern mit Ladeluftkühlern entsprechend mehr.

9.5 Die Gasturbine als Antrieb für Straßenfahrzeuge

Infolge ihrer hohen Leistungskonzentration und ihres geringen Leistungsgewichts hat die Anwendung der Gasturbine als Antriebsmittel für Kraftfahrzeuge seit jeher im Blickfeld gestanden. Da jedoch die Turbine als Grundlage, allein aus Kompressor, Brennkammer und Turbine zusammengesetzt, einen sehr hohen Brennstoffverbrauch besitzt, konnte sie sich trotz bestechender Leichtbaueigenschaft gegenüber der Kolbenmaschine im Straßenverkehr bislang nicht durchsetzen.

Die Kleinheit der Leistungen bedingt bei der Gasturbine hohe Drehzahlen bei kleinen Laufraddurchmessern für Kompressor und Turbine, wodurch relativ hohe Spaltverluste sowie verhältnismäßig große Rauhigkeit verursacht wird, da den Absolutwerten für die Spaltweite sowie für die Oberflächengüte bestimmte mechanische Grenzen gesetzt sind.

Nach Abschnitt 9.1 ist eine Wirkungsgradsteigerung durch
- Erhöhung der maximalen Prozeßtemperatur T_3
- Erhöhung des Verdichtungsverhältnisses p_2/p_1
- Anwendung eines Wärmetauschers
zu erzielen. Weitere bauliche Ergänzungen wie Verdichterzwischenkühlung verbieten sich, da die Anlage zu schwer wird.

Die Erhöhung der Turbineneintrittstemperatur und damit die Möglichkeit zur Erhöhung des Druckverhältnisses ist nur über die Verbesserung der Qualität der Schaufelwerkstoffe bei der Turbine in Richtung höherer Warmfestigkeit zu erzielen (Bild 303). Durchgreifende Kühlmaßnahmen wie die Schaufelinnenkühlung versagen wegen der Kleinheit der Schaufeln.

Eine bereits über das Versuchsstadium hinausgegangene Entwicklung stellt der Einsatz von Keramikschaufeln dar. Diese, aus Silizumkarbid (SiC) oder Siliziumnitrid (Si_3N_4) im Sinterverfahren hergestellt, ertragen ungekühlt Temperaturen über $1500^{\circ}C$ bei zulässiger Kriechgrenze.

Die Einbeziehung eines Wärmetauschers in den Gasturbinenprozeß stellt ferner eine unentbehrliche Maßnahme im Wettbewerb mit dem Dieselmotor dar. Neben dem rekuperativem Wärmetauscher hat sich eine Bauart des regenerativen Wärmetauschers bewährt, der verhältnismäßig klein baut und eine hohe Effizienz besitzt (Bild 324). Dieser be-

262

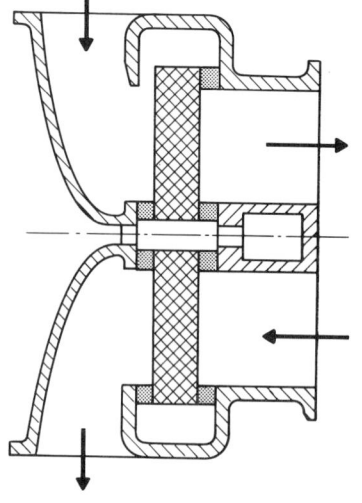

Bild 324 Regenerativer Wärmetauscher

Bild 325 Drehmomentenverlauf der ein- und zweiwelligen Gasturbine

steht im wesentlichen aus einer mit geringen Drehzahlen umlaufenden porösen Scheibe, welche sich durch den Wärme abgebenden Heißgasstrom wie auch durch den aufzuheizenden Verdichterluftstrom dreht und dabei den Wärmetausch vollzieht. Bei Druckverhältnissen über $p_2/p_1 = 6$ steigen die Spaltverluste allerdings erheblich an, so daß dann dem Rekuperator der Vorzug gegeben werden muß (Bild 326).

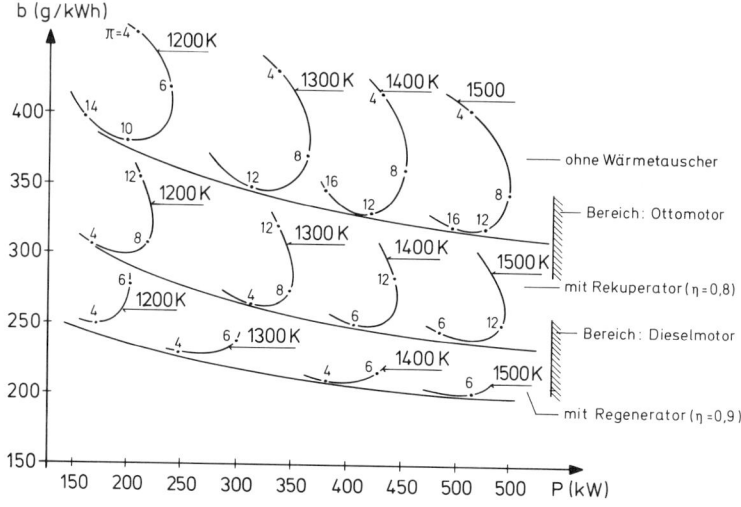

Bild 326 Auslegungs- und Verbrauchsdiagramm für Wellenleistungsturbine

Das betriebliche Verhalten der Turbine als solcher - steigendes Moment mit abnehmender Drehzahl - ist zwar für den Antrieb eines Kraftfahrzeuges gut geeignet, jedoch zwingt die Verbindung mit dem Kompressor der Turbine eine ungünstige Kennung auf (Bild 325). Zur Nutzung der eigentlichen Turbinenkennung ist daher eine Zweiwellenanlage erforderlich (Bild 327). Es treibt dann die "Verdichterturbine" allein den Kompressor an; die unabhängig vom Verdichterantrieb arbeitende "Arbeitsturbine" vermag die der Turbine eigentümliche Kennung dem Fahrzeug zu vermitteln. Die Trägheit der Zweiwellenturbine im Beschleunigungsverhalten kann durch zusätzliche Einspritzung von Kraftstoff vor der Zweitturbine behoben werden.

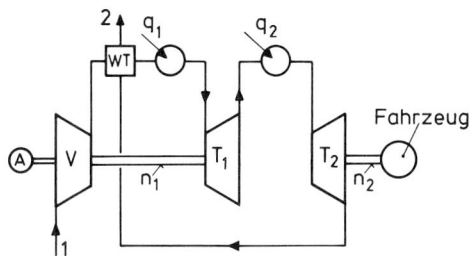

Bild 327 Schematische Darstellung einer Gasturbinenanlage für Kraftfahrzeugantrieb
A) Anlasser   1) Ansaugluft   2) Auspuff

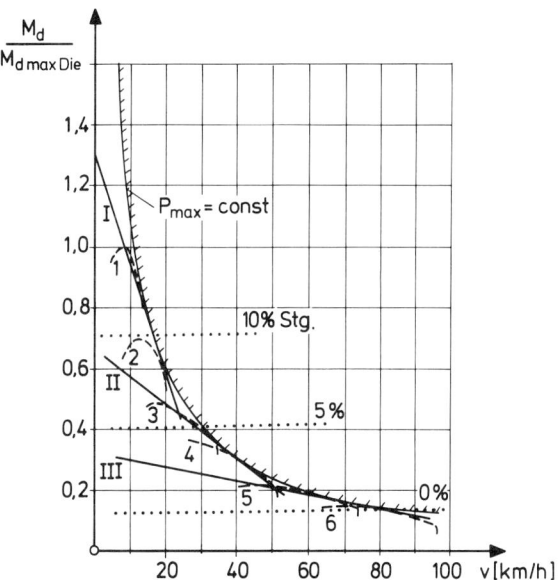

Bild 328 Fahrdiagramm eines Lastzuges
—— mit dreistufigem Turbinenantrieb
--- mit sechsstufigem Dieselantrieb

Ein Untersetzungsgetriebe ist erforderlich zur Herabsetzung der hohen Turbinendreh-zahlen auf die der Räder.

Bisherige Ausführungen zeigen, daß die Gasturbine mit Wärmetauscher ab einer Lei-stungsgröße zwischen 400 und 750 kW dem Dieselmotor in bezug auf Leistungsgewicht, Brennstoffverbrauch und Zugkraftverhalten überlegen ist. Bild 328 zeigt die kennungs-mäßige Überlegenheit am Beispiel eines 38 t-Lastzuges, der durch eine Gasturbine mit dreistufigem nachgeschaltetem Getriebe, im anderen Fall durch einen Dieselmotor mit sechsstufigem Getriebe angetrieben wurde.

10 Energieerzeugung

10.1 Energieerzeugung im Dampfkraftwerk

10.1.1 Der Dampfkraftprozeß

Der weitaus überwiegende Anteil der dem Verbraucher heute zur Verfügung stehenden Energie in Form von elektrischem Strom, Kraft und auch Wärme wird durch Dampfkraftwerke erzeugt.

Bild 329 zeigt den schematischen Grundaufbau eines Dampfkraftwerkes, Bild 330 das dazugehörige Prozeßschema.

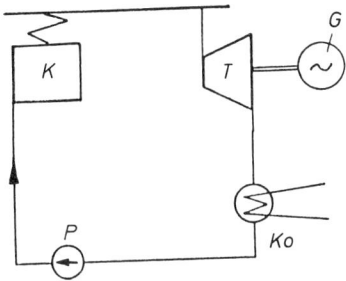

Bild 329 Anlageschema

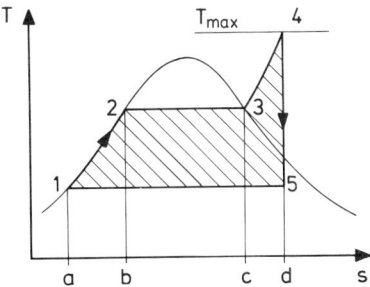

Bild 330 Kreisprozeß im T-s-Diagramm

Die Speisepumpe (P) drückt das Speisewasser unter hohem Druck in den Kessel (K), in welchem das Wasser auf Siedetemperatur erhitzt (1-2), verdampft (2-3) und endlich noch überhitzt wird (3-4). Dazu bedarf es der in Bild 330 durch die Fläche 1-2-3-4-d-a dargestellten Wärmezufuhr. Der hochgespannte Heißdampf wird in der Turbine (T) entspannt (4-5), die gewonnene mechanische Energie durch den Generator (G) in elektrische Energie umgeformt und so dem Verbraucher zugeführt. Der Abdampf gelangt aus der Turbine in den Kondensator (Ko) und wird dort verflüssigt (5-1). Von da gelangt das Kondensat wieder in die Speisepumpe und der Kreislauf beginnt von vorn.

Aus dem Prozeßschema wird ersichtlich, daß der mittlere Prozeßteil (Fläche 2-3-c-b) bezüglich des thermischen Wirkungsgrades sehr günstig abschneidet, da hier ein echter Carnotprozeß vorliegt. Dieser zeichnet sich bekanntlich dadurch aus, daß die Wärme bei konstanter Temperatur zu- und abgeführt wird. Das ist gegenüber dem Heißluftprozeß, wie er in der Gasturbine verwirklicht wird (s. Abschnitt 9.1.1), ein erheblicher Vorteil. Eine wesentliche Druckerhöhung würde die Arbeitsleistung je kg Dampf gerade in diesem Teil günstigen Nutzungsgrades schmälern, so daß der Gesamtwirkungsgrad des Prozesses mit weiterer Zunahme des Kesseldruck immer geringfügiger ansteigt (Bild 331). Berücksichtigt man außerdem, daß Dampfleitungen und Kesselrohre druckfester ausgelegt werden müssen, so zeigt sich, daß der Druckzunahme wirtschaftliche Grenzen gesetzt sind. Eine Verminderung des Drucks andererseits würde jedoch nicht nur die Leistungsausbeute pro kg, sondern auch den thermischen Wirkungsgrad dieses Prozeßteils absenken, da

$$\eta_{th} = (T_{max} - T_{min})/T_{max} \, .$$

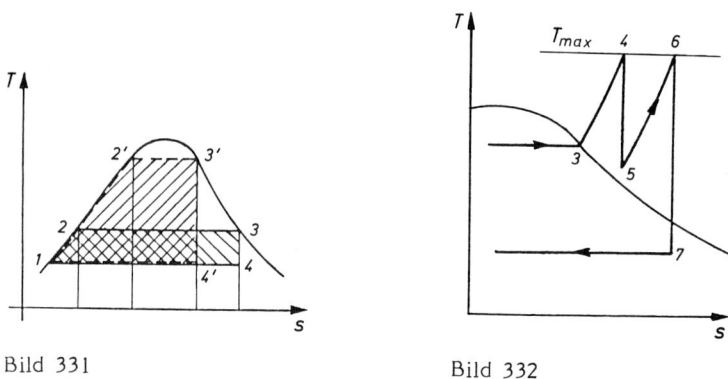

Bild 331   Bild 332

Der angeschlossene Überhitzungsprozeß zeigt trotz seiner höheren Wärmezufuhrtemperatur nicht den optimalen Wirkungsgrad des Carnotprozesses, da ja die Wärmezufuhrtemperatur nicht konstant ist, jedoch steigt der Wirkungsgrad mit wachsender Überhitzung leicht an, da die mittlere Wärmezufuhrtemperatur zunimmt

$$\eta_{th} = \frac{T_{zug\,m} - T_{abg\,m}}{T_{zug\,m}} \, .$$

Der Überhitzung sind jedoch Grenzen gesetzt durch die Maximaltemperatur des Prozesses, was schließlich in ein Werkstoffproblem für Turbinenschaufeln und Kesselrohre mündet. Übliche Spitzentemperaturen des Frischdampfes liegen heute bei etwa $550\,^{\circ}C$. Einige Hochtemperaturanlagen arbeiten mit Überhitzungen bis $630\,^{\circ}C$ und darüber, doch rechtfertigt der teure austenitische Werkstoff, aus dem der Eingangsteil der Turbine und die Kesselrohre hergestellt werden müssen, selten den Gewinn.

Da die Expansion in der Turbine nicht zu tief in den Naßdampfbereich hineinführen darf (Schaufelerosion), ist mitunter eine zweimalige Überhitzung notwendig (Bild 332). Man läßt den Dampf im ersten Turbinenteil bis in die Nähe der Naßdampfgrenze expandieren (4-5), führt ihn in den Kessel zurück, erhitzt noch einmal bei konstantem Druck auf die Maximaltemperatur und entspannt dann im Niederdruckteil der Turbine auf Kondensatordruck (6-7). Das bringt ein zweimaliges Erreichen der Maximaltemperatur mit sich, die mittlere Wärmezufuhrtemperatur wird geringfügig angehoben, der thermische Wirkungsgrad dieses Prozeßteils steigt an. Wegen des baulichen Aufwandes ist die Anwendung von mehr als einer Zwischenüberhitzung jedoch selten.

Expandiert die Turbine auf Gegendruck, also z.B. auf 1 bar, so erreicht das Kondensat günstigenfalls die Temperatur von 100°C, so daß die mittlere Wärmeabfuhrtemperatur höher liegt, Arbeitsleistung und Wirkungsgrad absinken. Es wird also eine möglichst geringe Kondensationstemperatur angestrebt, die letztlich durch die Temperatur des Kühlwassers und die Art des Wärmeübergangs im Kondensator begrenzt ist.

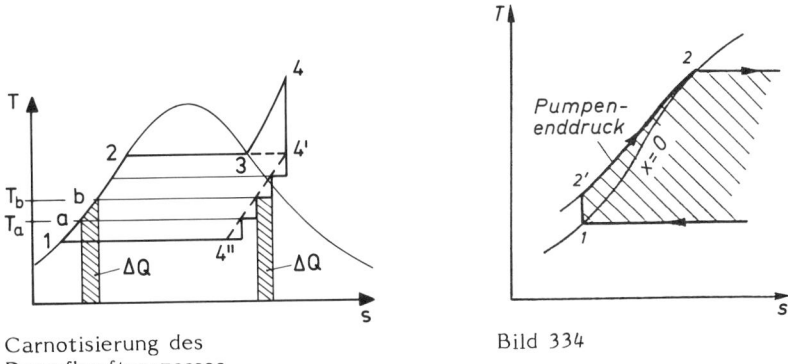

Bild 333 Carnotisierung des Dampfkraftprozesses

Bild 334

Die Erwärmung des Speisewassers bis zum Verdampfungspunkt erfordert eine Wärmemenge entsprechend der Fläche 1-2-b-a in Bild 330. Die Differenz zwischen $T_{zug\ m}$ (etwa in der Mitte zwischen T_2 und T_1 liegend) und T_{abg} ist recht gering, der Wirkungsgrad darum schlecht. Man zapft nun die Turbine während der Expansion an und entnimmt ihr die Dampfmenge $\Delta \dot{m}$ der Temperatur T_b. Mit dieser Anzapfmenge wärmt man das Speisewasser von T_a auf T_b vor, man verschiebt also die Wärmeenergie ΔQ in die Speisewasservorwärmung. Führt man diesen Prozeß mehrfach durch, so erkennt man, daß der Teilprozeß 1-2-4'-4'' im Diagramm flächenmäßig ein verschobenes Rechteck, also einen Carnotprozeß zwischen T_2 und T_1 darstellt. Durch Inkaufnahme eines geringen Arbeitsverlustes durch unvollständige Expansion kleiner Dampfmengen wird also die Wärme eingespart, die zur Speisewasservorwärmung nötig ist und ohnehin nur denkbar schlecht ausgenutzt wird (Carnotisierung des Prozesses). Eine solche "regenerative Vorwärmung" (Bild 335) wird in modernen Kraftanlagen trotz erheblichen Bauaufwandes mehrfach genutzt.

Die Förderarbeit der Pumpe wird im T-s-Diagramm nicht deutlich sichtbar, da flüssig-keitsseitig die Isobaren dicht beieinander liegen und kaum eine Temperaturerhöhung des Speisewassers vorliegt. Sie ist wegen $W = \Delta p \, V$ ohnehin bei dem geringen Volumen des Kondensats im Vergleich zum Dampfzustand nur klein, im Gegensatz zum Ver-dichtungsprozeß bei der Gasturbine. Bild 334 stellt die Zustandsänderung in der Speise-pumpe (1-2') in einem vergrößerten Ausschnitt dar.

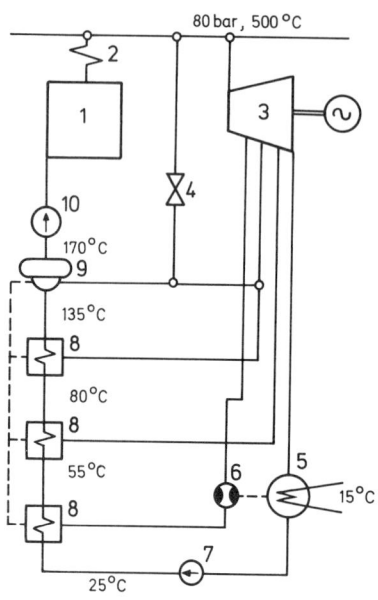

Bild 335   Blockschema eines ausgeführten Dampfkraftwerkes

Bild 335 zeigt eine ausgeführte Dampfkraftanlage. Vom Dampferzeuger (1) über den Überhitzer (2) wird die 80 bar-Frischdampfleitung beschickt. Der Dampf wird in der Turbine (3) entspannt, im Bedarfsfalle über die Reduzieranlage (4) gedrosselt. Der Ab-dampf gelangt über den Kondensator (5) und die Kondensatorpumpe (7) über drei Speisewasservorwärmer (8) in den Kessel zurück. Vorgewärmt wird das Speisewasser durch Anzapfdampf, der der Turbine an bestimmten Stellen entnommen wird. Das Anzapfkondensat wird dem Speisewasser zugefügt. Die durch Turbinendampf betriebene Dampfstrahlpumpe (6) stellt die Luftleere im Kondensator her. Dem Kessel wird ein Entgaser (9) vorgeschaltet, in welchem Heißdampf das Speisewasser durchströmt und gelöste Gase herausnimmt (Temperatursteigerung vermindert die Löslichkeit). Soweit die Kavitationsgefährdung es erlaubt, wird die Speisepumpe (10) hinter die Vorwärmer geschaltet, um diese nicht unnötig druckfest gestalten zu müssen.

10.1.2 Die wichtigsten Baueinheiten

10.1.2.1 Kessel

Von der Speisepumpe gelangt das Speisewasser über die Zuleitung (1) in den Feuerraum. Hier fließt das Wasser durch zumeist leicht geneigte Steigrohre (2) in die Trommel (3), wobei es größtenteils verdampft. Der noch vorhandene Wasserrest wird durch die Fallrohre (4) wieder aus der Trommel in die Zuleitung gezogen.

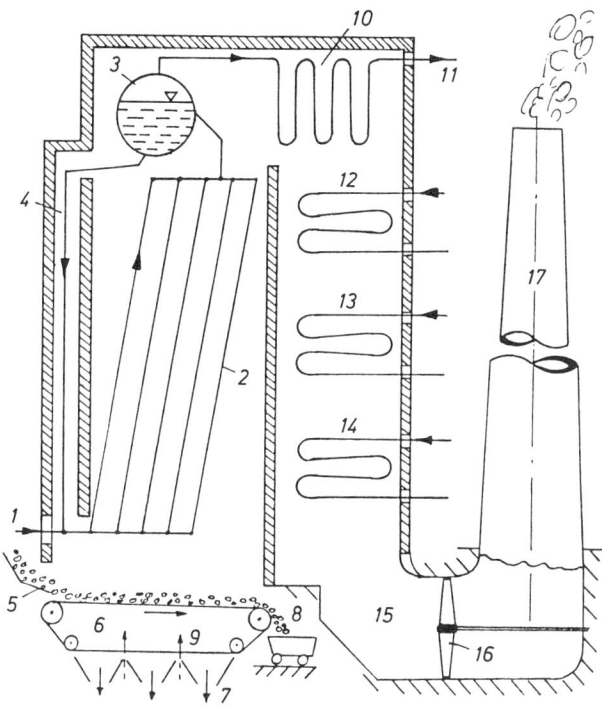

Bild 336 Aufbau eines Dampfkessels mit Rostfeuerung

Da die Fallrohre außerhalb des eigentlichen Feuerraumes verlegt werden, stellt sich ein natürlicher Wasserumlauf zwischen den heißen Steigrohren und den kälteren Fallrohren ein (Naturumlaufkessel). Aus der Trommel wird durch selbsttätige Phasenabscheidung trocken gesättigter Dampf entnommen.

Im Gegensatz dazu arbeiten "Zwangsdurchlaufkessel" ohne Trommel. Hier darf nur gerade so viel Wasser dem Rohrsystem zugeführt werden, wie auf Grund der Heizleistung verdampft. Es ist darum eine äußerst präzise Regelung nötig; jedoch ist eine rasche Betriebsbereitschaft gewährleistet.

Im Anschluß an die Trommel durchströmt der Dampf die Überhitzerschlange (10) und wird dann zur Turbine geführt (11).

Die abgebildete Rostfeuerung wird durch eine Vorrichtung (5) mit Brennstoff (Kohle) beschickt. Der "Wanderrost" (6) führt die Kohle durch den Feuerraum hindurch. Die Rostgeschwindigkeit ist so bemessen, daß die Kohle beim Verlassen des Feuerraumes ausgebrannt ist. Um gleichmäßigen Abbrand zu gewährleisten, muß die Brennstoffbeschichtung konstante Stärke haben. Zu geringe Beschichtung führt zu Rostschäden, zu hohe Schichtdicke führt zu unvollständiger Verbrennung und starker CO-Bildung. Vorgewärmte Gebläseluft (9) dringt von unten durch den Rost und liefert den zur Verbrennung nötigen Sauerstoff. Die Asche fällt durch den Rost hindurch (7), die ausgebrannte Schlacke wird am Rostende abgezogen (8). Sie kann weiter verwendet werden zum Straßenbau.

Vielfach wird der Brennstoff an Ort und Stelle in einer Mahlanlage zu Kohlenstaub zermahlen und mittels eines Gebläses mit der Verbrennungsluft innig gemischt in den Feuerraum gewirbelt. Die Brennstoffausnützung ist vollständig. Es können hierbei auch geringwertige Brennstoffe verwendet werden. Bisweilen zieht man dann die Schlacke in flüssigem Zustand ab (Schmelzkammerfeuerung). Kostspielig wird die Mahlanlage, deren Leistungsverbrauch hoch ist, ebenso die aufwendige Abgasfilterung.

Der in Bild 336 dargestellte Dampferzeuger ist ein Zweizugkessel, d.h. das Rauchgas durchströmt nacheinander zwei Züge und gelangt dann durch den "Fuchs" (15) in den Kamin (17). Da der natürliche Schornsteinzug zumeist nicht ausreicht, wird die Sogwirkung des Kamins durch ein Saugzuggebläse (16) unterstützt. Im zweiten Kesselzug werden zur möglichst vollkommenen Ausnutzung der Wärmeenergie des Rauchgases noch die Rohrbündel des Zwischenüberhitzers (12), des Speisewasservorwärmers (Economiser) (13) und des Luftvorwärmers (Luvo) (14) untergebracht. Die Abgaswärme ist dann nur noch gering. Die Temperatur des abziehenden Rauchgases liegt bei etwa 200 bis 250°C.

Ölgefeuerte Kessel arbeiten im Prinzip ähnlich wie kohlenstaubgefeuerte Kessel. Vielfach werden Großanlagen sowohl für Kohle als auch für Ölfeuerung ausgelegt, um gegenüber Kostenschwankungen der Energieträger hinreichend geschützt zu sein.

10.1.2.2 Kondensator

Zwei Typen von Kondensatoren werden unterschieden:
Im Mischkondensator (Bild 337) wird das Kühlwasser (1) durch Zersprühung (2) mit dem Dampf (3) in Berührung gebracht. Die Kühlwirkung ist intensiv. Der Dampf kondensiert infolge des Wärmeentzugs, so daß das riesige Dampfvolumen auf ein minimales Flüssigkeitsvolumen reduziert wird. Es entsteht ein entsprechendes Vakuum im Behälter. Das am Boden zurückbleibende Gemisch aus Kondensat und Kühlwasser (5) wird durch eine Pumpe (6) abgezogen und auf Atmosphärendruck gebracht. Eine Luftpumpe (4), zumeist

als Dampfstrahlpumpe ausgeführt, sorgt für Aufrechterhaltung des Vakuums. Da das saubere Kondensat mit Kühlwasser vermischt wird, eignet sich dieser Kondensator wenig zur Energieerzeugung im großen Stil. Die Kühlwassermenge ist im Mittel zwanzigmal so groß wie die Dampfmenge.

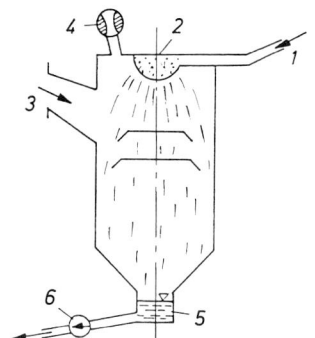

Bild 337 Mischkondensator

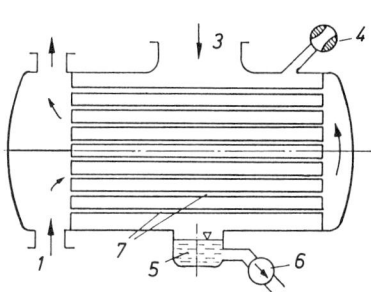

Bild 338 Oberflächenkondensator

Die gebräuchlichste Form ist die des Oberflächenkondensators (Bild 338). Hier wird das Kühlwasser durch ein System von Kühlrohren (7) gedrückt. Der Wärmeaustausch geschieht durch die Rohrwand und ist ungünstiger. Entsprechend fällt das Vakuum ab. Der Wasserverbrauch ist gegenüber dem des Mischkondensator um ein Mehrfaches höher (die Kühlwassermenge ist etwa 60 mal so groß wie die Kondensatmenge). Das Turbinenkondensat bleibt jedoch sauber und kann dem Kreislauf von neuem zugeführt werden.

Da sich vielfach Schwierigkeiten bei der Beschaffung der erforderlichen Kühlwassermengen ergeben, werden heute mitunter Luftkondensatoren gebaut. Bauaufwand und Leistungsverbrauch für die großen Kühlanlagen sind hoch. Das erzeugbare Vakuum ist gegenüber der Anwendung von Wasser als Kühlmittel schlechter.

10.1.2.3 Kühlkreislauf

Die umfangreichen Wassermengen für den Kondensatorbetrieb sind im allgemeinen einem natürlichen Wasserreservoir nicht zu entnehmen. So benötigt man z.B. für eine 300 MW-Anlage bei einer Abdampfmenge von 600 t/h zur Aufrechterhaltung eines Vakuums von 0,05 bis 0,06 bar je nach Jahreszeit ca. 40.000 m^3/h Kühlwasser.

Das im Kondensator (1) aufgewärmte Kühlwasser wird darum in einem Kühlturm (2) rückgekühlt (Bild 339). Das über Rieselflächen abwärts tropfende Wasser wird durch den natürlichen Aufwärtszug der sich erwärmenden Luft abgekühlt. Um eine intensivere Kühlwirkung zu erreichen und die baulichen Abmessungen der Anlage zu reduzieren, wird häufig der natürliche Luftstrom durch Gebläse unterstützt. Die Kühlwasserpumpe

(3) drückt das Wasser durch den Kondensator. Da ein gewisser Prozentsatz (2 bis 4 %) durch den Verdunstungsvorgang im Kühlturm verloren geht, muß stets aufbereitetes Zusatzwasser in den Kreislauf gegeben werden (4). Die Aufbereitung (mechanische Reinigung und Enthärtung) ist notwendig, da andernfalls die Kondensatorrohre verkrusten, der Wärmeübergang schlechter wird und das Vakuum abfällt.

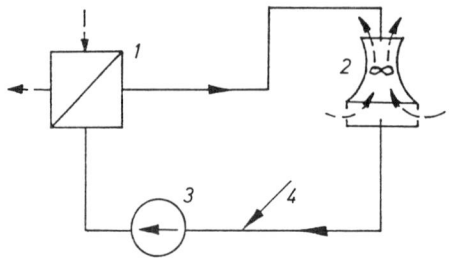

Bild 339 Kühlkreislauf

10.1.2.4 Wasseraufbereitung

Das in der Natur vorkommende Wasser ist als Kesselspeisewasser ungeeignet, da es je nach seiner Herkunft verschiedenartige Stoffe suspendiert oder gelöst enthält. Neben gelösten Gasen, wie z.B. Sauerstoff und Kohlendioxyd, sind als "Härtebildner" gelöste Ca- und Mg-Salze besonders gefürchtet, da sich diese beim Verdampfen des Wassers an Turbinenschaufeln und Kesselrohrwandungen als Krusten ablagern. Eine Aufbereitung des Wassers durch Enthärtung ist daher unerläßlich.

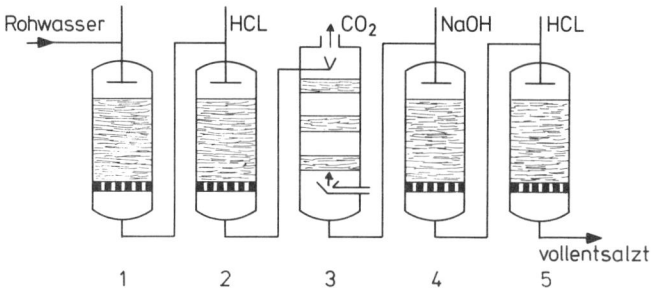

Bild 340 Vollentsalzungsanlage

Organische Bestandteile des Wassers (Algen) werden durch Zusatz von Fe- oder Al-Verbindungen ausgeflockt, eventuell vorhandenes Mineralöl, z.B. aus Flußwasser stammend wird durch Kohlefilter absorbiert. Der eigentlichen Enthärtung (Bild 340) wird daher ein Filter (1) zur Ausflockung und Entölung vorgeschaltet.

Durch Anwendung von Ionenaustauchern wird das Speisewasser völlig enthärtet bzw. entsalzt. Die gelösten Ca- oder Mg-Salze liegen im Wasser in Ionenform vor, wobei die Metalle stets als Kationen (Ca^{2+}, Mg^{2+}), die Säurereste der Salze (SO_4^{2-}, HCO_3^-) als Anionen vorliegen.

Durch eine Kationen-Austauschermasse werden zunächst alle Kationen gemäß

$$2H\ AM + Ca(HCO_3)_2 = Ca(AM)_2 + 2H_2O + 2CO_2,$$

sodann durch einen Anionen-Austauschermasse (AM) gemäß

$$2(OH)AM + H_2SO_4 = (AM)_2SO_4 + 2H_2O$$

alle Anionen entfernt. Kationenaustauscher ersetzen also Metallionen durch H, Anionenaustauscher ersetzen Säurestionen durch OH, so daß reines H_2O übrigbleibt.

Die Austauschermassen werden von Zeit zu Zeit mit Säure bzw. mit Lauge regeneriert, da ihre Kapazität je nach vorliegender Wasserhärte, meist angegeben in Grad deutscher Härte (1°dH entspricht 10 mg CaO oder 7,15 mg Ca pro Liter Wasser), und je nach Füllmenge der Austauschermassen begrenzt ist. Der Regenerationsvorgang läßt sich beliebig oft wiederholen. Aus Sicherheitsgründen wird ein Pufferfilter (5) nachgeschaltet, welcher sowohl Kationen- als auch Anionenaustauschmasse enthält und eventuelle Säure- oder Salzdurchbrüche auffängt. Die im Kationenaustauscher (2) frei werdende Kohlensäure wird im anschließenden Riesler (3) entgast.

Zur Vollentsalzung gelangt das Zusatzwasser, das dem Kreislauf zur Deckung von Verlusten zugeführt werden muß (1 bis 3 %). Daneben wird auch eine geringe Menge des

Bild 341   Versalzter Hochdruckteil einer Turbine

umlaufenden Kondensats durch die Aufbereitungsanlage geführt, so daß nach einem gewissen Zeitraum das gesamte Speisewasser aufbereitet worden ist.

Bild 341 zeigt die Folgen, die schlecht aufbereitetes Speisewasser nach sich zieht.

10.2 Nutzbarmachung von Kernenergie

Unter einem Reaktorkraftwerk verstehen wir eine Anlage, in der Energie, die aus Kernspaltung frei wird, langsam und geregelt verfügbar wird. In immer größerem Maße werden solche Anlagen als Energieerzeuger der Wirtschaft eingegliedert.

Wichtiger Brennstoff ist das Uran, und zwar als reines Metall, als Uranoxyd (UO_2) oder auch als Urankarbid (UC). Im natürlichen Vorkommen besteht das Uran vorwiegend aus U-238 und enthält weniger als ein Prozent des spaltbren Isotops U-235. Die Isotopentrennung gestaltet sich darum auch recht schwierig und ist entsprechend teuer.

Nur der U-235 Kern läßt sich durch Neutronen spalten. Dabei werden seinerseits Neutronen frei. Sorgt man dafür, daß die bei jeder U-235-Spaltung freigesetzten Neutronen nach sorgfältig dosierter Abbremsung auf weitere spaltbare Kerne treffen, so entsteht eine kontrollierte Kettenreaktion. Dabei ist die normale Bewegungsgeschwindigkeit der Spaltelemente zu hoch um von den Urankernen "eingefangen" zu werden. Eine "moderierendes" Material, etwa Graphit, BeO, mitunter auch das Kühlmittel selbst, bremst die Neutronen auf eine niedrige, die thermische Geschwindigkeit, ab. (Thermische Geschwindigkeit = Geschwindigkeit des frei sich bewegenden Gasteilchens nach der kinetischen Gastheorie.) Nimmt die Zahl der spaltenden Neutronen zu, so vermehren sich die Spaltreaktionen ungeheuer schnell (Neutronenvermehrungsfaktor k > 1). Die frei werdende Energie ist von gewaltiger Vernichtungskraft. Kleinere Mengen spaltbaren Materials können keine Kettenreaktion hervorrufen, da sich die Neutronen nicht beliebig vermehren können; die Menge ist "unterkritisch", k < 1.

Eine Steuerung der Neutronenvermehrung ist für die Nutzanwendung unbedingt Voraussetzung. Sie gelingt, indem man Neutronenabsorber, etwa kadmium- oder borhaltige Stäbe in den Moderationsraum hineinbringt. Dadurch kann man die Teilchengeschwindigkeit und damit auch die Vermehrungszahl soweit senken, daß die Reaktion schwächer wird oder gar zum Stillstand kommt.

Der Kernbrennstoff bildet zusammen mit dem Moderator das Herz (core) (1) des Reaktors. Hier befinden sich auch die Steuerstäbe (2) zum Einfangen überschüssiger Elektronen. Um das core ist eine Moderatorschicht als Neutronenreflektor (3) angebracht. Hier verlieren sich die entweichenden Neutronen, werden teilweise aufgefangen, teilweise in die Spaltzone zurückgeworfen. Der gesamte Innenraum ist als Druckgefäß (4) ausgebildet und wird von einem Kühlmittel (Gas oder Wasser) durchströmt, das sich aufheizt und dessen Wärme als Nutzenergie gewonnen wird. Um auch gegenüber den Folgen eines eventuellen Unfalls geschützt zu sein, wird der gesamte Reaktor von einem gasdichten Druckgehäuse (5) aus Beton umgeben.

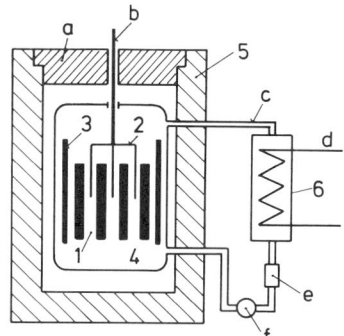

Bild 342 Prinzipschema eines Reaktors
a) Bühne   b) Steuerstabantrieb   c) Primärkreislauf
d) Sekundärkreislauf   e) Ionenaustauscher   f) Pumpe

Im einzelnen unterscheidet man folgende Bauarten:

1. Druckwasserreaktor: Als Brennstoff wird angereichertes Uran benutzt. Vollentsalztes schweres Wasser (D_2O), bei Verwendung von stark angereichertem Uran auch leichtes Wasser (H_2O), dient zugleich als Moderator und als Kühlmittel. Da die Kühlleistung von flüssigem Wasser besser ist als die von Dampf, verhindert man das Sieden durch hohen Druck (130 bis 140 bar). Alle beteiligten Anlagen müssen entsprechend druckfest ausgelegt werden. Das Kühlwasser tritt mit etwa $300^{o}C$ aus dem Reaktor heraus und gibt seine Wärme über einen Tauscher (6) an einen sekundären Dampfkreislauf ab (Bild 342).

2. Siedewasserreaktor: Hier bringt man das Wasser im Reaktor zum Sieden. Die schlechtere Moderationseigenschaft des Dampfes erfordert stärker angereichertes Uran. Man kann hierbei auf einen Sekundärkreislauf verzichten und beaufschlagt die Turbine mit dem Dampf aus der Spaltzone. Damit wird die Turbine in den Reaktor hineinbezogen. Die Abdichtung der Maschine muß entsprechend vollkommen sein. Es ist jedoch auch schon gelungen, diesen Reaktortyp samt Turbine so sicher zu gestalten, daß letztere außerhalb des Strahlenschutzes stehen kann.

Ein wesentlicher Nachteil beider Bauarten ist die Tatsache, daß die Temperatur des Arbeitsmittels in der Turbine nur verhältnismäßig gering ist. Die Expansion findet im Naßdampfbereich statt. Die Turbinenschaufeln sind durch den Wassergehalt stark gefährdet; zahlreiche Entwässerungen des Dampfes müssen vorgenommen werden.

Gegenüber herkömmlichen Kraftwerken, die mit 500 bis 600°C Dampftemperatur arbeiten, bleibt auch die Wirtschaftlichkeit zurück. Erst bei Erzeugung hoher Leistungen (500 MW und mehr) wird eine solche Anlage im Rahmen der Energiewirtschaft konkurrenzfähig. Bild 343 zeigt das naturgetreue Modell eines Siedewasserreaktors.

3. Gasgekühlter Graphitrekator: In einem Graphitblock, der als Moderator dient, werden in parallele Bohrungen die Brennstoffstäbe eingeschoben. Die Kühlung erfolgt durch CO_2-Gas oder auch durch Helium. Die Wärme des Gases wird entweder mittels eines Wärmetauschers an einen Dampfkreislauf zur Energieerzeugung in einer Dampfturbine weitergegeben oder auch direkt in einer geschlossenen Gasturbinenanlage ausgenutzt (Bild 344). Die Temperaturen des Gases liegen höher als die des Dampfes bei wassergekühlten Reaktoren. Die Turbine muß mit all ihren Hilfsanlagen wiederum gasdicht abgeschlossen sein.

Bild 343 Modell eines Siedewasserreaktors

4. Brutreaktor: Uran-238 läßt sich durch Neutronenbeschuß in das spaltbare Plutonium Pu-239 umwandeln. Bei diesem Umwandlungsprozeß wird Wärme frei. Somit liefert ein solcher Prozeß nicht nur atomare Energie, sondern gleichzeitig auch neuen

Brennstoff, so daß die Abtrennung des U-235 aus natürlichem Uran umgangen werden kann. Der Prozeß findet noch keine wirtschaftliche Verwendung.

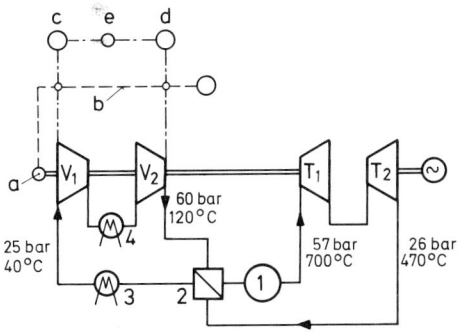

Bild 344   Schaltungsschema einer Heliumturbine mit gasgekühltem Reaktor
1) Reaktor   2) Wärmetauscher   3) Vorkühler   4) Zwischenkühler
a) Regler   b) Regelkreis   c) und   d) HD- und ND-Speicher
e) He-Kompressor

10.3 Wasserkraftanlagen

Wasserkräfte stehen überall zur Verfügung, im Gebirge wie auch im Flachland. Jedoch ist ihre Nutzung häufig nicht angebracht, da die Gefällhöhe zu gering ist, die Schiffahrt beeinträchtigt oder die Landschaft gefährdet wird. Entscheidend sind letztlich die Anlagekosten, die mit sinkendem Gefälle anwachsen, zumal durch die Anlagekosten allein - Brennstoffkosten fallen bei Wasseranlagen fort - der Energiepreis in DM/kWh bestimmt wird.

Durch diese Eigenart der Kostengestaltung ist das Wasserkraftwerk prädestiniert zur Deckung von Grundlast (Bild 345), da bei ganzjähriger Ausnutzung die Kapitalkosten am wirtschaftlichsten genutzt werden.

Flußkraftwerke werden im allgemeinen in Verbindung mit der Kanalisation von Flüssen erstellt. Wegen des geringen Gefälles kommt hier neben der schnelläufigen Bauart der Francisturbine vor allem die Kaplanturbine zum Einsatz. Das der Turbine zugeführte Wasser passiert zunächst einen Grob- und einen Feinrechen zur Fernhaltung von Schwimmkörpern und wird dann von der Rohrleitung aufgenommen, die das Wasser zur Turbine führt (s. Bild 279). Hier wird es entweder über eine Spirale dem Umfang des Turbinenrades zugeführt oder aber direkt durch die Rohrturbine gedrückt. Das erzeugte Drehmoment wird von der Turbinenwelle an die oberhalb im Maschinenhaus stehenden Generatoren geliefert, von wo der elektrische Strom dem Verbraucher zugeführt wird. An die Turbine schließt sich ein Saugrohr an, durch das die potentielle Energie, die durch die Aufstellungshöhe der Turbine über dem Unterwasser nicht mehr ausgenutzt werden kann, zurückgewonnen wird.

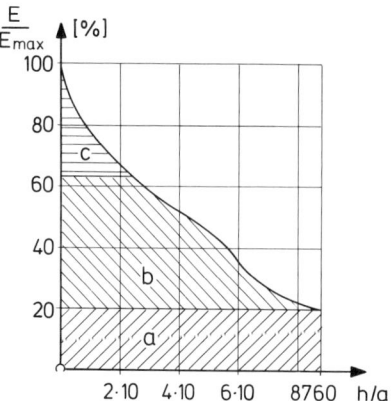

Bild 345 Jahresbelastung zum Energieverbrauch in Deutschland
a) Grundlast (Wasserkraftwerke)
b) Normallast (Wärmekraftwerke: Dampfanlagen)
c) Spitzenlast (Spitzenkraftwerke: Speicherkraftanlagen, Gasturbinen)

Bei größeren Gefällhöhen im Hochgebirge wird vorwiegend die Peltonturbine eingesetzt. Bild 346 zeigt schematisch die Anordnung einer Wasserkraftanlage im Gebirge. Vom Wassereinlauf an der Staumauer, auch Wasserschloß genannt, führen eine oder auch mehrere Rohrleitungen zum Maschinenhaus am Fuß der Staumauer. Wegen der oft beträchtlichen Länge der Leitung müssen die Rohre beweglich auf Fundamenten gelagert sein, die einzelnen Rohrstücke über Dehnungsmuffen verbunden werden. Heute werden die Rohrleitungen häufig aus Spannbeton hergestellt und unterirdisch verlegt.

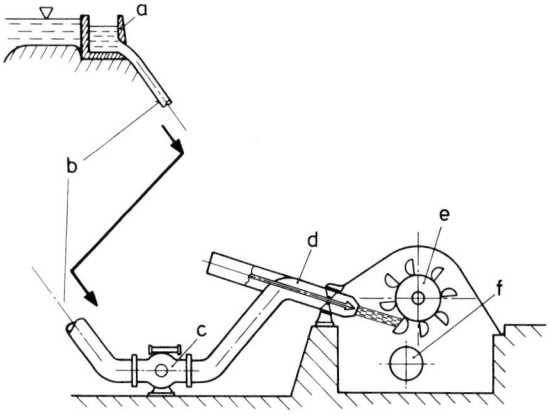

Bild 346 Pelton-Wasserkraftanlage
a) Wasserschloß   b) Druckleitung   c) Kugelschieber   d) Regelung
e) Laufrad   f) Saugrohr

Jede Rohrleitung muß belüftet werden können, damit bei Absperren der Leitung keine unzumutbaren Unterdrücke entstehen. Eine Sicherheitsklappe am unteren Ende der Leitung läßt das Wasser ausströmen, falls bei plötzlichem Abstellen der Maschine der Wasserstoß der sich bewegenden Wassermassen den Druck im Rohr ansteigen läßt.

Anlagen zur Nutzung des Gezeitenwechsels haben noch keine wirtschaftliche Bedeutung gefunden. Die hier vorhandenen riesigen Energievorräte auszunützen bleibt der Zukunft überlassen.

10.4 Energiebedarf und Spitzenlastdeckung

Die Versorgung mit Energie, vor allem mit elektrischer Energie, ist heute in den Industrieländern eine Selbstverständlichkeit geworden. Man erwartet einen hohen Verfügbarkeitsgrad, d.h. der Verbraucher möchte seinen Bezug rasch und in beliebiger Höhe ändern können, obwohl gerade die elektrische Energie nicht gespeichert werden kann. Durch Konzentration verschiedenster Kraftwerkseinheiten zu einem Verbundnetz können heute kurzzeitige Schwankungen des Verbrauchs jederzeit aufgenommen werden.

Betrachtet man die Jahresbelastung der öffentlichen Kraftwerke (Bild 345), so zeigt sich, daß ca. 25 % der installierten Leistung jedoch nur während dem fünften Teil eines Jahres genutzt werden.

Die Kosten für die elektrische Energie setzen sich zusammen aus Kapitalkosten (Anlagekosten, Personal), die unabhängig von der Ausnutzung sind, und aus Arbeitskosten (Brennstoff), welche durch den Wirkungsgrad der Anlage bestimmt sind. Ein Kraftwerk mit hohem Wirkungsgrad erfordert hohe Investitionen, die nur bei guter Ausnutzung der Anlage gerechtfertigt erscheinen. Infolgedessen werden Einheiten mit mäßigem Wirkungsgrad zur Deckung des Spitzenbedarfs eingesetzt.

Nun werden heute moderne Kraftwerke im allg. nur noch für verhältnismäßig hohe Drücke und guten Wirkungsgrad sowie für eine Ausnutzungsdauer von 5000 bis 6000 Stunden pro Jahr ausgelegt. Es erhebt sich damit die Frage nach ausgesprochenen Kraftwerken zur Deckung der Spitzenlast.

Dafür kommen zurr. Einsatz:

1. Pumpspeicherwerke: Zur Deckung des Spitzenbedarfs wird die Turbine (T) (im allg. ein Francisrad) durch das Wasser des Speichers beaufschlagt und treibt den Generator an. Die Pumpe ist über die hydraulische Kupplung (K_1) abgeschaltet. In Zeiten schwacher Belastung wird die Turbine ausgekuppelt über die Kupplung (K_2); die Pumpe (P), angetrieben durch den Generator (G), welcher nun als Motor (M) arbei-

tet, pumpt das Wasser aus dem Staubecken in den Speicher (A). Um die Anlage bei
Umstellung auf Pumpenbetrieb auf Synchrondrehzahl zu bringen, wird häufig statt
einer hydraulischen Kupplung eine Hilfsturbine (HT) (Peltonrad) in Verbindung mit
einer Zahnkupplung eingesetzt. Der Übergang vom Pumpen- zum Turbinenbetrieb
und umgekehrt nimmt nur wenige Minuten in Anspruch. Im deutschen Raum gibt es
heute schon mehr als 20 Speicherwerke mit ca. 3000 MW installierter Leistung.

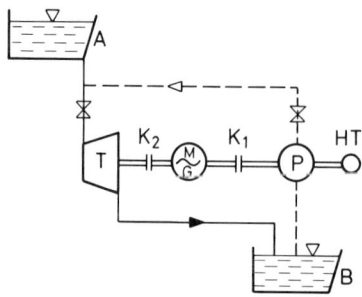

Bild 347 Anlageschema eines Pumpspeicherwerks

2. Dampfkraftwerke für Spitzenlast: Es kommen solche Kraftwerke in Betracht, die
mit niedrigen Anlagekosten arbeiten. Das bedingt niedrigen Frischdampfzustand,
keine oder nur geringe Speisewasservorwärmung, hohe Rauchgastemperatur im Abzug, eine einfache und wegen der variablen Belastung meist zweiflutig ausgeführte
Turbine. Es werden möglichst alle wirkungsgradsteigernden Kapitalaufwendungen
vermieden. Kesselseitig wird der Zwangsdurchlaufkessel wegen guter Regelbarkeit
vorgezogen.

3. Gasturbine: Die Gasturbine, die im offenen Prozeß zwar nur einen mäßigen Wirkungsgrad besitzt, stellt jedoch wegen des geringen Bauaufwandes und der raschen
Betriebsbereitschaft ein hervorragendes Mittel zur Spitzenlastdeckung dar. Sie wird
vielfach mit Strahltriebwerken gemeinsam eingesetzt.
Das Strahltriebwerk, durch die Anwendung in der Luftfahrt betriebssicher und
preisgünstig, wird als Treibgaserzeuger vorgeschaltet, der austretende Abgasstrahl
wird in einer Nutzleistungsturbine auf Umgebungsdruck entspannt, die Energie der
Turbine schließlich durch einen Generator in elektrische Leistung umgeformt.

10.5 Kopplung von Erzeugung elektrischer Energie und Wärme

In der Energieerzeugung wird in immer steigendem Maße zu einer Heizkraftkopplung
übergegangen, und zwar sowohl bei Dampfanlagen als auch bei Gasturbinen. Der Grund
liegt in der wesentlich besseren Brennstoffausnutzung. Einmal arbeiten Hochleistungs-

anlagen wirtschaftlicher als die für reine Wärmeversorgung zumeist verwendeten Niederdruckkessel, sodann können Abnahmeschwankungen seitens des Wärmeabnehmers (Sommer, Winter) durch vermehrte oder verminderte Abgabe von elektrischer Energie in das Verbundnetz aufgefangen werden. Die Heizung erfordert darüber hinaus Wärme von einer Temperatur, die ohnehin nicht viel höher liegt, als sie die im thermischen Kraftwerk als Abwärme abgezogene Wärme besitzt. Je nach Höhe des Wärmeverbrauchs im Verhältnis zur installierten Gesamtleistung setzt man ein

a. Entnahmekondensationsturbinen

b. Kondensations- und Gegendruckturbinen nebeneinander

c. reine Gegendruckturbinen.

In einer Entnahmeturbine wird der gesamte Arbeitsdampf bis zu einem gewissen Gegendruck (etwa 5 bar) entspannt, sodann wird ein Teil des Dampfes zur Wärmeversorgung der Turbine entnommen, während der Rest bis zum Kondensatordruck weiter expandiert. Der Entnahmedampf heizt über einen Wärmetauscher im allgemeinen das Wasser eines Heizkreislaufes auf, kondensiert ebenfalls und wird dem Turbinenkondensat zugefügt. Die Turbine kann im Niederdruckteil, der ohnehin den größten Bauaufwand erfordert, kleiner gehalten werden.

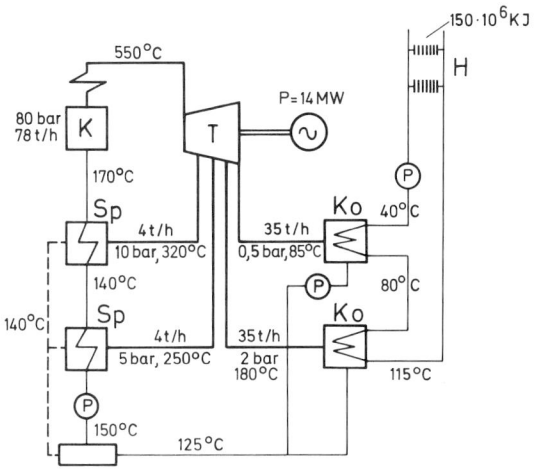

Bild 348 Schaltplan einer kombinierten Heizkraftanlage
T Gegendruckturbine   K Kessel   P Pumpe
Sp Speisewasservorwärmer   Ko Kondensator   H Heizung

Die Gegendruckturbine arbeitet im Gegensatz zur Kondensationsturbine nur auf den Dampfdruck, der zur Aufheizung des Wärmekreislaufs benötigt wird.

Bei der Gasturbine im geschlossenen Prozeß (s. Bild 306) wird die Luft zweimal durch Kühler geführt, einmal durch den Zwischenkühler zwischen zwei Verdichterstufen, sodann hinter der Turbine zur Abfuhr der Wärme aus dem Kreisprozeß (Bild 348). Das Kühlwasser dient nun als Heizmedium. Durch Regelung der Kühlwassermenge kann die Temperatur entsprechend variiert werden.

11 Die Dampfturbine

11.1 Aufbau der Dampfturbine

Über die Frischdampfleitung (a) gelangt der Dampf vom Kessel über ein Dampfsieb (b) und über das Hauptabsperrventil (c) zur Turbine (Bild 349 und 350). Bevor der hochgespannte Dampf sich im Düsenkranz (e) entspannt, wird die Dampfmenge durch die Düsenventile (d) geregelt, von denen jeweils ein Ventil nur eine bestimmte Anzahl von Düsen (g) speist. Eine solche Regelung setzt nachfolgend ein Gleichdruckrad (f) voraus (s. Abschnitt 3.9). Der Schaufelkranz des Laufrades kann dann partiell beaufschlagt werden.

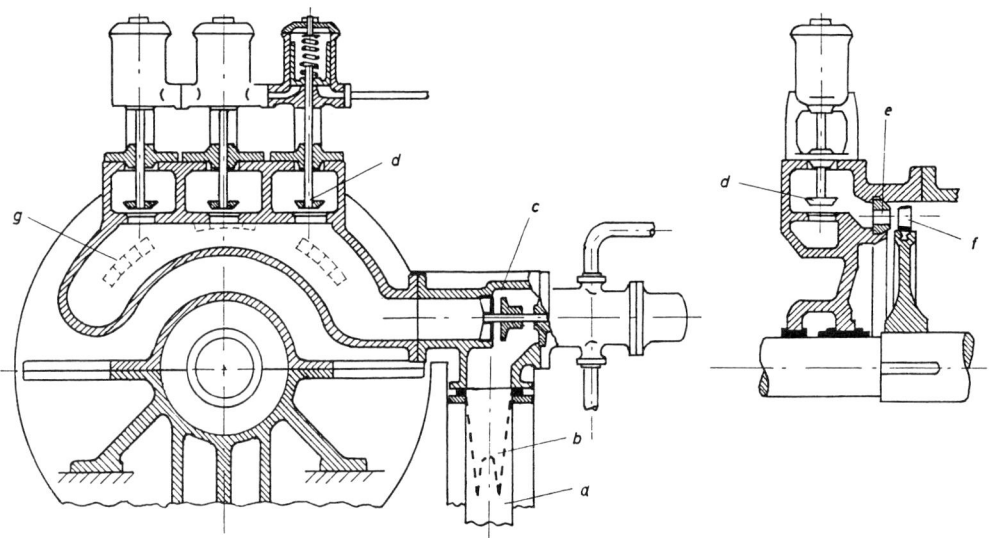

Bild 349 Dampfturbine im Querschnitt

Im allgemeinen ist das Wärmegefälle und damit der Druckabbau in der Turbine sehr hoch. Entsprechend dehnt sich das am Eintrittsstutzen nur geringe Volumen auf gewaltige Werte am Turbinenende im Kondensatorbetrieb, so daß die Schaufeln im Niederdruckteil oft erhebliche Länge besitzen (bis 1 m). Das Volumenverhältnis zwischen Frischdampf und dem Dampf im Austrittsstutzen der Turbine liegt bei 500 und darüber.

Das Hauptabsperrventil (c), auch als Schnellschlußventil bezeichnet, beherrscht den gesamten Dampfstrom, ist als federbelastetes Ventil ausgebildet und wird gegen die Federkraft durch Öldruck offen gehalten. Im Bedarfsfall, z.B. bei Überschreiten der zulässigen Drehzahl, schließt das Ventil (Bild 361).

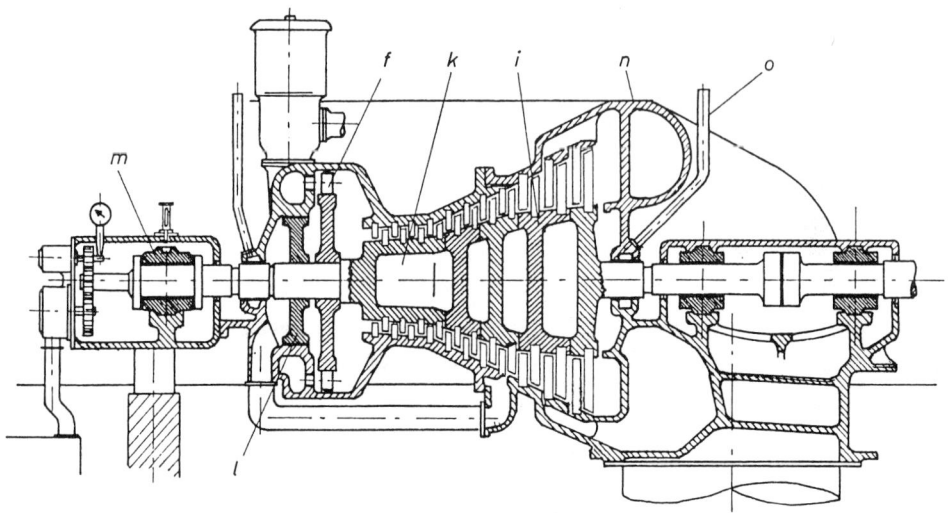

Bild 350 Dampfturbine im Längsschnitt

Die Düsenventile können durch Steuerung des Öldrucks auf jedes beliebige Öffnungsverhältnis eingestellt werden, so daß der Dampfdurchsatz feinfühlig abgestimmt werden kann. Um ungleichmäßige Erwärmung des Gehäuses (Wärmespannungen, Risse) zu vermeiden, werden die Regelventile symmetrisch zum Gehäuse angeordnet.

Der Rotor besteht entweder aus einer Welle mit aufgesetzten Scheiben (i), deren jede einen Schaufelkranz trägt, oder aus einer Trommel (k), welche mitunter aus einzelnen Ringen zusammengeschweißt wird. Der Achsschub wird durch einen Ausgleichskolben (l) aufgenommen, dessen Druckseite durch den Druck des Frischdampfes belastet wird. Dieser Dampf wird an einer anderen Stelle zur Turbine zur weiteren Expansion zurückgeführt. Der Läufer ist auf Gleitlagern gelagert, von denen eines zur Aufnahme des Restschubes als Spurlager (m) ausgebildet ist.

Das Gehäuse (n) ist horizontal geteilt und durch einen umlaufenden Flansch verschraubt. Bei hohen thermischen Belastungen wird das Gehäuse zusätzlich doppelwandig ausgeführt, wobei die innere Gehäusewand gleichzeitig Leitschaufelträger ist und die thermische Belastung aufzunehmen hat, das äußere Gehäuse schließlich druckfest abschließt und sich am Fundament abstützt.

Ist die Maschine mehrgehäusig (Hochdruck- und Niederdruckteil), so werden die Wellen im allg. durch starre Kupplung verbunden. Der gesamte Rotor ist dann jedenfalls mehrfach gelagert.

Da Wärmedehnungen des Gehäuses unvermeidlich sind, wird das Turbinengehäuse an einer Stelle, meist am Abdampfstutzen, am Fundament fixiert. Nach vorn hin kann sich die Maschine mit Hilfe von Führungskeilen über der Grundplatte dehnen.

Bild 351 Wellendichtung, als Spitzendichtung ausgeführt

Als Dichtungselemente werden zumeist Spitzendichtungen verwendet. An der Niederdruckseite muß das in den Kondensator abflutende Medium gegen Lufteinbruch geschützt werden, da sonst das Vakuum im Kondensator absinkt. Die Dichtung wird darum mit Sperrdampf aus einer geeigneten Stufe der Turbine beaufschlagt, der seinerseits zwar in den Kondensator zurückfließt, jedoch die Luft am Einbruch in den Kondensator hindert. Ein Kamin (o) über der Sperrdampfzufuhr in der Dichtung zeigt die Anwesenheit des Sperrdampfes und somit die Wirksamkeit der Dichtung an.

Im Naßdampfteil sind Entwässerungsbohrungen angebracht zur Feuchtigkeitsabfuhr während des Betriebes, ebenso an den tiefsten Stellen eines jeden Gehäuses, da sich beim Anfahren der kalte Dampf niederschlägt.

Das Gehäuse wird im Niederdruckteil aus Gußeisen, im Hochdruckteil (über 350°C) aus Stahlguß hergestellt. Mitunter müssen die Einlauforgane sogar aus hochwarmfestem austenitischen Stahl gefertigt werden, falls die Temperatur des Frischdampfes 550°C übersteigt.

11.2 Beschauflung

Der Schaufelwirkungsgrad einer Gleichdruckstufe ist geringer als der einer Überdruck-stufe (s. Abschnitt 3.9). Dafür kann im Gleichdruckrad ein größeres Stufengefälle verar-beitet und der Schaufelkranz partiell beaufschlagt werden.

Kleinturbinen werden als reine Gleichdruckturbinen gebaut, da sie wegen des geringen Durchsatzes partiell beaufschlagt werden müssen, außerdem die Anlage wegen hohen Stufendruckgefälles klein baut. Eine solche Turbine, auch Zoellyturbine genannt, ist druckgestuft, d.h., in jedem Leitschaufelkranz (Düse) wird etwa der gleiche Anteil des Gesamtgefälles in Geschwindigkeit umgesetzt. Die erzeugte Geschwindigkeitsenergie verarbeitet das Laufrad jeweils in Rotationsenergie (Bild 352).

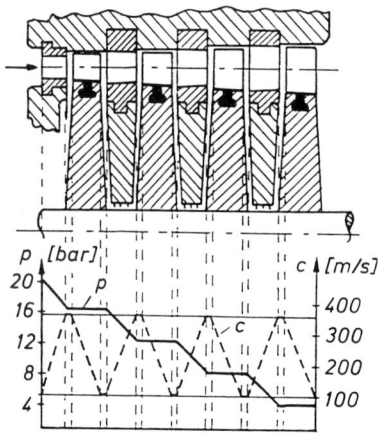 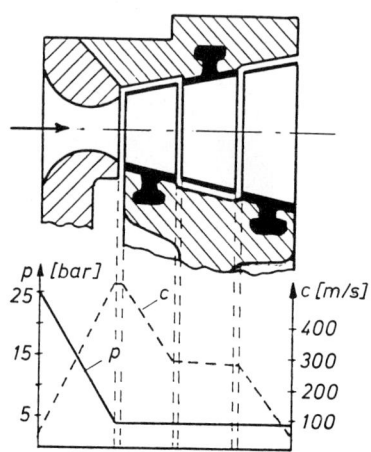

Bild 352 Druckgestufte   Bild 353 Zweistufiges Curtisrad
           Gleichdruckturbine   mit Überschalldüse

Anlagen größerer Leistung besitzen oft einen Curtisteil, d.h. ein ein- oder zweistufiges Gleichdruckrad am Turbineneintritt. Es dient vor allem zur Regelung der Dampfmenge und ist bisweilen notwendig, damit die wegen des konzentrierten Dampfvolumens am Eintritt erforderliche partielle Beaufschlagung durch weniger, aber hinreichend große Düsen ermöglicht wird. Das Curtisrad ist geschwindigkeitsgestuft. Hier wird das ge-samte Druckgefälle in der Eintrittsdüse, die oft als Lavaldüse ausgeführt ist, in Ge-schwindigkeit umgesetzt und diese in den folgenden Stufen zu etwa gleichen Anteilen verarbeitet (Bild 353). Zwischen den Laufrädern bedarf es eines Leitrades, das nur die Aufgabe der Umlenkung übernimmt. Die notwendige Anzahl der Düsen wird gruppen-weise symmetrisch angeordnet entsprechend Zahl und Anordnung der Düsenventile (s. Bild 349).

In den meisten Fällen wird eine Maschine größerer Leistung bis auf den Regelteil nach dem Überdruckprinzip ausgeführt, d.h., Lauf- und Leitrad aller übrigen Stufen nehmen am Druckumsatz teil. Die Umlenkung bleibt kleiner, der hydraulische Wirkungsgrad ist besser. Die Stufenzahl ist entsprechend hoch.

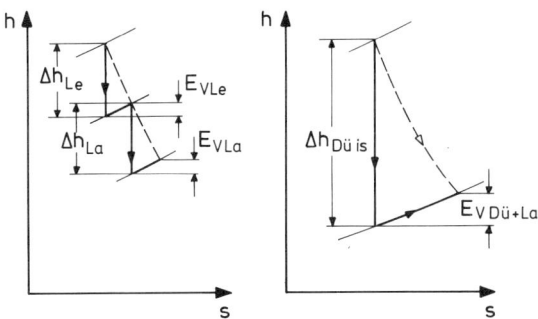

Bild 354 Überdruck- und Gleichdruckstufe im h-s-Diagramm

Obwohl der Stufenwirkungsgrad der Überdruckanlage günstiger liegt, ist auch die Gleichdruckturbine in ihrer Gesamtheit wegen begrenzter Stufenzahl und geringerer Spaltverluste durchaus wirtschaftlich.

Befestigt werden die Laufschaufeln mit einem hammerförmigen Fuß, der in eine um die Scheibe bzw. Trommel umlaufende Nut gesteckt wird. Die Nut ist an einer Stelle zur Seite hin offen, so daß die Schaufelfüße hineingesteckt und ringsum verschoben werden können. Sind alle Schaufeln auf dem Kranz angebracht, wird die Öffnung durch ein "Schloß" arretiert. Bei hoher Fliehkraftbelastung werden "Tannenbaumfüße" verwendet, die seitlich in entsprechend ausgefräste Öffnungen gesteckt und leicht gegen axiale Verschiebung gesichert werden (s. Bild 307).

Die Werkstoffwahl richtet sich nach der Beanspruchung. Hochwärmebeanspruchte Schaufeln werden häufig aus Chrom-Vanadium-Stählen hergestellt. Die Schaufeln der ersten Stufen, etwa die Gleichdruckschaufeln des Curtisrades, unterliegen wegen hoher Dampftemperaturen einer hohen Beanspruchung und werden aus dem Vollen herausgefräst (Bild 355), die Köpfe zwecks größerer Schwingungsfestigkeit durch Deckbänder verbunden.

Stark belastet werden auch die Schaufeln der letzten Stufen einer Dampfturbine, da hier die Expansion zumeist schon in das Naßdampfgebiet gelangt ist. Die feinen Wassertröpfchen wirken derart auf die Schaufeln, daß diese "gesandstrahlt" werden. Auch hier ist neben ausgesprochen hochwertigem Werkstoff eine sehr saubere Oberfläche notwendig.

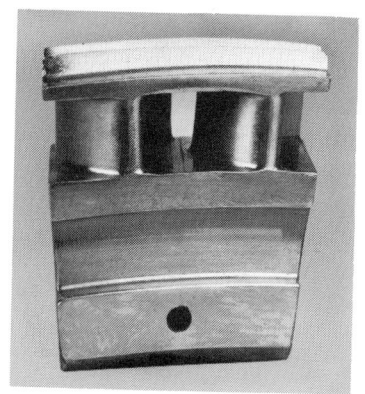

Bild 355 Laufrad einer
          Gleichdruckturbine

Bild 356 Element einen Düsenkranzes

Ab einer gewissen Schaufellänge wirkt sich das Schwingungsverhalten der Schaufel vor allem außerhalb der Nenndrehzahl gefährdend aus. Darum werden häufig durch Bohrungen am Schaufelkopf oder auch in Schaufelmitte Bindedrähte gezogen, die im Betrieb infolge der Zentrifugalkräfte die Schaufeln durch die Reibung kraftschlüssig verbinden und die Schwingungen dämpfen.

Um allzu lange Schaufeln zu vermeiden, wie sie bei großen Durchsätzen im Niederdruckteil oft nötig werden (Grenzlänge ca. 1 m), teilt man den Strom am Turbinenende in zwei oder mehr Fluten auf. Bei entgegengesetzter Durchströmrichtung dieser Turbinenteile kann gleichzeitig der Achsschub des Niederdruckteils völlig aufgehoben werden.

Weniger beanspruchte Schaufeln (Leitschaufeln, Umlenkschaufeln) werden aus Blechstreifen gebogen und die Schaufelfüße angefräst.

Der Düsenkranz am Turbineneintritt unterliegt der hohen Frischdampftemperatur. Da außerdem wegen der hohen Strömungsgeschwindigkeit die Düse stark wirkungsgradabhängig ist, werden die Düsen zumeist aus dem vollen Material herausgefräst und die Oberfläche sauber geglättet (Bild 356).

Durch den Schaufelkranz wird auch die Scheibe festigkeitsmäßig hoch belastet. Sie wird darum oft als Scheibe gleicher Festigkeit ausgeführt, für deren Berechnung als Randbedingungen der Schaufelzug am äußeren Duchmesser und die notwendige Schrumpfspannung an der Nabe maßgebend sind.

11.3 Regelung

Grundsätzlich kann gefordert sein entweder eine Regelung

- des Gefälles   oder
- des Durchsatzes.

Die Regelung des Wärmegefälles wird durch Drosselung herbeigeführt (Drosselung = Zustandsänderung konstanter Enthalpie im Sinne zunehmender Entropie). Dabei vermindert sich (Bild 357) das Arbeitsvermögen pro kg Dampf, und es vergrößert sich der spez. Dampfverbrauch. Es wird darum die Drosselregelung nur bei Kleinturbinen angewandt.

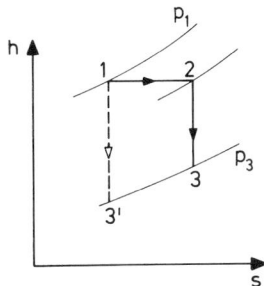

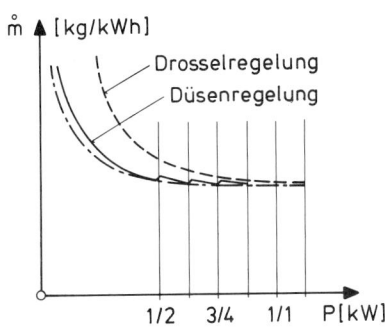

Bild 357   Einfluß der Drosselung
        1 - 2   Drosselung
        1 - 3   Gefälle bei isentroper
                Expansion
        2 - 3   Gefälle bei Expansion
                mit Drosselung

Bild 358   Spezifischer Dampfverbrauch
        bei
    —— Drosselregelung
    --- Düsengruppenregelung
          über 5 Düsengruppen
          zwischen 1/2 und
          9/8 Last

Bei der Mengenregelung wird im allgemeinen nur die erste Stufe einer Dampfturbine teilbeaufschlagt. Der Dampf hat dann in den folgenden Stufen bei Teillast mehr Platz, staut sich weniger und expandiert stärker. Da aber der Enddruck (Kondensatordruck) der gleiche wie bei Vollast geblieben ist, so ergibt sich für die letzten Stufen ein geringes Gefälle, im mittleren Stufenbereich stimmen die Verhältnisse sogar mit denen bei Vollast überein. Dadurch sinkt zwar der Wirkungsgrad bei Teillast, jedoch bleibt die Mengenregelung der Drosselung weit überlegen. Bild 358 zeigt den spezifischen Dampfverbrauch für beide Regelmöglichkeiten. Man erkennt den Drosselverlust beim Zuschalten jeweils einer Düsengruppe bei Anwendung der Mengenregelung. Insofern ist auch diese Regelart mit einer Drosselung verknüpft, die insgesamt jedoch nur von geringem Einfluß auf den Wirkungsgrad ist.

Die Drehzahl darf durch einen Regeleingriff im allg. nicht beeinflußt werden, da durch die (häufig elektrische) Abnehmermaschine die Drehzahl fest vorgeschrieben ist.

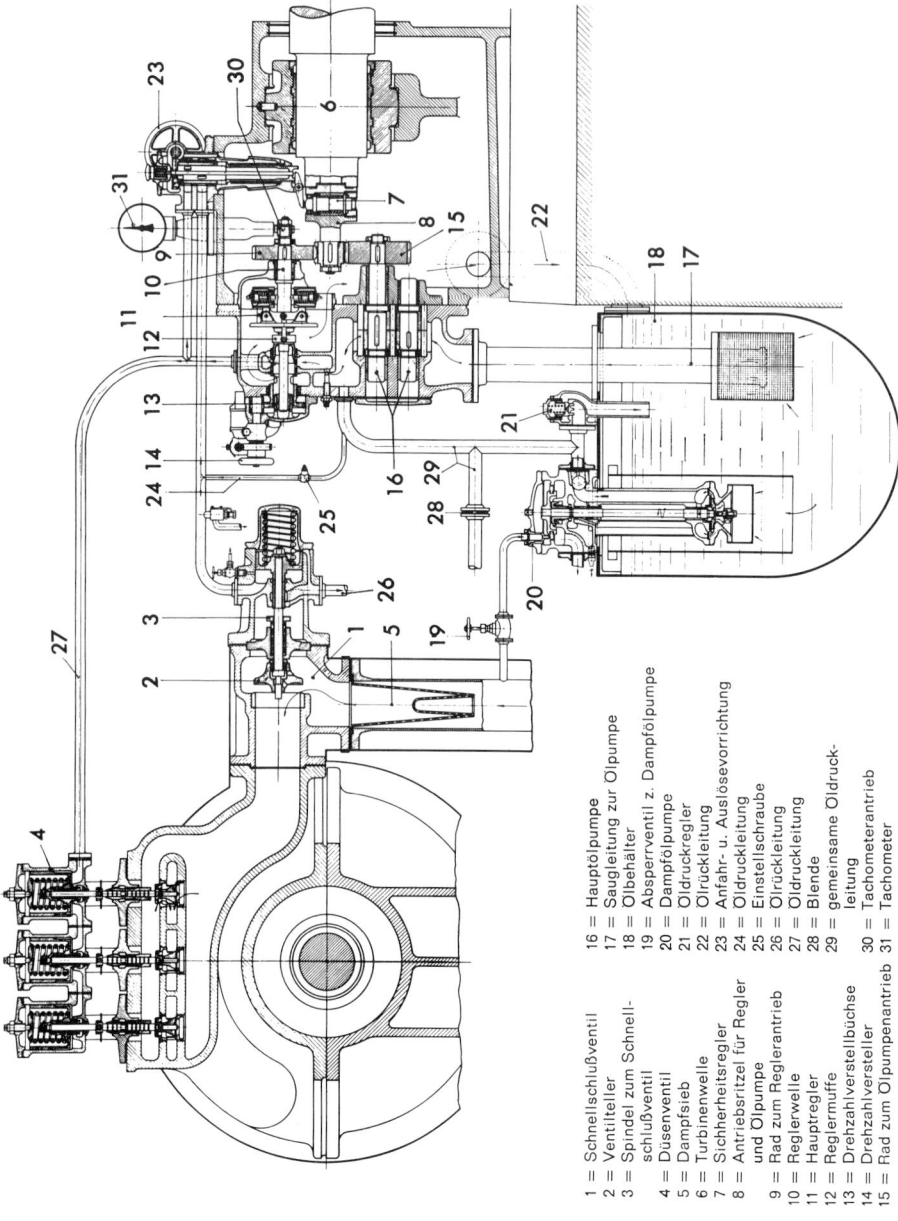

1 = Schnellschlußventil
2 = Ventilteller
3 = Spindel zum Schnell-
    schlußventil
4 = Düsenventil
5 = Dampfsieb
6 = Turbinenwelle
7 = Sicherheitsregler
8 = Antriebsritzel für Regler
    und Ölpumpe
9 = Rad zum Reglerantrieb
10 = Reglerwelle
11 = Hauptregler
12 = Reglermuffe
13 = Drehzahlverstellbüchse
14 = Drehzahlversteller
15 = Rad zum Ölpumpenantrieb

16 = Hauptölpumpe
17 = Saugleitung zur Ölpumpe
18 = Ölbehälter
19 = Absperrventil z. Dampfölpumpe
20 = Dampfölpumpe
21 = Öldruckregler
22 = Öldruckleitung
23 = Anfahr- u. Auslösevorrichtung
24 = Öldruckleitung
25 = Einstellschraube
26 = Öldruckleitung
27 = Öldruckleitung
28 = Blende
29 = gemeinsame Öldruck-
     leitung
30 = Tachometerantrieb
31 = Tachometer

Bild 359 Druckölsteuerung einer Dampfturbine

Bild 359 zeigt eine gestängelose Drucкölsteuerung einer Turbine. Von der Turbinenwelle wird ein Schnellschlußauslöser (7) betätigt. Ein um das Maß e gegenüber der Wellenmitte exzentrisch in der Welle angebrachter Bolzen (Bild 360) wird durch eine Feder in seiner Lage gehalten, bis infolge Überdrehzahl der Welle die Fliehkraft des Bolzens die Federkraft übersteigt. Der herausspringende Bolzen betätigt einen Hebel, wodurch ein Ventil der Drucкölregelleitung geöffnet wird. Das Öl im Zylinder des Schnellschlußventils (Bild 361) wird drucklos und fließt ab. Das Ventil (1) schließt infolge Federdrucks und sperrt die Dampfzufuhr vollständig ab. Eine zusätzliche Auslösung von Hand (23) ist möglich.

Von der Turbinenwelle wird gleichzeitig über Zahntrieb der Drehzahlregler (11) betätigt. Dieser wirkt über ein Gestänge auf den Steuerkolben (StK) ein (Bild 362). Im Falle einer etwaigen Drehzahlerhöhung wird der Kolben nach unten gedrückt und das von der Pumpe (P) über eine Blende (Bl) geförderte Öl kann durch einen frei werdenden Spalt aus dem Steuerzylinder ablaufen. Gleichzeitig vermindert sich der Druck unter dem Kolben des Servomotors (Ks), so daß die Feder (F) das Ventil (V) in den Dampfstrom hineinschiebt und diesen drosselt. Es stellt sich schließlich ein Steuergleichgewicht zwischen Öldruck und Federkraft ein.

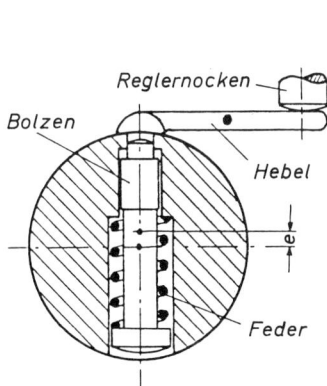

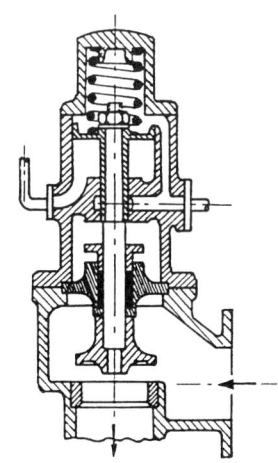

Bild 360 Schnellschlußauslöser

Bild 361 Schnellschlußventil

Auf diese Weise wird die Mengenregelung der Düsenventile (4) durchgeführt, wobei durch entsprechende Anordnung der Steuerkolben die Ventile zeitlich nacheinander wirksam werden können. Die Drehzahl kann über eine Verstellbüchse (13) auch von Hand beeinflußt werden.

Die Hauptölpumpe ist eine Zahnradpumpe (16), die durch die Turbinenwelle über eine Zahnradübersetzung (15) angetrieben wird. Eine Hilfsölpumpe (20) übernimt die Ölversorgung der Anlage (einschließlich der Lagerung) im Startzustand der Turbine. Diese wird zumeist als Kreiselpumpe ausgeführt und durch Dampf oder elektrisch angetrieben.

Das Steueröl fließt im Kreislauf in den Ölsumpf (18) zurück. Der Öldruck wird durch ein Sicherheitsventil (21) überwacht und vom Manometer angezeigt. Ebenfalls kommt die Drehzahl am Tachometer zur Anzeige.

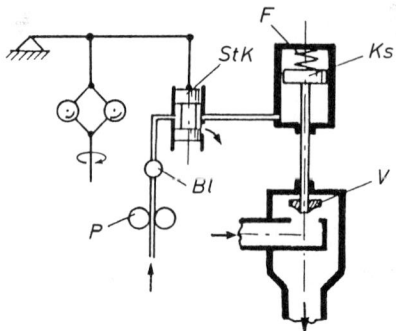

Bild 362 Hydraulische Dampfturbinenregelung

11.4 Anfahren und Abstellen der Turbine

Beim Anfahren wird zunächst die Abdampfleitung, danach die Frischdampfleitung geöffnet. Beide Leitungen werden ins Freie entwässert, da der Dampf anfangs an den noch kalten Rohrwänden stark kondensiert. Später anfallende Kondenswassermengen werden im Kondenstopf aufgefangen. Entsprechend werden zuerst Ablauf und hernach Zulauf des Kondensator-Kühlwassers geöffnet. Die Ölvorwärmung wird in Betrieb gesetzt, sodann Kühlwasser in den Ölkühler geleitet. Zur Vermeidung ungleichmässiger Erwärmung und Verziehen des Rotors wird dieser während des Erwärmungsvorganges der Turbine mittels einer Drehvorrichtung mit geringer Drehzahl in Rotation gehalten. Das Vakuum im Kondensator wird durch eine Strahlpumpe hergestellt.

Die Turbine fährt erst an, wenn die Ölversorgung der Lager gesichert ist, die Kondensation einwandfrei arbeitet und die Dampfleitungen entwässert sind. Bei geöffnetem Hauptventil läuft die Turbine in Drehzahlstufen an, welche durch die Düsenventile gesteuert werden. Sodann wird Stopfbuchsdampf in die Dichtungen gegeben, die Hilfsölpumpe entlastet und die Hauptölpumpe übernimmt die Ölversorgung. Es kann die Maschine dann voll belastet werden.

Beim Abstellen der Turbine wird zuerst die Maschine entlastet (Rückregelung über die Düsenventile) und dann durch Schnellschlußbetätigung stillgesetzt. Jedoch bleiben die Hilfsmaschinen noch in Betrieb. Die Messung der Auslaufzeit des Läufers liefert Rückschlüsse auf den Zustand der Lager. Während des Auslaufens wird die Frischdampfzufuhr geschlossen, die Hilfsölpumpe in Betrieb genommen und die Kondensation abgestellt. Nach dem Auslaufen des Rotors wird die Drehvorrichtung noch eine vorgeschriebene Zeit betätigt, erst danach kann die Hilfsölpumpe abgestellt, die Entwässerungen und Entlüftungen geöffnet werden.

Für längere Stillstandszeiten gelten besondere Konservierungsvorschriften.

11.5 Berechnungsbeispiel

Es soll eine Kleindampfturbine zum Antrieb eines Gebläses berechnet werden für folgende Betriebsverhältnisse:

Kupplungsleistung: $P = 80$ kW
Abtriebsdrehzahl: $n = 10.000$ Upm
Frischdampfdruck: $p_D = 10$ bar
Frischdampftemperatur: $t_D = 280^{\circ}C$
Abdampfdruck: $p_S = 1,5$ bar

In den Regelorganen entsteht ein Druckverlust durch Drosselung, der mit ca. 10% angesetzt werden kann. Somit wird

$$p_{D'} = 0,9 \, p_D = 9 \text{ bar}.$$

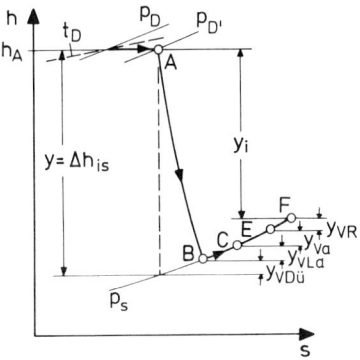

Bild 363 Wärmegefälle im h-s-Diagramm

Verfolgt man die Expansion im Mollier-Diagramm, so wird

$$h_{D'} - h_S = 365 \text{ kJ/kg}.$$

Bei derartigen kleinen Anlagen ist der Wirkungsgrad nur gering; es mag $\eta_i = 0,55$ und $\eta_m = 0,95$ sein. Dann wird der notwendige Durchsatz

$$\dot{m} = P/(\Delta h\ \eta_i\ \eta_m) = 80 \cdot 10^3/(365 \cdot 0,55 \cdot 0,95) = 0,42 \text{ kg/s}.$$

Rechnet man sich über ein gemitteltes v_m zwischen dem Anfangs- und Endzustand der Expansion eine spezifische Drehzahl aus, so wird mit $v_m = 0,65 \text{ m}^3/\text{kg}$

$$n_q = n\ \sqrt{\dot{V}}/Y^{0,75} = 166 \cdot \sqrt{0,42 \cdot 0,65}/(365 \cdot 10^3)^{0,75} = 0,00575.$$

Will man keine mehrstufige Maschine bauen (die geringe Leistung rechtfertigt den Aufwand nicht), so ist eine einstufige Anlage mit partieller Beaufschlagung zu wählen. Das gelingt mit einer Gleichdruckanlage. Sie wird in der axialen Bauform ausgeführt.

Das gesamte Druckgefälle liefert die Geschwindigkeit

$$C = \sqrt{2(h_{D'} - h_S)} = \sqrt{2 \cdot 365 \cdot 10^3} = 854 \text{ m/s}.$$

Der Düsenverlust wird durch den Geschwindigkeitsbeiwert $\mu = 0,95$ berücksichtigt.

$$c_2 = \mu\,C = 0,95 \cdot 854 = 811 \text{ m/s}.$$

Die Geschwindigkeitsverminderung entspricht einem Energieverlust von

$$E_{v\,D\ddot{u}} = (1 - \mu^2)\ \Delta h = 34,7 \text{ kJ/kg}.$$

Somit steht dem Laufrad noch das Gefälle $h_D - h_B$ zur Verarbeitung zur Verfügung. $\overline{AB}$ ist die Zustandskurve für die Düsen. Laut Diagramm ist am Laufradeintritt $v_2 = 1,15$ m^3/kg.

Die optimale Laufzahl liegt bei $u/C = 0,5$. Legt man diesen Wert zugrunde, so würde die Umfangsgeschwindigkeit zu hoch anwachsen. Gewählt wird darum $u/C = 0,35$, wobei ein Austrittsdrall und damit gleichzeitig ein Austrittsverlust in Kauf genommen wird.

$$u_2 = 0,35\,C = 298 \text{ m/s} \quad \rightarrow \quad d_2 = \frac{u_2}{\pi\,n} = \frac{298 \cdot 60}{\pi\ 10.000} = 0,57 \text{ m}$$

(Raddurchmesser in Schaufelmitte).

Wegen des geringen Durchsatzes werden die kurzen Schaufeln zylindrisch ausgeführt. Der Düsenaustrittswinkel α_2 sollte im Sinne hoher Drallerzeugung klein sein, mit Rücksicht auf die endliche Stärke der Laufschaufelenden jedoch $14°$ nicht unterschreiten. Gewählt wird $\alpha_2 = 16°$.

Man berechnet zunächst die Düsenhöhe für totale Beaufschlagung:

$$\dot{V}_2 = \dot{m}\, v_2 = \pi\, d_m\, (l_4)_{tot}\, c_{2m}\, (t_2 - \sigma_2)/t_2,$$

wobei

$$c_{4m} = c_{2m}\, (t_2 - \sigma_2)/t_2$$

ist.

Mit

$$c_2 \sin \alpha_2 (t_2 - \sigma_2)/t_2 = 811 \cdot 0{,}276 \cdot 0{,}92 = 206 \text{ m/s}$$

wird

$$(l_4)_{tot} = \frac{0{,}42 \cdot 1{,}15}{\pi\, 0{,}57 \cdot 206} = 0{,}00131 \text{ m} \mathrel{\hat{=}} 1{,}31 \text{ mm},$$

wobei die Einschnürung im Laufgitter mit 0,92 geschätzt wird.

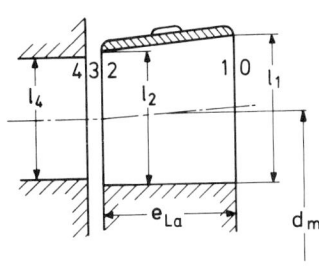

Bild 364

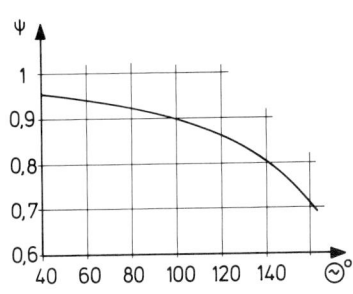

Bild 365

Der berechnete Wert für l_4 ist unausführbar. Zu kleine Schaufellängen erhöhen die Schaufel- und Spaltverluste, allzu kleine Beaufschlagungsbögen andererseits erhöhen die Radreibungsverluste. Setzt man $l_4 = 15$ mm an, so ergibt sich der Beaufschlagungsbogen

$$\varepsilon = (l_4)_{tot}/l_4 = 131/15 = 0{,}0875.$$

Aus dem Geschwindigkeitsdreieck (Bild 366) ergibt sich nunmehr

$$w_2 = 530 \text{ m/s} \qquad \text{und} \qquad \beta_2 = 155^\circ.$$

Die Schaufel wird im Sinne gleicher Relativgeschwindigkeit profiliert (Bild 367). Trotzdem ist $w_1 < w_2$ infolge von Reibung und Wirbelverlusten. Der Geschwindigkeitsabfall ist abhängig von dem Umlenkwinkel Θ, so daß $w_1 = w_2\, \psi$ ist. Nach Diagramm in Bild 365 dürfte $\psi = 0{,}85$ sein. Somit wird

$$w_1 = 0{,}85\, w_2 = 450 \text{ m/s}.$$

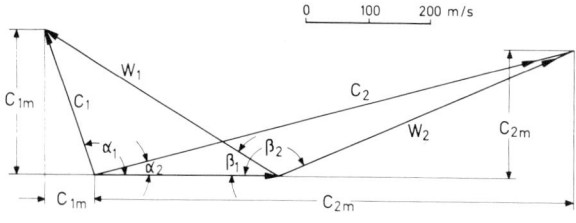

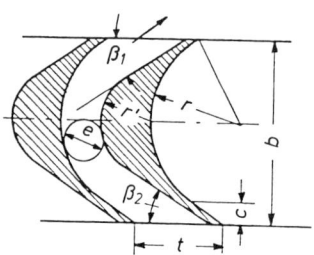

Bild 366

Bild 367 Schaufelentwurf

Die Eintrittshöhe der Laufschaufel sollte zur Vermeidung von Kantenstößen ein wenig größer sein als die Leitkranzhöhe:

$$l_2 = l_4 + 2 \text{ mm} = 17 \text{ mm}.$$

Hält man c_m im Laufschaufelkanal konstant, so wird

$$\dot{m}\, v_1 = \dot{V} = \varepsilon\, \pi\, d_m \left(\frac{t-\sigma}{t}\right)_1 l_1\, c_{1m}$$

$$l_1 = \frac{\dot{m}\, v_1}{\varepsilon\, \pi\, d_m\, (t-\sigma)/t_1 \cdot c_{1m}}.$$

Der Reibungsverlust im Laufschaufelgitter bewirkt eine isobare Zustandsänderung von B nach C im Diagramm (Bild 363).

$$Y_{v\,\text{Laufr}} = (w_2^2 - w_1^2)/2 = (530^2 - 450^2)/2 = 39,3 \text{ kJ/kg}.$$

Für Punkt C ergibt sich laut Diagramm $v_1 = 1{,}18$ m^3/kg. Da am Laufrad der Gleichdruckturbine kein Spaltverlust auftritt, wird dann

$$l_1 = (0{,}42 \cdot 1{,}18)/(0{,}0875 \cdot \pi \cdot 0{,}57 \cdot 0{,}9 \cdot 224) = 0{,}0156 \text{ m} \,\hat{=}\, 15{,}6 \text{ mm},$$

wobei die Austrittseinschnürung $(t_1 - \sigma_1)/t_1 = 0{,}9$ angesetzt wird und

$$c_{1m} = c_{2m}/0{,}92 = 224 \text{ m/s}$$

ist. Aus Gründen einfacher Konstruktion wird $l_1 = l_2 = 17$ mm gesetzt. Damit wird

$$c_{1m} = c_{2m}\, 15{,}6/17 = 224 \cdot 15{,}6/17 = 206 \text{ m/s}.$$

Es ergibt sich das in Bild 366 dargestellte Austrittsdreieck. Der Schaufelwinkel β_1 wird ausgeführt zu

$$\sin \beta_1 = c_{1m}/w_1 = 208/450 \;\rightarrow\; \beta_1 = 27{,}5^\circ.$$

Es verbleibt noch eine Kontrolle des Wirkungsgrades:

Der Auslaßverlust beträgt

$$Y_{va} = c_1^2/2 = 225^2/2 = 25,5 \text{ kJ/kg.}$$

Die Zustandsänderung im Diagramm erreicht Punkt E. Die Schaufelarbeit ergibt sich somit zu

$$Y_{sch} = Y - (Y_{v \, Dü} + Y_{v \, La} + Y_{va}) = 365 - (34,7 + 39,3 + 25,5)$$

$$Y_{sch} = 265,5 \text{ kJ/kg.}$$

Andererseits errechnet sie sich nach der Euler-Gleichung zu

$$Y_{sch} = u(c_{2u} - c_{1u}) = 298 \, (780 + 100) = 264 \text{ kJ/kg.}$$

Die Werte stimmen zufriedenstellend überein. Der Radreibungsverlust schließlich ergibt sich für partiell beaufschlagtes Rad

$$P_{r \, part} = (1 - \varepsilon) \, k_i \, 1 \, n^3 \, d_m^4 \, h/v$$

$$P_{r \, part} = 0,9125 \cdot 3,8 \cdot 166^3 \cdot 0,57^4 \cdot 0,017/116 = 24,7 \cdot 10^3 \text{ W} \, \hat{=} \, 24,7 \text{ kW}$$

$$Y_{vr} = P_r/\dot{m} = 24,7 \cdot 10^3/0,42 = 58,8 \text{ kJ/kg.}$$

Die innere aufgenommene Leistung ergibt sich somit zu

$$Y_i = Y_{sch} - Y_{vr} = 264 - 58,8 = 205,2 \approx 205 \text{ kJ/kg}$$

$$\eta_i = Y_i/Y = 205/365 = 0,562.$$

Der Wirkungsgrad liegt also noch über dem geschätzten.

12 Die Rakete

12.1 Einführung

Der Raketenmotor unterscheidet sich vom Strahltriebwerk dadurch, daß er

1. keine Umgebungsluft benötigt
2. keine beweglichen Teile besitzt (außer etwaigen Hilfsaggregaten)
3. sehr hohe Brennkammerdrücke (bis zu 500 bar) ermöglicht und somit sehr hohe Schubenergien freistellt.

Der Treibstoffverbrauch ist entsprechend hoch. Brennstoff und Oxydator zur Verbrennung müssen mitgeführt werden.
Daraus ergibt sich der Anwendungsbereich:

1. Flug in sehr großen Höhen außerhalb der Erdatmosphäre
2. Triebwerke, die großen Schub bei kurzer Brennzeit oder auch bei kleinen Abmessungen erfordern.

12.2 Rechnerische Grundlagen

Nach Bild 368 wird für die eingezeichnete Kontrollfläche mit Hilfe des Impulssatzes

$$S = \dot{m}\, w_m + F_p$$

mit $F_p = p_m\, A_m$, wobei der Index m den Mündungszustand des ausströmenden Gases kennzeichnet.

Auf den Raketenkörper wirken damit insgesamt

$$S_{ges} = S - p_a\, A_{ges} + p_a(A_{ges} - A_m),$$ wobei Index a den Außenzustand kennzeichnet.

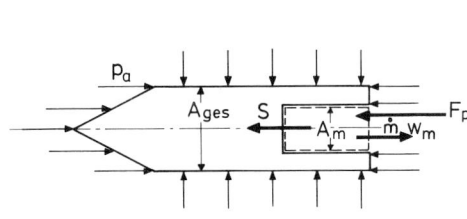

Bild 368

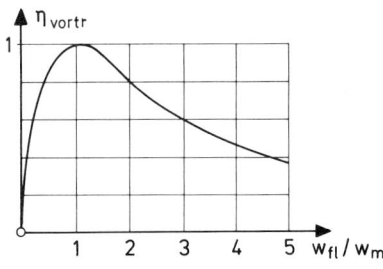

Bild 369

Somit wird

$$S_{ges} = \dot{m}\, w_m + A_m(p_m - p_a).$$ (150)

Ist die Düsenform dem Außßendruck angepaßt, so ist $p_m = p_a$ und damit

$$S = \dot{m}\, w_m.$$ (150a)

Somit wird die Nutzleistung

$$P = \dot{m}\, w_m\, w_{fl}$$ (151)

mit w_{fl} als der Fluggeschwindigkeit der Rakete.

Die absolute Geschwindigkeit, mit welcher der Strahl die sich mit w_{fl} bewegende Rakete gegenüber der ungestörten Atmosphäre verläßt, beträgt $w_{abs} = w_m - w_{fl}$. Die entsprechende kinetische Energie wird von der Atmosphäre geschluckt, stellt also den Leistungsverlust dar:

$$P_{verl} = \dot{m}(w_m - w_{fl})^2/2.$$

Als Vortriebswirkungsgrad der Rakete ergibt sich dann

$$\eta_{vortr} = \frac{P_{nutz}}{P_{nutz} + P_{verl}} = \frac{\dot{m}\, w_m\, w_{fl}}{\dot{m}\, w_m\, w_{fl} + \dot{m}\,(w_m - w_{fl})^2/2}$$

$$\eta_{vortr} = \frac{2\, w_m\, w_{fl}}{w_m^2 + w_{fl}^2}.$$ (152)

Durch Umsetzung erhält man auch

$$\eta_{vortr} = 2\, \frac{w_{fl}/w_m}{1 + (w_{fl}/w_m)^2}.$$ (152a)

Es ist dies der Augenblickswirkungsgrad und enthält nicht den Massenschwund (s. Abschnitt 12.6). In Bild 369 ist der Vortriebswirkungsgrad über w_{fl}/w_m aufgetragen. Es wird ersichtlich, daß für $w_m = w_{fl}$ der Wirkungsgrad optimal wird, da die absolute Austrittsgeschwindigkeit des Strahls gleich Null wird und somit auch kein Verlust auftreten kann. Mit wachsender Fluggeschwindigkeit sinkt der Wirkungsgrad ab.

12.3 Flüssigkeitsrakete

Die Flüssigkeitsrakete enthält neben der Nutzlast

1. Brennkammer und Schubdüse mit Einspritzsystem, Zünd- und Kühlsystem
2. Treibstofffördersystem
3. Treibstofftanks.

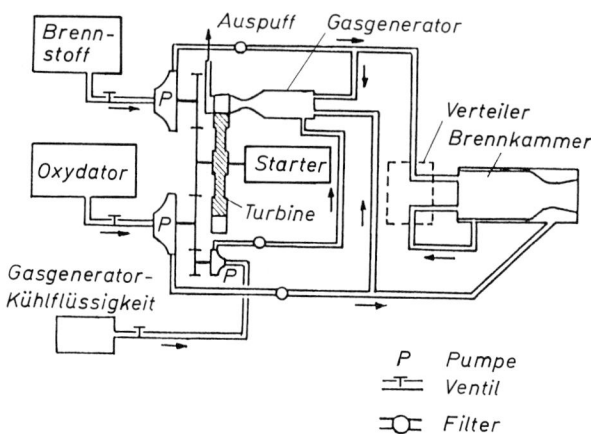

Bild 370 Fördersystem einer Flüssigkeitsrakete

In zwei gesonderten Tanks wird der Brennstoff und der Sauerstoffträger mitgeführt und von dort in die Brennkammer zusammengeleitet. Bis zur Einspritzung in den Brennraum ist eine sorgfältige Trennung des Brennstoffes vom Oxydator notwendig. Der Treibstoff wird durch Pumpen unter einem Überdruck von 5 bis 10 bar durch ein System feiner Bohrungen in den Brennraum gedrückt und dabei zerstäubt bzw. vernebelt.

Die gebräuchlichste Form der Brennkammer ist zylindrisch. Daneben kommt auch der kugelförmige Brennraum vor. Durch Verbesserung des Einspritz- und Kühlsystems konnte die Länge reduziert werden zur Bauform B (Bild 371).

Da die Flammtemperatur in der Brennkammer sehr hoch ist (3000 K und darüber), muß der Wärmeabfuhr und der Kühlung große Aufmerksamkeit geschenkt werden.

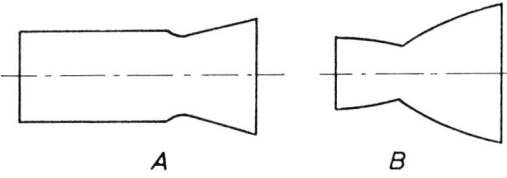

Bild 371

Der Wärmeübergang von den Flammgasen an die Wand erfolgt durch Strahlung und Kon-vektion. Häufig wird die Wand innen durch eine feuerfeste Schicht verkleidet.

Zur Kühlung werden verschiedene Maßnahmen ergriffen:

1. Die Kühlflüssigkeit (meist der flüssige Brennstoff) umspült die Brennkammer durch den Zwischenraum einer Doppelwand (regenerative Kühlung).

2. Es wird ein flüssiger oder auch gasförmiger Film zwischen den Verbrennungspro-dukten und der Wand gebildet. Der Film wird entweder durch Einspritzen des Kühl-mediums oder mittels "Durchschwitzen" durch ein poröses Wandungsmaterial er-zeugt.

Zur Förderung des Brennstoffs als auch des Oxydators werden im allg. Kreiselpumpen eingesetzt, welche durch eine Gasturbine angetrieben werden (Bild 370). Hierbei wird eine Hilfsbrennkammer als Gasgenerator zum Betrieb der Turbine benutzt. Die Gas-generatorströmung und somit auch die Betriebswerte der Pumpen werden durch den Brennkammerdruck gesteuert, wobei dieser durch ein Steuerprogramm bestimmt ist.

Mitunter wird der Treibstoff durch Anwendung von Druckgas gefördert. Aus einem Hochdrucktank drückt das neutrale Druckgas über ein Reduzierventil den Treibstoff aus den Tanks. Wegen der hohen Druckbeanspruchung der Tanks wird diese Förder-methode nur bei kurzen Brennzeiten und kleinen Schüben benutzt.

Tabelle: Sauerstoffträger

Oxydator		Dichte (g/cm^3)	Siedepunkt (^{o}C)
Sauerstoff	O_2	1,14	- 183
Ozon	O_3	1,45	- 112
Wasserstoffsuperoxyd	H_2O_2	1,46	158
Salpetersäure	HNO_3	1,52	86
Stickstoffperoxyd	N_2O_2	1,49	21
Tetranitromethan	$C(NO_2)_4$	1,65	126

Obige Tabelle zeigt eine Aufstellung einiger wichtiger Sauerstoffträger. Der Sauerstoff wird entweder rein in flüssiger Form oder als Sauerstoffgehalt in einer chemischen Verbindung mitgeführt. In flüssiger Form ist die Temperatur des reinen Sauerstoffs sehr niedrig, es bedarf 3 % der Brennstoffenergie, um ihn auf Normaltemperatur zu bringen. Aus einer Verbindung muß der Sauerstoff erst freigemacht werden, wozu in vielen Fällen noch eine erhebliche Energie aufgebracht werden muß.

Ozon ist ungeachtet seiner guten Oxydationseingenschaften in der Herstellung sehr teuer und zerfällt außerordentlich rasch zu O_2.
H_2O_2 enthält sehr viel Wasserballast, die Herstellung ist ebenfalls recht aufwendig.
Salpetersäure wird trotz der ätzenden Eigenschaften benutzt, da die Herstellung einfach ist.
Am häufigsten wird heute in den USA Tetranitromethan als Raketentreibstoff benutzt. Es zersetzt sich nach der Reaktion $C(NO_2)_4 = CO_2 + 2N_2 + 3O_2$, wobei zusätzlich eine Bindungsenergie von 35 kJ/kmol frei wird.

An Brennstoffen werden Kohlenwasserstoffe verwendet wie Azetylen C_2H_2 (sehr leicht, jedoch stark explosiv), Butadien oder auch Äthylalkohol (die deutsche V2-Rakete arbeitete mit Salpetersäure und Äthylalkohol, aus Gründen der Brennkammerkühlung mit 25 % Wasser versetzt).

Tabelle: Brennstoffe

Brennstoff		Dichte (g/cm^3)	Siedepunkt ($^{\circ}$C)	Heizwert (kJ/kg) *)
Wasserstoff	H_2	0,09	- 253	13 400
Azetylen	C_2H_2	0,61	- 84	11 900
Hydrazin	N_2H_4	1,01	113	9 450
Äthylalkohol	C_2H_5OH	0,79	78	8 650
Flugbenzin c = 0.85; h = 0,15		0,72	35 - 150	9 850
Lithium	Li	0,54	1 370	19 900
Aluminium	Al	2,7	2 500	15 600

Daneben werden Hydrazin und andere Stickoxyde benutzt. Den höchsten Schub liefert Wasserstoff in reiner Form, jedoch ist seine Verwendung schwierig wegen seiner geringen Dichte und wegen seines niedrigen Siedepunkts. Hohe Energien liefern auch die Reaktionen von Leichtmetallen (Natrium, Aluminium) und in höherem Maß Bor oder Lithium mit Sauerstoff. Allerdings ist die Förderung und Dosierung des pulverförmigen Brennstoffes schwierig.

*) Der Heizwert ist angegeben je kg Flammgas

Die vorhergehende Tabelle enthält einige der wichtigsten Brennstoffe mit ihren Heiz-werten.

Bei der Kombination der Treibstoffe muß beachtet werden, daß der Brennstoff bei der Berührung mit dem Oxydator selbst zündet, um im Falle eines Aussetzens der Zündung die Gefahr einer Anhäufung von explosiblem Gemisch und einer Explosion zu vermeiden.

12.4 Feststoffrakete

Die Bedeutung der Feststoffraketen liegt heute vor allem auf dem militärischen Sektor, da hier vielfach nur geringe Brennzeiten benötigt und kleinere Einheiten verwendet werden. Die Brennkammer stellt nämlich hier gleichzeitig auch den Treibstofftank dar, muß also bei entsprechender geräumiger Auslegung den gesamten Verbrennungsdruck als auch die Verbrennungstemperatur aushalten. Sie ist der Flüssigkeitsrakete gegenüber in der Bauweise einfacher.

Brennstoff und Oxydator werden gemischt und daraus der Treibsatz im Guß- oder im Strangpreßverfahren hergestellt. Als Sauerstoffträger dienen vorwiegend die Perchlo-rate der Leichtmetalle (z.B. $KClO_4$) oder auch deren Stickoxyde wie Natronsalpeter $(NaNO_3)$.

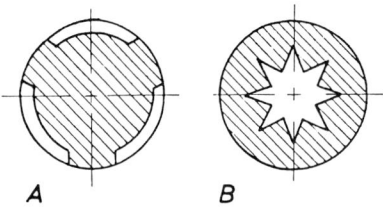

A   B

Bild 372

Ist die Rakete einmal gezündet, so läuft die Verbrennung bis zum vollständigen Ver-brauch des Brennstoffes ab. Der Schubverlauf ist durch die Art und Form des Treib-satzes von vornherein festgelegt. Die Brennkammerdrücke liegen im allgemeinen zwi-schen 50 und 100 bar.

Man unterscheidet Treibsätze mit Stirnabbrand (niedriger Schub bei geringer Leistung, lange Brennzeiten, Schwerpunktverschiebung während des Abbrandes) und solche mit seitlichem Abbrand. Letzterer kann von außen nach innen erfolgen, wobei die Brenn-kammerwand hoch belastet wird, oder aber auch von innen nach außen. Hierbei schützt der Treibsatz selbst die Wandung. Die Brennkammer kann dann in der Bauweise leichter gehalten werden (Bild 372).

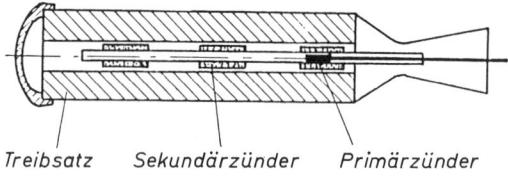

Treibsatz   Sekundärzünder   Primärzünder

Bild 373 Schnittbild einer Feststoffrakete

Bild 373 zeigt den Schnitt durch eine Rakete mit seitlicher Verbrennung und Zündung durch mehrere Zündladungen zur Erzeugung gleichmäßigen Abbrandes.

Bild 374 zeigt das Schnittbild einer Feststoffrakete.

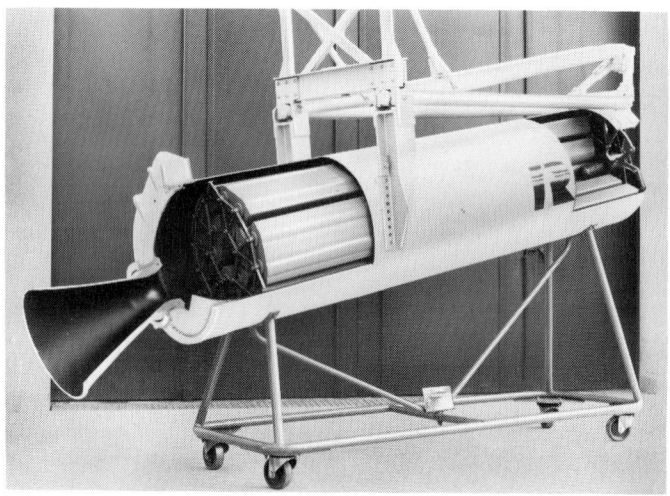

Bild 374 Starthilfe-Rakete für Flugzeuge

12.5 Steuerung der Rakete

Soweit die Rakete sich im lufterfüllten Raum bewegt, läßt sich mit Hilfe von verstellbaren Luftrudern an den Heckstabilisierungsflossen die Bahn beeinflussen (Bild 375a).

Ferner kann man ein Strahlruder verwenden, ein kleines, drehbares Profil, das den Schubstrahl teilweise ablenkt. Werkstofftechnisch werden an ein solches Ruder hohe Anforderungen gestellt, da es im heißen Abgasstrahl arbeitet (Bild 375b).

Vielfach werden auch schwenkbare Steuerdüsen verwendet (Bild 375c), um die Bahn des Flugkörpers im Raum zu beeinflussen.

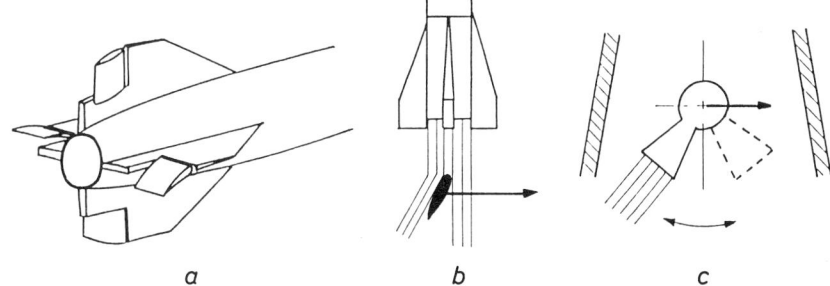

a   b   c

Bild 375 Steuerungsmaßnahmen

12.6 Raketenflugmechanik

Setzt man voraus, daß

1. der Raum, den die Rakete durchfliegt, luftleer ist
2. die Gravitationskräfte keine Verzögerung längs der Flugbahn bewirken
3. der Schub tangential zur Bahnrichtung wirkt,

so kann angesetzt werden

$$S = m \, dw_{fl}/dt$$

mit der Schubkaft S und der Augenblicksmasse der Rakete m. Mit $S = \dot{m} \, w_m$, wobei $\dot{m}$ der sekundliche Massendurchsatz und damit auch gleichzeitig die zeitliche Massenverringerung der Rakete $\dot{m} = -dm/dt$ darstellt, erhält man

$$dw_{fl} = -w_m \, dm/m,$$

und somit durch Integration

$$w_{fl} = -w_m \ln (m/m_o),$$

wenn m_o die Raketenmasse im Anfangszustand darstellt.

Mit $\quad \mu = m/m_o \quad$ und $\quad \nu = w_{fl}/w_m \quad$ wird

$$\mu = e^{-\nu}.$$

Damit die Rakete eine Fluggeschwindigkeit erreicht, die der Ausströmgeschwindigkeit der Brenngase entspricht, muß mit $\nu = 1 \quad \mu = m/m_o = 1/2{,}718$ sein; somit darf die Augenblicksmasse der Rakete nur noch $0{,}367 \, m_o$ betragen.

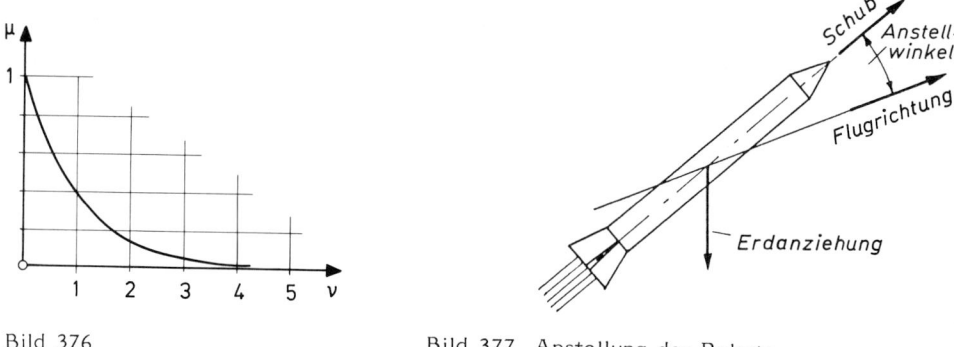

Bild 376

Bild 377 Anstellung der Rakete

Bild 376 zeigt die Abhängigkeit des Massenverhältnisses von der Fluggeschwindigkeit. Da die Rakete nun nicht nur aus Treibstoff bestehen kann, sondern Behälter, Düse, Fördereinrichtungen und auch Nutzlast enthält, so ergibt sich, setzt man das optimale Massenverhältnis mit $\mu = 0,25$ an (15 % Konstruktionsaufwand, 10 % Nutzlast), eine maximale Fluggeschwindigkeit, die nicht weit über der theoretisch möglichen Ausströmgeschwindigkeit liegt. Diese überschreitet aber, abhängig vom Brennkammerdruck, auch bei optimaler Düsenauslegung nicht 4000 m/s.

Betrachtet man die Bahn eines frei fliegenden Körpers, so stellt sich infolge seines Beharrungsvermögens und der Erdanziehung in erster Näherung eine Parabelflugbahn ein. Um nun eine gerade Bahn zu fliegen, wird die Rakete gegenüber der Flugbahn angestellt, so daß der aufwärts gerichtete Schub die Wirkung der Erdanziehung kompensiert. Erst nach Abschluß der Verbrennung neigt sich die Bahn wieder zur Erde.

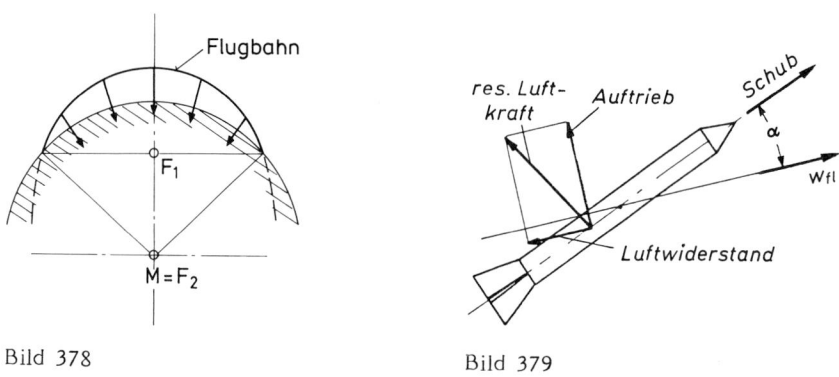

Bild 378

Bild 379

Bei genauerer Betrachtung ist die Bahn eines fliegenden Geschosses nun keineswegs eine Parabel (vom Luftwiderstand sei auch hier abgesehen), sondern vielmehr eine Ellipse. Die Schwerkraft wirkt nämlich nicht, wie man bei kurzen Bahnen vereinfachend annehmen darf, stets in ein und derselben senkrechten Richtung, sondern sie ist zum Erdmittelpunkt gerichtet, greift also in jedem Bahnpunkt unter einer anderen Richtung am Körper an (Bild 378). Die Brennpunkte der Ellipse liegen in der gezeichneten Lage.

Beim Flug durch den Luftraum wirken sich die Luftkräfte auf die Rakete aus. Um den Flugkörper in stabiler Fluglage zu halten, legt man den Druckpunkt hinter den Körperschwerpunkt. Das wird ermöglicht durch am Ende der Rakete angebrachte Tragflossen. Die resultierende Luftkraft hat dann das Bestreben, den Körper in seiner Bahn zu halten (Bild 379).

Soll die Rakete das Schwerefeld der Erde verlassen, so liefert der Energiesatz die notwendige Brennschlußgeschwindigkeit:
Die Newtonsche Gravitationskraft ist

$$F = C \, Mm/r^2$$

und somit die aufzubringende Arbeit

$$dW = F \, dr = C \, \frac{M \, m}{r^2} \, dr$$

$$W = \int_R^r C \, \frac{M \, m}{r^2} \, dr \quad \rightarrow \quad W = C \, M \, m \, (1/R - 1/r).$$

Dabei ist M die Masse der Erde, m die Masse des Flugkörpers, R der Radius der Erde für den betrachteten Fall. Da die erforderliche Gesamtarbeit des Körpers in Form von Geschwindigkeitsenergie bis zum Brennschluß eingebracht werden muß, wird

$$m \, w^2/2 = - C \, M \, m \, (1/R - 1/r).$$

Für das Verlassen des Erdfeldes wird $r = \infty$, so daß

$$w = \sqrt{2 \, C \, M/R} \qquad\qquad (154)$$

ist. Mit der Gravitationskonstanten $C = 0{,}687 \cdot 10^{-10}$ m^3/kg s^2 und einer Erddichte von $\rho = 5{,}5 \cdot 10^3$ kg/m^3 wird

$$w = \sqrt{2 \cdot 0{,}678 \cdot 10^{-10} \cdot 4/3 \cdot \pi \cdot 6370^2 \cdot 10^6 \cdot 5{,}5 \cdot 10^3}$$

$$w = 11{,}2 \text{ km/s} \, .$$

Zum Verlassen des Erdfeldes ist also eine Brennschlußgeschwindigkeit von 11,2 km/s erforderlich. Nach dem in Bild 376 dargestellten Ergebnis ist aus konstruktiven Gründen eine derartige Fluggeschwindigkeit n i c h t zu erreichen.

Ersetzt man jedoch die Nutzlast der Rakete durch eine zweite entsprechend kleinere Rakete, so kann diese Tochterrakete starten, wenn die Mutterrakete ihre Brennschlußgeschwindigkeit erreicht hat. Die ausgebrannte Anfangsstufe wird im Raum zurückgelassen. Die Tochterrakete trägt als dritte Stufe eine Enkelrakete anstelle ihre Nutzlast, die ihren Start bei Brennschluß der zweiten Stufe beginnt und deren leere Hülle zurückläßt.

Selbstverständlich ist die Nutzlast der dritten Stufe nur noch sehr gering. Für jeweils 10 % Nutzlast bringt die dritte Stufe lediglich $0,1^3$ = ein Tausendstel der ursprünglichen Anfangsmasse ans Ziel.

Mit den heute ausschließlich verwendeten chemischen Brennstoffen ist eine andere Lösung nicht zu erhoffen. Mit Hilfe konzentrierter Energieformen (Ionentriebwerke oder auch Energie aus Kernspaltung) könnte ein Fortschritt in dieser Richtung zu erzielen sein.

Tafeln

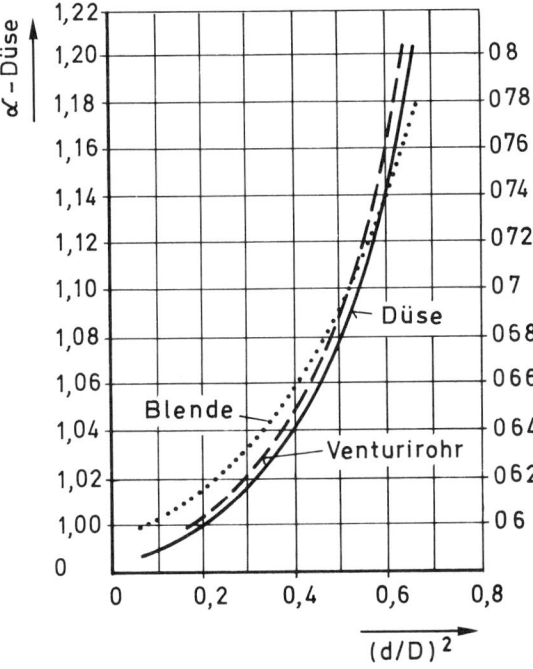

Tafel 1   Durchflußzahlen α für Norm-
düse und Venturirohr für
Re-Zahlen oberhalb $5 \cdot 10^4$

t °C	Wasser		Luft	
	$\eta \cdot 10^3$ kg/ms	$\nu \cdot 10^6$ m²/s	$\eta \cdot 10^6$ kg/ms	$\nu \cdot 10^6$ m²/s
- 10	-	-	16,9	12,4
0	1,78	1,78	17,3	13,3
10	1,31	1,31	17,7	14,2
20	1,01	1,01	18,1	15,1
50	0,56	0,56	19,8	18,0
100	0,29	0,29	21,9	23,0

Wasserdampf		
t °C	$\eta \cdot 10^6$ kg/ms	$\nu \cdot 10^6$ m²/s
100	12,6	21,3
150	14,5	27,9
200	16,5	35,3
250	18,4	43,6
300	20,3	52,8
350	22,3	63,0
400	24,2	74,2
450	26,2	86,1
500	28,2	99,1

Dynamische und kinematische Zähigkeit von Wasser und Luft (Tafel 2) und Wasserdampf (Tafel 2a) bei 760 Torr

$\dfrac{\Delta p}{\varkappa \, p_1}$	ε
0	1
0,02	0,98
0,04	0,975
0,06	0,95
0,08	0,93
0,10	0,915

$$°E = 0,132 \cdot 10^6 \cdot \nu$$
$$\nu = 7,58 \cdot 10^{-6} \, °E$$
$$\text{(mit } \nu \text{ in m}^2\text{/s)}$$

Tafel 3   Expansionszahl ε bei Gasströmungen durch Düsen

Tafel 4   Umrechnung von Viskositätswerten

Stoff	$\varkappa$	$\dfrac{p_{kr}}{p_0}$
einatomige Gase	1,67	0,487
Luft	1,4	0,528
Naßdampf	1,135	0,577
Heißdampf	1,3	0,546

Tafel 5   Kritisches Druckverhältnis p_{kr}/p_0 von Gasen

1. Einlauf: scharfkantig $\zeta_e = 0,5$
            sauber gerundet $\zeta_e = 0,1$

2. Erweiterung, plötzlich: $\zeta_{erw} = (A_2/A_1 - 1)^2$ oder $(1 - A_1/A_2)^2$
            je nach Bezugnahme auf d_1 oder d_2

3. Krümmer, glatt, Umlenkung um 90°:

   R = d $\zeta_{kr} = 0,21$
   R = 2 d $\zeta_{kr} = 0,14$ geringere Umlen-
   R = 4 d $\zeta_{kr} = 0,11$ kung verursacht
   R = 6 d $\zeta_{kr} = 0,09$ entsprechend ge-
                                             ringere Verluste

   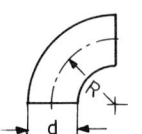

   Krümmer, rauh, Guß, Umlenkung um 90°:

   d = 50 mm $\zeta_{kr} = 1,3$ d = 200 mm $\zeta_{kr} = 1,8$
   d = 100 mm $\zeta_{kr} = 1,5$ d = 400 mm $\zeta_{kr} = 2,2$

4. Kniestück, glatt und rauh:

   $\varphi = 30^o$ $\zeta_{kn} = 0,14$
   $\varphi = 60^o$ $\zeta_{kn} = 0,54$
   $\varphi = 90^o$ $\zeta_{kn} = 1,2$

5. Ventile: DIN-Ventil $\zeta_v = 4,1$
            Freiflußventil $\zeta_v = 0,6$

Tafel 6   Verlustbeiwerte für Rohreinbauten und Armaturen

65	<	Re k/d	<	1300
hydraulisch glatte		Oberfläche		völlig rauhe

Tafel 7   Rohrrauhigkeitskennziffer

t °C	p (bar)
0	0,0062
10	0,0125
20	0,024
30	0,043
50	0,126
80	0,483
100	1,012

Tafel 8   Dampfdruck des Wassers

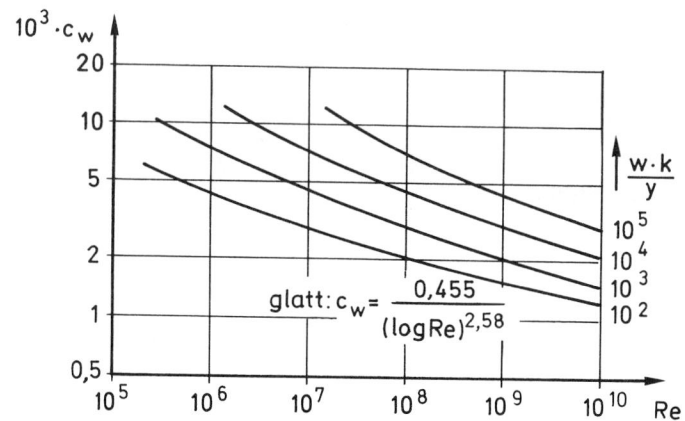

$$\text{glatt}: c_w = \frac{0,455}{(\log Re)^{2,58}}$$

Tafel 9   Reibungswiderstand von glatten und rauhen Platten

Rohrmaterial	C'
sauber geglättetes Rohr	39
neues, glattes Gußeisen	36
durchschnittliches Gußrohr	31
Gußeisen, mehre Jahre in Betrieb	28
Gußeisen, verrottet	22

Tafel 10   Kennwerte zum Rohrzustand

Körperform		Re-Zahl	c_w-Wert
⟶ ◯		$(1,7 - 4) \cdot 10^5$	0,1 - 0,18
Kugel		$(1,7 - 4) \cdot 10^5$	0,47
⟶ 𝔻 Halbkugel			1,2 - 1,3
⟶ ◖ Halbkugel			0,35 - 04
Platte, quer	a/b = 1		1,1
	a/b = 2		1,15
	rund		1,11
Zylinder	l/d = 1		0,63
	l/d = 2	$9 \cdot 10^4$	0,68
	l/d = ∞	s. Tafel 12	

Tafel 11   Widerstandszahlen umströmender Körper

Re	10	50	10^2	$5 \cdot 10^2$	10^3	$5 \cdot 10^3$	10^4	$5 \cdot 10^4$	10^5	$5 \cdot 10^5$	10^6
c_w	2,8	1,7	1,4	1,0	0,9	0,94	1,2	1,4	1,4	0,4	0,37

Tafel 12   Widerstandsbeiwert eines quer angeströmten Zylinders (l = ∞)

Re	0,5	1	2	5	10	20	50	100	200	500	10^3
c_w	40	26	14,5	7,1	4,6	3,0	1,65	1,1	0,78	0,53	0,44

$2 \cdot 10^3$	$5 \cdot 10^3$	10^4	$2 \cdot 10^4$	$5 \cdot 10^4$	10^5	$2 \cdot 10^5$
0,4	0,4	0,41	0,46	0,55	0,59	0,44

Tafel 13 c_w-Werte bei Umströmung einer Kugel in Abhängigkeit von der Re-Zahl

314

| Rohrströmung | $Re_{kr} = 2320$ |
| längs angeströmte Platte | $Re_{kr} = 5 \cdot 10^5$ |

Tafel 14 Kritische Re-Zahlen (Umschlag: laminar - turbulent)

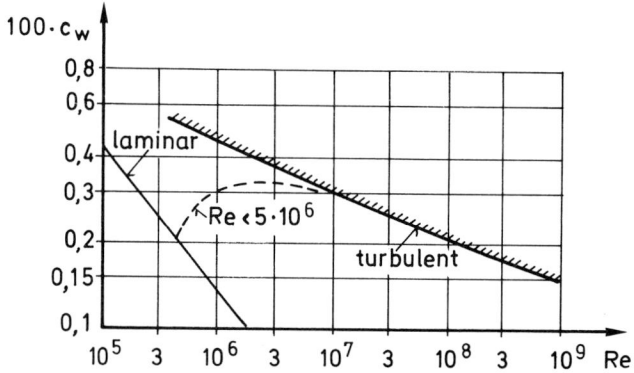

Tafel 15 Reibungswiderstand einer glatten Platte

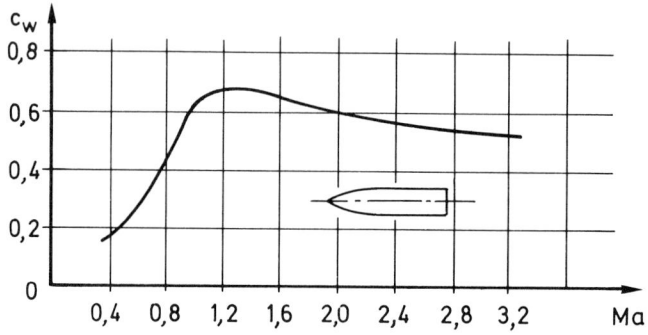

Tafel 16 c_w-Werte für einen geschoßförmigen Körper in Abhängigkeit von der Ma-Zahl

Stoff	O_2	Luft	CO_2	H_2O	H_2
c_p (kJ/kg grd)	1,31	1,30	1,63	1,49	1,28

Tafel 17 Spezifische Wärme von Gasen bei $0^\circ C$

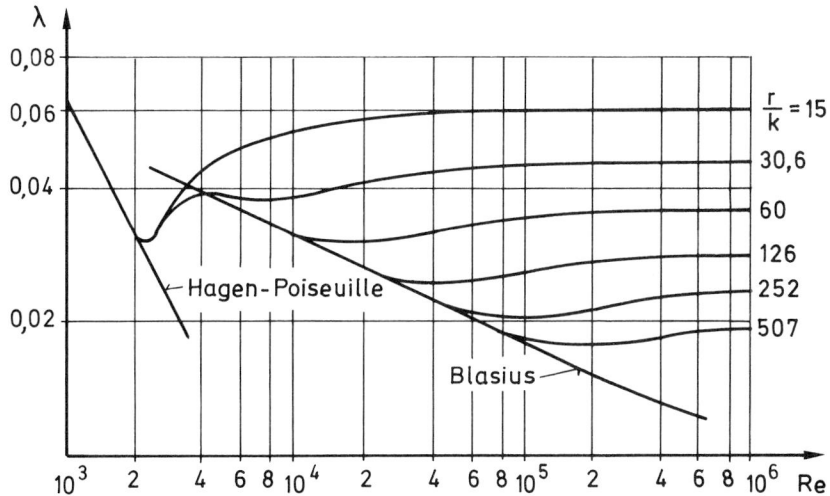

Tafel 18 Rohrwiderstandziffer λ in Abhängigkeit von der Re-Zahl und der Rohrrauhigkeit r/k

Wasser-Luft	0,77
Quecksilber-Luft	4,7
Alkohol-Luft	0,26
Olivenöl-Luft	0,33
Olivenöl-Wasser	0,21
Alkohol-Wasser	0,023

Tafel 19 Kapillarkonstante $T \cdot 10^3$ (N/cm) für verschiedene Stoffpaarungen

Ma	0	0,5	1	1,5	2	3	∞
ε	1	1,0,65	1,27	1,53	1,66	1,77	1,85

Tafel 20 Proportionalitätsfaktor ε für Luft in Abhängigkeit von der Anström-Machzahl

Literaturverzeichnis

Becker, E.: Technische Strömungslehre. 5. Aufl. Stuttgart: Teubner 1982.

Becker/Piltz: Übungen z. Technischen Strömungslehre. 2. Aufl. Stuttgart: Teubner 1978.

Böswirth/Plint: Technische Strömungslehre. Laboratoriumslehrgang. Düsseldorf: VDI-Verlag 1975.

Bohl, W.: Technische Strömungslehre. 3. Aufl. Würzburg: Vogel.

Bohl, W.: Strömungsmaschinen. 2 Bde. 2. Aufl. Würzburg 1982.

Bussien: Automobiltechnisches Handbuch. 3. Bde. 18. Aufl. Berlin: de Gruyter 1977.

Dietzel, F.: Dampfturbinen. 3. Aufl. München: Hanser 1980.

Dietzel, F.: Turbinen, Pumpen, Verdichter. Würzburg: Vogel 1980.

Dubs, F.: Hochgeschwindigkeits-Aerodynamik. 2. Aufl. Birkhäuser 1975.

Dubbel, Taschenbuch für den Maschinenbau. 15. Aufl. Berlin: Springer 1981.

Eck, B.: Technische Strömungslehre. 2 Bde. 8. Aufl. Berlin: Springer 1981.

Eck, B.: Ventilatoren. 5. Aufl. Berlin: Springer 1972

Eckert/Schnell: Axial- und Radialkompressoren. 2. Aufl. Berlin: Springer 1961, Repr. 1980.

Gersdorff/Knobling: Hubschrauber und Tragschrauber. München: Bernard & Graefe 1983.

Gersten, K.: Einführung in die Strömungsmechanik. 2. Aufl. Braunschweig: Vieweg 1981.

Giles, R.: Strömungslehre und Hydraulik. Hamburg: Mc Graw Hill 1971

Hagen, H.: Fluggasturbinen und ihre Leistungen. Karlsruhe: Braun 1981

Jogwich, A.: Strömungslehre, Essen: Girardet 1975.

Kalide, W.: Einführung i. d. Technische Strömungslehre. 5. Aufl. München: Hanser 1980.

Kalide, W.: Aufgabensammlung z. techn. Strömungslehre. 3. Aufl. München: Hanser 1979

Kalide, W.: Kolben- und Strömungsmaschinen. München: Hanser 1982

Martin, O.: Dampf- und Gasturbinen. Berlin: de Gruyter 1971.

Mode, F.: Ventilatoranlagen. 4. Aufl. Berlin: de Gruyter 1972.

Münzberg/Kurzke: Gasturbinen - Betriebsverhalten u. Optimierung. Berlin: Springer 1977.

Petermann, H.: Einführung in d. Strömungsmaschinen. Berlin: Springer 1974

Pfleiderer/Petermann: Strömungsmaschinen. 4. Aufl. Berlin: Springer 1972.

Rödel, H.: Hydromechanik. 8. Aufl. München: Hanser 1978

Sigloch, H.: Technische Fluidmechanik. Düsseldorf: VDI-Verlag 1980.

Schmidt, E.: Technische Thermodynamik. 2. Bde. 11. Aufl. Berlin: Springer 1977.

Schulz, H.: Die Pumpen. 13. Aufl. Berlin: Springer 1977.

Tietjens, O.: Strömungslehre. 2. Bde. Berlin: Springer 1970.

Traupel, W.: Thermische Turbomaschinen. 2. Bde. 3. Aufl. Berlin: Springer 1982

Tuckenbrodt, E.: Fluidmechanik. 2. Bde. 2. Aufl. Berlin: Springer 1970.

Zierep, J.: Ähnlichkeitsgesetze und Modellregeln der Strömungslehre. Karlsruhe: Braun 1972.

Zierep, J.: Grundzüge d. Strömungslehre. Karlsruhe: Braun 1979.

Hausmitteilungen der Firmen

BBC (Mannheim), Babcock (Oberhausen), DEMAG (Duisburg), Escher-Wyss (Zürich), GHH (Oberhausen), KHD (Oberursel), KKK (Frankenthal), KSB (Frankenthal), KWU (Erlangen), MAN (Nürnberg), MTU (München), Voith (Heidenheim), ZF (Friedrichshafen).

Sachwortregister

H. Petermann

Einführung in die Strömungsmaschinen

Hochschultext

2., überarbeitete und erweiterte Auflage. 1983.
95 Abbildungen. VII, 146 Seiten
DM 38,–. ISBN 3-540-12630-9

Inhaltsübersicht: Allgemeines. – Die Strömung im Laufrad. – Kavitations- und Überschallgefahr. – Entwurf des Laufrades. – Leitvorrichtungen. – Betriebliches Verhalten der Strömungsmaschinen. – Spaltverlust, Radreibungsverlust, Axialschub und Ventilationsverlust. – Besonderheiten thermischer Strömungsmaschinen. – Hydrodynamische Wandler. – Strahlantriebe. – Literaturverzeichnis. – Sachverzeichnis.

Aus den Besprechungen: „Das Buch gibt in kurzgefaßter Form eine Einführung in Wirkungsweise, Betriebseigenschaften und Anwendungsmöglichkeiten von Strömungsmaschinen und wendet sich damit an Leser, die sich Grundkenntnisse auf diesem Gebiet aneignen möchten. Die hierzu erforderlichen Vorkenntnisse aus den Gebieten der Strömungslehre und Thermodynamik werden nicht vorausgesetzt, sondern in einem einleitenden Abschnitt bereitgestellt...“

Zeitschrift für Flugwissenschaften

„... Das gut verständliche Buch richtet sich vor allem an Ingenieurstudenten der Hochschulen wie auch der Ingenieurschulen, zeigt aber auch dem in der Praxis stehenden Ingenieur die grundlegenden Zusammenhänge dieser Maschinen auf und erlaubt ihm, sein diesbezügliches Wissen aufzufrischen. Nach dessen Studium ist der Leser in der Lage, sich der weiterführenden Literatur zuzuwenden.“

Schweizerische Technische Zeitschrift

Springer-Verlag
Berlin
Heidelberg
New York
Tokyo

DUBBEL

Taschenbuch
für den Maschinenbau

Herausgeber: **W. Beitz, K.-H. Küttner**

15., korrigierte und ergänzte Auflage. 1983.
2411 Abbildungen, 478 Tabellen. XXXVIII, 1498 Seiten. Gebunden DM 118,-. ISBN 3-540-12418-7

Inhaltsübersicht: Mathematik. – Mechanik. – Festigkeitslehre. – Thermodynamik. – Werkstofftechnik. – Grundlagen der Konstruktionstechnik. – Konstruktionselemente. – Ölhydraulik und Pneumatik. – Getriebetechnik. – Thermischer Apparatebau. – Dampferzeugungsanlagen. – Klimatechnik. – Energiewirtschaft. — Maschinendynamik. – Kolbenmaschinen. – Kraftfahrzeugtechnik. – Strömungsmaschinen. – Fertigungstechnik. – Fördertechnik. – Elektrotechnik. – Meßtechnik. – Regelungstechnik. – Elektronische Datenverarbeitung. – Anhang. – Sachverzeichnis.

Der Erfolg des **Dubbel** macht bereits nach zwei Jahren eine Neuauflage erforderlich. Nachdem die 14. Auflage vollständig neubearbeitet und wesentlich erweitert worden war, sind jetzt Aktualisierungen und Ergänzungen vorgenommen sowie Druckfehler beseitigt worden.
Aktualisierungen waren vor allem in den Gebieten notwendig, wo sich Normen geändert haben; Ergänzungen konnten allerdings nur dort zugelassen werden, wo sich aufgrund bisher nicht ausgenutzter Seiten die Möglichkeit dazu ergab.
Damit hat zwar der Umfang des Werkes nur unwesentlich zugenommen; der **Dubbel** hat jedoch für alle Studenten des Maschinenbaus an Technischen Hochschulen und Fachhochschulen sowie für die Ingenieurpraxis weiter an Wert gewonnen.

Springer-Verlag
Berlin
Heidelberg
NewYork
Tokyo